中国地质调查局整装勘查项目（NO. 212120114052101）
国家重点研发计划项目（NO. 2018YFC0603902）

钨锡成矿系统中构造-岩浆-成矿的耦合研究：以湖南锡田为例

An Integrated Study on the Structure-Magmatism-Mineralization in the W-Sn Metallogenic System: A Case from the Xitian Ore Field in Hunan Province

刘　飚　曹荆亚　吴堑虹
伍式崇　邵拥军　朱浩锋　著

·长沙·

图书在版编目(CIP)数据

钨锡成矿系统中构造-岩浆-成矿的耦合研究：以湖南锡田为例／刘飕等著. —长沙：中南大学出版社，2022.10

ISBN 978-7-5487-5104-5

Ⅰ. ①钨… Ⅱ. ①刘… Ⅲ. ①钨矿床—锡矿床—多金属矿床—成矿规律—研究—湖南 Ⅳ. ①P618.2

中国版本图书馆 CIP 数据核字(2022)第 172157 号

钨锡成矿系统中构造-岩浆-成矿的耦合研究：以湖南锡田为例

WUXI CHENGKUANG XITONG ZHONG GOUZAO-YANJIANG-CHENGKUANG DE OUHE YANJIU: YI HUNAN XITIAN WEILI

刘 飕 曹荆亚 吴堑虹 伍式崇 邵拥军 朱浩锋 著

□出 版 人 吴湘华

□责任编辑 伍华进

□责任印制 李月腾

□出版发行 中南大学出版社

社址：长沙市麓山南路 邮编：410083

发行科电话：0731-88876770 传真：0731-88710482

□印 装 湖南省汇昌印务有限公司

□开 本 710 mm×1000 mm 1/16 □印张 19 □字数 378 千字

□互联网+图书 二维码内容 图片 126 张

□版 次 2022 年 10 月第 1 版 □印次 2022 年 10 月第 1 次印刷

□书 号 ISBN 978-7-5487-5104-5

□定 价 78.00 元

内容简介

Introduction

鸨锡成矿系统中构造-岩浆-成矿的耦合研究是目前地学研究的热点与难点，其关系到钨锡成矿的时空分布、源区与成矿过程多个关键问题。本书以我国钦杭成矿带中段锡田矿田为例，围绕这一主题展开研究，系统分析了矿田尺度的大地构造演化过程、矿田构造样式、岩浆多期次侵位与钨锡多金属成矿分带规律，建立了华南燕山期正断层系控矿模型，揭示了晚中生代伸展背景下的浅部构造样式，阐明了深部动力学的浅部响应规律，探索并成功利用白钨矿、萤石的稀土元素分布建立断层、花岗岩和不同矿体流体联系的新方法，从物质与流体角度较好地表达了构造-岩体-矿体成因联系。

本书研究手段新颖、内容丰富、数据翔实、结构严谨，实现了矿床学、构造地质学、岩石学、矿物学及地球化学等多学科交叉融合与创新，揭示了岩浆热液系统中钨锡成矿机理，提出的成矿分带、断层控矿与“双脉”模型，可作为岩浆热液型钨锡成矿规律研究与找矿预测分析典型案例，也可为内生多金属矿床、钦杭成矿带构造演化与热液矿物微区分析研究提供借鉴。

作者简介

About the Author

刘飏　男，1989 年出生，河南郑州人，工学博士，讲师，硕士生导师，主要从事华南中生代钨锡成矿规律、岩石矿床大地构造、矿物微区分析、三维地质建模等方面的研究，以第一作者或通讯作者在 *Chemical Geology*、*Lithos*、*Ore Geology Reviews*、*Geochemistry*、*Transactions of Nonferrous Metals Society of China*、《地球科学》《中国有色金属学报》《矿床地质》等国内外权威地质期刊发表学术论文 20 余篇，申请发明专利 4 项，主持或参加国家重点研发计划、国家自然科学基金、湖南省自然科学基金、中国地质调查局整装勘查、中国冶金地质总局找矿勘查等多项科研项目，曾获全国构造地质学与地球动力学青年学术论坛优秀论文、中南大学优秀博士论文等奖励。

曹荆亚　男，1985 年出生，博士，毕业于中南大学，现任职于南方海洋科学与工程广东省实验室(广州)，主要从事岩石和矿床地球化学以及海域天然气水合物成藏机理研究，被 SCI、EI 收录论文 40 余篇(其中第一作者及通讯作者 19 篇)，主持省部级科学项目 2 项，参与国家自然科学基金项目多项。

吴堑虹　女，1957 年出生，湖南长沙人，理学博士，教授，博士生导师，指导博士研究生与硕士研究生 40 余名，曾任中国科学院长沙大地构造研究所副所长兼党委副书记，1996—1998 年在美国肯塔基大学研修构造-流体作用。研究方向：构造与成矿、岩石矿床大地构造、成矿规律与成矿预测。其曾主持国家重点研发计划子课题、国家自然科学基金、国家省部级项目和横向课题 30 余项，迄今为止以第一作者或通讯作者身份发表 SCI、EI 论文 30 余篇。

前言

Preface

构造活动、岩浆演化与成矿过程的时间、空间及物源耦合关系是当前矿床学研究的前沿科学问题之一，尤其是岩浆热液型钨锡成矿。我国华南是世界著名的钨锡多金属矿床集中产区，自古生代以来，发育多期次岩浆-矿化活动，形成多个大型-超大型钨锡多金属矿田，例如柿竹园、芙蓉、香花岭等，是我国乃至世界钨锡成矿研究的热点地区之一。

湖南锡田钨锡多金属矿田位于南岭成矿带中段北缘，湖南与江西交界处，属扬子板块与华夏板块间的钦(州)-杭(州)结合带中部，具有独特而又优越的成矿大地构造背景。矿田分布有众多的钨锡铅锌多金属矿床(点)，如垄上钨锡多金属矿床、荷树下钨矿、合江口铜矿、茶陵铅锌矿、狗打栏钨矿，以及花里泉、花木、园树山等矿床点，初步估算主要矿体(333+334)资源量 Sn+W 约 32.5×10^4 t(伍式崇等，2011)。前人在该地区开展过深入的研究工作，主要涉及花岗岩成因(蔡杨等，2013；陈迪等，2013；Wu et al.，2016)、成矿时代(刘国庆等，2008；蔡杨等，2012；郑明泓等，2016；Xiong et al.，2020)、成矿物质源区(黄鸿新等，2014；刘曼等，2015；熊伊曲等，2016；Xiong et al.，2019)、典型矿床的成矿模式研究(邓湘伟，2015；蔡杨，2013；熊伊曲，2017；Xiong et al.，2019)。这些研究明确了矿田的矿化主要形成于燕山期，少数为印支期，个别矿床为两期次叠加成矿，且均为岩浆期后热液成因。但是前人研究工作多针对单个矿床或是单一的成因类型，而对研究区内两期花岗岩的成因机制以及构造背景未有系统的研究，未进行多个矿床或多种成因类型之间的矿床成因对比研究，对其是否具有内在联系性仍不清楚，对相同成矿类型的不同矿床是否为同一成矿系统的产物未有阐述。此外，矿田构造与成矿的关系研究还仅有对茶汉断层与湘东钨矿时空关系的探讨(Wei et al., 2018)，且认识局限于断层对矿脉的空间约束。这些问题在很大程度上影响了对矿田构造-岩浆-成矿关系的整体认识，并阻碍了矿田内深边部找矿方向的确定。

本次研究基于矿田内典型矿床的地质特征、矿床地球化学特征、矿床成因及成矿规律，结合矿田构造和岩浆关系分析，总结矿田的矿化分带与构造的时空关系、岩浆演化与成矿元素富集规律，剖析燕山期断层活动与岩浆-成矿热液的内在联系，探讨构造-岩浆-成矿的时、空、物耦合关系，为构造-成矿理论的深化提供研究实例，并为锡田及世界其他钨锡矿田的成矿规律研究与找矿勘查工作提供新认识。

目录

Contents

第1章 绪 论

1.1 矿田构造与石英脉型钨锡成矿

矿田构造是指在矿田范围内，控制各矿床的形成、改造和空间分布的地质构造因素的总和，是矿床形成、分布、改造、破坏、保存的一个基本要素(翟裕生，2002)。近年来矿田构造研究拓展了研究广度和深度，通过采用学科综合手段取得了较好的进展，尤其在断层对矿脉的控制方面积累了较丰富的成果，相关的研究主要包括断层的宏观特征和显微构造、断层形成时代、断层的演化历史以及与成矿的关系(翟裕生，2002；翟裕生，2003)。对矿田构造的控矿作用的认识是指导找矿勘探和矿山增储的关键之一。运用矿田构造学指导找矿，在南岭钨锡矿、湘西黔东汞矿、豫西多金属矿、粤北铀矿、山东焦家金矿、广西盘龙铅锌矿、赣西金矿、格咱铜矿带、多龙铜金矿带、冈底斯铜矿带等矿床勘查过程中都有良好效果，促进了我国有色金属找矿工作的发展(韦永福等，1994；罗永恩，2014；刘继顺等，2015；李文昌和江小均，2020)。

另外，矿田构造整体格局对矿田中矿床空间分布也有较大影响，陈国达提出华南为活化区，由一系列断陷盆地组成(陈国达等，2002)，成矿中心与活化中心关系密切；许德如等(2017)认为湖南由断隆和断陷组成，受区域断层控制，而矿床多分布于断隆和断陷过渡带，这些区域也常是燕山期伸展构造与印支期挤压构造叠加部位。但是目前的研究主要还处于对集中在矿床与断层的空间套合关系的认识阶段，人们对矿田构造格局与成矿内在控制因素方面的研究较少。

大多数与长英质岩浆岩有关的石英脉状钨锡矿床多受高角度区域正断层控制，这些断层形成于伸展背景的地质环境中，并伴有中酸性岩体的侵位(Hall，1971；Sanderson et al.，1999，2008；Foxford et al.，2000；Gozalvez，2009；Huang et al.，2020)。区域断层通常被认为是连接深部流体的通道，其次级断层则被认为是容矿构造，石英脉型钨锡矿床通常分布在区域断层的次生断层中，例如中非的 Rutsiro 钨矿(Tumukunde 和 Piestrzynski, 2018)，我国江西的大吉山钨矿(Liu et al., 2015)和红旗岭锡多金属矿(袁顺达等, 2012)等。华南燕山期伸展作用诱发了大面积花岗岩侵位与钨锡成矿，南岭成矿带中最为发育的石英脉型钨锡矿床也均与断层控制有关，例如瑶岗仙钨矿、湘东钨矿、香花岭锡矿等(毛景文等, 2011；袁顺达等, 2012；Wei et al., 2018；Zhao et al., 2018；Wu et al., 2018；Kong et al., 2018)。

断层对石英脉的控制主要受热液流体与裂隙的相互作用约束(Liu et al., 2015)。石英脉的形成机制主要包括裂隙充填(Liu et al., 2015)与水压致裂(Liu et al., 2017；Liu et al., 2018)，也有一些研究人员用地震泵和断层阀模型解释断层控制石英脉形成的机理(Sibson et al., 1975, 1988；Weatherley 和 Henley, 2013)。不管使用哪种模型，在断层与流体的空间关系上已形成共识，均认为断层为流体运移提供了通道，但从岩浆起源到浅部成矿经历了长距离运输(1~2 km)，流体发生了复杂的变化，包括流体温度、盐度、压力、组分、H-O 同位素等，而对这方面的研究相对较少(Yokart et al., 2003；Kigai 和 Tagirov, 2010；王旭东等, 2012；Xiong et al., 2017)。

人们注意到断层中硅化蚀变带与充填的石英脉常是不含矿的或者只有少量的硫化物矿化，并且与矿床中的矿脉形成鲜明对比(Demange et al., 2006；Borovikov et al., 2009；Tunks 和 Cooke, 2017；Neyedley et al., 2017；Shimizu, 2018；Walter et al., 2018)，大多数学者认为这两类石英脉形成于不同时代(Acosta-Gongora et al., 2015；Zeng et al., 2017；McDivitt et al., 2017；Zheng et al., 2018)。但新近研究表明，一些矿床中，这两种类型的矿脉也有可能具有成因关系(林智炜等, 2020；吴堑虹等, 2019)。而矿田断层中石英脉的期次、显微结构、流体演化以及与成矿的关系仍然不清楚(Benaouda et al., 2017；Ryt et al., 2017；Broman et al., 2018；Groff, 2018)。

近年来利用断层石英脉中石英、锆石与其他热液矿物开展断层热液系统中流体演化和来源的研究已有一定的积累(Qi et al., 2004；Cao et al., 2012；Wu et al., 2018)，且在应用锆石与石英的阴极发光(CL)、激光剥蚀-电感耦合等离子体质谱(LA-ICP-MS)和 H-O 同位素分析确定锆石与石英的显微结构、微量元素与同位素地球化学特征方面取得了很大进展(Ding et al., 2015；Ding et al., 2018；Sun et al., 2017；Girei et al., 2019)，为揭示断层流体演化过程、示踪流体源区与环境方面的变化以及与矿床的成因关系提供了一种可行的技术方法。

1.2 岩浆热液有关的钨锡成矿分带

1)钨锡成矿分带

成矿分带可以根据规模和成因分为三个级次：区域分带、矿区(床)分带和矿体分带(Guilbert 和 Park, 2007)。区域成矿分带主要与大地构造背景密切相关，如在湖南南部以郴州-临武区域大断层为界，锡矿化主要分布在断层以西区域，钨成矿主要分布在断层以东区域——前人研究认为，这主要是由于太平洋的俯冲作用使得郴州-临武断层以西地壳加厚，下地壳重熔形成锡的源区(柏道远等, 2008)。矿床矿化分带最为普遍，几乎每个钨锡矿床都存在从深部往浅部的钨-锡-铅锌-萤石的分带，少数矿床存在逆向分带，脉型矿床一般从深部热源(花岗岩侵入体)向上、向外成矿流体温度降低，依次形成 Mo, W, Sn-Cu, As, Sb-Zn, Ag-Sb-Hg-无矿分带(Guilbert 和 Park, 2007)，分带的主要原因是与岩体距离的大小差异导致热液温度、压力或氧化还原电位的变化，进而形成矿物质分异(张德全和王立华, 1988; 徐明等, 2011; 叶天竺等, 2014; Zhao et al., 2017)。矿田的成矿分带也较为普遍，如英国西南部康沃尔矿田的 Sn-W-Cu-Pb-Zn-Ag-Sb-U 成矿分带，澳大利亚 Mole 花岗岩体中心到边缘的 W-Sn-Pb-Zn-U 成矿分带，我国柿竹园矿田从岩体中心的矽卡岩型 W-Sn 矿床到远端断层中的 Pb-Zn-Sb 矿床(梁书艺和夏宏远, 1993; Wu et al., 2017)。形成矿田分带的主要原因可能与花岗岩类岩浆活动的多样性与侵入体的组成有关，构成侵入体的岩石成分越复杂，矿化“谱系”就越多，矿化阶段就越多，分带越完全，显示岩浆演化与矿化发育趋势之间有对应的关系(梁书艺和夏宏远, 1993; 岑况和田兆雪, 2012; 王磊等, 2014; 田明君等, 2019)。

矿田钨锡成矿中心往往与岩浆岩侵位中心是一致的，不同类型的矿床围绕长英质侵入体呈集群分布，以长英质侵入体为中心的热液蚀变和金属成矿分带说明岩浆侵位与其外围伴生的低温多金属热液矿床之间存在成因联系(Misra, 2000; Audetat et al., 2020)。绝大多数矿化与从花岗岩侵入体冷却过程中释放流体的时空演化有关(Baker et al., 2004)，岩浆热液成因矿田的分带是成矿与花岗岩岩浆作用具有成因联系最关键的证据(Zhao et al., 2017; Xiong et al., 2019)。研究者通过成岩成矿时代确定中心岩体的多期次演化与其外围分布的不同类型的矿床有关，例如钨锡矿床周围多伴随发育铅锌、萤石矿床(毛景文等, 2011; 徐德明等, 2015; 张德会, 1993; Audetat et al., 2020)。矿化类型差异可能是受岩浆热液运移距离影响(Wood 和 Samson, 2000; Li et al., 2015a; 李胜虎等, 2015; 叶天竺等, 2014)。对同一岩浆热液系统在空间上矿化分带的认识可为找矿勘查部署提供依据(张德全和王立华，1988；徐明等，2011)。

2)矿田的热液系统与成矿

地壳中的热液循环可以产生于各种地质环境中，这些环境的复杂组合导致了大量的热液矿床矿化样式与类型。Pirajno(1992)基于热液矿床的形成深度和产出环境，划分了6类热液成矿系统：(1)与侵入岩有关的岩浆热液系统，主要形成钨锡矿；(2)与火山岩、次火山岩有关的热液系统，主要形成斑岩型、矽卡岩型、热液脉型贱金属与贵金属矿床；(3)海底热液系统，主要形成各种类型块状硫化物矿床，如塞浦路斯型、黑矿型以及太古代 Noranda 型硫化物矿床；(4)沉积盆地中与裂谷有关的热液系统，如美国内华达州的卡林型金矿床与加拿大 Sullivan 层状硫化物矿床；(5)同生盆地卤水系统，多与层状碳酸盐岩中的硫化物矿床形成有关；(6)变质热液系统，形成了如浊积岩中的金矿床、太古代的大脉型金矿床。

近年来的研究表明岩浆热液成矿系统主要发育在板块碰撞造山带(陈衍景等，1992；Groves，1998；毛景文，1997，2011)或造山运动后期的拉伸环境(Sillitoe，2002)。而华南燕山期岩浆热液钨锡矿床则主要受陆内伸展环境控制，发育有石英脉、矽卡岩及云英岩矿化，以及石英脉型矿床(陈郑辉等，2013；李吉明等，2016；韦龙明等，2014；汪劲草等，2002)。

1.3 富稀土矿物对流体来源与演化的指示

对于岩浆热液矿田而言，成矿流体是成矿系统中最活跃的因素，也是矿床学研究的重要内容(翟裕生，1999)。成矿流体演化是近年来矿床学领域的研究热点，主要涉及流体温度、pH、Eh，流体的稀土元素、微量元素的变化，以及流体环境、来源研究(Kendrick et al.，2002；李晓峰等，2004；席斌斌等，2008；王莉娟等，2009；Pan et al.，2020)，研究认为流体环境的变化破坏了成矿流体地球化学平衡，进而引起矿质沉淀。矿物同位素组成(H-O 同位素和 He-Ar 同位素等)可以用来指示流体源区，包括幔源、岩浆热液、大气降水及变质流体等(Kendrick et al.，2002；李晓峰等，2004；席斌斌等，2008；王莉娟等，2009；Chicharro et al.，2016；Shelton et al.，2020)。人们对于热液矿床成矿物质来源主要通过微量元素特征与同位素组成(S、Pb、Sr 同位素等)来确定(王泽光等，2008；杨玉琼等，2014；Hong et al.，2003；Zhou et al.，2013；Liang et al.，2016)。

但是目前学者对成矿流体中微量元素与含矿元素变化的研究还较少。王莉娟等(2006)采用 LA-ICP-MS 与显微热分析的方法获得内蒙古大井锡多金属矿床不同成矿阶段单个流体包裹体中少数微量元素的变化规律，从早阶段到晚阶段，富锡流体从高温变至低温，且 Rb、Sn、K 逐渐富集和 Sr、Cu 减少，而富铜流体中

Cu、Sr、Na逐渐富集，Rb、Sn减少。Pan等(2019)通过LA-ICP-MS技术发现石英脉黑钨矿矿石中石英流体包裹体强烈富集Sr元素贫化B元素。由于石英流体包裹体中绝大部分微量元素特别是稀土元素含量较低(常低于检测限)，即使利用LA-ICP-MS可获得单个流体包裹体中少数元素的含量，但热液演化过程中稀土元素与成矿元素的变化仍是研究的难题。近年来白钨矿、萤石等富稀土矿物的原位微量元素分析弥补了这一缺陷(Bau和Moeller, 1992; Ghaderi et al., 1999; Brugger et al., 2008; Poulin et al., 2018)。白钨矿与萤石是花岗岩热液系统中分布最广，持续时间最长的富稀土矿物，被广泛用于示踪流体特征(Bau和Möller, 1992; Bau和Dulski, 1995; Ghaderi et al., 1999; Brugger et al., 2008; Vinokurov et al., 2014; Assadzadeh et al., 2017; Poulin et al., 2018)。大多数稀土元素和一些微量元素的离子半径与萤石(CaF_2)、白钨矿($CaWO_3$)的Ca^{2+}离子半径相似，白钨矿与萤石常富集大量稀土元素，因此不同成矿阶段的白钨矿与萤石微量元素组成研究可揭示成矿流体中微量元素变化、成矿物理化学条件改变等重要信息(Möller et al., 1976; Bau, 1996; Schwinn和Markl, 2005; Sánchez et al., 2010)。

矿石中的白钨矿已被广泛应用于矿床类型的判别、流体来源示踪、成矿年龄约束(Sm-Nd同位素等时线)及对流体演化的指示等相关研究(Brugger et al., 2000; Poulin et al., 2018; WoohyunChoi et al., 2020)。不同类型矿床中的白钨矿的稀土配分型式是不同的，造山带型金矿中的白钨矿常为中稀土富集型，矽卡岩型钨矿中白钨矿的稀土配分型式常为轻稀土富集型，而岩浆热液有关的石英脉型钨矿中白钨矿的稀土配分型式常为中稀土贫化型(彭建堂等, 2005; Poulin et al., 2016; Poulin et al., 2018)。另外，白钨矿与岩体全岩稀土配分型式的对比可以用来示踪物质来源。根据白钨矿中微量元素比值(如Y/Ho值)以及氧同位素组成，可以识别流体来源(Bau和Moeller, 1992; Irber, 1999)，矽卡岩型白钨矿的氧同位素相对稳定，一般分布在+1‰~+6‰；而石英脉型白钨矿的氧同位素变化较大，其原因主要为：(1)成矿过程温度的变化；(2)封闭系统与开放系统的分馏；(3)围岩混染；(4)流体混合(Higgins和Kerrich, 1982; Wesolowski和Ohmoto, 1986; Singoyi和Zaw, 1998; Yuvan, 2006)。早期白钨矿与晚期白钨矿稀土配分型式的变化(如从轻稀土富集型转变为重稀土富集型)可用来反演流体中稀土元素分布的变化(Zeng et al., 1998; Ding et al., 2018)。另外，白钨矿的结晶对沉淀环境高度敏感，其内部生长纹理记录了流体环境变化与结晶过程(Ghaderi et al., 1999; Brugger et al., 2000; Poulin et al., 2018)。

富集稀土元素的萤石也可以用来研究成矿流体性质、演化过程、物质来源与流体来源(Möller et al., 1976; Bau, 1991; Bau和Moeller, 1992; 许成等, 2001; 曾昭法, 2013; 曹华文, 2014)，如不同阶段形成的萤石的稀土元素地球化学特征可连续变化，早期富集LREE，中期轻、重稀土富集程度相当，晚期富集HREE

(Möller, 1991; 聂爱国, 1998; Buhn, 2003; 吴永涛, 2017)。另外，彭建堂(2002)发现黔西南晴隆锑矿床中不同阶段的萤石的稀土配分型式相同，只是Σ REE逐渐减少。萤石的Ce、Eu的价态以及Ce和Eu的异常指示流体的氧化还原环境(Bau 和 Dulski, 1995; Brugger et al., 2000; Kempe et al., 2002; Sasmaz et al., 2005)，萤石Y/Ho值也可用来指示流体的来源与运移距离(Bau 和 Dulski, 1995; 曾昭法, 2013; 曹华文, 2014)。

1.4 锡田矿田研究现状

锡田矿田发育一系列中大型石英脉型钨锡多金属矿床(如湘东钨矿、狗打栏钨锡矿)与少量的矽卡岩型钨锡矿床(伍式崇等, 2004, 2011; Liang et al., 2016; Xiong et al., 2017; Cao et al., 2018; Xiong et al., 2019)，拥有超过30万吨的钨锡金属资源(伍式崇等, 2011)。前人已做了大量的研究，主要涉及以下几个方面。

1)矿田构造与成矿

矿田位于NE向茶陵-郴州-临武区域大断层与NW向安仁-龙南区域大断层交会部位南东侧的醴陵-攸县断陷盆地带中。茶陵-郴州-临武断层(锡田段为茶汉断层)是研究区最主要的区域断层，也是华南板块的主要构造(柏道远等, 2008; Wang et al., 2008; Chu et al., 2012; Wei et al., 2018)，断层两侧基性岩的Sr-Nd和Pb同位素组成存在显著差异，地震调查揭示其为地壳尺度断层(Zhang 和 Wang, 2007)，认为该断层形成于前寒武纪，并在三叠纪期间重新活动(Wang et al., 2008; Chu et al., 2012; Faure et al., 2016)，控制着矿田的整体构造格局。

早期学者认为茶汉断层为逆断层，并且错断了湘东钨矿的南北两组矿脉可能为成矿后断层，后来研究者通过该断层(老山坳段)的节理分析、上盘堆垛现象以及断层两盘矿脉对比，认为该断层具有正断层的性质，断距可达1.5 km(倪永进等, 2015; 宋超等, 2016)。断层泥的磁化率(AMS)测量结果显示断层整体倾向SE，断层可能与八团岩体[锆石U-Pb年龄(159.2 ± 4.6) Ma]的侵位同时形成，张性裂隙条件为成矿流体向浅部运移提供了通道，并且其次级断层系统为石英脉矿石提供了赋矿空间(Wei et al., 2018)。矿田内除茶汉断层外还分布有一系列与之近似平行的NE向断层，特别是在盆地南侧，这些断层对狗打栏石英脉型钨锡矿、荷树下石英脉型钨锡矿、尧岭破碎带型铅锌矿等矿床有明显的控制作用(曹荆亚, 2016; Cao et al., 2018)。

2)成矿时代与矿床成因

锡田矿田矿床类型主要为矽卡岩型、石英脉型与断层破碎带型(曾桂华等, 2005; 徐辉煌等, 2006; 伍式崇等, 2004, 2011; 龙宝林等, 2009), 可分为两期成矿, 早期为220 Ma的矽卡岩型钨锡矿化, 例如垄上钨锡矿, 其辉钼矿Re-Os等时线年龄为(225.5 ± 3.6) Ma(邓湘伟等, 2016); 晚期为157~150 Ma的石英脉型钨锡矿床, 发育范围较广, 例如北部的湘东钨矿, 其辉钼矿Re-Os等时线年龄为(150.5 ± 5.2) Ma(蔡杨等, 2012); 南部的狗打栏钨锡矿, 其白云母$^{40}Ar/^{39}Ar$坪年龄为(152.8 ± 1.6) Ma (Liang et al., 2016), 其锡石U-Pb等时线年龄为(155.2 ± 1.8) Ma (He et al., 2018); 荷树下钨锡矿, 其白云母$^{40}Ar/^{39}Ar$坪年龄为(156.6 ± 0.7) Ma与(149.5 ± 0.8) Ma (Cao et al., 2018)。矽卡岩型矿体主要产出于岩体和泥盆系碳酸盐岩的接触带或者层间破碎带附近, 呈层状、似层状、透镜状(曾桂华等, 2005; 徐辉煌等, 2006; 伍式崇等, 2011); 石英脉型矿体产出于印支期花岗岩内的NE向或NNW向裂隙带中(伍式崇等, 2012)。

垄上钨锡矿硫化物硫同位素指示印支期成矿物质主要源自深部岩浆(邓湘伟, 2015), 辉钼矿的Re含量指示其为壳幔混合来源(邓湘伟等, 2016)。矿田内钨锡矿床与铅锌矿床硫化物S、Sr和Nd同位素特征证实燕山期成矿流体来自地壳重熔的燕山期花岗岩(蔡杨, 2013; 黄鸿新, 2014; 郑明泓, 2015; Xiong et al., 2017; Cao et al., 2018)。湘东钨矿、狗打栏钨锡矿等燕山期钨锡矿床中辉钼矿的Re含量, 黄铁矿流体包裹体的He、Ar同位素, 流体包裹体激光拉曼的气相组分均指示燕山期成矿物质有地幔物质的加入(刘云华等, 2006; 杨晓君等, 2007; 邓湘伟, 2015; Liang et al., 2016), 并且可能有部分地层物质参与成矿(罗洪文等, 2005)。

因此, 矿田内的矿化为岩浆热液成因已为人所公认。

3)矿田花岗岩时空分布及成因

前人认为矿田内主要出露印支期(230~220 Ma)、燕山期(160~150 Ma)两期岩体(马铁球等, 2004, 2005; 刘国庆等, 2008; 付建明等, 2009, 2012; 姚远等, 2013; 牛睿等, 2015; Zhou et al., 2015; Wu et al., 2016; Xiong et al., 2020)。印支期岩体主要呈岩基产出, 是矽卡岩型钨锡矿的成矿地质体; 燕山期岩体以岩株、岩脉侵入印支期花岗岩中, 且主要分布在NE向断层带附近, 早期以粗粒黑云母花岗岩、二云母花岗岩为主, 晚期主要为细粒二云母花岗岩、白云母花岗岩以及少量的细粒黑云母花岗岩(黄鸿新, 2014; 邓渲桐等, 2017; 周云等, 2017), 其中普遍认为154 Ma的二云母花岗岩是石英脉型钨锡矿的成矿地质体(蔡杨, 2013; 陈迪等, 2013)。

矿田内的花岗岩被茶陵盆地分为南北两个岩体, 但南部与北部的印支期花岗岩成岩时代相近, 均有较高的A/CNK, 较低的10000Ga/Al值和Zr与Y值, 为S

型花岗岩(曹荆亚, 2016；Wu et al., 2016；Cao et al., 2020)，另外二者有相似的Lu-Hf同位素组成、$\varepsilon_{Nd}(t)$值与两阶Nd模式年龄(T_{2DM})(蔡杨, 2013；Wu et al., 2016；Cao et al., 2020)，因此两区印支期花岗岩应起源于相似的源区。南北两区的燕山期花岗岩成岩年龄也相近，但南部锡田地区燕山期花岗岩更富Si、Na和K，贫Ca、Mg，也更富集Rb、Th、Ta等微量元素，亏损Sr、Ba、P等元素，具有显著的负Eu异常和高10000Ga/Al值，指示其可能为A型花岗岩(Collins et al., 1982；Whalen et al., 1987；马铁球等, 2004；Zhou et al., 2015)；另外，南部锡田地区的燕山期花岗岩还具有更负的$\varepsilon_{Nd}(t)$值与更年轻的两阶Nd模式年龄(T_{2DM})，指示南部燕山期花岗岩可能具有更多的幔源物质加入(姚远, 2013；邓渲桐等, 2017；Cao et al., 2020)。

4)区域成矿系统

曹荆亚基于地质特征、成矿年代、成矿物质来源、控矿因素及成矿作用，将锡田的成矿归为两大岩浆热液成矿系统：印支期成矿系统(成矿时限为225~208 Ma)、燕山期成矿系统(成矿时限为157~149 Ma)(曹荆亚, 2016；Cao et al., 2018；Cao et al., 2020)。熊伊曲识别出以湘东钨矿为中心的W-Sn、Pb-Zn空间分带，并认为不同矿带的成矿有相似的成矿时代、成矿物质及流体来源、成矿环境等(熊伊曲, 2017；Xiong et al., 2019；Xiong et al., 2020)。但前人对锡田矿田的南部地区是否存在成矿分带并不清楚，对南北两个成矿区域是否为同一成矿系统也不清楚。

第 2 章　区域成矿背景

2.1　大地构造演化

锡田矿田位于南岭成矿带中段，钦杭结合带的东南部(毛景文等，2011；伍式崇等，2012；Liang et al.，2018；Cao et al.，2018；Wu et al.，2016)。

南岭位于武夷山以西和越城岭以东地带，在中侏罗世之前主要受特提斯构造域影响，发育前陆盆地、EW 向断层和褶皱，在中-晚侏罗世之交发生了特提斯构造域向太平洋构造域的转变，转为古太平洋板块俯冲-弧后伸展和陆内深部构造联合控制，形成了近 EW 向的花岗岩带、NE 向断层、断陷盆地(舒良树，2006)。而钦杭结合带是一条新元古代的缝合带，由扬子地块和华夏地块沿江山-绍兴断层带碰撞而形成(虞鹏鹏等，2017；Zhang et al.，2017)。本区显生宙以来历经了加里东期、印支期、燕山期等多期构造岩浆旋回活动，不同期次形成的构造变形相互叠加与改造。

加里东期：早古生代晚期扬子、华夏陆块沿钦杭缝合带从北至南相继发生碰撞拼接，形成了加里东期褶皱造山带，中国东部处于构造隆升状态，岩石圈厚度增加，导致地壳重熔，形成多以 S 型为主的加里东花岗岩带(毛景文等，2011)，区域上有少量与之相关的钨锡矿床发育，如广西越城岭的界牌 W-Cu 矿床(林书平等，2017)。

印支期：早-中三叠世，区内主要受古特提斯构造域的影响，古特提斯洋的闭合致使本区发生大规模碰撞造山、地壳加厚作用(舒良树，2006)，并伴随强烈的岩浆活动，形成多以 S 型为主、NW-SE 展布的花岗岩带(王岳军等，2002；Zhou et al.，2006；柏道远等，2007)，同时形成少量的钨锡矿床，如广西栗木、湖南荷花坪等钨锡矿(蔡明海，2006；娄峰等，2014)。

燕山期：从早侏罗世开始，研究区从受特提斯构造域影响转变为受古太平洋构造域的影响。古太平洋板块的俯冲作用引发本区深部岩浆活动，发生强烈的陆内造山运动，形成 NNE 向花岗岩带，伴随大量的中-酸性火山岩浆活动，该岩浆活动主要是由地壳的拉张伸展而引发的幔源物质上涌、底侵作用所致(万天丰和朱鸿，2002；舒良树等，2008；毛景文等，2011)，并伴随大规模钨锡多金属的成矿，在湖南形成了柿竹园、瑶岗仙、香花岭等大型钨锡矿床(图 2-1，毛景文等，2008；陈毓川等，2014；Hu et al.，2017)，最新研究表明一直到早中白垩世(134~80 Ma)仍有少量钨锡矿床发育(毛景文等，2008；Xiong et al.，2020)。

2.2 区域地质背景

2.2.1 区域地层

研究区主要出露的地层为寒武系、奥陶系、泥盆系、石炭系，其次为二叠系、三叠系、侏罗系、白垩系和第四系。

寒武系分布于邓埠仙岩体东西两侧。奥陶系主要分布于南部地区，为浅海相砂质、泥质、炭泥质及硅质沉积岩。志留系缺失。泥盆系主要出露在矿区的北部与南部地区，出露上、中统地层，是主要的含矿地层。石炭系主要围绕邓埠仙岩体的北部与锡田岩体的西侧分布，并角度不整合于泥盆系之上。二叠系与三叠系主要分布于邓埠仙岩体北部与锡田岩体北东部，为滨海相-海陆交互相的灰岩、泥砂质、硅质含煤沉积。侏罗系不整合于三叠系中统及其以前地层上，主要分布于邓埠仙岩体以西，下统为粉砂质泥岩、砂质泥岩与石英砂岩互层，上统为长石石英砂岩、粉砂岩和泥岩互层。白垩系-第三系为陆相断陷盆地沉积，主要分布于茶陵盆地，白垩系戴家坪组(K_2d)由紫红色巨厚层陆源碎屑岩建造的砾-砂-泥质岩组成，角度不整合于前白垩系之上。第四系主要分布于湘江及其支流等次级水系之侧，为阶地、河道、边滩、漫滩等沉积物，各处厚度不一。研究区局部被第四系风化残坡积物等覆盖。

各地层单位、岩性特征及相互关系详见表 2-1。

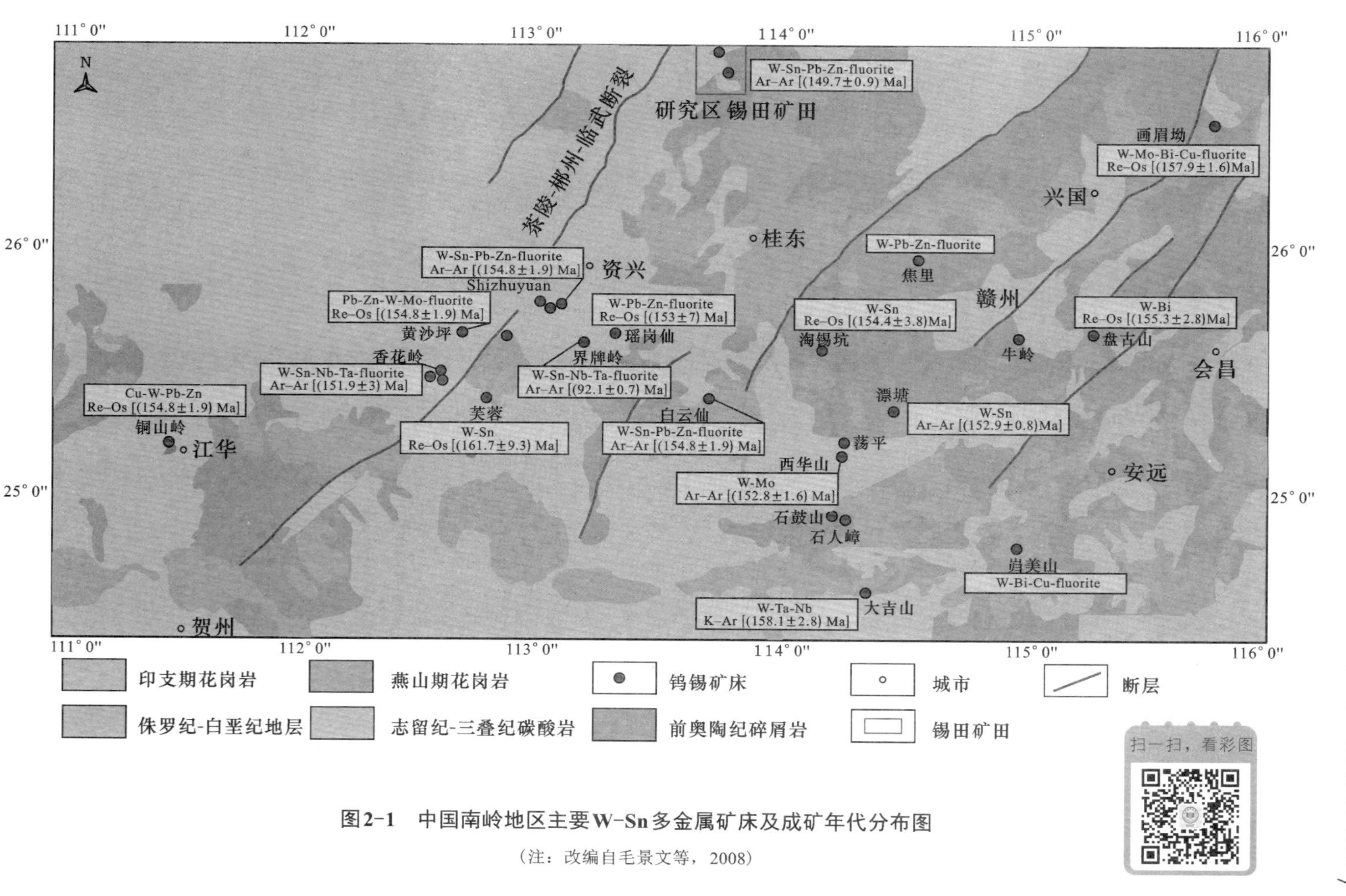

图2-1　中国南岭地区主要W-Sn多金属矿床及成矿年代分布图

（注：改编自毛景文等，2008）

表 2-1　锡田矿田区域地层表

界	系	统	群/组	代号	岩性描述
新生界	第四系			Q	上部土黄色砂土，下部砂砾层
中生界	白垩系	上统	戴家坪组	K_2d	紫红色钙质泥岩及泥质砂岩
	侏罗系	中统		J_2	长石石英砂岩、粉砂岩和泥岩互层
		下统		J_1	粉砂质泥岩、砂质泥岩与石英砂岩互层
	三叠系	下统	张家坪组	T_1z	上部以砂岩、页岩为主；下部以页岩、灰岩为主
上古生界	二叠系	上统	大隆组	P_2d	硅质页岩夹硅质灰岩
			龙潭组	P_2l	上部含煤段：长石石英砂岩、细粒石英砂岩、含砾砂岩、碳质页岩、砂质页岩与粉砂质泥岩 下部不含煤段：石英砂岩、长石石英砂岩、粉砂质泥岩、砂质页岩以及含碳质页岩
		下统	茅口组	P_1m	以灰岩为主，夹少量的泥质、硅质灰岩
			栖霞组	P_1q	上部含煤段：以石英砂岩为主，夹有页岩 下部灰岩段：含少量燧石和白云岩的微粒灰岩
	石炭系	中上统	壶天群	C_{2-3}	上部：灰岩，夹少量的白云质灰岩 下部：灰岩，夹白云质灰岩、硅质灰岩
		下统	大塘组	C_1h	生物碎屑灰岩、白云岩、石英细砾岩
			孟公坳组	C_1y	泥灰岩、灰岩夹砂页岩
			石磴子组	C_1d	灰黑色白云质灰岩与白云岩互层，局部夹泥灰岩及粉砂岩
	泥盆系	上统	锡矿山组	D_3x	上部：灰-灰白色中厚层状细粒含云母石英砂岩夹砂质页岩 下部：深灰-灰白色条带状灰岩夹砂质页岩
			佘田桥组	D_3s	灰岩、白云质灰岩夹白云岩
		中统	棋梓桥组	D_2q	灰岩、泥质灰岩
			跳马涧组	D_2t	上部：页岩夹泥质灰岩，或灰岩与页岩的互层 下部：页岩及砂质页岩 底部：白色石英砂岩及砾岩层

续表 2-1

界	系	统	群/组	代号	岩性描述
下古生界	奥陶系	上统		O_3	浅变质砂岩、板岩、砂质板岩
	寒武系	上统	茶园头组	ϵ_3c	上部：泥质粉砂岩及粉砂质泥岩，夹变质粉砂岩及砂质板岩 下部：厚层状浅变质细砂岩，夹粉砂岩和少量泥质白云岩
		中统	小紫荆组	ϵ_2x	砂质板岩和浅变质粉砂岩，局部见较强细粒浸染状黄铁矿化

2.2.2 区域构造

矿田经历了加里东运动、印支运动和燕山运动等多次构造事件，褶皱、断层和构造盆地比较发育，它们构成了矿区的基本构造格架。加里东期形成了SN向隆起带和NW向褶断带；印支期发育NNE-NE向复式背向斜和断层构造，并且印支期岩体沿NW向基底构造侵位(图2-2)；燕山期形成一系列NE-NEE向断层，控制了区内花岗岩及矿化的分布，局部被晚期NNW向断层错开。

1)基底构造层

炎陵-桂东隆起带走向SN，主要由万洋山复式花岗岩体和一些小的岩株、岩脉群组成，岩体侵位于寒武系、奥陶系中，该隆起带形成于加里东期，最后定型于印支期。

2)印支期褶皱构造

印支期构造主要由NEE-NE向复式背向斜组成，最为明显的就是严塘复式向斜和小田复式向斜。严塘复式向斜轴向为NE向，由从北往南一系列次级背斜、次级向斜相间排列组成，核部地层为石炭系-二叠系，两翼地层为泥盆系，两翼地层产状大多较平缓。小田复式向斜轴总体也是NEE-NE向，发育在泥盆系中，由平行排布的次级背斜与向斜组成，次级背向斜的两翼产状较陡。整体上褶皱带出露宽度为2~10 km，沿走向出露长度大于10 km。

3)燕山期断层构造

燕山期构造主要由一系列NE向断层和次级的NW向断层组成，形成了NE-NEE向的构造格局，为本区重要的控岩控矿构造，其中规模最大的为茶陵-郴州-临武地区断层(锡田段为茶汉断层)。该断层长度大于300 km，走向15°~45°，从锡田矿田的中心穿过，控制了矿田的整体构造格局(Wei et al., 2018)。受古太平洋板块俯冲影响，早侏罗世茶汉断层表现为逆断层，中晚侏罗世构造背景转向伸

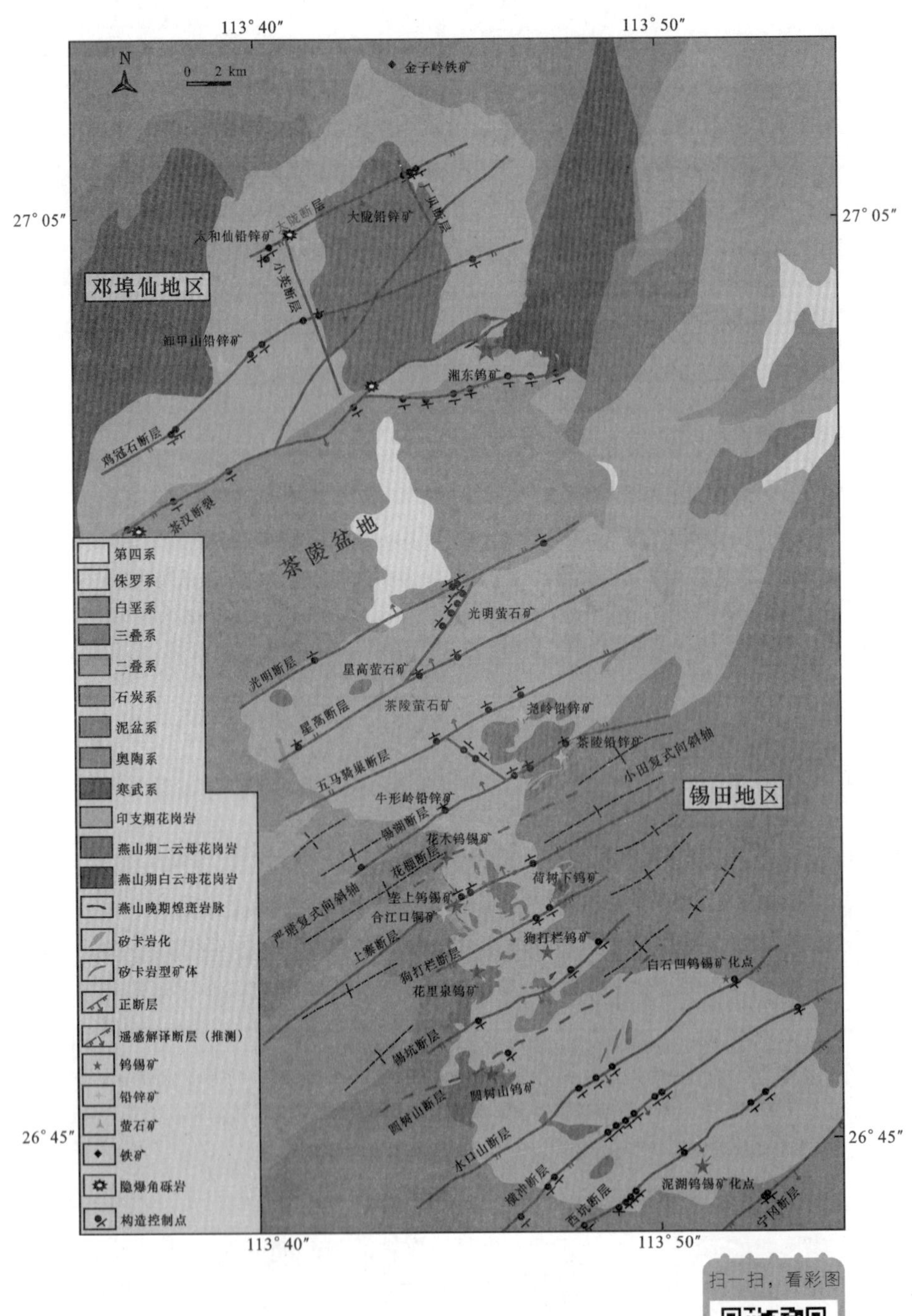
113° 40″
113° 50″
27° 05″
26° 45″
N
0 2 km
金子岭铁矿
大陂断层
广山断层
大陂铅锌矿
太和仙铅锌矿
小尧断层
邓埠仙地区
湘甲山铅锌矿
湘东钨矿
鸡冠石断层
茶汉断裂
茶陵盆地
光明萤石矿
光明断层
星高萤石矿
星高断层
茶陵萤石矿
尧岭铅锌矿
茶陵铅锌矿
五马骑巢断层
小田复式向斜轴
锡田地区
牛形岭铅锌矿
锡湖断层
花木钨锡矿
花棚断层
荷树下钨矿
严塘复式向斜轴
垄上钨锡矿
合江口铜矿
上寨断层
狗打栏钨矿
狗打栏断层
白石凹钨锡矿化点
花里泉钨矿
锡坑断层
园树山钨矿
园树山断层
水口山断层
泥湖钨锡矿化点
横冲断层
西坑断层
宁冈断层
第四系
侏罗系
白垩系
三叠系
二叠系
石炭系
泥盆系
奥陶系
寒武系
印支期花岗岩
燕山期二云母花岗岩
燕山期白云母花岗岩
燕山晚期煌斑岩脉
矽卡岩化
矽卡岩型矿体
正断层
遥感解译断层（推测）
钨锡矿
铅锌矿
萤石矿
铁矿
隐爆角砾岩
构造控制点

图2-2 锡田矿田地质图

展，茶汉断层由逆断层转变为正断层(Wei et al.，2018)。矿田内除茶汉断层外还分布有一系列其他NE向断层，如锡湖断层、水口山断层、横冲断层、西坑断层等(曹荆亚，2016；Cao et al.，2018)，另外在邓埠仙地区发育小英与厂贝等NW向断层。

2.2.3 区域岩浆岩

研究区岩体可分为北部邓埠仙岩体与南部锡田岩体，两个岩体都是多期次岩浆活动形成的复式岩体，前人通过野外接触关系、岩相学和同位素定年等方法，将区内岩体划分为五个主要期次：

第一期为加里东期，为本次研究新发现岩体，岩体主要分布在锡田岩体南部的印支期岩基的西侧，为中细粒白云母花岗岩。

第二期为印支期，构成锡田和邓埠仙复式岩体的主体，北部似马蹄形，南部似哑铃柄，面积约为360 km^2，为岩基状，构成了复式岩体的主体，以气球膨胀式侵位于寒武系、奥陶系、泥盆系中(倪永进等，2015)。岩体为印支期粗粒似斑状花岗岩，少量的粗粒或细粒黑云母花岗岩、二云母花岗岩，锆石U-Pb年龄为235~225 Ma，为典型的S型花岗岩(蔡杨等，2013；Wu et al.，2016；Cao et al.，2020)。

第三期为燕山期二云母花岗岩，呈岩株状出露于邓埠仙岩体和锡田岩体中，与印支期花岗岩基为侵入接触关系，北部邓埠仙地区岩性主要为粗粒二云母花岗岩，为S型花岗岩[(154.4 ± 2.2) Ma，黄卉等，2011]；南部锡田地区主要为燕山期中细粒二云母花岗岩，出露面积较小，多呈岩瘤、岩脉(少数呈岩株)形式侵入印支期花岗岩的边缘、内外接触带以及印支期花岗岩中NE向断层，具有A型花岗岩地球化学特征(马铁球等，2004；姚远等，2013；Zhou et al.，2015)。

第四期为燕山期白云母花岗岩，地表露头较少，以小岩株和岩脉的形式穿插到前三期花岗岩中，岩性为细粒白云母花岗岩，在湘东钨矿与狗打栏钨锡矿均有发育，湘东钨矿中白云母花岗岩最新的锆石U-Pb同位素年龄显示其为晚侏罗世到早白垩世的岩体(145~142 Ma，Xiong et al.，2020)。

第五期为燕山晚期，煌斑岩脉，主要分布在茶汉断层与大陇断层东段，切穿了印支期似斑状黑云母花岗岩与燕山期粗粒二云母花岗岩。

2.2.4 区域矿产

研究区矿产较为丰富，内生矿产有钨、锡、铅、锌等有色金属及少量的铌、钽等稀有金属与萤石非金属矿产，外生矿产有煤、铁等矿产(图2-2)。北部的邓埠仙地区发育湘东钨矿、金竹垄铌钽矿、大陇铅锌矿、太和仙铅锌矿；南部的锡田地区发育垄上钨锡矿，合江口铜矿，荷树下、狗打栏、花里泉、园树山钨矿，茶陵、尧岭铅锌矿，星高、光明萤石矿。印支期的矿化主要分布在印支期岩基的周围，主要为矽卡岩型钨锡矿；燕山期的矿化大多在印支期或者燕山期二云母花岗岩体内部断层带中，主要为石英脉矿床，包括钨锡、铅锌、萤石矿床。达到大型规模的矿床只有湘东钨矿，其余多为中型矿山或小型矿山。铁矿分布于泥盆系中，煤炭主要分布于二叠系中，本次野外调研发现，金子岭铁矿也同样发育矽卡岩化，可能受到了印支期岩浆岩热液叠加影响。

第 3 章　锡田矿田燕山期断层构造特征

锡田矿田构造主要由中部 NE 走向的茶陵盆地和盆地两侧的 NE 向断层、褶皱及岩体接触带组成(图 2-2)。茶陵盆地为断陷盆地,深度约 1.5 km,主要沉积了侏罗系、白垩系碎屑岩及第四系坡积物。盆地中心地层产状平缓(倾角 5°左右),其两侧边缘地层受边界断层影响产状变陡(倾角 25°左右)。盆地两侧出露寒武系、奥陶系、泥盆系、石炭系、二叠系和三叠系,地层走向以 NE 为主。

在盆地南部的奥陶系、泥盆系、石炭系、二叠系中发育系列 NE 向复式褶皱,主要为箱式、倾伏、倾斜褶皱,局部发生倒转,但侏罗系地层未卷入其中,因此褶皱应形成于印支期(图 2-2)。向斜核部主要为石炭系灰岩,其下部为泥盆系碎屑岩;背斜核部主要为奥陶系碎屑岩建造,褶皱轴面走向 NE-SW,倾向 SE,倾角 70°左右。

印支期花岗岩体与围岩接触带的走向不定,主要有 NNW 向和 NE 向,特别是分布于矿田中部的 NNW 向接触带控制了矽卡岩型矿床的分布。

由于区内成矿以燕山期为主,并主要与燕山期的断层和岩浆岩有关,所以将燕山期断层作为本次研究的重点,对其空间分布、显微特征、活动期次、含矿元素分布、形成时代、流体特征与来源等开展研究,为建立构造-矿化的联系提供依据。

3.1　燕山期断层空间分布及性质

燕山期断层主要为 NE 走向和 NNW-NW 走向,其中 NE 向断层最为发育,NNW-NW 向断层多为 NE 向断层的次级断层(图 2-2)。前人在区域调查中已确定了茶陵盆地北部的茶汉断层、大陇断层,茶陵盆地南部的锡湖断层、上寨断层,宁冈地区的园树山断层、水口山断层、横冲断层、西坑断层与宁冈断层。通过本次野外调查,在盆地南缘新识别出光明、星高、五马骑巢、狗打栏等断层(表 3-1),特别是盆地南侧边缘光明断层的发现改变了以往对茶陵盆地为箕状

表 3-1　主要断层带控制点与样品信息表

点号	坐标 X	坐标 Y	产状	断层性质	点号	坐标 X	坐标 Y	产状	断层性质
6D1115-4	2975161	474692	290∠60°	正断层	6D1206-1	2989525	480180	171∠72°	正断层
6D1115-7	2975436	475521	355∠75°	正断层	6D1206-5	2989495	479794	180∠40°	正断层
6D1115-8	2975007	474940	295∠55°	正断层	6D1206-7	2989589	478801	150∠50°	正断层
6D1115-13	2976547	474392	310∠65°	正断层	6D1207-1	2989872	475246	135∠72°	正断层
6D1118-3	2973279	476869	335∠86°	正断层	6D1207-3	2989870	476652	160∠73°	正断层
6D1118-10	2974756	477507	320∠70°	正断层	6D1207-6	2990054	476624	150∠75°	正断层
6D1119-1	2977036	475800	320∠70°	正断层	6D1207-7	2989899	477258	180∠90°	正断层
6D1119-9	2971921	479268	335∠70°	正断层	6D1207-10	2989899	477479	160∠72°	正断层
6D1115-6	2975314	475245	195∠60°	正断层	6D0430-3	2985021	464045	150∠70°	正断层
6D1115-12	2975408	474113	310∠70°	正断层	7D0430-4	2984610	464153	150∠70°	正断层
6D1115-14	2976392	474640	365∠60°	正断层	7D0502-5	2981859	460684	150∠75°	正断层
6D1115-16	2976332	474253	300∠70°	正断层	7D0502-6	2981762	460598	150∠75°	正断层
6D1116-2	2971860	479047	150∠80°	正断层	7D0503-1	2983476	460809	155∠70°	正断层
6D1118-5	2969648	476752	350∠75°	正断层	7D0503-2	2988424	463305	155∠71°	正断层
6D1119-3	2977745	475443	305∠60°	正断层	6D0811-2	2990355	468407	170∠68°	正断层
6D1119-7	2971676	478716	350∠75°	正断层	6D0811-3	2991283	468881	170∠70°	正断层
6D1119-8	2971798	479047	180∠77°	正断层	6D0811-4	2992344	470841	155∠70°	正断层
6D1119-12	2971889	479903	350∠50°	正断层	6D0811-5	2992218	471915	160∠72°	正断层
7D0927-1	2972018	477790	10∠75°	正断层	6D0811-8	2989416	472819	150∠55°	正断层
7D0927-2	2971800	479140	330∠60°	正断层	6D0605-1	2998308	474023	180∠69°	正断层
7D0927-3	2971897	479893	330∠75°	正断层	6D0605-2	2997662	474021	180∠69°	正断层

续表3-1

点号	坐标 X	坐标 Y	产状	断层性质	点号	坐标 X	坐标 Y	产状	断层性质
7D0927-6	2981366	480291	310∠75°	正断层	6D0602-2	2993281	465497	160∠60°	正断层
7D0927-7	2980671	477903	300∠80°	正断层	5D0616-6	2994480	476448	170∠80°	正断层
7D0927-8	2980627	477860	295∠70°	正断层	5D6-1	茶汉断层		154∠45°	正断层
7D0927-10	2980195	477859	305∠66°	正断层	5D8-2	茶汉断层		125∠79°	正断层
7D0927-11	2979837	477694	340∠80°	正断层	8D6-2	茶汉断层		155∠30°	正断层
7D0929-21	2969228	477003	330∠75°	正断层	10D10-1	茶汉断层		165∠20°	不清
7D0929-27	2969031	476919	330∠70°	正断层	12D1-1	茶汉断层		165∠20°	正断层
7D0924-10	2968216	469509	330∠72°	正断层	7D0925-17	2963196	474680	150∠85°	正断层
6D1205-4	2973909	470301	300∠78°	正断层	7D0926-12	2966227	480895	150∠75°	正断层
6D1208-1	2968779	480920	330∠78°	正断层	7D0926-12	2966233	480905	150∠76°	正断层
6D1208-2	2968656	480561	330∠72°	正断层	7D0926-12	2966240	480925	150∠78°	正断层
7D0927-2	2957282	489283	140∠85°	正断层	7D0927-1	2957307	489264	110∠60°	正断层
6D0823-18	2959120	487249	345∠80°	正断层	6D0816-14	2960661	484136	155∠62°	正断层
6D0822-8	2963644	490605	160∠57°	正断层	6D0817-1	2962312	476791	150∠60°	正断层
6D0822-10	2965590	487900	150∠81°	正断层	6D0817-2	2959665	481425	345∠54°	正断层
6D0823-16	2960202	486532	145∠70°	正断层	6D0817-04	2958172	480600	110∠70°	正断层
6D0823-14	2960830	487843	125∠70°	正断层	6D0817-05	2957469	480579	165∠80°	正断层
6D0816-12	2960721	483896	170∠60°	正断层	6D0817-08	2957382	482909	220∠70	正断层
6D0816-13	2960744	484000	160∠61°	正断层	6D0817-06	2956976	482496	155∠84°	正断层
6D0817-10	2957170	482685	170∠86°	正断层	6D0817-11	2957044	482633	140∠86°	正断层

断陷盆地的认识。这些断层的发现为矿田构造格局的完善提供了新证据。根据断层两侧派生节理、断层角砾岩、断层充填物特征分析，判别其为正断层，受张应力控制明显。

对断层产状的系统测量结果显示断层走向以 NE60°~70°为主(图 3-1)，茶陵盆地北侧邓埠仙地区的断层倾向 SE[图 3-1(a)，(b)]，倾角 65°~75°；南侧锡田地区断层倾向 NW[图 3-1(c)，(d)]，倾角 65°~75°；远离盆地南部的宁冈地区断层倾向 SE[图 3-1(e)，(f)]，倾角 65°~75°。

3.2 断层的宏观地质特征

研究区 NE 向断层切穿了区内的印支期岩体、燕山早期岩体、古生代和早中生代的地层，主要表现为构造破碎带、裂隙带，其中发育不连续石英脉，强烈的硅化使断层壁的活动痕迹基本消失殆尽(图 3-2)。多数断层内部分带不明显，如茶汉断层[图 3-2(a)]、鸡冠石断层[图 3-2(b)]、上寨断层[图 3-2(c)]、宁冈断层[图 3-2(d)]等；部分断层内部分带明显，如光明断层[图 3-2(e)]，从中心往两侧岩石破碎程度逐渐降低，可依次划分出强破碎带[图 3-2(f)]—弱破碎带[图 3-2(g)]—完整花岗岩围岩。茶汉断层西段印支期岩体与石炭系接触带发现有热液隐爆角砾岩岩体存在[图 3-2(h)]，岩体热液隐爆角砾岩体中心为长英质岩脉[图 3-2(h)]，从岩体中心到边缘角砾由巨砾、粗砾变为细砾，角砾为棱角状，局部可拼接，胶结物主要为硅质。茶汉断层东段发育多条煌斑岩脉[图 3-2(i)]，其围岩为燕山期二云母花岗岩，岩脉沿走向延伸 0.2~1 km，走向 NE20°，倾角 60°。

光明断层是本次工作新发现的断层，断层走向 NE，倾向 NW，倾角 60°~75°，与盆地北侧的茶汉断层平行分布，断层带宽 5~15 m，断层壁平直，其围岩为印支期花岗岩。断层带内主要发育断层泥[图 3-2(f)]、碎粉岩，也含少量花岗岩角砾[图 3-2(g)]，角砾大小为 1~15 cm，为棱角状、次棱角状，并被石英胶结，显示了张性断层特点及热液活动；断层中充填石英脉，两侧发育一定规模硅化，形成硅化带[图 3-2(e)，(f)，(g)]。该断层与星高断层以及其他 NE 向断层近等距依次排列构成了茶陵盆地南侧的正断层系(图 2-2)。

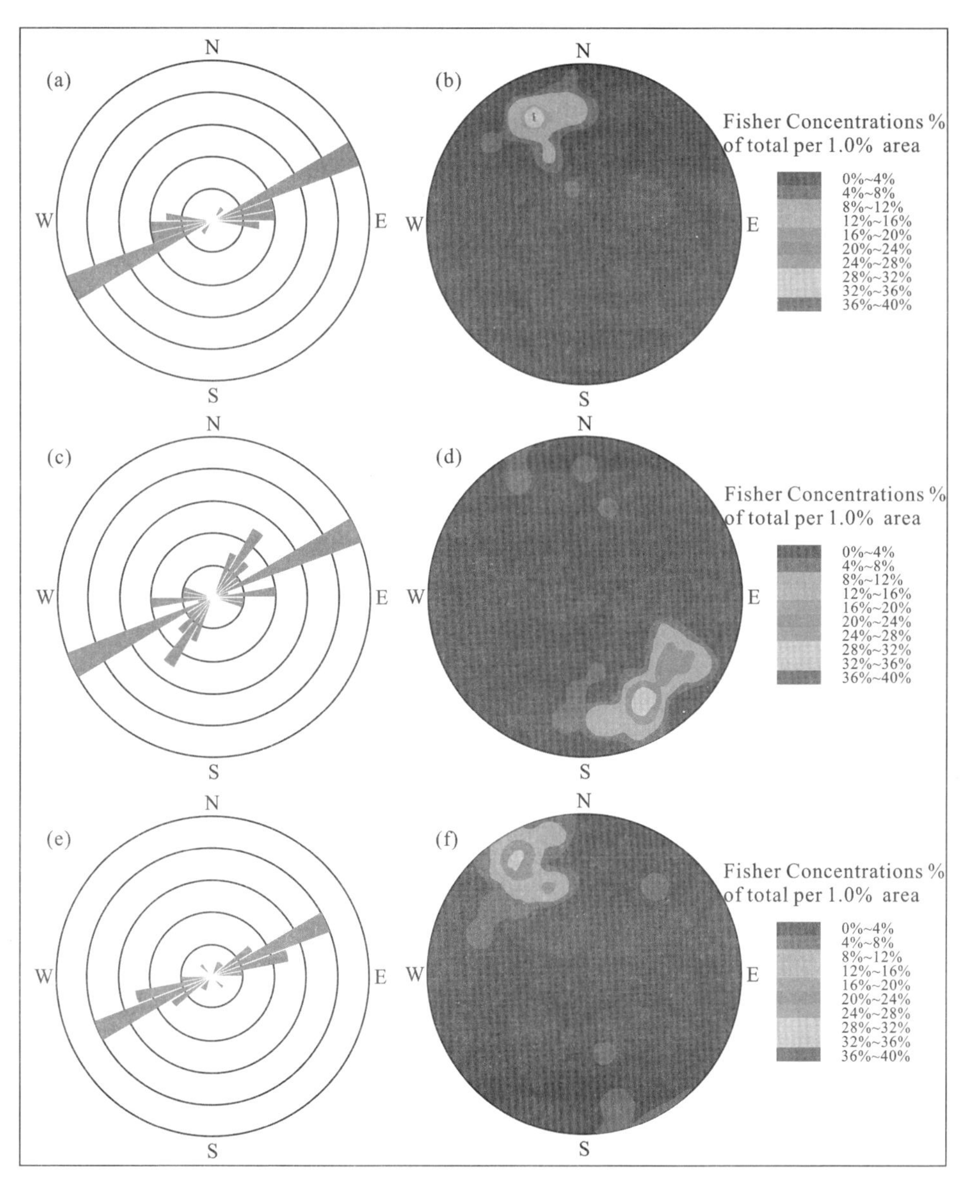

(a)邓埠仙地区断层走向玫瑰花图；(b)邓埠仙地区断层法向等密图；(c)锡田地区断层走向玫瑰花图；(d)锡田地区断层法向等密图；(e)宁冈地区断层走向玫瑰花图；(f)宁冈地区断层法向等密图。等密图均为下半球投影。

图 3-1　锡田矿田断层产状玫瑰花图

扫一扫，看彩图

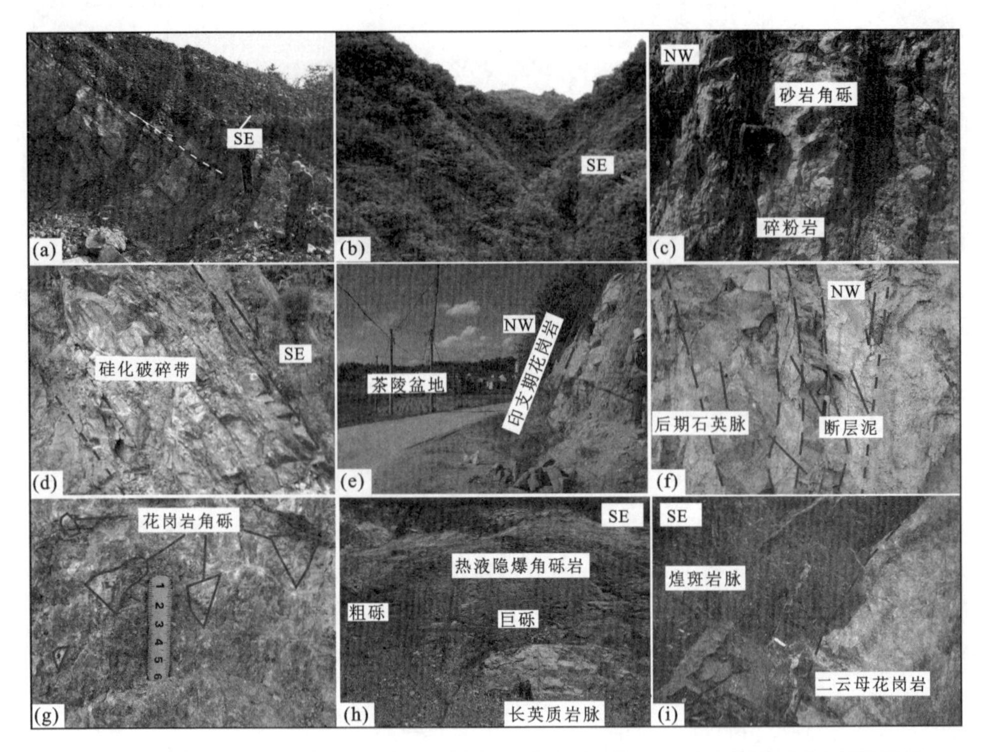

(a)茶汉断层西段构造破碎带；(b)鸡冠石断层西段构造破碎带；(c)上寨断层西段在厚层石英砂岩中发育构造破碎带；(d)宁冈断层西段硅化破碎带；(e)光明断层西段构造破碎带及充填的石英脉；(f)光明断层西段构造破碎带，断层泥，充填的石英脉；(g)光明断层西段构造破碎带中围岩花岗岩角砾；(h)茶汉断层西段发育隐爆角砾岩体；(i)茶汉断层东段的煌斑岩脉。

图 3-2 NE 向正断层野外宏观特征

3.3 断层岩显微构造特征

NE 向断层中的岩石主要为构造角砾岩、断层泥及充填的多期次石英脉。岩石主要为角砾构造、网脉构造、梳状构造，发育碎裂结构与碎粉结构。构造角砾岩的角砾主要为棱角状，其成分主要为印支期粗粒黑云母花岗岩、似斑状黑云母花岗岩[图 3-2(g)]、长石、脉石英及少量砂岩[图 3-3(a)，(b)，(c)，(d)]，角砾大小为 0.5~5 cm，有的角砾边缘被热液熔蚀交代呈不规则状，花岗岩角砾强烈硅化[图 3-3(c)]；胶结物主要为石英，见少量绢云母。矿物脆性变形明显，长石普遍发生破裂，石英除破裂外，还发育波状消光，粒径为 0.01~0.2 mm，局部出现亚颗粒，但基本不发育动态重结晶颗粒。断层泥砾岩仅在靠近断层壁位置发育，为花岗质碎粉组成，含少量花岗质碎粒，并发生强烈绢云母化，局部白云母化，发育多期次的石英脉[图 3-3(d)]。

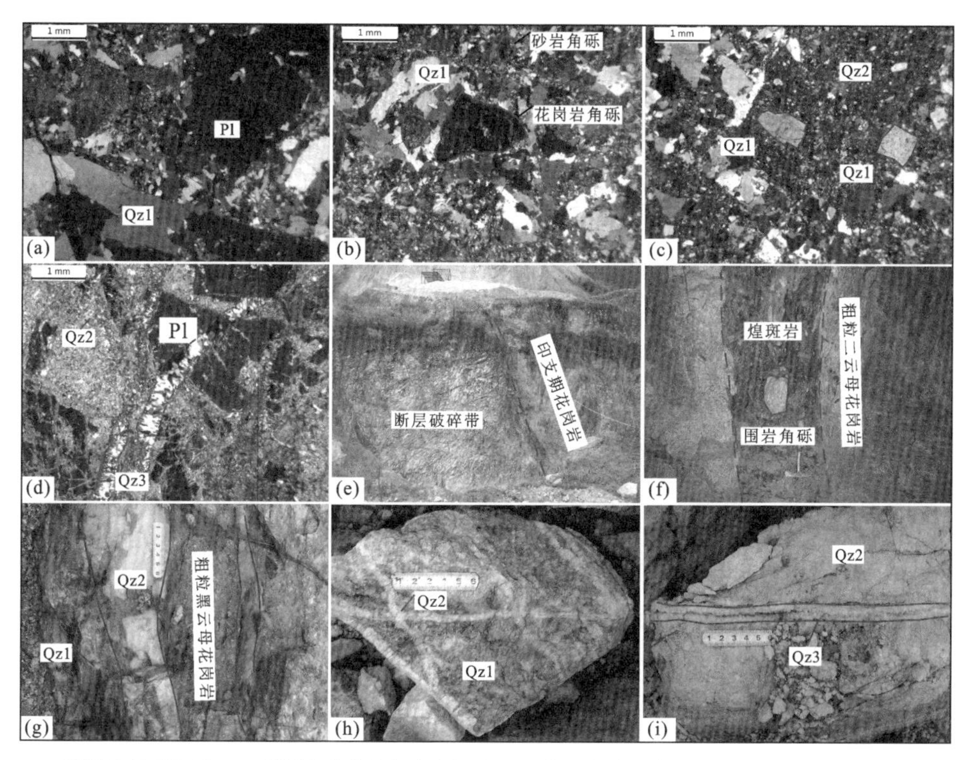

(a)断层中长石角砾；(b)断层中花岗岩与砂岩角砾；(c)断层中脉石英角砾；(d)断层中的多期石英脉；(e)星高断层穿切印支期似斑状花岗岩；(f)茶汉断层东段充填的煌斑岩脉，岩脉穿切燕山期粗粒二云母花岗岩；(g)锡湖断层第二期石英脉(Qz2)穿切第一期石英脉(Qz1)与印支期粗粒黑云母花岗岩；(h)茶汉断层中第二期石英脉(Qz2)穿切第一期(Qz1)石英脉；(i)狗打栏断层第三期梳状石英脉(Qz3)穿切第二期石英脉(Qz2)。Qz1—第一期石英；Qz2—第二期石英；Qz3—第三期石英；Pl—长石。

图 3-3　断层角砾岩显微构造与热液活动

3.4　断层形成时代

锡田地区 NE 向断层切穿了寒武系、泥盆系、石炭系、二叠系、三叠系、侏罗系下统地层，而白垩系地层分布于茶陵盆地中，位于盆地边缘断层(茶汉断层、光明断层)的上盘，未发现断层穿切白垩系地层。由于本区未出露上侏罗统地层，根据断层与地层关系，大体推断断层形成时代为中-晚侏罗世之交，持续至早白垩世。

根据断层与花岗岩的切穿关系以及岩体中锆石 U-Pb 年龄可以进一步约束断层活动时限。锡田矿田邓埠仙地区与锡田地区的似斑状花岗岩锆石 U-Pb 年龄(LA-ICP-MS)均为(230.0 ± 1.6) Ma~(218.2 ± 0.9) Ma[图 3-3(g)](Wu et al., 2016; 何苗等, 2018; Cao et al., 2020)；邓埠仙地区燕山期岩体粗粒二云母花岗岩锆石 U-Pb 年龄(八团岩体)为(159.2 ± 4.6) Ma[图 3-3(f)](郑明泓等, 2015)，细粒二云母花岗岩锆石 U-Pb 年龄为(155.9 ± 1.6) Ma，白云母花岗岩脉锆石 U-Pb 年龄为(145~142) Ma(邓渲桐等, 2017；熊伊曲, 2017)；锡田地区细粒二云母花岗岩脉 U-Pb 年龄为(152.5 ± 1.2) Ma(Cao et al., 2020)。NE 向断层切穿了印支期花岗岩[图 2-2；图 3-3(e), (g)]、邓埠仙地区的粗粒二云母花岗岩岩体[图 2-2；图 3-3(f)]，但是没有切穿燕山期细粒二云母花岗岩、白云母花岗岩脉与煌斑岩脉。因此，根据断层与岩体的切穿关系将断层主要活动时代进一步限定于燕山期细粒二云母花岗岩与燕山期粗粒二云母花岗岩成岩(八团岩体)之间，即(159.2 ± 4.6) Ma~(152.5 ± 1.2) Ma。

3.5 断层中的热液活动

3.5.1 热液活动期次

锡田地区 NE 向的断层中均发育大量硅质岩和多期石英脉侵入，表明断层经历了多期热液活动[图 3-3(d), (e), (g), (h), (i)]。根据断层中充填石英脉的穿插关系、变形及结构特征可将断层中热液活动分为从早到晚的三期。

第一期：主要表现为宽大石英脉、硅化带，脉宽为 0.5~10 m，石英脉破碎明显，被晚期石英胶结，构成断层角砾岩[图 3-4(a)]；石英较为纯净，粒径为 0.2~15 mm，中等强度波状消光，局部发育变形纹、亚颗粒[图 3-4(b)]；石英脉中含星点状绢云母，未见钨锡矿化蚀变；石英的 CL 图像显示石英发生了构造破碎，呈棱角-次棱角状碎粒及碎粉[图 3-4(g)]。

第二期：主要为中小型石英脉，穿切早期石英脉[图 3-2(h)]，或在其中与之平行，或斜切之，脉宽为 0.1~0.8 m，绢云母化明显，含微量黄铁矿、方铅矿、白钨矿等矿物[图 3-4(c), (d), (e)]；脉中石英较第一期石英颗粒细，粒径为 0.01~2 mm，无变形，有的呈镶嵌接触，其中包裹少量云母[图 3-4(c), (d)]，有的作为胶结物胶结断层角砾；CL 显示石英发育微裂隙[图 3-4(h)]，其构造破碎程度低于第一期石英。

第三期：主要为梳状石英脉，穿切第一、二期石英脉[图 3-2(i)]，脉宽为 1~40 cm，脉中未见绢云母及其他矿石矿物；石英为粒状、自形柱状，粒径为 0.1~4 mm，无变形，颗粒边界清楚，镶嵌接触，有时呈梳状对称生长[图 3-4(f)]。CL 显示了第三期石英脉穿插第二期石英，脉边界清晰，CL 图像明亮[图 3-4(i)]。

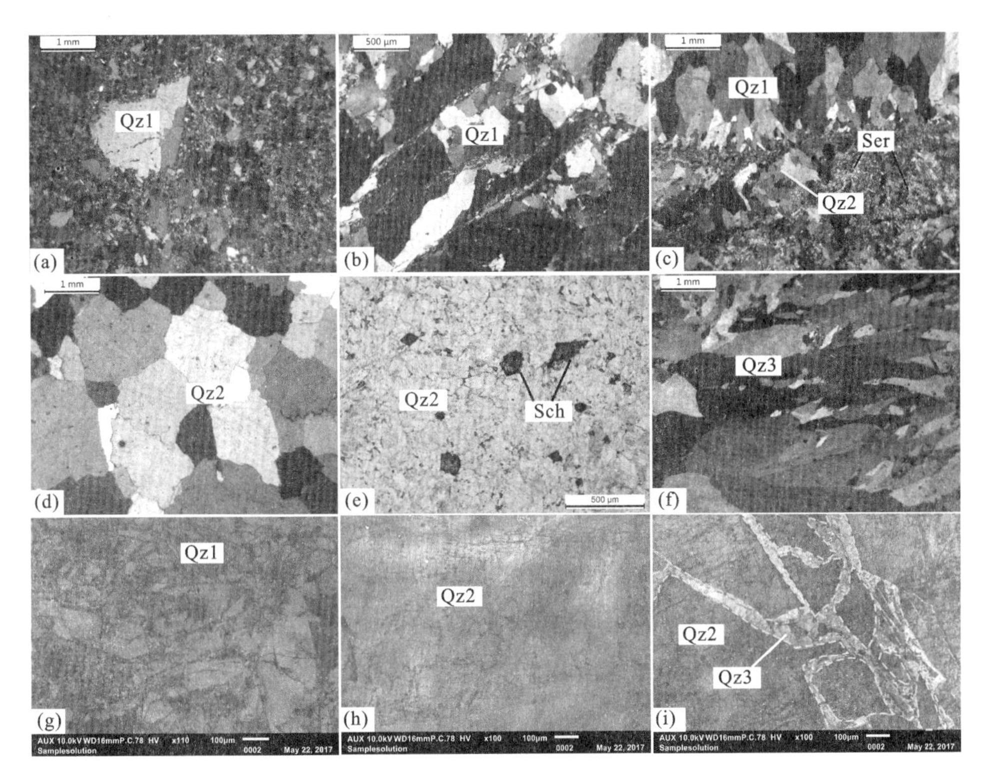

(a)第一期石英脉(Qz1)中碎裂、碎粉状石英；(b)第一期石英脉(Qz1)中的石英发育变形纹与强波状消光；(c)第二期石英脉(Qz2)沿第一期石英脉(Qz1)的裂隙分布，并富含云母；(d)第二期石英脉(Qz2)中的粒状石英；(e)第二期石英脉(Qz2)中发育少量白钨矿；(f)第三期长柱状并呈梳状排列石英(Qz3)；(g)第一期石英(Qz1)的破裂特征的 CL 图像；(h)第二期石英(Qz2)发育的轻微裂隙 CL 图像；(i)第三期石英脉(Qz3)穿切第二期石英 CL 图像。(a)~(d)与(f)为正交偏光照片，(e)为单偏光照片，(g)~(i)为 CL 图像。Qz1—第一期石英；Qz2—第二期石英；Qz3—第三期石英；Sch—白钨矿；Ser—绢云母。

图 3-4　NE 向断层中不同期次石英脉的显微照片与 CL 图像

扫一扫，看彩图

3.5.2 断层内含矿元素分布特征

分别选取茶陵盆地两侧具有代表性的茶汉断层、上寨断层、鸡冠石断层中新鲜的断层岩进行含矿元素分析(表3-2)，因为第一期石英脉多已破碎为角砾，第三期石英脉呈哑光色，根据以往经验其不含矿，第二期石英脉油脂光泽显著，并局部有微量绢云母、黄铁矿，因此重点对第二期石英脉进行成矿元素含量分析。测试分析前先去除样品中断层角砾(花岗岩、第一期石英脉角砾)与梳状石英脉(第三期石英脉)。测试结果显示其成矿元素W、Sn、Pb、Zn、Cu均有异常显示(表3-2)，其中W平均含量(本书“含量”未特殊说明均指质量分数)为233×10^{-6}，Sn平均含量为181×10^{-6}，Pb平均含量为54×10^{-6}，Zn平均含量为229×10^{-6}，Cu平均含量为164×10^{-6}，W与Sn的含量局部达到了边界品位(0.1%)，如茶汉断层、上寨断层。以地壳平均值为参照，各元素在断层中有不同程度的富集，其富集系数均远大于1，W、Sn富集最为显著，富集系数分别达到389和130，其余元素也均有数倍富集，证实NE向断层中有W、Sn的富集。

表3-2 锡田矿田断层蚀变岩矿化含量及特征值统计表

样品编号	位置	样品类型	断层名称	Ag	Bi	Cu	Mo	Pb	Sn	W	Zn
24D1	垄上村	断层泥	上寨断层	24.5	108	919	0.5	300	1560	150	846
24D2		断层泥	上寨断层	5.9	47	1080	2	84	641	2470	466
24D3		断层泥	上寨断层	0.5	0.15	75	14	21	143	446	141
24D4		断层泥	上寨断层	0.1	0.15	46	1	7	128	77	182
24D11-2		断层泥	上寨断层	0.1	0.15	19	1	36	125	178	91
24D13-1		断层泥	上寨断层	0.1	0.15	13	2	12	116	114	122
24D9-1		断层泥	上寨断层	0.1	0.15	6	2	44	43	290	24
24D10-1		断层泥	上寨断层	0.8	0.15	37	1	57	113	292	62
24D15-1		断层泥	上寨断层	0.1	0.15	42	2	18	36	284	72
1D6-3	麦源村	硅化蚀变岩	鸡冠石断层	0.25	1	94	5	58	12	11	66
2D4-2	卧龙村	硅化蚀变岩	鸡冠石断层	0.25	1	6	3	55	21	6	74
2D5-3	沛江村	硅化蚀变岩	鸡冠石断层	0.25	1	2	2	8	2	2	6
3D6-1	攸县	硅化蚀变岩	鸡冠石断层	0.25	1	102	0.5	54	12	21	101
5D4-2	东坪村	硅化蚀变岩	茶汉断层	0.25	1	2	1	9	18	3	19
5D6-1	茶汉断层	硅化蚀变岩	茶汉断层	1	1	2	7	130	1	8	14

续表3-2

样品编号	位置	样品类型	断层名称	Ag	Bi	Cu	Mo	Pb	Sn	W	Zn
5D8-2	湘东钨矿	硅化蚀变岩	茶汉断层	1.4	1	409	2	34	163	28	1570
8D6-2		硅化蚀变岩	茶汉断层	0.25	5	6	2	4	10	10	2
10D10-1		断层泥	茶汉断层	2	11	137	5	46	162	20	173
12D1-1		断层泥	茶汉断层	3.6	36	127	5	53	143	25	320
克拉克值[1]				0.07	0.17	26	0.5	15	1.4	0.6	76
平均值				2	11	164	3	54	181	233	229
标准差				5.6	27	310	3	67	363	557	383
变异系数				2.5	2	1.9	1	1.2	2	2.4	1.7
富集系数				31	67	6	6	4	130	389	3

注：[1]中国东部大陆地壳克拉克值(鄢明才和迟清华，1997)，单位为 10^{-6}。富集系数为元素平均含量与克拉克值的比值，变异系数为标准差与平均值的比值。表中元素含量单位为 10^{-6}。

3.6　样品采集和分析方法

为了进一步获得断层中热液流体活动的特点，重点对 NE 走向区域断层中石英脉的流体包裹体特征、气相组分、石英 H-O 同位素组成、锆石 U-Pb 同位素年龄进行测试分析。

表 3-3 给出了样品的详细信息。在采集样品时，根据石英脉的相互穿插关系，对每个样品的野外产状进行观察，并初步确定石英脉的期次。通过观察显微镜下矿物组合(如石英、萤石)的关系和阴极发光特征，进一步确定了样品的期次。

表 3-3　锡田矿田断层样品信息表

样品编号	断层	期次	样品位置	矿物组合
XDOF-1	茶汉断层	第二期	N27°1′1″ E113°48′1″	石英+绢云母
XDOF-2	茶汉断层	第三期	N27°1′13″ E113°46′23″	石英
GDLOF-1	狗打栏断层	第二期	N26°48′21″ E113°48′26″	石英+绢云母+白钨矿
GDLOF-2	狗打栏断层	第三期	N26°48′23″ E113°49′30″	石英

续表3-3

样品编号	断层	期次	样品位置	矿物组合
GDLOF-3	狗打栏断层	第二期	N26°48′28″ E113°48′44″	石英+绢云母
CLOF-1	锡湖断层	第二期	N26°51′40″ E113°47′57″	石英+绢云母+白钨矿
CLOF-2	锡湖断层	第三期	N26°51′40″ E113°47′57″	石英
CLOF-3	锡湖断层	第二期	N26°51′18″ E113°46′57″	石英+绢云母
XGOF-1	星高断层	第二期	N26°54′43″ E113°45′19″	石英+绢云母
XGOF-2	星高断层	第三期	N26°54′44″ E113°45′20″	石英

石英和锆石的阴极发光(CL)图像拍摄在武汉上谱分析科技有限责任公司完成。仪器为高真空扫描电子显微镜(JSM-IT100)，配备有 GATAN MINICL 系统。工作电场电压为 10.0~13.0 kV，钨灯丝电流为 80~85 μA。

石英中流体包裹体的显微热分析在中南大学有色金属重点实验室完成。分析仪器为 LINKAM THMSG 600 加热/冷冻系统(温度为-196~600 ℃)，温度在 0 ℃以下时，显微冷热台测试精度为±0.1 ℃；0~30 ℃的测试精度为±0.1 ℃；在 30~350 ℃，测试精度为 1 ℃；高于 350 ℃时的测试误差约为±2 ℃。测试过程中水溶液包裹体相变点附近的升温速率为 0.2 ℃/min。根据冰点温度(T_m)和 Bodnar(1993)的方程计算流体盐度(W)($W=1.78T_m+0.0442T_m^2+0.000557T_m^3$)。

石英中流体包裹体的 H-O 同位素组成分析由核工业北京地质研究院分析测试研究中心完成，使用仪器为德国 Finnigan 公司生产的 MAT-253 稳定同位素质谱仪。氧同位素组成采用常规 BrF_5 法测定，氢同位素组成通过锌还原法测定。氧同位素测试精度为±0.2‰，氢同位素测试精度为±2‰。

流体包裹体气相组分分析在中国科学院贵阳地球化学研究所完成，样品测试使用 Renishaw-2000 型显微激光拉曼光谱仪，激光波长为 532.4 nm，激光束斑直径为 1~2 μm，激光功率为 20 mW，曝光时间为 30 s，拉曼位移波数采用单晶硅校准。

石英微量元素含量(包括 REE)测量在澳实分析检测(广州)有限公司完成，使用电感耦合等离子体质谱法(ICP-MS，Agilent 7700x)。将粉末状样品(约 200 目)添加到偏硼酸锂/四硼酸锂助熔剂中，充分混合并在 1025 ℃的熔炉中熔融，然后将所得的熔体冷却并溶解在硝酸、盐酸和氢氟酸的混合物中，然后进行分析，并对结果进行了光谱间元素干扰校正。对于大多数元素，ICP-MS 测量的分析误差小于 10%。

锆石 U-Pb 同位素定年和微量元素含量在武汉上谱分析科技有限责任公司利用 LA-ICP-MS 仪器分析完成。详细的仪器参数和分析流程据 Zong et al.

(2017)。GeoLasPro 激光剥蚀系统由 COMPexPro 102 ArF 193 nm 准分子激光器和 MicroLas 光学系统组成，ICP-MS 型号为 Agilent 7700e。激光剥蚀过程中采用氦气作载气、氩气为补偿气以调节灵敏度，二者在进入 ICP 之前通过一个 T 型接头混合，激光剥蚀系统配置有信号平滑装置(Hu et al.，2015)。本次分析的激光束斑直径和频率分别为 32 μm 和 5 Hz。U-Pb 同位素定年和微量元素含量处理中采用锆石标准 91500 和玻璃标准物质 NIST610 作外标分别进行同位素和微量元素分馏校正。每个时间分辨分析数据包括 20~30 s 空白信号和 50 s 样品信号。对分析数据的离线处理(包括对样品和空白信号的选择、仪器灵敏度漂移校正、元素含量及 U-Pb 同位素比值和年龄计算)采用软件 ICPMSDataCal (Liu et al.，2008；Liu et al.，2010)完成。锆石样品的 U-Pb 年龄谐和图绘制和年龄加权平均值计算采用软件 Isoplot4.15(Ludwig，2003)完成。

3.7　断层中石英流体包裹体研究

3.7.1　流体包裹体类型及分布

从远离盆地断层到近盆地断层，依次选择狗打栏断层、锡湖断层和星高断层为代表进行断层流体特征分析。由于断层中第一期热液活动产物石英脉已破碎为角砾，其中流体包裹体也不甚发育，存在的少数包裹体也十分细小，无法进行显微测温，因此主要对第二期和第三期石英脉中的流体包裹体进行研究。

断层中两期流体包裹体直径变化均较大，为 4~36 μm(图 3-5)，根据流体包裹体特征可将其分为四种类型：①两相 H_2O 流体包裹体 $V_{H_2O}+L_{H_2O}$[Ⅰ型，图 3-5(b)，(c)，(d)，(e)，(f)]；②三相含 CO_2 流体包裹体 $V_{CO_2}+L_{CO_2}+L_{H_2O}$[Ⅱ型，图 3-5(a)]；③一相纯 H_2O 流体包裹体 L_{H_2O}[Ⅲ型，图 3-5(a)，(f)]；④两相纯 CO_2 流体包裹体(Ⅳ型，见激光拉曼分析)。

狗打栏断层中主要发育Ⅰ型流体包裹体，其次是Ⅱ型、Ⅲ型与Ⅳ型[表 3-4；图 3-5(a)，(b)]，流体包裹体气/液比从第二期到第三期由 10%~90%下降到 20%~65%，大小分别为 8~36 μm 与 6~35 μm。

锡湖断层主要为Ⅰ型流体包裹体，少量的Ⅲ型流体包裹体，第二期与第三期石英的流体包裹体的气/液比与大小相似，分别为 10%~40%、4~12 μm 与 10%~45%、5~14 μm[图 3-5(c)，(d)]。

星高断层中也主要发育Ⅰ型流体包裹体，另外有少量的Ⅲ型流体包裹体[图 3-5(e)，(f)]，第二期与第三期流体包裹体气/液比相差不大，分别为 10%~30% 和 5%~30%，大小从 6~20 μm 变为 8~15 μm。

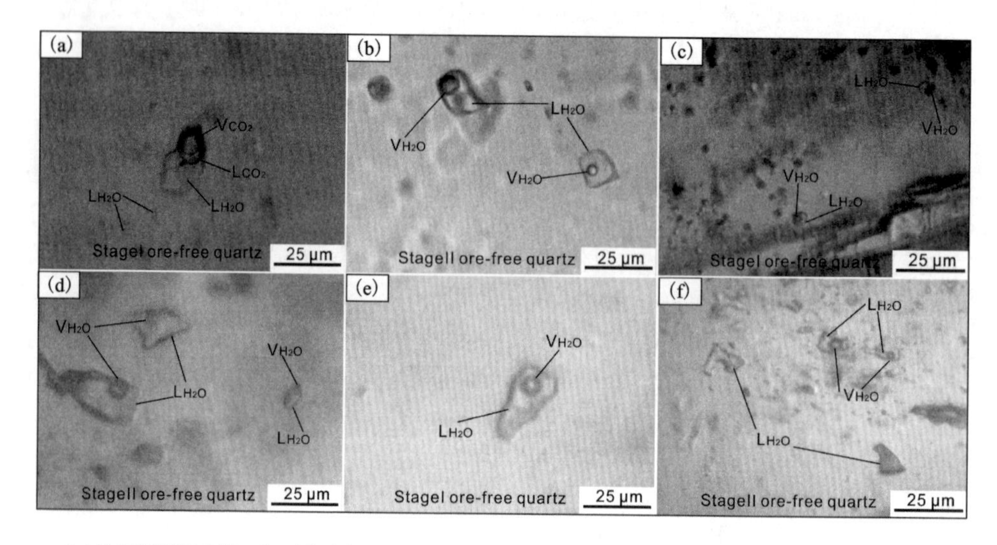

(a)狗打栏断层中第二期石英脉中Ⅱ型与Ⅲ型流体包裹体；(b)狗打栏断层中第三期石英脉中Ⅰ型流体包裹体；(c)锡湖断层中第二期石英脉中Ⅰ型流体包裹体；(d)锡湖断层中第三期石英脉中Ⅰ型流体包裹体；(e)星高断层中第二期石英脉中Ⅰ型流体包裹体；(f)星高断层中第三期石英脉中Ⅰ型与Ⅲ型流体包裹体。

图 3-5 锡田矿田断层石英中流体包裹体的显微照片

表 3-4 锡田矿田石英中富液相流体包裹体(Ⅰ型)的特征

样品编号	样品类型	N	气/液比/%	大小/μm	均一温度/℃		盐度/(% NaCl equiv)	
					变化	平均值	变化	平均值
GDLOF-1	第二期石英脉	28	10~90	8~36	261~374	328	0.88~7.70	4.34
GDLOF-2	第三期石英脉	26	20~65	6~35	140~263	200	1.57~4.41	2.84
CLOF-1	第二期石英脉	20	10~40	4~12	200~296	249	4.18~8.00	6.20
CLOF-2	第三期石英脉	20	10~45	5~14	151~195	170	2.24~6.01	4.07
XGOF-1	第二期石英脉	28	10~30	6~20	90~296	157	1.06~1.74	1.43
XGOF-2	第三期石英脉	24	5~30	8~15	91~154	121	1.40~1.74	1.47

3.7.2 流体包裹体均一温度的时–空分布

流体包裹体的均一温度和对应的盐度列于表3–4，从远离盆地的断层到近盆地断层(狗打栏断层—锡湖断层—星高断层)，流体包裹体均一温度呈现下降趋势(图3–6)，从140~374 ℃，151~296 ℃到91~296 ℃；狗打栏断层和锡湖断层的盐度较高，分别为0.88%~4.41% NaCl equiv与2.24%~8.00% NaCl equiv，其次是星高断层，盐度为1.06%~1.74% NaCl equiv(图3–7)。

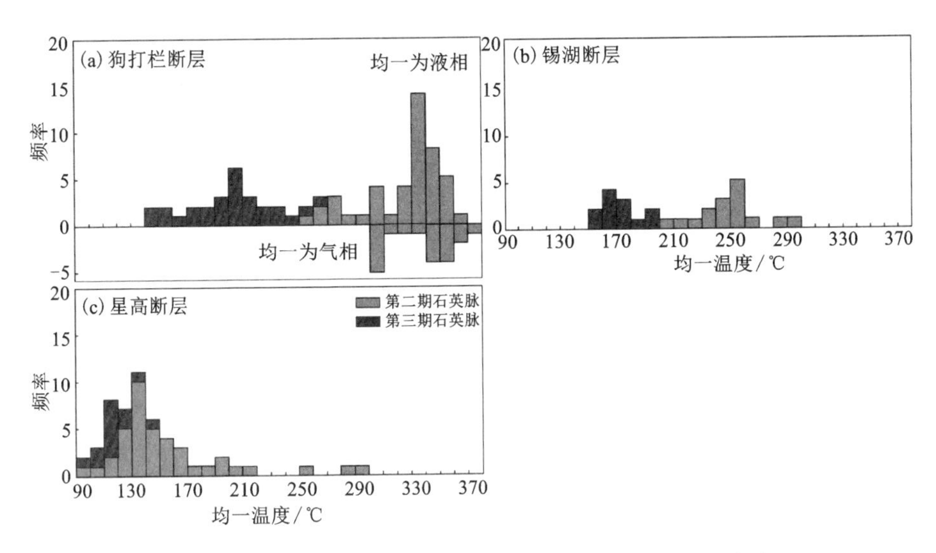

图3–6 锡田矿田断层中石英流体包裹体均一温度–频率直方图

各断层也显示了从早期到晚期，流体包裹体均一温度和盐度呈下降的趋势：狗打栏断层从第二期石英脉到第三期石英脉，流体包裹体均一温度从261~374 ℃降至140~263 ℃[图3–6(a)]，盐度从0.88%~7.7% NaCl equiv降至1.57%~4.41% NaCl equiv[图3–7(a)]；锡湖断层也表现出相似的规律，从第二期石英脉到第三期石英脉，流体包裹体均一温度由200~296 ℃降至151~195 ℃，盐度由4.18%~8.00% NaCl equiv降至2.24%~6.01% NaCl equiv[图3–6(b)；3–7(b)]；星高断层从第二期石英脉到第三期石英脉，流体包裹体的均一温度也明显降低，第二期为90~296 ℃，第三期的为91~154 ℃[图3–6(c)]，但是它们的盐度基本相似，均为1%~2% NaCl equiv[图3–7(c)]。

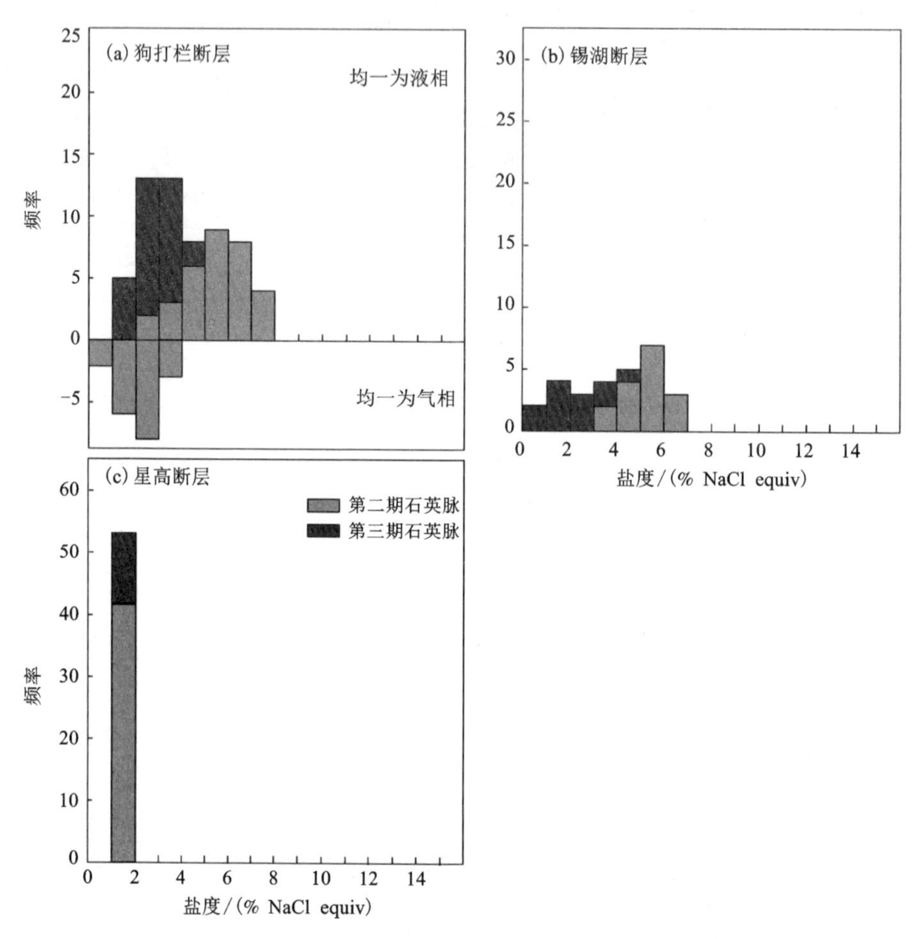

图 3-7 锡田矿田断层中石英流体包裹体盐度-频率直方图

3.7.3 流体包裹体气相组分

激光拉曼分析结果显示狗打栏断层中石英的流体包裹体气相组分较为复杂，Ⅰ型流体包裹体主要为 H_2O；Ⅱ型流体包裹体普遍含有 CO_2(1286 cm^{-1} 或 1388 cm^{-1})，另外还有少量的 H_2O(3400 cm^{-1})、CH_4(2914～2918 cm^{-1})、N_2(1286 cm^{-1} 或 1388 cm^{-1})、$CaSO_4$(11161 cm^{-1})[图 3-8(a)，(b)]，可能含有少量的 H_2S(2601 cm^{-1})；Ⅳ型包裹体主要为两相纯 CO_2 流体(1286 cm^{-1} 或 1388 cm^{-1})[图 3-8(c)，(d)]。而锡湖断层与星高断层石英的流体包裹体气相组分主要为 H_2O(3400 cm^{-1})[图 3-8(e)，(f)]。

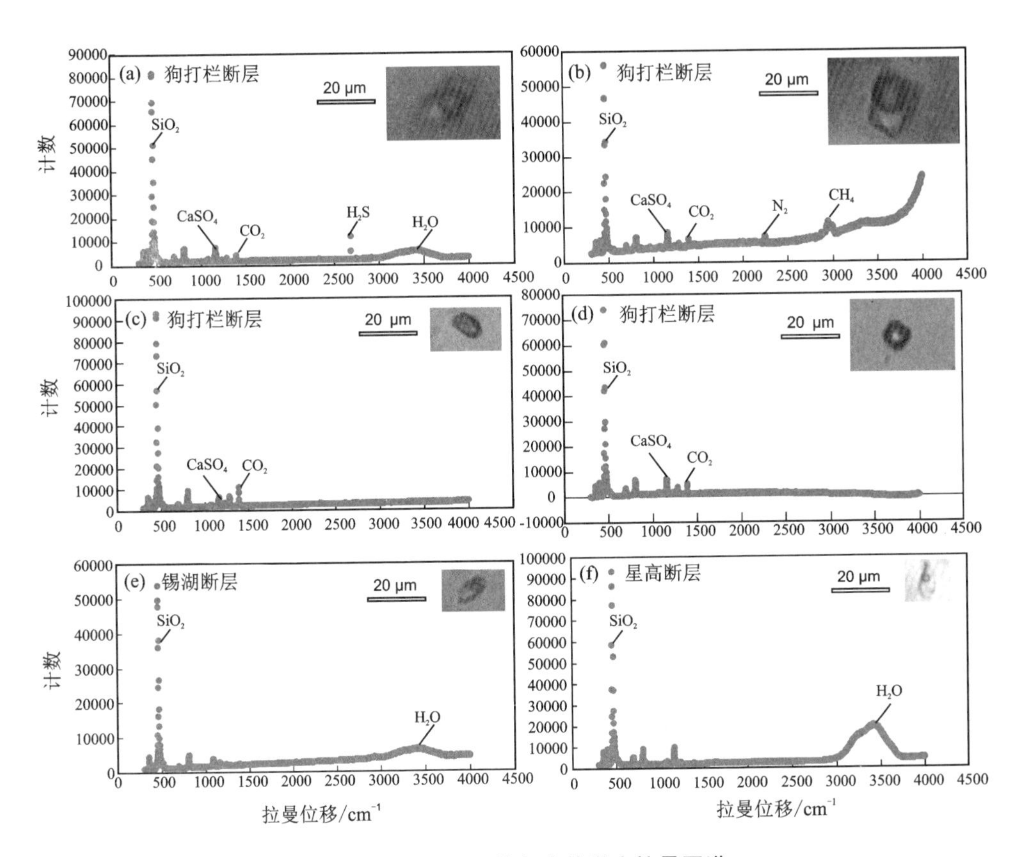

图3-8　断层中流体包裹体激光拉曼图谱

3.8　断层中石英H-O同位素组成

本次主要对狗打栏与锡湖断层中第二期与第三期的石英脉进行H-O同位素分析，结果列于表3-5。断层流体中的$\delta^{18}O_{fluid}$同位素组成根据矿物-水体系的氧同位素分馏方程(Clayton et al., 1972)进行计算：

$$1000\ln\alpha_{Qtz-H_2O}=3.38\times10^6/T^2-3.40 \quad (3-1)$$

式中：T为断层石英脉中流体包裹体的峰值温度。

表 3-5　锡田矿田断层中石英的 H-O 同位素组成

样品编号	断层	样品类型	Th/℃	δD/‰	$\delta^{18}O_{quartz}$/‰	$\delta^{18}O_{fluid}$/‰
GDLOF-1	狗打栏断层	第二期石英	330	-65.9	13.1	7.21
GDLOF-3	狗打栏断层	第二期石英	330	-71.5	9.6	3.71
GDLOF-2	狗打栏断层	第三期石英	200	-60.1	3.8	-7.90
CLOF-01	锡湖断层	第二期石英	260	-78.5	6.4	-2.09
CLOF-03	锡湖断层	第二期石英	260	-82.3	10.0	1.51
CLOF-02	锡湖断层	第三期石英	170	-77.9	5.0	-8.81

从远离盆地的狗打栏断层到靠近盆地的锡湖断层，石英的 $\delta^{18}O_{quartz}$ 值和流体包裹体的 δD 值是下降的，石英 $\delta^{18}O_{quartz}$ 值从+3.8‰~+13.1‰降至+5.0‰~+10.0‰，对应断层流体 $\delta^{18}O_{fluid}$ 值从-7.90‰~+7.21‰降至-8.81‰~+1.51‰，δD 值从-71.5‰~-60.1‰下降至-82.3‰~-77.9‰，显示了空间变异。

断层中石英的 $\delta^{18}O_{quartz}$ 值还随热液活动期次发生变化，狗打栏断层第二期到第三期石英的 $\delta^{18}O_{quartz}$ 值从+9.6‰~+13.1‰降至+3.8‰，对应断层流体的 $\delta^{18}O_{fluid}$ 值从 3.71‰~+7.21‰降至-7.90‰，δD 值从-71.5‰~-65.9‰上升至-60.1‰；锡湖断层第二期到第三期石英的 $\delta^{18}O_{quartz}$ 值从+6.4‰~+10.0‰降至+5.0‰，对应断层流体的 $\delta^{18}O_{fluid}$ 值从-2.09‰~+1.51‰降至-8.81‰，δD 值从 82.3‰~-78.5‰~升至-77.9‰。

3.9　断层中石英稀土元素特征

石英晶格不适合稀土元素(REE)进入，稀土元素主要存在于流体包裹体中(Vikent'eva et al.，2012；蓝廷广等，2017)，稀土元素含量非常低，常常低于检测限，因此我们仅对茶汉断层与狗打栏断层两条断层的 4 个石英样品与对应钨锡矿床中 2 个石英样品进行了尝试性测试分析，分析结果列于表 3-6。

石英中∑REE+Y 含量非常低，为 0.83×10^{-6}~4.43×10^{-6}，平均含量为 2.03×10^{-6}，且一部分稀土元素含量低于检测限，尤其是重稀土元素(HREE)(表 3-6)；含量高于检测限的稀土元素表现为显著的轻稀土元素(LREE)富集，茶汉断层两个样品 LREE/HREE 分别为 8.36 与 12.8，狗打栏断层两个样品 LREE/HREE 分别为 7.14 与 8.10；另外，对应矿石石英中∑REE+Y 要略高于断层样品，湘东钨矿与狗打栏钨锡矿分别为 1.74×10^{-6} 与 7.54×10^{-6}，也表现为轻稀土元素富集，LREE/HREE 分别为 5.69 与 5.23(表 3-6)。

表 3-6　锡田矿田断层中石英与对应矿石石英的稀土元素组成

样品编号	XDOB-1	XDOF-1	XDOF-2	GDLOB-1	GDLOF-1	GDLOF-2
La	0.34	0.26	0.20	1.20	0.20	0.80
Ce	0.70	0.60	0.40	3.00	0.50	1.60
Pr	0.08	0.06	0.03	0.22	0.05	0.16
Nd	0.30	0.20	0.11	0.80	0.20	0.60
Sm	0.05	0.05	0.03	0.18	0.05	0.12
Eu	0.01	—	0.00	0.07	—	0.04
Gd	0.05	0.03	0.02	0.19	0.05	0.11
Tb	0.01	—	—	0.04	0.01	0.02
Dy	0.06	0.04	0.02	0.24	—	0.11
Ho	0.02	0.01	—	0.06	0.01	0.02
Er	0.05	0.03	0.01	0.17	0.03	0.06
Tm	0.01	—	—	0.03	—	0.01
Yb	0.05	0.03	0.01	0.21	0.04	0.07
Lu	0.01	—	—	0.03	—	0.01
Y	—	—	—	1.50	0.40	0.70
ΣREE	1.74	1.31	0.83	6.04	1.14	3.73
LREE	1.48	1.17	0.77	5.07	1.00	3.32
HREE	0.26	0.14	0.06	0.97	0.14	0.41
LREE/HREE	5.69	8.36	12.8	5.23	7.14	8.10
$(La/Yb)_N$	4.88	6.22	14.4	2.73	3.59	8.20
Eu/Eu^*	0.60	—	—	1.15	—	1.05
Ce/Ce^*	1.00	1.13	1.13	1.72	1.19	1.03

注：“—”为低于检测限；稀土元素含量单位为 10^{-6}。

3.10 断层中的锆石 U-Pb 年龄及地球化学特征

3.10.1 锆石的 CL 图像特征

由于星高断层中未分选出锆石，茶汉断层、狗打栏断层和锡湖断层岩中均选出锆石，同时这些断层可分别代表茶陵盆地两侧断层，因此我们选取茶汉断层、狗打栏断层和锡湖断层作为主要研究对象。石英脉中的锆石表现出不同的 CL 特征(图 3-9)，茶汉断层中锆石大多为正方体、棱柱形[图 3-9(a)]，长宽比为 1∶1~2∶1，颗粒大小均一，粒径较小，为 60~100 μm，CL 特征一致(暗，弱分带)；狗打栏断层中锆石长宽比为 1∶1~3∶1，粒径为 80~120 μm，CL 颜色较暗，并表现出更高的均一性[图 3-9(b)]；锡湖断层中锆石为棱柱状自形晶形，长宽比为 1∶1~2∶1，粒径为 60~150 μm，大多数的 CL 显示较暗色调[图 3-9(c)]。

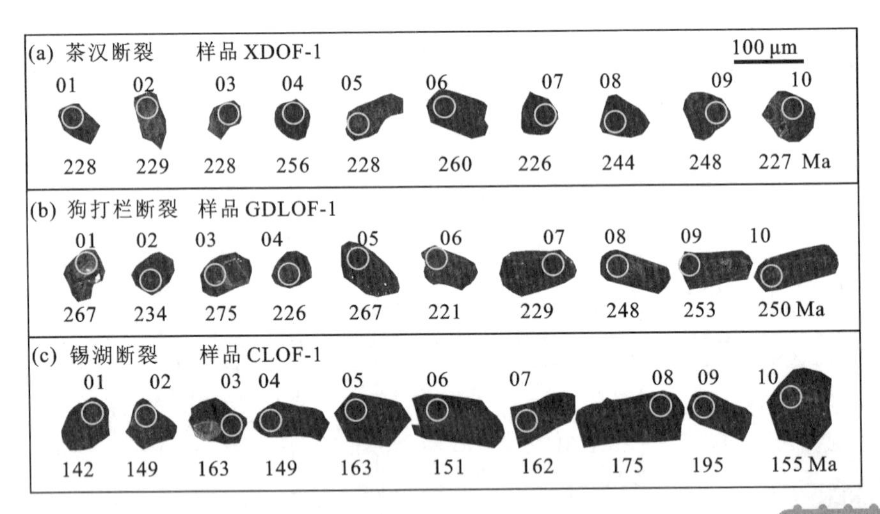

图 3-9 锡田矿田断层中锆石的 CL 图像

扫一扫，看彩图

3.10.2 锆石的 U-Pb 年龄

断层中充填石英脉中的锆石 U-Pb 年龄见附表 1，测试的 48 个^{206}Pb/^{238}U 年龄值的谐和度高于 90%。年龄值基本可分为两组：(1)三叠纪(250~200 Ma，n=31)；(2)侏罗纪(170~140 Ma，n=13)。茶汉断层与狗打栏断层中锆石的^{206}Pb/^{238}U 年龄在 230~220 Ma 的较窄区间内变化[图 3-10(a)，(b)]，锡湖断层中石英脉中锆石的年龄在 170~140 Ma 内变化[图 3-10(c)]，两断层中石英脉的年龄值与其围岩花岗岩中锆石的年龄值相近(Wu et al., 2016; Zhou et al., 2015)。

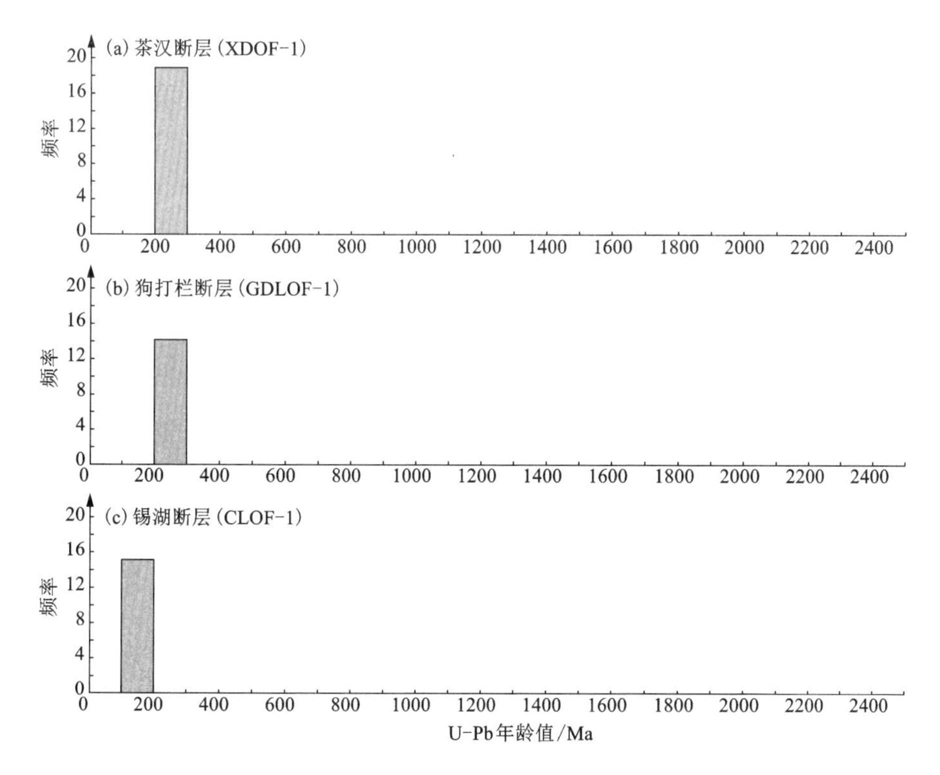

图 3-10　锡田矿田断层中锆石的 U-Pb 年龄值频率直方图

3.10.3　锆石的稀土元素分布

断层石英脉中锆石稀土元素含量分析结果列于附表 2，大多数锆石的 LREE>100×10^{-6}，LREE/HREE>0.1，球粒陨石标准采用 Sun 和 Mc Donough (1989)数据，不同断层中锆石的稀土元素分布型式有一定的差异性(图 3-11)。茶汉断层与狗打栏断层锆石发育强烈的 Ce 异常和中等的 Eu 异常，Ce/Ce^* 为 1~100，Eu/Eu^* 为 0.2~0.4[图 3-11(a)，(b)]；而锡湖断层石英脉的锆石只有较弱的 Ce 正异常和中等的 Eu 负异常，其 Ce/Ce^* 为 0.6~2.1，Eu/Eu^* 为 0.1~0.3[图 3-11(c)]。

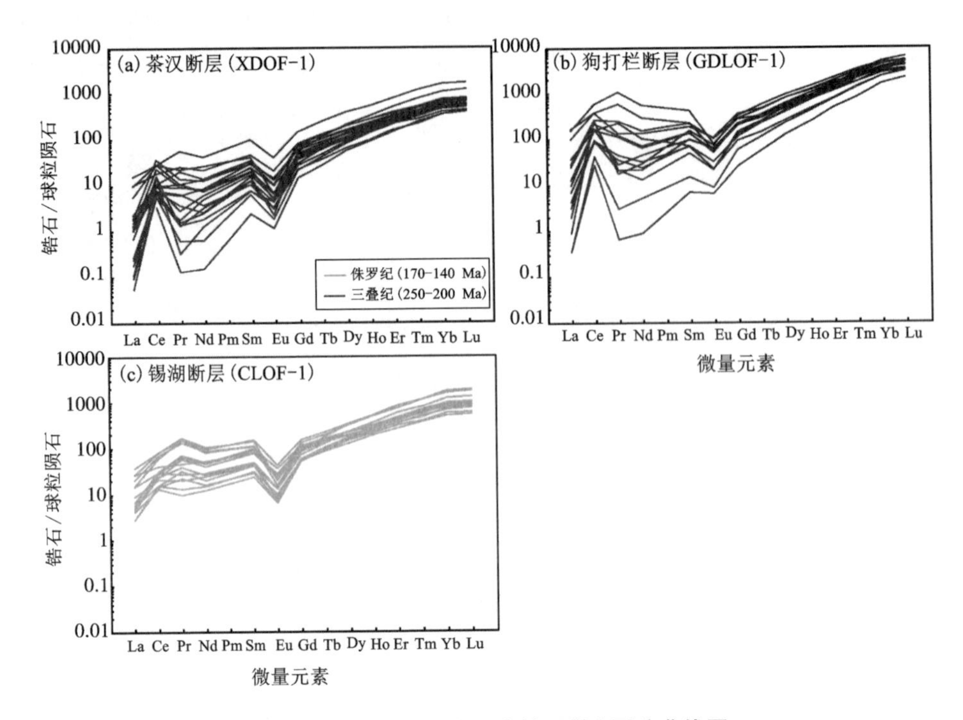

图 3-11　锡田矿田断层中锆石稀土配分曲线图

(注：球粒陨石标准采用 Sun 和 Mc Donough 数据，1989)

第 4 章　不同时期岩浆岩的分布特征

4.1　加里东期花岗岩特征

本次在锡田岩体南部的洮水水库东侧新发现了加里东期花岗岩体，填补了锡田矿田范围内的空白。岩体为岩株状，出露面积约 0.01 km^2，侵位于奥陶系地层中，被后期断层截断，中心为新鲜岩体，外围弱风化(图 4-1)。

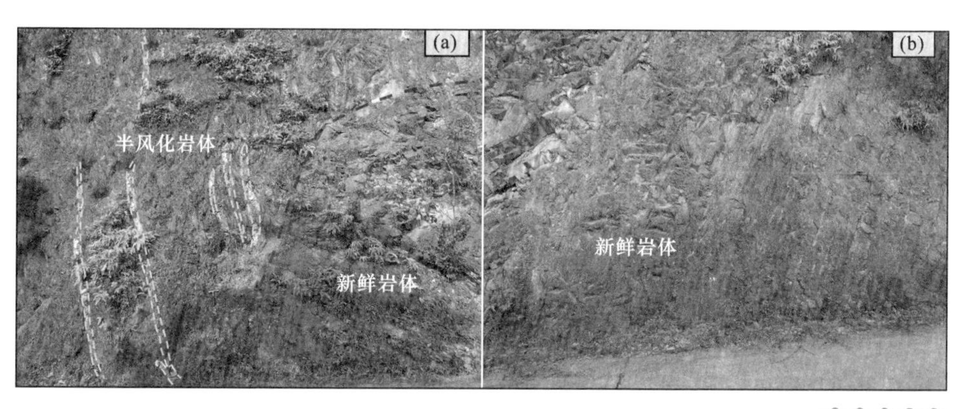

图 4-1　加里东期花岗岩岩体宏观特征

岩性为中细粒白云母花岗岩(图 4-2)，岩石为花岗结构，块状构造，其主要矿物为钾长石(约 42%)、石英(约 37%)、斜长石(约 12%)、白云母(约 4%)和绢云母(约 3%)，副矿物有锆石、磷灰石等。钾长石呈半自形板状，被石英熔蚀呈港湾状、不规则状，局部发生破碎，微弱绢云母化；石英呈它形粒状，弱波状消光；斜长石呈半自形板状；白云母呈自形片状，分布在钾长石、石英等较粗的矿物颗粒间，有的发生轻微变形，解理弯曲。

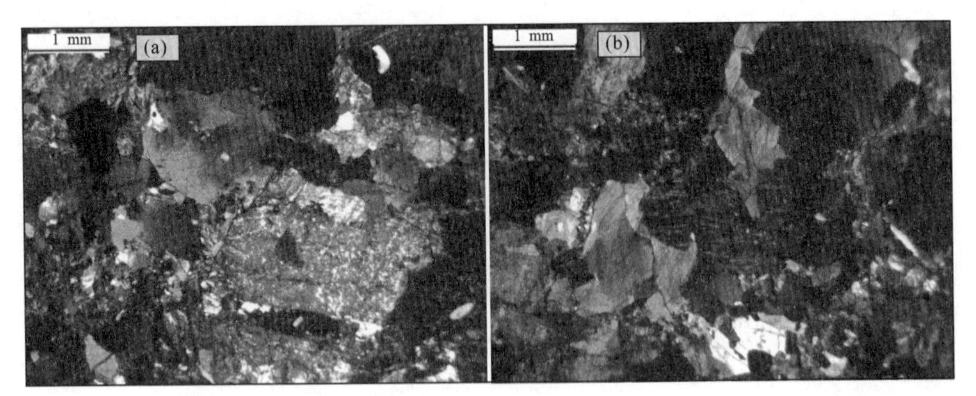

图 4-2　加里东期中细粒白云母花岗岩显微特征(正交偏光)

4.1.1　岩石锆石 U-Pb 年代学

两件样品 170922-4S1 与 170922-3S1 的大部分锆石颗粒为自形晶，长度为 50~130 μm，长宽比为 1∶1~3∶1。CL 图像显示绝大部分锆石颗粒具有明显的振荡环带，表明其为岩浆成因锆石(Hoskin 和 Schaltegger，2003。图 4-3)。两件样品的锆石 U-Pb 年龄数据见附表 3。样品 170922-3S1 的锆石谐和年龄为(438.1 ± 5.2) Ma(MSWD=0.97。图 4-4)；样品 170922-4S1 出现三组年龄值，谐和年龄分别为(455.5 ± 6.2) Ma(MSWD=0.026)、(444.2 ± 4.2) Ma(MSWD=0.35)和(430.5±5.3) Ma(MSWD=0.29)(图 4-4)。其中(455.5 ± 6.2) Ma~(444.2±4.2) Ma 年龄值应为岩体侵位过程中捕获的更早期锆石年龄，而(438.1 ± 5.2) Ma~(430.5 ± 5.3) Ma 年龄代表了研究区加里东期花岗岩的侵位时间。

4.1.2　岩体的主量元素特征

加里东期中细粒白云母花岗岩的 SiO_2 的含量为 74.44%~75.02%(表 4-1)，TiO_2 的含量为 0.04%~0.05%，Al_2O_3 的含量为 14.10%~14.34%，全碱(Na_2O+K_2O)含量为 7.27%~7.53%，显示出富硅、富碱、过铝质的特征。在 $w(SiO_2)$-$w(K_2O)$图解中其投影点多落入高钾钙碱性岩类区域[图 4-5(a)]，铝饱和指数 A/CNK 值为 1.34~1.43，A/CNK-A/NK 图解中显示为过铝质[图 4-5(b)]，分异指数(*DI*)为 92.53~93.39，显示高分异的 S 型花岗岩特点。

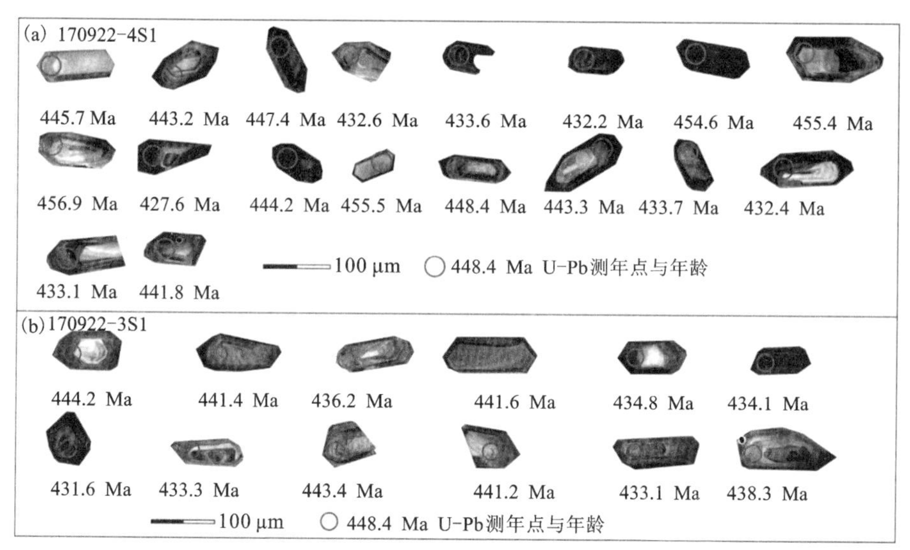

图 4-3　加里东期花岗岩锆石 CL 图像

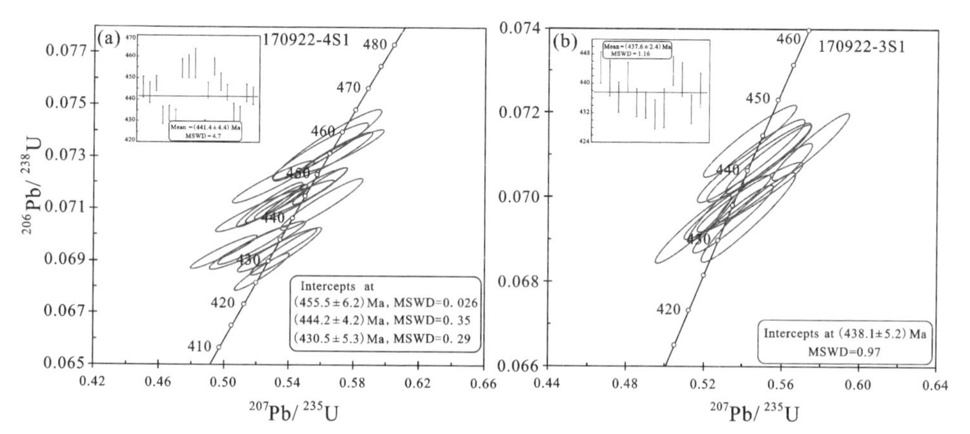

图 4-4　加里东期中细粒白云母花岗岩锆石 U-Pb 年龄谐和图

表 4-1 加里东期中细粒白云母花岗岩主量、微量及稀土元素组成

样品编号	170922-3S1	170922-3S2	170922-3S3	170922-4S1	170922-4S2	170922-4S3
SiO_2	75.0	74.4	75.0	—	—	—
TiO_2	0.04	0.04	0.05	—	—	—
Al_2O_3	14.1	14.3	14.2	—	—	—
TFe_2O_3	0.96	0.99	1.05	—	—	—
MnO	0.03	0.02	0.02	—	—	—
MgO	0.25	0.31	0.31	—	—	—
CaO	0.29	0.25	0.24	—	—	—
Na_2O	3.32	3.01	3.09	—	—	—
K_2O	4.21	4.26	4.18	—	—	—
P_2O_5	0.16	0.14	0.13	—	—	—
LOI	1.13	1.40	1.36	—	—	—
Na_2O+K_2O	7.53	7.27	7.27	—	—	—
Total	100	100	100	—	—	—
A/CNK	1.34	1.43	1.42	—	—	—
A/NK	1.41	1.50	1.48	—	—	—
DI	93.4	92.5	92.7	—	—	—
V	2.00	2.00	2.00	2.00	1.00	1.00
Cr	15.0	19.0	17.0	6.00	7.00	6.00
Cs	24.3	22.5	22.3	28.8	28.5	28.4
Ga	27.4	28.2	27.5	32.9	29.6	29.8
Rb	393	393	391	460	430	431
Ba	170	164	168	128	128	120
Th	7.43	8.03	7.58	9.85	7.85	8.45
U	10.7	9.30	9.40	4.60	4.20	4.20
Ta	4.60	4.80	4.60	5.80	4.70	5.00
Nb	20.9	21.5	21.8	28.9	22.5	24.3

续表4-1

样品编号	170922-3S1	170922-3S2	170922-3S3	170922-4S1	170922-4S2	170922-4S3
Sr	97. 4	79. 2	83. 7	20. 3	28. 3	27. 3
Zr	41. 0	45. 0	42. 0	43. 0	44. 0	40. 0
Hf	2. 10	2. 30	2. 20	2. 30	2. 20	2. 20
La	10. 5	7. 10	6. 00	9. 60	11. 1	8. 90
Ce	15. 2	13. 1	12. 6	18. 5	22. 7	17. 3
Pr	2. 18	1. 78	1. 61	2. 32	2. 62	2. 06
Nd	9. 50	6. 80	6. 10	8. 20	9. 00	7. 90
Sm	3. 26	2. 57	2. 21	2. 77	2. 86	2. 35
Eu	0. 19	0. 18	0. 13	0. 16	0. 12	0. 12
Gd	4. 18	3. 33	2. 92	2. 75	2. 69	2. 62
Tb	0. 87	0. 71	0. 64	0. 66	0. 63	0. 59
Dy	4. 33	3. 71	3. 18	3. 20	3. 30	3. 26
Ho	0. 56	0. 48	0. 42	0. 42	0. 42	0. 43
Er	1. 22	0. 93	0. 84	0. 89	0. 90	0. 89
Tm	0. 15	0. 11	0. 10	0. 10	0. 11	0. 11
Yb	0. 83	0. 63	0. 59	0. 57	0. 65	0. 64
Lu	0. 11	0. 09	0. 08	0. 07	0. 09	0. 09
Y	20. 8	16. 4	19. 2	14. 7	16. 0	15. 4
ΣREE	53. 1	41. 5	37. 4	50. 2	57. 2	47. 3
LREE	40. 8	31. 5	28. 7	41. 6	48. 4	38. 6
HREE	12. 3	9. 99	8. 77	8. 66	8. 79	8. 63
LREE/HREE	3. 33	3. 16	3. 27	4. 80	5. 51	4. 48
$(La/Yb)_N$	9. 07	8. 08	7. 29	12. 1	12. 3	9. 97
Eu/Eu^*	0. 16	0. 19	0. 16	0. 18	0. 13	0. 15
Ce/Ce^*	0. 74	0. 88	0. 97	0. 93	1. 00	0. 95

注：表中主量元素含量单位为%；微量元素和稀土元素含量单位为 10^{-6}。

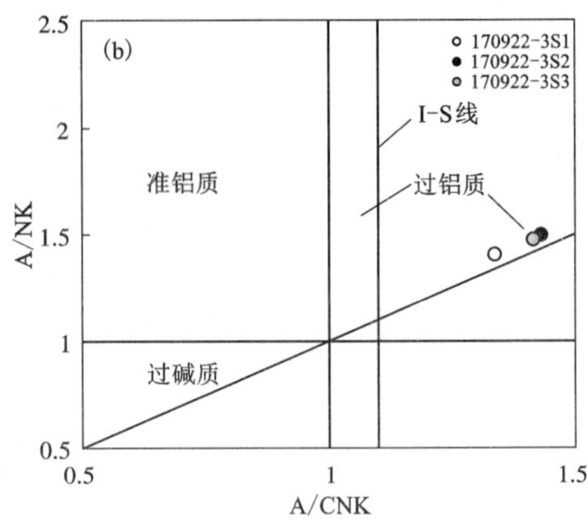

图 4-5　加里东期花岗岩 $w(SiO_2)-w(K_2O)$ 图解及 A/CNK-A/NK 图解

4.1.3　稀土和微量元素特征

锡田加里东期中细粒二云母花岗岩 ∑REE 为 $37.42\times10^{-6}\sim57.19\times10^{-6}$，LREE 为 $28.65\times10^{-6}\sim48.40\times10^{-6}$，HREE 为 $8.63\times10^{-6}\sim12.25\times10^{-6}$，$(La/Yb)_N$ 为 7.29~12.25，LREE/HREE 为 3.16~5.51，轻重稀土元素分馏较显著，轻稀土元素富集，重稀土元素亏损，负 Eu 异常显著($Eu/Eu^*=0.13\sim0.19$)，球粒陨石标准化稀土元素配分曲线呈曲折的“右倾海鸥”型[图 4-6(a)]。微量元素原始地幔标准化蛛网图[图 4-6(b)]显示其富集大离子亲石元素 Rb、K、U、Th 等，亏损 Ti、P、Sr、Ba 等。

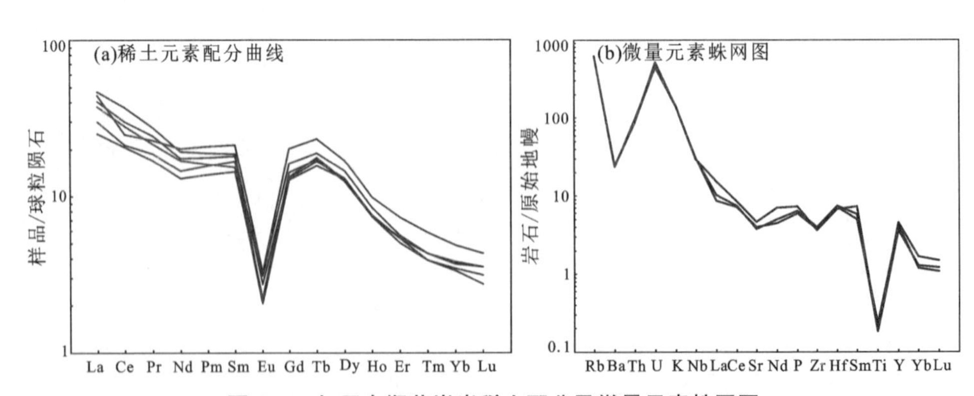

图 4-6　加里东期花岗岩稀土配分及微量元素蛛网图

（注：标准化值据 Sun 和 Mc Donough, 1989）

4.2　印支期花岗岩特征

锡田岩体是一个多期次、多岩性的复式岩体，前人对锡田岩体进行的工作多侧重于燕山期花岗岩，对印支期花岗岩较为忽视。锡田印支期花岗岩岩浆侵位的同时，对区内的古生界碳酸盐岩围岩发生区域规模的接触热交代变质作用，导致大面积的矽卡岩化，该期花岗岩同区内的矽卡岩型矿化有着明显的空间联系，因此对锡田印支期进行系统的年代学、岩石学及地球化学研究对研究其成因以及与成矿的关系都有着重要的意义。本次系统采集垄上钨锡多金属矿床、荷树下钨矿和狗打栏钨矿内印支期不同岩性的花岗岩进行 LA-ICP-MS 锆石 U-Pb 定年、锆石微区微量元素分析、全岩主量及微量元素和 Sr-Nd-Pb 同位素组成分析，并依据上述研究结果讨论了锡田印支期花岗岩的类型、成因、产出大地构造背景以及花岗岩对成矿的制约作用(采样地点见图 4-7)。

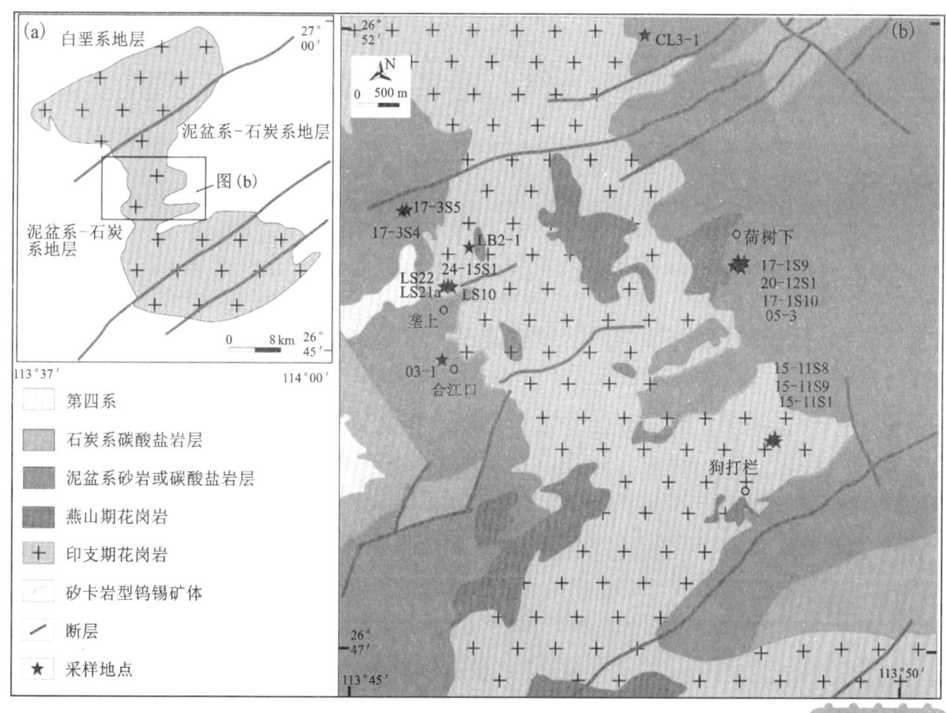

(a)矿田地质简图；(b)采样位置图。

图 4-7　锡田矿田地质简图

(注：据 Wu et al.，2016)

4.2.1 岩体产状及岩石学

研究区印支期岩浆岩呈 NNW 向展布的“哑铃状”，呈岩株状侵入晚古生界地层中，在岩体与围岩的接触带中有矽卡岩化、角岩化等蚀变现象。印支期花岗岩按结构可分为似斑状黑云母花岗岩、中粗粒黑云母花岗岩、细粒黑云母花岗岩，其结构主要显示了岩体为深成相的特点，三者在矿物种类上极为相似，其非常显著的特点是含较多黑云母，含量可超过 15%，即使在边缘相的岩石中黑云母含量仍然很高。其黑云母含量高及粗粒结构特征说明研究区出露的印支期岩体主要处于岩体的深成相，局部可能残留边缘相。

似斑状黑云母花岗岩结构构造主要为似斑状结构、粗粒结构，块状构造[图 4-8(a)]，主要矿物组成为钾长石(约 40%)+斜长石(约 25%)+石英(约 20%)+黑云母(15%)，含少量锆石、磷灰石、榍石、磁铁矿和萤石等副矿物[图 4-8(b)]。其中，钾长石主要为正长石，自形-半自形；黑云母呈片状自形晶，可见放射晕。

中粗粒黑云母花岗岩结构构造同样为似斑状结构、中-粗粒结构，块状构造[图 4-8(c)]，矿物组成为钾长石(约 30%)+石英(约 35%)+斜长石(约 25%)+黑云母(约 10%)，含锆石、磷灰石、金红石等副矿物。其中，钾长石也主要为正长石，半自形晶；黑云母呈片状或细片状集合体，也可见放射晕[图 4-8(d)]。

细粒黑云母花岗岩为细粒结构、块状构造[图 4-8(e)]，矿物组成为钾长石(约 50%)+斜长石(约 15%)+石英(约 30%)+黑云母(约 5%)，副矿物为锆石、磷灰石。钾长石主要为正长石，条纹长石，半自形-它形，板状，不规则粒状[图 4-8(f)]。

4.2.2 岩石锆石 U-Pb 年代学及其微区微量元素分布

1)锆石 U-Pb 年龄

3 个样品的锆石 U-Pb 年龄数据见附表 4。

似斑状黑云母花岗岩(17-1S9)采集于荷树下钨矿坑道内，大部分锆石颗粒为自形晶，多为无色透明，长度为 100～300 μm，长宽比在 1：1～3：1。CL 图像显示绝大部分锆石颗粒具有明显的振荡环带，表明其为岩浆成因锆石[Hoskin 和 Schaltegger，2003。图 4-9(a)]。21 个锆石测点的 $^{206}Pb/^{238}U$ 年龄分布于 234.7～223.4 Ma，所有数据点都在年龄谐和线附近，加权平均年龄为(229.9±1.4) Ma [MSWD=1.16。图 4-9(b)]，因此该年龄可以代表似斑状黑云母花岗岩的结晶时代。

中粗粒黑云母花岗岩(15-11S1)采集于狗打栏钨矿坑道，大部分锆石颗粒也为自形晶，大部分为无色透明，长度为 100～150 μm，长宽比在 1：1～2：1。CL 图像也显示绝大部分锆石颗粒具有明显的振荡环带[图 4-9(c)]，20 个锆石测

(a)、(b)似斑状黑云母花岗岩；(c)、(d)中粗粒黑云母花岗岩；(e)、(f)细粒黑云母花岗岩。
Qtz—石英；Kfs—钾长石；Pl—斜长石；Bt—黑云母。

图 4-8　锡田印支期花岗岩样品及镜下照片(正交偏光)

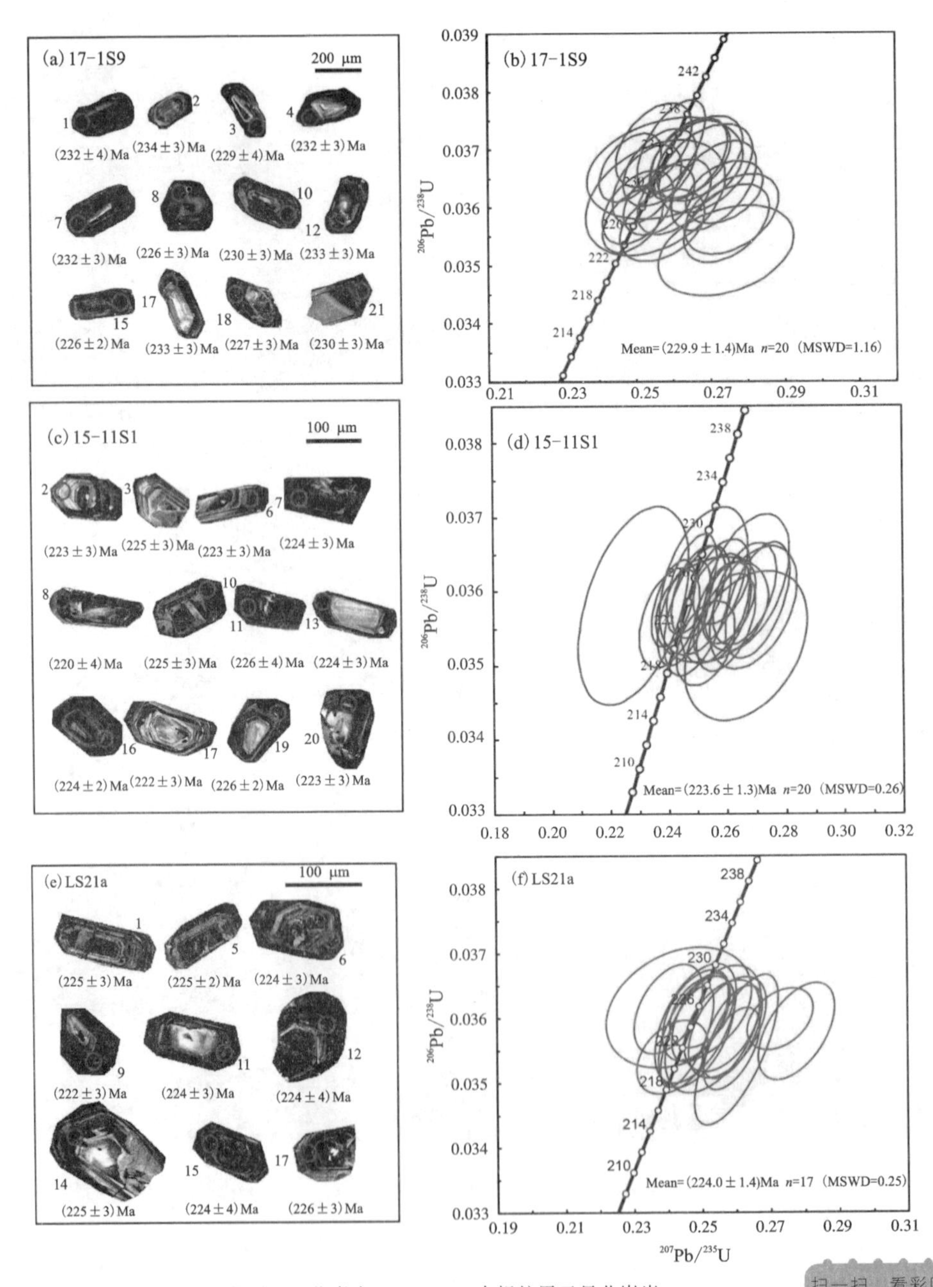

(a)、(b) 似斑状黑云母花岗岩；(c)、(d) 中粗粒黑云母花岗岩；
(e)、(f) 细粒黑云母花岗岩。

图 4-9　锡田印支期花岗岩锆石 CL 图像及 U-Pb 谐和年龄图

扫一扫，看彩图

点的$^{206}Pb/^{238}U$年龄分布于225.7~220.3 Ma，在年龄谐和图上所有数据点都在年龄谐和线上或者附近，加权平均年龄为(223.6 ± 1.3) Ma[MSWD = 0.26。图4-9(d)]，因此该年龄可以代表该花岗岩的结晶时代。

细粒黑云母花岗岩(LS21a)采集于垄上钨锡多金属矿床坑道，大部分锆石颗粒为自形晶-半自形晶，无色透明，长度为80~150 μm，长宽比为1∶1~3∶1。CL图像显示绝大部分锆石颗粒可见明显的振荡环带[图4-9(e)]，17个锆石测点的$^{206}Pb/^{238}U$年龄分布于225.9~221.1 Ma，在年龄谐和图上所有数据点都在年龄谐和线上或者附近，加权平均年龄为(224.0 ± 1.4) Ma[MSWD = 0.25。图4-9(f)]，因此该年龄可以代表细粒黑云母花岗岩的结晶时代。

2)锆石微区微量元素

锆石LA-ICP-MS微区微量元素含量见表4-2、表4-3及表4-4。

锆石微区微量元素分析显示，似斑状黑云母花岗岩(17-1S9)的锆石中具有含量变化较大的Ti元素，含量为3.4~33.6 μg/g(均值为9.6 μg/g)，U元素含量为702~2984 μg/g(均值为1939 μg/g)，Th元素含量为162~3167 μg/g(均值为1042 μg/g)，而Pb元素含量为30.5~142.6 μg/g(均值为90 μg/g)，Th/U值较高，为0.22~1.44(均值为0.57)，也指示着它们具有岩浆成因的特征(Hoskin和Schaltegger，2003)(表4-2，附表4)。另外，锆石富含重稀土元素(HREE)，稀土元素总量(∑REE)为431~2158 μg/g，轻重稀土的比值(LREE/HREE)为0~0.8，稀土元素配分模式显示为左倾的曲线[图4-10(a)]，并具有明显的负Eu异常(Eu/Eu^* = 0.14~0.95，均值为0.41)及正的Ce异常(Ce/Ce^* = 1.21~45.23，均值为10.36)。

中粗粒黑云母花岗岩(15-11S1)中锆石也具有变化较大的Ti(2.6~16.5 μg/g，均值为7.5 μg/g)、U(416~3533 μg/g，均值为1846 μg/g)、Th(315~2317 μg/g，均值为1178 μg/g)、Pb(20.3~150.1 μg/g，均值为84 μg/g)含量以及Th/U值(0.27~2.22，平均为0.72)(表4-3，附表4)。样品富含HREE，∑REE为501~2018 μg/g，LREE/HREE值为0.1~0.3，稀土元素配分模式也显示为左倾的曲线[图4-10(b)]，负Eu异常明显(Eu/Eu^* = 0.19~0.87，均值为0.31)及正的Ce异常(Ce/Ce^* = 1.63~114.59，均值为28.28)。

细粒黑云母花岗岩(LS21a)中锆石Ti含量较上述两样品低，为0.2~10.3 μg/g(均值为3.6 μg/g)，U含量为298~3861 μg/g(均值为2272 μg/g)，Th含量为141~3027 μg/g(均值为682 μg/g)，Pb含量为13.1~257.4 μg/g(均值为111 μg/g)，Th/U为0.08~1.59(均值为0.39)(表4-4，附表4)。样品同样以富含HREE为特征，∑REE为523~2960 μg/g，LREE/HREE值多小于0.1，稀土元素配分模式也显示为左倾的曲线[图4-10(c)]，负Eu异常明显(Eu/Eu^* = 0.09~0.28，均值为0.14)及正的Ce异常(Ce/Ce^* = 2.73~53.95，均值为22.36)。

表 4-2　锡田印支期花岗岩锆石微区微量元素含量表(样品 17-1S9)

点号	1	2	3	4	5	6	7	8	9	10	11	12	13	14	15	16	17	18	19	20	21
Ti	3.9	4.8	16.6	11.9	18.3	3.4	4.4	5.1	8.1	9.0	4.3	14.8	4.9	33.6	1.7	10.2	3.7	14.3	8.4	9.2	10.6
Nb	4.8	10.2	4.1	14.2	24.5	8.3	7.4	13.6	13.4	17.6	8.9	4.5	13.7	15.4	13.8	9.8	6.8	18.9	13.5	14.6	8.1
Ta	2.9	5.5	1.7	5.4	6.2	3.9	3.4	4.5	5.8	6.5	5.1	3.3	7.1	7.1	9.7	5.0	3.9	5.6	6.0	9.5	5.8
Pb	56.6	85.7	42.8	95.7	142.6	66.4	82.5	87.7	106.2	114.0	79.2	30.5	97.6	97.9	126.4	83.5	77.0	91.1	128.5	126.9	64.7
La	0.1	4.1	0.8	4.5	1.3	2.4	1.3	1.7	1.1	144.5	11.0	0.4	0.9	140.8	3.6	5.2	7.3	4.5	4.0	3.3	73.6
Ce	26.0	58.2	59.7	106.8	295.3	48.8	73.6	75.0	43.0	414.5	77.0	16.9	54.3	364.5	54.3	66.8	56.4	52.5	78.5	53.6	236.7
Pr	0.2	2.2	0.9	1.9	1.5	1.1	0.7	1.8	1.1	48.5	5.8	0.5	0.8	39.2	2.0	4.3	3.0	1.9	3.5	1.8	28.4
Nd	2.5	13.0	10.7	11.7	15.5	6.0	5.3	12.8	6.8	223.2	28.9	4.1	5.8	180.3	12.1	25.4	14.0	10.8	21.8	11.2	138.8
Sm	6.0	7.5	16.6	10.0	20.5	4.7	3.9	9.8	6.2	45.5	9.6	2.6	5.6	37.0	7.1	15.3	6.1	7.1	12.1	6.4	25.2
Eu	0.7	1.7	2.6	2.8	5.8	1.5	1.4	4.0	1.2	5.7	1.9	0.4	1.2	15.2	1.7	2.1	0.8	1.5	2.9	4.3	2.7
Gd	27.9	22.4	67.2	39.6	71.6	16.1	14.7	29.6	22.3	52.1	23.1	7.6	21.6	58.0	24.5	30.6	18.2	21.9	31.2	23.5	36.4
Tb	10.3	7.3	20.2	12.5	21.7	5.6	5.1	9.1	7.4	12.3	7.1	2.6	7.6	12.0	8.6	8.8	5.7	7.1	9.6	8.1	7.8
Dy	121.3	87.4	211.0	142.6	240.8	66.5	62.7	108.4	88.8	123.2	82.8	35.9	95.2	121.4	109.7	96.7	68.9	85.9	111.5	105.4	84.7
Ho	47.1	34.7	71.5	53.0	87.5	26.4	26.0	41.6	35.7	44.4	31.5	14.7	37.2	42.5	44.4	36.5	27.2	33.1	43.4	42.7	30.2

续表4-2

点号	1	2	3	4	5	6	7	8	9	10	11	12	13	14	15	16	17	18	19	20	21
Er	215.2	166.2	308.0	240.9	392.7	128.6	129.2	194.7	174.7	205.0	152.1	79.8	186.6	200.7	216.3	171.4	138.0	166.5	205.8	213.8	145.1
Tm	46.9	38.8	59.6	53.1	83.9	31.8	32.4	42.7	43.4	46.6	35.4	19.0	43.2	44.8	51.4	38.5	32.7	39.3	48.8	51.8	34.1
Yb	441.3	390.6	529.1	496.9	775.9	322.6	343.2	418.2	441.9	471.8	353.2	202.3	431.6	437.0	504.0	389.6	343.9	415.6	508.5	577.4	343.2
Lu	85.0	81.1	99.4	96.7	143.9	65.8	74.1	79.9	97.0	97.9	73.1	44.3	89.3	92.2	104.5	79.4	75.5	90.8	111.7	108.5	73.9
Y	1346	1073	2064	1575	2684	834	833	1304	1107	1359	995	483	1178	1343	1386	1118	878	1058	1365	1336	967
ΣREE	1030	915	1457	1273	2158	728	774	1029	970	1935	893	431	981	1786	1144	971	798	939	1193	1212	1261
LREE	35.5	86.6	91.3	137.7	340.0	64.5	86.2	105.0	59.3	881.8	134.1	24.9	68.6	777.0	80.9	119.3	87.6	78.3	122.8	80.6	505.5
HREE	995.0	828.5	1366.0	1135.3	1817.9	663.3	687.4	924.3	911.1	1053.3	758.4	406.4	912.3	1008.6	1063.3	851.5	710.0	860.3	1070.6	1131.3	755.3
LREE/HREE	0	0.1	0.1	0.1	0.2	0.1	0.1	0.1	0.1	0.8	0.2	0.1	0.1	0.8	0.1	0.1	0.1	0.1	0.1	0.1	0.7
Eu/Eu^*	0.1	0.4	0.2	0.4	0.4	0.5	0.5	0.7	0.3	0.4	0.4	0.3	0.3	1.0	0.4	0.3	0.2	0.3	0.4	1.0	0.3
Ce/Ce^*	44.1	4.7	15.5	9.0	45.2	7.3	19.3	9.5	8.8	1.2	2.3	7.9	14.7	1.2	4.8	3.2	3.0	4.4	4.8	5.4	1.3
$T_{in-zircon}$ /℃	728.6	747.7	875.6	837.9	887.4	716.2	739.0	753.2	798.1	808.3	737.4	862.2	749.5	964.9	660.5	821.6	724.0	858.9	801.5	810.2	825.6
$\lg f(O_2)$	−18.1	−17.6	−15.0	−15.7	−14.8	−18.4	−17.8	−17.5	−16.5	−16.3	−17.9	−15.3	−17.6	−13.5	−19.8	−16.1	−18.2	−15.3	−16.5	−16.3	−16.0

注：微量元素含量单位为 μg/g。

表 4-3　锡田印支期花岗岩锆石微区微量元素含量表(样品 15-11S1)

点号	1	2	3	4	5	6	7	8	9	10	11	12	13	14	15	16	17	18	19	20
Ti	2.6	4.0	6.6	5.7	8.3	16.5	6.9	7.3	11.3	13.5	9.0	6.6	4.7	2.9	7.7	5.1	7.1	10.2	5.2	9.3
Nb	8.7	9.4	15.0	11.2	10.9	13.1	2.6	2.8	18.0	4.9	22.1	10.6	8.3	12.8	20.8	25.6	7.6	7.0	5.7	16.3
Ta	4.1	5.6	6.1	6.9	6.2	4.3	1.4	1.7	6.5	1.7	8.6	4.9	4.9	7.7	6.9	11.8	4.7	4.7	3.6	6.7
Pb	64.0	98.6	103.0	109.0	119.9	88.1	20.3	21.7	103.4	37.0	124.0	71.1	64.6	85.5	123.3	150.1	82.2	53.1	53.1	105.0
La	1.2	32.9	0.2	3.3	5.3	11.5	0.1	0.1	2.5	0.4	3.9	12.1	20.3	4.8	10.4	1.9	7.7	0	0.2	0.1
Ce	45.3	152.9	117.5	47.1	65.7	131.0	31.9	31.5	145.9	128.2	96.5	97.2	82.4	67.4	113.0	107.2	63.6	47.2	64.5	138.2
Pr	1.2	11.8	0.4	3.3	3.2	5.7	0.4	0.2	1.4	0.5	1.9	4.6	7.6	2.0	4.0	1.5	3.4	0.1	0.3	0.4
Nd	7.6	52.7	6.0	13.0	17.9	35.5	3.2	2.5	11.3	7.4	11.2	23.4	31.8	11.7	20.1	8.9	16.8	2.1	3.3	6.5
Sm	5.0	15.3	11.2	7.2	9.6	15.0	4.9	4.6	11.9	10.7	10.5	11.4	7.9	7.5	12.3	10.7	8.4	4.5	4.9	11.3
Eu	1.1	1.9	2.4	1.2	1.8	7.1	0.7	0.7	2.9	2.9	2.2	1.7	1.1	1.1	2.7	2.3	1.4	0.7	1.4	2.5
Gd	16.7	27.8	45.4	19.6	29.3	37.7	19.3	16.4	49.5	37.3	41.6	33.9	16.1	28.0	38.4	43.7	26.8	18.8	20.5	49.3
Tb	5.1	8.3	14.8	6.9	9.5	10.7	6.0	4.7	15.9	10.8	14.2	11.0	5.2	9.7	12.9	16.5	8.7	6.5	6.7	15.4
Dy	61.3	99.3	172.2	83.9	112.2	117.8	63.9	57.2	185.9	117.7	166.9	130.7	65.2	120.3	146.5	208.4	103.4	82.5	76.6	175.0
Ho	24.2	38.3	65.0	34.4	41.6	44.1	23.7	21.4	69.0	42.1	63.9	49.9	26.4	46.6	57.9	83.3	40.3	32.1	29.3	65.5

续表4-3

点号	1	2	3	4	5	6	7	8	9	10	11	12	13	14	15	16	17	18	19	20
Er	118.4	185.9	288.5	175.7	197.4	212.8	107.8	96.9	307.1	180.5	297.6	234.5	133.7	218.0	271.5	397.6	193.5	159.6	139.7	296.8
Tm	28.2	43.4	62.1	42.8	44.5	44.2	24.7	20.3	64.5	36.4	63.9	52.7	32.2	48.6	60.3	90.1	44.8	35.2	30.5	62.5
Yb	283.2	481.4	571.0	450.9	448.3	450.6	210.9	205.0	588.8	330.5	606.8	512.1	336.2	482.0	628.4	877.5	460.4	345.9	301.0	577.3
Lu	59.0	94.5	107.4	97.9	91.9	86.4	40.2	39.6	111.3	64.3	117.6	100.1	71.6	93.5	122.1	168.2	95.5	69.7	61.3	109.3
Y	763	1235	1902	1114	1264	1369	701	641	2045	1213	1914	1521	848	1404	1802	2553	1272	991	907	2002
ΣREE	658	1246	1464	987	1078	1210	538	501	1568	970	1499	1275	838	1141	1500	2018	1075	805	740	1510
LREE	61.4	267.5	137.8	75.0	103.5	205.7	41.2	39.5	176.0	150.0	126.2	150.4	151.1	94.5	162.5	132.6	101.2	54.6	74.7	158.8
HREE	596	979	1326	912	975	1004	496	461	1392	819	1373	1125	687	1047	1338	1885	973	750	665	1351
LREE/HREE	0.1	0.3	0.1	0.1	0.1	0.2	0.1	0.1	0.1	0.2	0.1	0.1	0.2	0.1	0.1	0.1	0.1	0.1	0.1	0.1
Eu/Eu^*	0.3	0.3	0.3	0.3	0.3	0.9	0.2	0.2	0.3	0.4	0.3	0.2	0.3	0.2	0.3	0.3	0.3	0.2	0.4	0.3
Ce/Ce^*	8.5	1.9	77.8	3.2	3.8	3.9	24.4	47.9	18.5	61.7	8.5	3.2	1.6	5.3	4.3	14.6	3.1	114.6	45.4	113.4
$T_{in-zircon}$/℃	692.5	729.4	777.3	763.0	799.5	875.1	781.2	787.4	832.3	851.9	807.8	776.9	745.1	701.0	791.9	751.8	784.5	821.9	754.0	811.4
$\lg f(O_2)$	−19.0	−18.1	−17.0	−17.3	−16.5	−15.0	−16.9	−16.8	−15.8	−15.5	−16.3	−17.0	−17.7	−18.8	−16.7	−17.5	−16.8	−16.0	−17.5	−16.3

注：微量元素含量单位为 μg/g。

表 4-4 锡田印支期花岗岩锆石微区微量元素含量表(样品 LS21a)

点号	1	2	3	4	5	6	7	8	9	10	11	12	13	14	15	16	17
Ti	0.2	10.3	1.1	6.8	0.6	1.0	7.5	1.3	1.5	1.2	3.7	8.8	4.5	0.4	2.8	4.1	5.5
Nb	5.0	1.2	10.6	8.1	10.1	7.2	12.2	6.0	14.7	10.7	9.5	18.5	6.3	13.9	6.1	23.8	8.4
Ta	3.9	0.8	8.7	6.4	13.2	6.8	4.1	4.4	10.0	8.1	7.3	6.2	4.5	9.4	4.9	17.0	4.7
Pb	69.6	13.1	143.0	101.4	157.3	99.1	79.6	70.3	144.9	109.4	129.9	108.0	74.0	162.7	91.8	257.4	67.9
La	3.6	0	0.2	0.1	0.9	0.1	0.1	0.1	0.8	0.6	0.3	0.3	0.2	1.0	0.1	0.3	0.3
Ce	23.6	4.6	19.3	24.9	13.1	16.4	111.7	12.6	34.3	8.6	14.9	191.5	8.6	26.6	10.4	19.6	26.6
Pr	1.2	0.1	0.2	0.1	0.7	0.1	0.6	0.1	0.5	0.6	0.3	1.0	0.2	0.5	0.1	0.2	0.3
Nd	8.4	1.6	1.6	1.6	4.9	1.0	8.3	1.4	3.9	3.7	3.2	12.9	2.2	3.3	1.6	1.8	2.2
Sm	8.7	3.0	4.5	3.8	7.3	3.1	13.0	2.8	6.5	5.3	6.2	25.7	4.0	6.2	4.6	6.1	5.2
Eu	1.3	0.3	0.5	0.6	0.5	0.5	2.8	0.3	0.8	0.6	0.6	4.5	0.3	0.6	0.5	0.7	0.6
Gd	38.1	15.4	25.8	22.1	23.6	19.5	54.6	16.4	37.1	24.0	35.3	95.9	20.7	32.3	26.0	43.1	26.0
Tb	13.6	5.5	12.2	9.8	11.3	8.3	17.5	7.2	15.9	11.8	16.1	29.5	8.8	14.6	10.7	20.6	10.2
Dy	171.1	63.2	170.7	136.2	154.2	119.5	208.2	102.1	209.5	167.7	218.9	337.4	120.4	208.6	140.8	294.4	132.4
Ho	68.1	25.3	73.7	57.2	65.7	51.4	78.8	42.8	85.9	72.8	86.0	122.7	48.6	87.3	58.4	119.5	50.8

续表4-4

点号	1	2	3	4	5	6	7	8	9	10	11	12	13	14	15	16	17
Er	327.7	111.5	372.5	295.2	331.6	254.7	357.2	217.1	409.8	387.7	425.0	521.2	248.2	438.4	295.8	600.7	243.3
Tm	72.9	23.9	89.9	70.5	86.0	63.2	76.8	53.4	92.8	100.0	98.8	106.4	60.1	102.9	71.4	143.4	55.3
Yb	738.8	223.3	917.3	734.5	930.0	644.0	706.8	541.9	937.6	1061.7	979.7	948.1	611.0	1037.9	702.0	1427.8	527.8
Lu	143.2	45.6	186.0	146.5	186.9	131.5	136.2	109.6	181.0	212.8	191.6	179.2	122.1	211.7	141.2	282.2	103.0
Y	1982	712	2217	1709	1998	1555	2316	1285	2533	2260	2741	3502	1534	2607	1790	3749	1541
∑REE	1620	523	1874	1503	1817	1313	1773	1108	2016	2058	2077	2577	1256	2172	1464	2960	1184
LREE	46.8	9.6	26.2	31.0	27.5	21.3	136.5	17.3	46.9	19.5	25.4	235.9	15.6	38.2	17.2	28.6	35.2
HREE	1574	514	1848	1472	1789	1292	1636	1091	1970	2038	2051	2341	1240	2134	1446	2932	1149
LREE/HREE	0	0	0	0	0	0	0.1	0	0	0	0	0.1	0	0	0	0	0
Eu/Eu^*	0.2	0.1	0.1	0.1	0.1	0.2	0.3	0.1	0.1	0.1	0.1	0.2	0.1	0.1	0.1	0.1	0.1
Ce/Ce^*	2.7	18.2	26.4	51.1	3.8	48.3	54.0	21.9	12.3	3.0	10.7	50.6	7.7	9.7	19.7	20.6	19.2
$T_{in-zircon}$/℃	521.7	822.1	629.1	779.7	582.7	623.2	789.3	641.0	650.8	633.9	723.7	806.0	740.5	563.6	698.3	733.0	759.1
$\lg f(O_2)$	-24.4	-16.0	-20.7	-16.9	-22.2	-20.9	-16.7	-20.4	-20.1	-20.6	-18.2	-16.4	-17.8	-22.9	-18.8	-18.0	-17.4

注：微量元素含量单位为 μg/g。

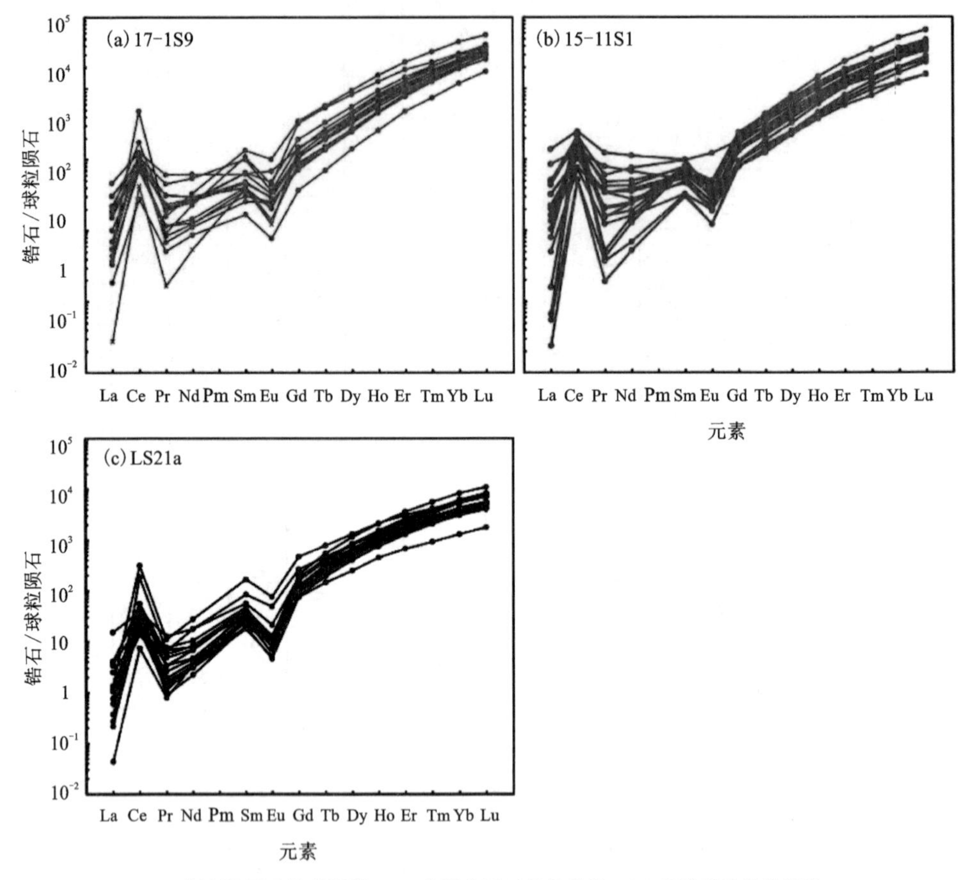

(a) 似斑状黑云母花岗岩；(b) 中粗粒黑云母花岗岩；(c) 细粒黑云母花岗岩。

图 4-10　锡田印支期花岗岩锆石稀土元素配分曲线

三种岩性花岗岩中锆石所含的 U、Th 以及 REE 元素含量均较高，从粗粒花岗岩到细粒花岗岩 U 元素含量升高而 Th、Ti 元素含量下降。三者的稀土元素配分的曲线较为相似，均为左倾的曲线，且均以负的 Eu 异常和正的 Ce 异常为特征，但是其异常值有变化。从似斑状黑云母花岗岩→中粗粒黑云母花岗岩→细粒黑云母花岗岩，随着粒度的减小，其 Eu 异常值随之降低，而 Ce 异常值则呈大致升高的趋势(图 4-11)。

4.2.3　岩石地球化学特征

1) 主量元素

样品主量元素含量分析结果见表 4-5。

Hark 图解显示锡田印支期花岗岩主量元素含量变化较大(图 4-12)，分析结

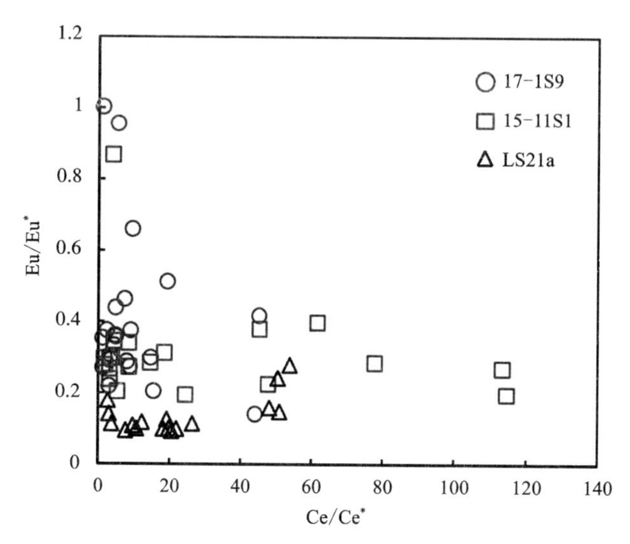

图 4-11　锡田印支期花岗岩锆石 Eu 异常和 Ce 异常图解

表 4-5　锡田印支期花岗岩主量元素含量表

样号	17-1S9	17-3S4	15-11S1	LS21a	LS22
SiO_2	68. 10	73. 30	67. 80	69. 8	69. 7
TiO_2	0. 48	0. 30	0. 43	0. 25	0. 19
Al_2O_3	15. 45	13. 55	14. 80	16. 4	18. 60
TFe_2O_3	3. 28	2. 37	2. 83	0. 86	1. 32
MnO	0. 08	0. 06	0. 06	0. 04	0. 03
MgO	1. 00	0. 69	0. 93	1. 21	0. 99
CaO	2. 41	1. 48	1. 92	1. 99	1. 08
Na_2O	3. 37	3. 02	2. 93	2. 04	1. 54
K_2O	5. 08	4. 48	5. 87	5. 47	5. 25
P_2O_5	0. 21	0. 14	0. 18	0. 12	0. 12
LOI	0. 55	0. 79	1. 10	1. 81	1. 15
Total	100. 01	100. 18	98. 85	99. 81	99. 97
A/NK	1. 40	1. 38	1. 32	1. 77	2. 26
A/CNK	1. 00	1. 08	1. 01	1. 27	1. 83
DI	82	87	84	83	82

注：LOI 为烧失量，单位为%；A/NK = $Al_2O_3/(Na_2O + K_2O)$（原子比）；A/CNK = $Al_2O_3/(Na_2O + K_2O + CaO)$（原子比）；表中元素含量单位为%。

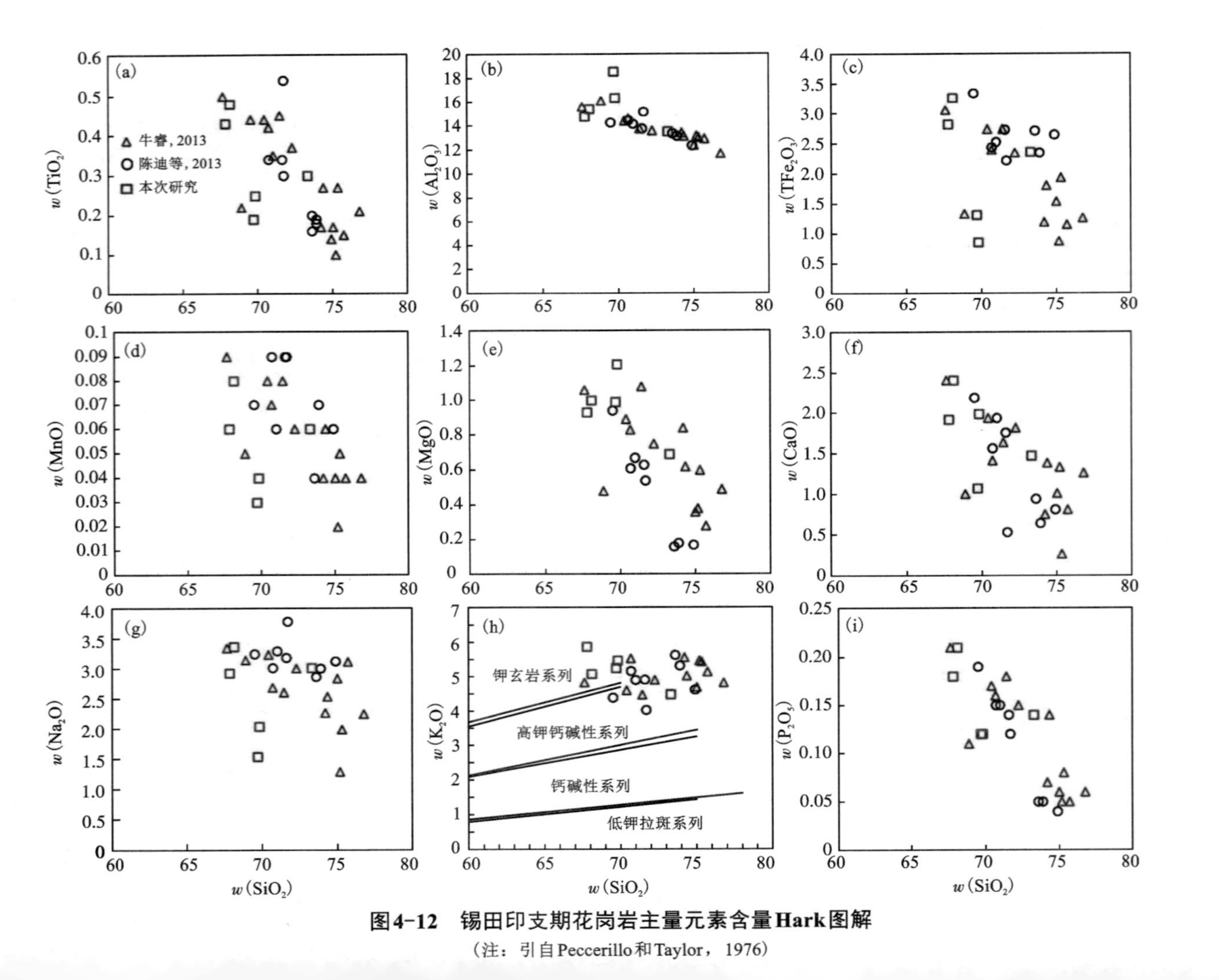

图4-12 锡田印支期花岗岩主量元素含量Hark图解

（注：引自Peccerillo和Taylor，1976）

果显示其 SiO_2 含量为 67.80%~73.30%，TiO_2 含量为 0.19%~0.48%，Al_2O_3 含量为 13.55%~18.60%，TFe_2O_3 含量为 0.86%~3.28%，MgO 含量为 0.69%~1.21%，K_2O 含量为 4.48%~5.87%，P_2O_5 含量为 0.12%~0.21%，显示出高硅、高铝、高钾、高磷、低铁镁的特征；且 Ti、Al、Fe、P 等元素同 Si 元素呈明显的负相关关系，表明存在钛铁矿、磷灰石、斜长石等矿物的分离结晶，在 $w(SiO_2)-w(K_2O)$ 图解中多落入高钾钙碱性岩及钾玄岩类区域[图 4-12(h)]。样品的铝饱和指数(A/CNK)值为 1.00~1.83，A/NK 值为 1.32~2.26，在 A/CNK-A/NK 图解中多显示为过铝质(图 4-13)。分异指数 *DI* 为 82~87。

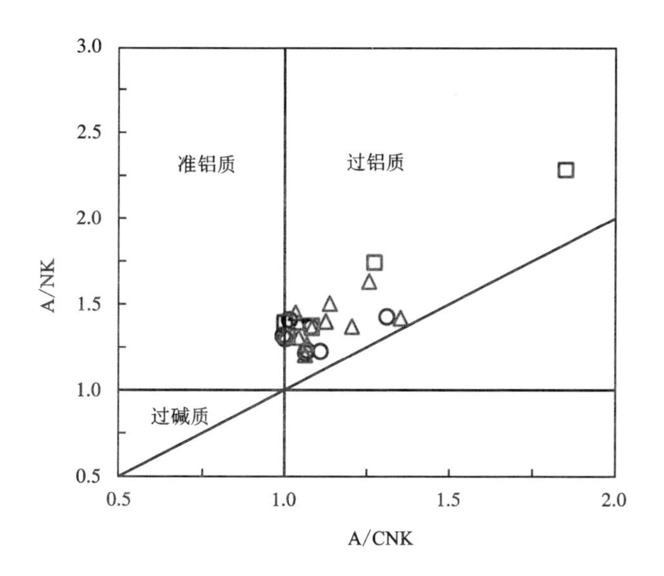

图 4-13 锡田印支期花岗岩 A/NK 与 A/CNK 图解

(注：底图据 Maniar 和 Piccoli，1989；图标同图 4-11)

2)稀土元素与微量元素

锡田印支期花岗岩的微量元素及稀土元素含量分析结果见表 4-6。样品稀土元素总量∑REE 为 167.0~349.1 μg/g，LREE 为 146.8~332.0 μg/g，$(La/Yb)_N$ 为 5.5~22.0，LREE/HREE 为 7.3~19.9，轻重稀土元素分馏明显，轻稀土元素富集，重稀土元素亏损。负 Eu 异常明显(Eu/Eu^* =0.22~0.68)。球粒陨石标准化稀土元素配分曲线呈平缓的“右倾海鸥”型[图 4-14(a)]。在原始地幔标准化微量元素蛛网图[图 4-14(b)]上，富集 Rb、K、U、Th 等元素，亏损 Ti、P、Sr、Ba、Nb 等元素。

表 4-6　锡田印支期花岗岩微量元素及稀土元素含量表

样号	17-1S9	17-3S4	15-11S1	LS21a	LS22
V	48	34	43	6	6
Cr	50	60	40	30	40
Cs	47.90	30.50	68.50	71.80	76.10
Ga	19.30	18.60	18.10	23.10	23.70
Rb	334	351	477	970	776
Ba	989	366	1175	46	483
Th	41.60	30.80	35.00	27.00	28.30
U	12.70	14.75	10.95	23.20	25.00
Ta	2.20	2.30	2.00	6.40	12.10
Nb	16.80	15.00	15.10	33.50	33.80
Sr	361.00	172.50	307.00	16.10	175.00
Zr	232.00	129.00	210.00	101.00	168.00
Hf	6.40	4.00	5.80	3.80	5.30
Sn	18.00	17.00	51.00	79.00	56.00
Pb	62.00	44.00	68.00	52.00	51.00
La	83.80	51.70	76.30	33.90	47.20
Ce	163.00	104.00	149.50	71.40	99.30
Pr	17.05	11.15	15.70	8.16	11.20
Nd	57.80	37.40	52.60	27.60	37.00
Sm	8.81	6.79	7.61	5.31	8.30
Eu	1.56	0.78	1.44	0.46	0.52
Gd	5.55	4.50	4.84	4.46	5.88
Tb	0.78	0.66	0.66	0.81	0.97
Dy	4.24	3.82	3.76	4.84	5.42
Ho	0.83	0.77	0.74	1.11	1.01
Er	2.39	2.16	2.21	3.54	3.16
Tm	0.35	0.34	0.32	0.64	0.48
Yb	2.57	2.46	2.34	4.14	4.33

续表4-6

样号	17-1S9	17-3S4	15-11S1	LS21a	LS22
Lu	0.40	0.40	0.36	0.66	0.61
Y	22.80	21.80	21.20	30.80	32.90
∑REE	349.13	226.93	318.38	167.03	225.38
LREE	332.02	211.82	303.15	146.83	203.52
HREE	17.11	15.11	15.23	20.20	21.86
LREE/HREE	19.41	14.02	19.90	7.27	9.31
$(La/Yb)_N$	22.03	14.20	22.03	5.53	7.37
Eu/Eu^*	0.64	0.41	0.68	0.28	0.22
Ce/Ce^*	0.97	0.98	0.97	0.98	0.99

注：表中元素含量单位为 μg/g。

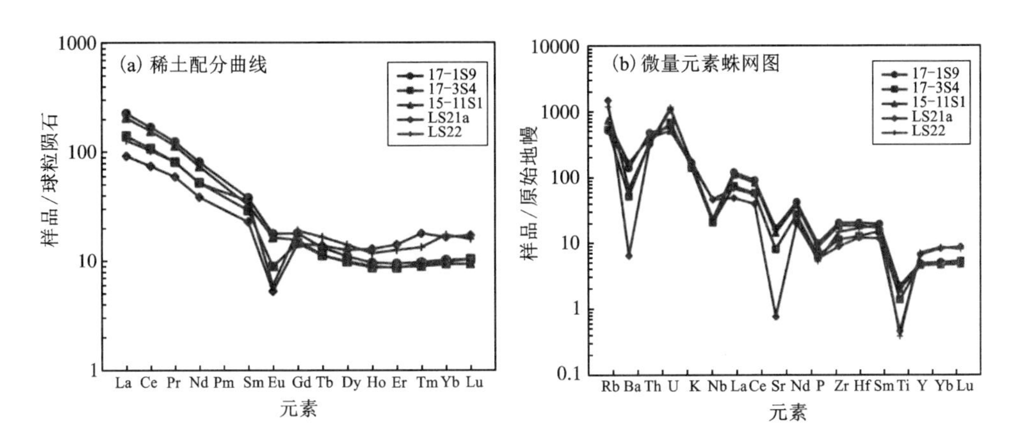

图4-14 锡田印支期花岗岩稀土配分及微量元素蛛网图

（注：标准化值据 Taylor 和 Mclennan，1984）

4.2.4 岩石 Sr-Nd-Pb 同位素组成

样品全岩 Sr－Nd 同位素组成分析结果见表 4－7。$^{87}Sr/^{86}Sr$ 的测定值为 0.727210～0.757087，$^{143}Nd/^{144}Nd$ 的分析值为 0.51196～0.51205，依据锆石定年结果对岩石初始$^{87}Sr/^{86}Sr$值、$^{143}Nd/^{144}Nd$ 值及相关参数进行计算。计算结果表明锡田印支期花岗岩具有较高的岩石初始$^{87}Sr/^{86}Sr$ 值[$(^{87}Sr/^{86}Sr)_i$ 为 0.71366～0.71910]、较低的初始$^{143}Nd/^{144}Nd$ 值[$(^{143}Nd/^{144}Nd)_i$ 为 0.511572～0.511869]、较小

的 $\varepsilon_{Nd}(t)$ 值[$\varepsilon_{Nd}(t)$ 为-10.5~-9.4]和较老的 Nd 模式年龄(T_{2DM}=1858~1764 Ma)。

表 4-7 锡田印支期花岗岩 Sr-Nd 同位素组成

样号	17-1S9	17-3S4	15-11S1	LS21a	LS22
Rb/(μg·g^{-1})	331	290	364	613	478
Sr/(μg·g^{-1})	259.6	131.3	229.5	130.6	150.2
^{87}Rb/^{86}Sr	3.7	6.4	4.6	13.63	9.25
^{87}Sr/^{86}Sr	0.72721	0.739454	0.728594	0.757087	0.746428
±2σ (mean)	0.000012	0.000014	0.000011	0.000016	0.000014
(^{87}Sr/^{86}Sr)$_i$	0.71512	0.7191	0.71397	0.71366	0.71697
Sm/(μg·g^{-1})	14.89	13.22	13.08	5.973	8.013
Nd/(μg·g^{-1})	101.2	77.79	82.41	29.2	37.45
^{147}Sm/^{144}Nd	0.089	0.1028	0.0959	0.1237	0.1294
^{143}Nd/^{144}Nd	0.51196	0.51196	0.511992	0.51205	0.51203
±2σ (mean)	0.000011	0.000009	0.000012	0.000013	0.000011
(^{143}Nd/^{144}Nd)$_i$	0.511572	0.51181	0.511852	0.511869	0.51184
$\varepsilon_{Nd}(t)$	-10.1	-10.5	-9.7	-9.4	-10
T_{2DM}/Ma	1824	1858	1791	1764	1809
t/Ma	229.9	223.6	223.6	224	224

注：计算公式及相关参数采用如下：$(^{87}Sr/^{86}Sr)_i = (^{87}Sr/^{86}Sr)_{sample} - ^{87}Rb/^{86}Sr\ (e^{\lambda t} - 1)$，$\lambda = 1.42 \times 10^{-11}\ a^{-1}$(Steiger 和 Jäger, 1977)；$(^{143}Nd/^{144}Nd)_i = (^{143}Nd/^{144}Nd)_{sample} - (^{147}Sm/^{144}Nd)_m \times (e^{\lambda t} - 1)$，$\lambda = 6.54 \times 10^{-12}\ a^{-1}$(Lugmair 和 Marti, 1978)；$\varepsilon_{Nd}(t) = [(^{143}Nd/^{144}Nd)_{sample} / (^{143}Nd/^{144}Nd)_{CHUR}(t) - 1] \times 10^4$；$(^{87}Sr/^{86}Sr)_{UR} = 0.7045$，$(^{87}Rb/^{86}Sr)_{UR} = 0.0827$，$(^{143}Nd/^{144}Nd)_{CHUR} = 0.512638$，$(^{147}Sm/^{144}Sm)_{CHUR} = 0.1967$ (CHUR = chondritic uniform reservoir)。

样品的 Pb 同位素组成分析结果见表 4-8。分析结果显示 5 件样品的 Pb 同位素组成较为相似，同位素比值 ^{206}Pb/^{204}Pb 为 18.708~20.090、^{207}Pb/^{204}Pb 为 15.697~15.782、^{208}Pb/^{204}Pb 为 38.975~39.469。依据样品中 U、Th 和 Pb 的含量，并以上述锆石 U-Pb 定年结果为参数进行 Pb 同位素初始比值的计算，计算过程采用单阶段 Pb 同位素演化模式(Zartman 和 Doe, 1981)。计算结果为：(^{206}Pb/^{204}Pb)$_t$ 为 18.130~18.903、(^{207}Pb/^{204}Pb)$_t$ 为 15.652~15.722、(^{208}Pb/^{204}Pb)$_t$ 为 38.436~39.037。

表 4-8　锡田印支期花岗岩 Pb 同位素组成

样号	17-1S9	17-3S4	15-11S1	LS21a	LS22
$^{206}Pb/^{204}Pb$	18.708	19.009	19.028	20.09	19.662
$\pm2\sigma$ (mean)	0.001	0.001	0.001	0.001	0.001
$^{207}Pb/^{204}Pb$	15.703	15.697	15.735	15.782	15.762
$\pm2\sigma$ (mean)	0.001	0.001	0.001	0.001	0.001
$^{208}Pb/^{204}Pb$	39.238	39.019	39.469	38.975	39.084
$\pm2\sigma$ (mean)	0.002	0.001	0.001	0.002	0.001
Pb/($\times10^{-6}$)	62	44	68	52	51
Th/($\times10^{-6}$)	41.6	30.8	35	27	28.3
U/($\times10^{-6}$)	12.7	14.75	10.95	23.2	25
t/Ma	230	224	224	223.6	223.6
$(^{206}Pb/^{204}Pb)_t$	18.157	18.13	18.602	18.903	18.363
$(^{207}Pb/^{204}Pb)_t$	15.675	15.652	15.714	15.722	15.697
$(^{208}Pb/^{204}Pb)_t$	38.664	38.436	39.037	38.536	38.618

注：$\lambda_U^{238}=1.55125\times10^{-10}\ a^{-1}$；$\lambda_U^{235}=9.8485\times10^{-10}\ a^{-1}$；$\lambda_{Th}^{232}=4.9475\times10^{-11}\ a^{-1}$(Steiger 和 Jäger, 1977)。

4.2.5　花岗岩类型、成因与大地构造环境

1)花岗岩类型

花岗岩依据其地球化学特征、源岩以及产出的大地构造背景可分为 S 型、I 型及 A 型等类型(Chappell 和 White, 1974, 1992; Loiselle 和 Wones, 1979; Collins et al., 1982; Whalen et al., 1987; Chappell, 1999)。锡田印支期花岗岩具有较高的 A/CNK 值(均值为 1.24)和较高的 P_2O_5 含量(均值为 0.15%)，表明其具有 S 型花岗岩的一般特征(Sylvester, 1998; Clemens, 2003)。它们的 10000Ga/Al 值为 2.31~2.66(均值为 2.46)，低于典型的 A 型花岗岩，而且在 10000Ga/Al-Y 和 10000Ga/Al-Zr 图解中大部分样品均落入 S 或 I 型区域内(图 4-15)，表明其不大可能为 A 型花岗岩。

锆石所含的微量元素可以记录其结晶时岩浆的信息(Rubatto, 2002; Grimes et al., 2007; Wang et al., 2012; El-Bialy 和 Ali, 2013)。Wang et al. (2012)通过研究认为不同类型的花岗岩其锆石中所含的 Pb、Th 和 Eu 含量具有明显的不同，所以可以用以区分花岗岩的类型。在 Wang et al. (2012)提出的分类图解中，研究

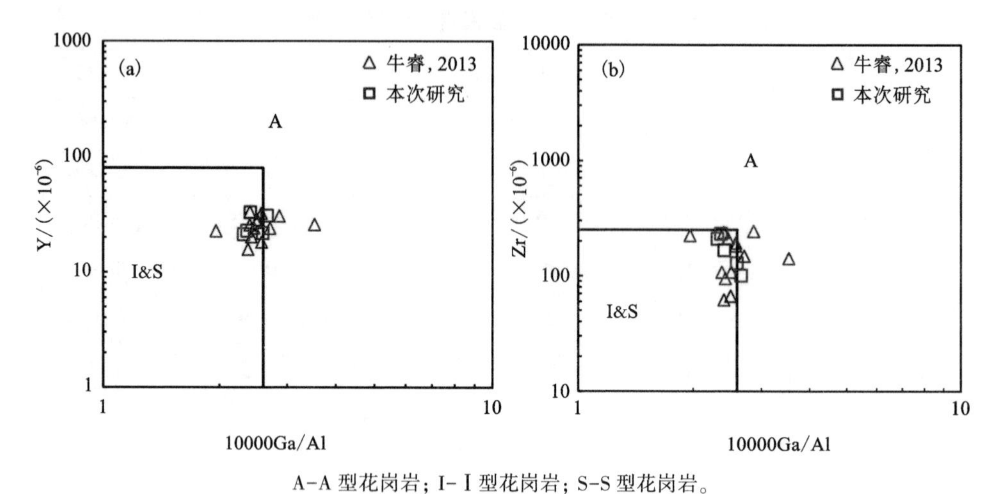

A-A 型花岗岩；I-Ⅰ型花岗岩；S-S 型花岗岩。

图 4-15　锡田花岗岩 10000Ga/Al-Y 和 10000Ga/Al-Zr 图解

（注：底图据 Whalen et al.，1987）

区绝大部分样品均落入 S 型花岗岩的区域，指示其为 S 型花岗岩(图 4-16)。

另外，锡田印支期花岗岩具有较高的初始$^{87}Sr/^{86}Sr$值(0.71397～0.71910)，表明其不太可能是Ⅰ型花岗岩。因此，我们认为锡田印支期花岗岩应该为 S 型花岗岩。

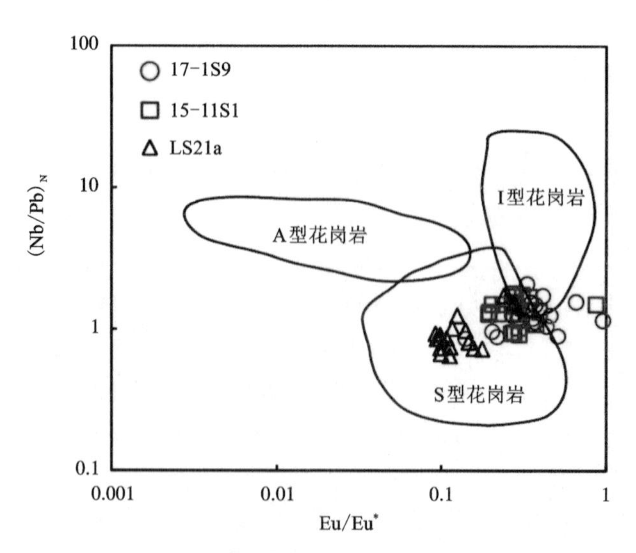

图 4-16　锆石 Eu/Eu*-$(Nb/Pb)_N$ 图解

（注：底图据 Wang et al.，2012）

2)花岗岩成因

(1)岩浆温度。

研究发现，锆石中 Th/U 的值很容易受到岩浆温度的影响(Bolhar et al.，2008；Gagnevin et al.，2010)。岩浆温度的降低将导致锆石中 U 含量升高而 Th 元素含量下降，使 Th/U 值降低。似斑状黑云母花岗岩、中粗粒黑云母花岗岩和细粒黑云母花岗岩中锆石的平均 Th/U 值分别为 0.60、0.72 和 0.39，表明似斑状黑云母花岗岩和中粗粒黑云母花岗岩的岩浆熔体温度较细粒黑云母花岗岩结晶温度高。

近期研究发现，锆石中 Ti 元素的含量受其结晶时岩浆温度和 TiO_2 活度的控制，这说明锆石中 Ti 元素含量对其结晶温度有很好的制约作用(Watson 和 Harrison，2005；Ferry 和 Watson，2007)。Watson 和 Harrison (2005)首先提出了 Ti 温度计及相关计算公式用来确定锆石结晶时岩浆的温度。后来 Ferry 和 Watson (2007)进一步完善了上述公式，他们认为锆石中 Ti 元素含量不仅受到岩浆温度和 TiO_2 活度的控制，还受到岩浆中 SiO_2 活度的控制。许多学者应用该公式对不同地区花岗岩进行研究，证明了其有效性，并得到学术界的认可。

本次研究利用 Ferry 和 Watson (2007)提出的公式对锡田 3 种岩性的印支期花岗岩的结晶温度进行了计算，计算结果见表 4-2～表 4-4。锆石 Ti 温度计结果显示样品 17-1S9 的温度为 661～887 ℃(均值为 796 ℃)、样品 15-11S1 的温度为 693～875 ℃(均值为 790 ℃)、样品 LS21a 的温度为 522～822 ℃(均值为 688 ℃)。样品 LS21a 的温度明显低于其他样品，同上文分析结果一致。另外，较低的 Ti 元素含量，也从另外一个侧面显示出其高分异的特征，因为高分异导致花岗岩中 Ti 元素含量明显降低(King et al.，1997；Rajesh，2000)。

(2)氧逸度。

有学者研究后认为，锆石中 Ce 和 Eu 的异常值可以用来估算其结晶时岩浆的物理化学环境(辛洪波和曲晓明，2008；Barth 和 Wooden，2010；Trail et al.，2011，2012；Burnham 和 Berry，2012)。近期研究发现，锆石中 Ce 的异常是 Ce^{3+} 被氧化为 Ce^{4+} 引起的，因而 Ce 的异常值可以用来探测岩浆氧化还原环境的探针(Hoskin 和 Schaltegger，2003；Trail et al.，2012)。Trail et al. (2012)利用锆石 Ce 异常值、熔体温度及相关元素含量建立了一个模型用来估算其结晶时熔体的氧逸度(fO_2)。利用该模型，计算出的氧逸度值均以 $\lg(fO_2)$ 形式给出(见表 4-2、表 4-3 及表 4-4)。结果表明，样品 17-1S9、15-11S1 和 LS21a 均以较低的氧逸度为特征，其氧逸度均值分别为-16.68、-16.92 和 -19.32。在 T-$\lg(fO_2)$ 图解中，样品 17-1S9 和 15-11S1 数据点均落于 IW (Fe-FeO)趋势线上及附近，样品 LS21a 数据点则落入 FMQ (Fe_2SiO_4-Fe_2O_3+ SiO_2)和 IW 趋势线中间区域(图 4-17)。以上证据说明，锡田印支期花岗岩中锆石应是在较低的氧逸度环境下结晶的，但是细粒花岗岩是在稍高的氧逸度环境下结晶的，这说明岩浆熔体在演化后期其氧逸度条件发生了变化，这可能是由于其侵位的高度较其他两花岗岩熔体高。

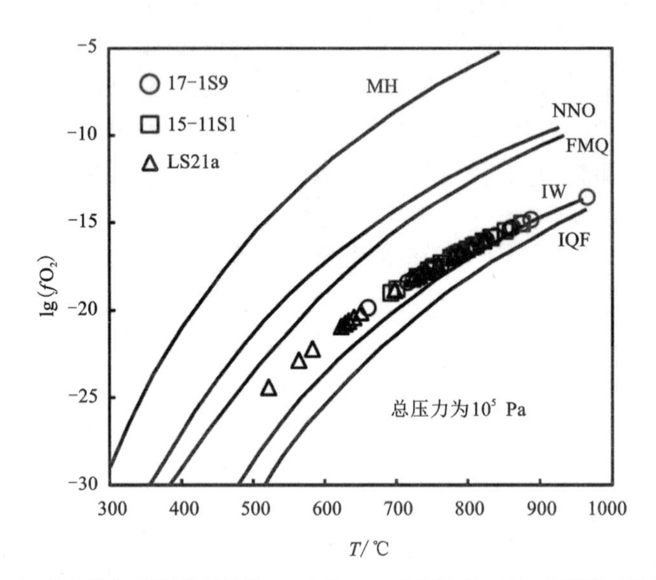

MH为赤铁矿-磁铁矿缓冲剂；NNO为Ni-NiO缓冲剂；FMQ为石英-铁橄榄石-磁铁矿缓冲剂；IW为Fe-FeO缓冲剂；IQF为磁铁矿-方铁矿缓冲剂。

图 4-17　锡田花岗岩 T-$\lg(fO_2)$ 图解

（注：底图据 Eugster 和 Wones，1962）

(3)岩浆源区。

S型花岗岩通常被认为是变质沉积岩重熔的产物(Chappell 和 White，1974，1992，2001；Chappell，1999；Chappell 和 Wyborn，2012)。锡田花岗岩具有明显的负Eu异常，表明其不太可能源于中下地壳(Rudnick，1992；Rudnick 和 Fountain，1995；Wedepohl，1995)。

放射性Sr、Nd和Pb同位素作为约束岩浆源区的一个有力工具，已经广泛应用于花岗岩的研究当中(Pankhurst et al.，2011；Cao et al.，2014；Osterhus et al.，2014；Jahn et al.，2015；Volkert et al.，2015；Wang et al.，2015)。锡田印支期花岗岩具有较高的初始$^{87}Sr/^{86}Sr$值(0.71397~0.71910)和负的$\varepsilon_{Nd}(t)$值(-10.5~-9.4)，表明其应来源于地壳物质。另外，样品具有较老的Nd模式年龄(T_{2DM}为1858~1764 Ma)，且该年龄值在华南板块元古宙地壳的演化区域内[T_{2DM}为2.1~1.7 Ga。Li 和 McCulloch，1996；Chen 和 Jahn，1998。图4-18(a)]，说明锡田印支期花岗岩应源于华南元古宙变质基底的部分熔融。另外，在Rb/Sr-Rb/Ba图解中，样品在富黏土和贫黏土区域均有落入[图4-18(b)]，表明其源岩可能为变质泥岩和变质砂岩。尽管在$(^{87}Sr/^{86}Sr)_i$-$\varepsilon_{Nd}(t)$和$(^{206}Pb/^{204}Pb)_t$-$(^{143}Nd/^{144}Nd)_i$

图解中[图 4-18(c)和图 4-18(d)]，样品落入富集地幔Ⅱ(EMII)附近，但这并不表示其起源于该类地幔，而是可能有部分幔源物质混入。

为了估算幔源岩浆和地壳物质的混合程度，我们利用二元混合模型对其进行了计算，计算过程参见杨晓松和胡家杰(1993)的研究，其中湖南宁远的玄武岩被用作幔源端元 $w(\mathrm{Sr})=971$ μg/g，$(^{87}\mathrm{Sr}/^{86}\mathrm{Sr})_i=0.7035$，$w(\mathrm{Nd})=37.6$ μg/g，$\varepsilon_{\mathrm{Nd}}(t)=+5$ (Li et al.，2004)；广西大容山 S 型花岗岩被作为壳源端元 $w(\mathrm{Sr})=99.2$ μg/g，$(^{87}\mathrm{Sr}/^{86}\mathrm{Sr})_i=0.7242$，$w(\mathrm{Nd})=37.24$ μg/g，$\varepsilon_{\mathrm{Nd}}(t)=-11.3$(祁昌实等，2007)。计算结果显示，约 10%的幔源物质可能参与了锡田印支期花岗岩的形成[图 4-18(c)]。

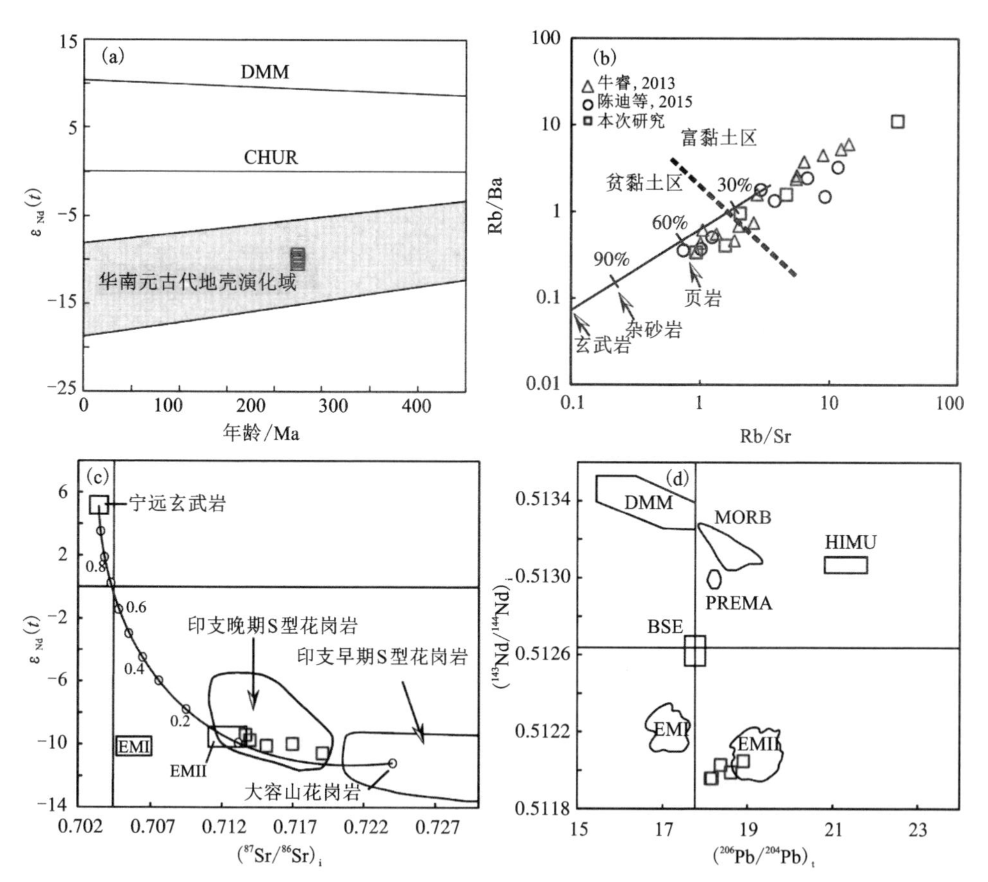

DMM—亏损地幔；MORB—洋中脊玄武岩；HIMU—高 U/Pb 比地幔；PREMA—流行地幔；BSE—硅酸盐地球；EMI—Ⅰ型富集地幔；EMII—Ⅱ型富集地幔。

(a)底图据孙涛等，2003；(b)底图据 Sylvester，1998；

(c)底图据 Zindler 和 Hart，1986；(d)底图据 Zindler 和 Hart，1986。

图 4-18　年龄-$\varepsilon_{\mathrm{Nd}}(t)$图解、Rb/Sr-Rb/Ba 图解、$(^{87}\mathrm{Sr}/^{86}\mathrm{Sr})_i$-$\varepsilon_{\mathrm{Nd}}(t)$图解、$(^{206}\mathrm{Pb}/^{204}\mathrm{Pb})_t$-$(^{143}\mathrm{Nd}/^{144}\mathrm{Nd})_i$图解

综上所述，锡田印支期花岗岩主要起源于华南元古代变质基底的部分熔融并有少量幔源物质混入。

3)成岩大地构造背景

华南板块在中生代经历了两大重要的构造事件(印支运动和燕山运动)，其中印支运动被认为是由 Sibumasu 板块同印支板块和华南板块在二叠纪的碰撞引起的(267~262 Ma；Li 和 Wang，2006)，碰撞拼合高峰期为 258~243 Ma(Carter et al.，2001；Kesselmans et al.，2001；Maluski et al.，2001；Nam et al.，2001；周新民，2003)。碰撞动力由南及北传递，导致华南板块与华北板块碰撞高峰期为 238~218 Ma(Li et al.，1993；Ayers et al.，2002；Weislogel et al.，2006；Zheng，2008；Li et al.，2013)。因此，位于两大碰撞结合带之间的华南板块不可避免地受到强大的挤压，导致华南大陆地壳增厚，华南印支期广泛发育强烈的褶皱和逆冲推覆构造就是其表现(Wang et al.，2002；孙涛等，2003；梁新权等，2005；Yan et al.，2006；Qiu et al.，2016)。随着挤压应力的消失，华南板块经历了从挤压环境到伸展环境的转换(Zhou et al.，2006；Wang et al.，2007；于津海等，2007)，并在 10~20 Ma 的时间内可能导致幔源岩浆的上涌(Patiño Douce et al.，1990)。

有学者对华南印支期花岗岩的侵位时代特征进行研究后发现，华南印支期花岗岩主要侵位于两个时间段内：早印支期(249~225 Ma)和晚印支期(225~207 Ma)(Zhou et al.，2006；Wang et al.，2007)。早印支期花岗岩侵位于碰撞挤压背景之下，而晚印支期花岗岩侵位于后碰撞的伸展环境之下并有幔源岩浆上涌(Zhou et al.，2006；Wang et al.，2007；于津海等，2007)。

前人研究认为绝大部分早印支期花岗岩为强过铝质、高初始 $^{87}Sr/^{86}Sr$ 值(>0.7200)、低的 $\varepsilon_{Nd}(t)$(<-10.0)和没有幔源物质混入(李鹏春等，2005；祁昌实等，2007)；相对于早印支期花岗岩，大多数晚印支期花岗岩为弱过铝质-强过铝质、稍低的初始 $^{87}Sr/^{86}Sr$ 值(<0.7200)、稍高的 $\varepsilon_{Nd}(t)$(>-10.0)，其形成可能受到幔源岩浆的影响或者直接与花岗质岩浆发生混合。

综上所述，华南早印支期和晚印支期花岗岩具有明显不同的成因特征和同位素组成特征，表明其侵位于不同的构造背景之下。锡田印支期花岗岩侵位于 229~223 Ma，晚于印支板块和华南板块碰撞的高峰期。另外，锡田印支期花岗岩具有同其他华南晚印支期花岗岩相似的同位素特征，表明其应侵位于后碰撞伸展的背景之下。

4)花岗岩对成矿的制约

锡田印支期花岗岩是晚印支期岩石圈伸展减薄幔源岩浆上涌导致，主要由变质砂岩和变质泥岩组成华南元古代变质基底部分熔融的产物，因此花岗质熔体中富含亲石的 W、Sn 等成矿元素。印支期花岗质岩浆不仅带来了更加充足的成矿物质，也带来了更多的热能，这些都为成矿提供了有利的条件。从表 4-6 可以看出，锡田印支期花岗岩的 W、Sn、Pb 等元素含量很高，其中 W 含量是维氏值的 1~20 倍、Sn 含量是维氏值的 6~26 倍、Pb 含量是维氏值的 2~3 倍，表明该花岗质岩浆可以为成矿提供充足的物质来源。

锡田印支期花岗岩具有较高的分异程度，因此岩浆熔体在演化的后期可以分异出富含 W、Sn 等成矿物质的含矿流体。岩浆熔体在侵位过程中，与泥盆系碳酸盐岩接触并发生流体交代作用，导致岩体矽卡岩化，形成矽卡岩型矿体。

另外，华南也存在与印支期的钨锡成矿的花岗岩，如湖南王仙岭岩体（柏道远等，2006）、江西柯树岭岩体（郭春丽等，2011）、广西栗木洵水岭岩体（娄峰等，2014）等，表明锡田印支期成矿事件是华南印支期成矿事件的组成部分。

因此，锡田印支期花岗岩侵位时代为 229~223 Ma，是典型的高分异 S 型花岗岩，其可能是在印支运动后期挤压增厚的华南地壳进入伸展背景之下，由幔源物质上涌导致的华南元古宙地壳部分熔融的产物，并有少量幔源物质参与了锡田印支期花岗岩的形成。另外，锡田印支期花岗岩来源于华南元古宙地壳的重熔，高的熔体温度、低的氧逸度、较高的分异程度以及为深成相的特征，有利于熔体后期分异出富含钨锡的流体，为本区大面积钨锡矿化提供了有利条件。

4.3　燕山期花岗岩特征

4.3.1　岩体产状及岩石学

研究区内燕山期花岗岩出露面积小于印支期花岗岩，多呈岩瘤、岩脉、岩枝形式分布于印支期花岗岩的边缘、内外接触带以及穿插进印支期花岗岩，与印支期花岗岩接触界线明显[图 4-19(a)]。燕山期酸性岩包括多种岩性，但以细粒二云母花岗岩为主，以细粒结构为主的特征表明燕山期花岗岩应定位于岩体的边缘相或顶缘相。

经野外观察和室内显微分析，细粒二云母花岗岩结构构造主要为块状构造[图 4-19(b)]，细粒花岗结构、半自形-它形晶结构、文象结构[图 4-19(c)]、熔蚀结构[图 4-19(d)]、包含结构等。其主要矿物组成为钾长石（含量约 45%）、石英（含量约 35%）、斜长石（含量约 15%）、黑云母（含量约 2%）、白云母（含量约 3%）。斜长石形态主要为自形-半自形，见绢云母化、黏土化，熔蚀石英；钾长石为半自形-它形，黏土化、绢云母化，含浑圆状石英；黑云母为自形-半自形，多片状，少量细片状集合体，部分蚀变为白云母、绢云母及绿泥石；白云母多呈片状[图 4-19(e)]，少数呈细脉状[图 4-19(f)]，其中片状白云母可见放射性晕环。副矿物种类主要为锆石、榍石、磷灰石及少量金红石等。

(a)岩体接触关系剖面；(b)细粒二云母花岗岩样品照；(c)文象结构；
(d)溶蚀结构；(e)含放射晕白云母；(f)花岗结构中的白云母线。
Qtz—石英；Kfs—钾长石；Pi—斜长石；Ms—白云母。

图 4-19　锡田燕山期花岗岩样品及镜下照片(正交偏光)

4.3.2　岩石锆石 U-Pb 年代学及微区微量元素分布

1)锆石 U-Pb 年代学

两件样品的锆石 U-Pb 年龄数据见附表 5。

样品 24-15S1 采集于垄上铜矿，锆石颗粒多为它形晶，多被溶蚀成碎片状，少数呈自形晶，多为无色透明，长度为 50～150 μm，长宽比在 1∶1～4∶1。CL 图像下大部分锆石颗粒呈黑色，大部分无明显的振荡环带，仅有部分锆石可见黑色环带，表明其可能为热液改造锆石[图 4-20(a)]。相比于样品 15-11S9，样品 24-15S1 中锆石很高的 U 元素含量(3277～59113 μg/g，均值为 30823 μg/g)、Th 元素含量(3039～14922 μg/g，均值为 6389 μg/g)，以及较低的 Th/U 值(0.09～

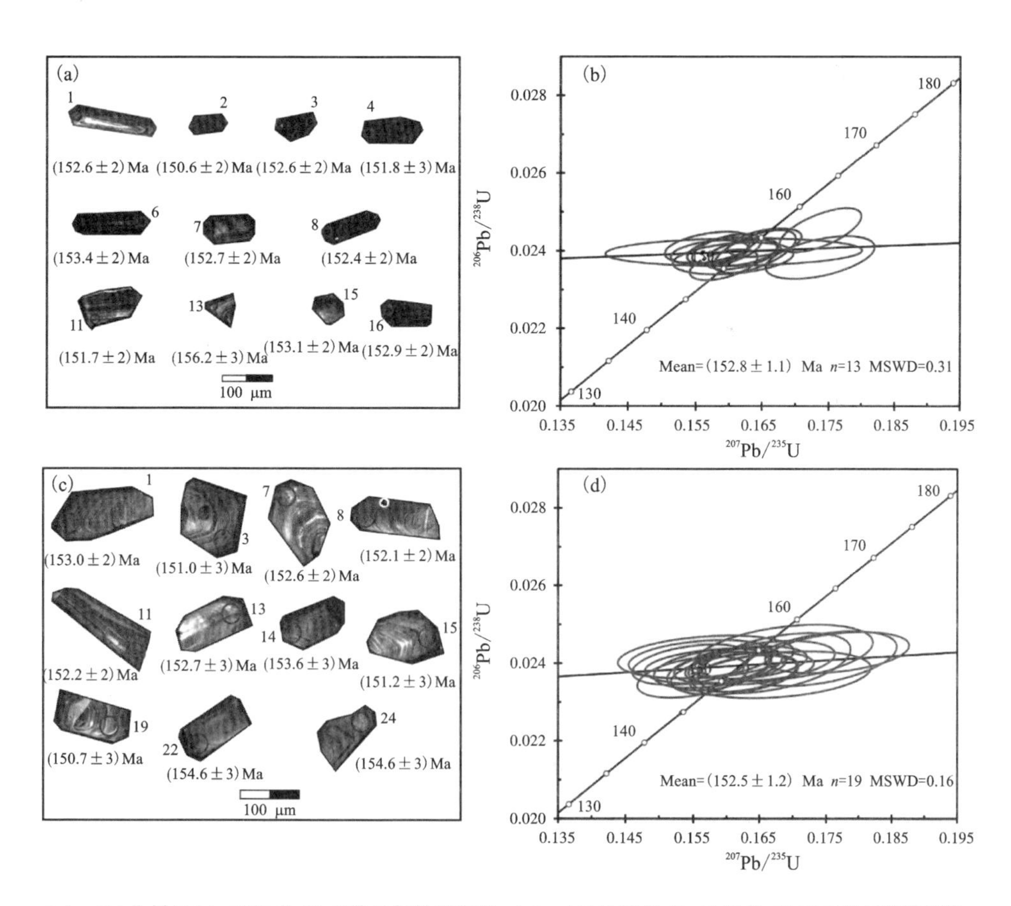

(a)、(b)为样品 24-15S1 的 CL 图像及年龄谐和图；(c)、(d)为样品 15-11S9 的 CL 图像及年龄谐和图。

图 4-20　锡田燕山期花岗岩锆石 CL 图像及 U-Pb 谐和年龄图

0.67，平均为0.25)，也指示着它们具有热液锆石的特征(李长民，2009)。样品共测点20个，其中13个有效锆石测点的$^{206}Pb/^{238}U$年龄分布于156.2 ~ 150.6 Ma，所有数据点都在年龄谐和线附近，加权平均年龄为(152.8 ± 1.1) Ma [MSWD = 0.31，图4-20(b)]，因此该年龄可能代表了热液活动的时代。

样品15-11S9采集于狗打栏钨矿，大部分锆石颗粒为自形-半自形晶，大部分为无色透明，长度为100~200 μm，长宽比1∶1 ~ 3∶1。CL图像也显示绝大部分锆石颗粒具有明显的振荡环带[图4-20(c)]。样品中锆石U元素含量较高，为729~3985 μg/g(均值为1876 μg/g)，Th元素含量为553~1483 μg/g(均值为912 μg/g)，Th/U值为0.37~0.76(大部分>0.4，平均为0.51)，指示着它们具有岩浆锆石的特征(Hoskin 和 Schaltegger，2003)。19个有效锆石测点的$^{206}Pb/^{238}U$年龄分布于154.6~151.0 Ma，在年龄谐和图上所有数据点都在年龄谐和线上或者附近，加权平均年龄为(152.5 ± 1.2) Ma[MSWD = 0.16，图4-20(d)]，因此该年龄可以代表该花岗岩的结晶时代。

2)锆石微区微量元素含量

锡田燕山期花岗岩锆石LA-ICP-MS微区微量元素含量见表4-9及表4-10。

锆石微区微量元素分析显示，样品15-11S9中锆石富含U、Th等元素，Ti元素含量为13.3~40.1 μg/g(均值为20.1 μg/g)；HREE(1549~3685 μg/g，均值为2592 μg/g)，其中Y元素含量为2082~19633 μg/g(均值为3646 μg/g)，Ho元素含量为66~569 μg/g(均值为310 μg/g)；∑REE为501~2018 μg/g，LREE/HREE值为0.011~0.28，稀土元素配分模式也显示为左倾的曲线[图4-21(a)]，负Eu异常明显(Eu/Eu^*为0.02~0.13，均值为0.06)及正的Ce异常(Ce/Ce^* = 1.27~92.76，均值为28.94)。

样品24-15S1中锆石HREE含量非常高，为2873~37977 μg/g(均值为14972 μg/g)，其中Y元素含量为3995~43198 μg/g(均值为9550 μg/g)，Ho元素含量为128~1462 μg/g(均值为310 μg/g)，该样品的轻重稀土的比值(LREE/HREE)范围为0.01~0.13，稀土元素配分模式显示为左倾的曲线[图4-21(b)]，并具有明显的负Eu异常(Eu/Eu^*为0.14~0.95，均值为0.41)及正的Ce异常(Ce/Ce^*为1.21~45.23，均值为10.36)。另外，相比于样品15-11S9，该样品富含异常高的U、Th元素，Ti元素含量也稍高，为2.12~47.3 μg/g(均值为24.3 μg/g)，在U_N-Th_N图解中和样品15-11S9具有明显不同的分布区间[图4-22(a)]，在Y_N-Ho_N图解中和样品15-11S9也具有明显不同的分布区间[图4-22(b)]，亦再次证明其应该属于不同成因的锆石；∑REE为3234~39062 μg/g(均值为15241 μg/g)，其含量为样品15-11S9的10倍之多，此热液锆石可能是富含稀土元素的流体改造的产物。

表 4-9　锡田燕山期花岗岩锆石微区微量元素含量表(样品 24-15S1)

点号	1	2	3	4	6	7	8	11	13	15	16	22	23
Ti	47.3	12.6	36.1	29.7	29.4	33.8	18.0	19.5	46.4	18.3	10.1	12.7	2.12
Nb	885	684	208	49.4	350	1224	423	1183	450	257	189	292	139
Ta	673	545	134	15.5	151	420	247	574	112	151	202	219	96.5
Pb	1962	1156	2055	204	1743	4325	1231	4043	1213	999	546	1865	939
La	132	4.26	24.0	49.3	9.11	22.9	1.85	17.3	5.59	1.69	9.49	4.81	0.21
Ce	465	72.0	125	188	98.7	124	69.3	124	96.3	82.6	82.2	108	65.6
Pr	51.0	4.52	8.37	14.5	5.86	11.4	1.78	7.22	4.29	2.03	6.02	4.91	0.31
Nd	264	38.6	49.7	77.0	42.1	68.0	14.5	38.9	26.5	15.7	36.6	34.2	6.15
Sm	172	65.5	39.6	31.6	50.4	59.7	28.6	66.8	45.8	29.0	24.0	41.8	23.8
Eu	0.28	0.22	0.70	0.71	0.91	0.087	0.26	0.27	0.38	0.47	0.11	0.14	0.29
Gd	586	320	210	91.3	200	263	193	348	237	169	115	238	217
Tb	262	157	85.5	29.5	85.6	119	91.1	179	106	74.2	50.3	109	94.5
Dy	3840	2253	1234	364	1132	1804	1328	2690	1485	1057	707	1522	1346

续表4-9

点号	1	2	3	4	6	7	8	11	13	15	16	22	23
Ho	1462	831	459	128	406	697	511	1018	526	399	270	551	515
Er	7564	4206	2243	601	1917	3695	2532	5245	2596	1963	1355	2685	2521
Tm	1799	1031	473	129	430	929	584	1222	622	438	324	587	550
Yb	19464	11963	4565	1334	4443	11212	6191	12805	6760	4775	3562	5993	5361
Lu	3001	1729	727	196	648	1813	879	2038	922	648	532	848	823
Y	43198	25035	14336	3995	12125	20146	15841	31130	16253	12551	8364	17176	16186
ΣREE	39062	22674	10245	3234	9468	20818	12426	25799	13432	9654	7073	12727	11524
LREE	1084	185	248	361	207	286	116	255	179	131	158	194	96
HREE	37977	22488	9997	2873	9261	20532	12310	25544	13253	9523	6914	12533	11428
LREE/HREE	0.03	0.01	0.02	0.13	0.02	0.01	0.01	0.01	0.01	0.01	0.02	0.02	0.01
Eu/Eu*	0	0	0.02	0.04	0.02	0	0.01	0	0.01	0.02	0.01	0	0.01
Ce/Ce*	1.33	3.37	2.07	1.63	3.05	1.78	8.03	2.60	4.32	8.88	2.46	4.61	48.60
$\lg(fO_2)$	-12.8	-15.6	-13.4	-13.8	-13.8	-13.5	-14.8	-14.7	-12.8	-14.8	-16.1	-15.6	-19.4

注：微量元素含量单位为 μg/g。

表 4-10 锡田燕山期花岗岩锆石微区微量元素含量表(样品 15-11S9)

点号	1	2	3	5	7	8	9	10	11	12	13	14	15	17	19	21	22	24	25
Ti	15.1	20.9	17.6	18.0	17.9	18.4	40.1	20.2	13.3	22.0	18.0	15.3	24.0	22.2	24.3	16.0	22.4	14.6	21.7
Nb	8.86	9.89	7.75	9.67	20.6	9.32	5.84	8.82	15.4	8.14	9.65	10.2	8.73	8.10	80.1	8.07	15.0	16.0	4.95
Ta	5.64	5.87	5.95	7.08	15.0	5.43	3.02	6.80	12.6	5.84	5.56	5.67	6.17	4.97	52.1	5.39	8.73	10.1	3.11
Pb	97	96	99	127	179	81	53.3	80	158	77	93	79	90	93	2376	64.0	142	132	83
La	29.2	2.86	74.5	16.6	8.28	0.012	0.16	0.13	47.6	0.86	0.034	14.0	2.33	3.17	8.79	0.015	0.097	0.21	31.2
Ce	120	61.9	228	95.4	76.2	47.3	24.8	47.7	177	49.1	51.4	79.8	59.3	48.5	60.5	46.9	65.1	48.1	119
Pr	9.00	1.30	23.4	4.91	2.51	0.23	1.58	0.22	16.1	0.29	0.19	4.03	0.91	0.17	2.86	0.14	0.20	0.073	12.1
Nd	47.1	8.54	112	26.8	18.4	2.00	21.6	3.66	81.5	4.28	5.22	22.4	5.92	5.06	19.5	3.40	3.54	2.50	58.4
Sm	16.8	8.30	32.0	13.4	13.7	8.15	37.1	8.25	26.2	8.88	8.98	10.3	8.60	9.62	41.6	6.86	9.65	7.50	26.7
Eu	0.77	0.61	0.87	0.66	0.43	0.32	4.16	0.44	0.45	0.55	0.46	0.39	0.78	0.63	0.73	0.54	0.55	0.12	0.79
Gd	53.6	39.8	66.2	56.9	69.9	41.5	172	45.2	68.5	42.3	49.1	45.4	47.3	59.4	266	43.5	61.6	44.1	81.1
Tb	17.2	16.2	17.8	18.7	24.6	15.0	48.1	16.1	21.1	14.7	16.4	15.1	16.8	19.5	121	13.6	21.8	16.2	24.2
Dy	221	192	219	253	323	184	557	208	277	197	209	185	218	233	1648	189	270	224	292
Ho	77.7	70.2	75.1	89.0	115	66.0	184	77.3	101	69.7	74.6	69.0	79.8	84.1	569	66.5	101	84.0	103

续表4-10

点号	1	2	3	5	7	8	9	10	11	12	13	14	15	17	19	21	22	24	25
Er	368	318	341	418	551	321	791	371	475	328	341	321	377	395	2669	315	486	395	450
Tm	76. 3	70. 5	76. 1	91. 0	118	68. 4	156	81. 1	102	70. 6	74. 8	70. 5	80. 5	83. 7	538	71. 6	101	85. 5	98. 5
Yb	785	760	773	879	1205	686	1458	848	1026	752	780	705	832	799	5047	755	1018	932	1022
Lu	128	110	119	140	181	109	229	132	164	117	114	116	130	137	878	110	173	136	140
Y	2489	2142	2296	2797	3594	2084	5613	2464	3214	2234	2333	2157	2460	2691	19633	2082	3320	2516	3152
∑REE	1950	1660	2158	2103	2707	1549	3685	1839	2582	1655	1726	1658	1860	1878	11870	1622	2312	1975	2459
LREE	223	84	471	158	119	58	89	60	348	64	66	131	78	69	134	58	79	59	248
HREE	1727	1576	1687	1946	2588	1491	3596	1778	2234	1591	1660	1527	1783	1809	11736	1564	2233	1916	2210
LREE/HREE	0. 13	0. 05	0. 28	0. 08	0. 05	0. 04	0. 02	0. 03	0. 16	0. 04	0. 04	0. 09	0. 04	0. 04	0. 01	0. 04	0. 04	0. 03	0. 11
Eu/Eu^*	0. 07	0. 09	0. 06	0. 06	0. 03	0. 04	0. 13	0. 05	0. 03	0. 07	0. 05	0. 05	0. 09	0. 06	0. 02	0. 07	0. 05	0. 02	0. 05
Ce/Ce^*	1. 72	7. 49	1. 27	2. 46	3. 90	58. 02	4. 34	50. 51	1. 49	23. 25	71. 45	2. 47	9. 52	6. 71	2. 82	92. 76	79. 98	90. 33	1. 43
$T_{in-zircon}$/℃	827	864	844	847	846	849	945	860	813	870	847	829	880	871	882	833	872	823	868
$\lg(fO_2)$	−15. 2	−14. 5	−14. 9	−14. 8	−14. 9	−14. 8	−13. 1	−14. 6	−15. 5	−14. 4	−14. 8	−15. 2	−14. 2	−14. 4	−14. 2	−15. 1	−14. 4	−15. 3	−14. 5

注：微量元素含量单位为 μg/g。

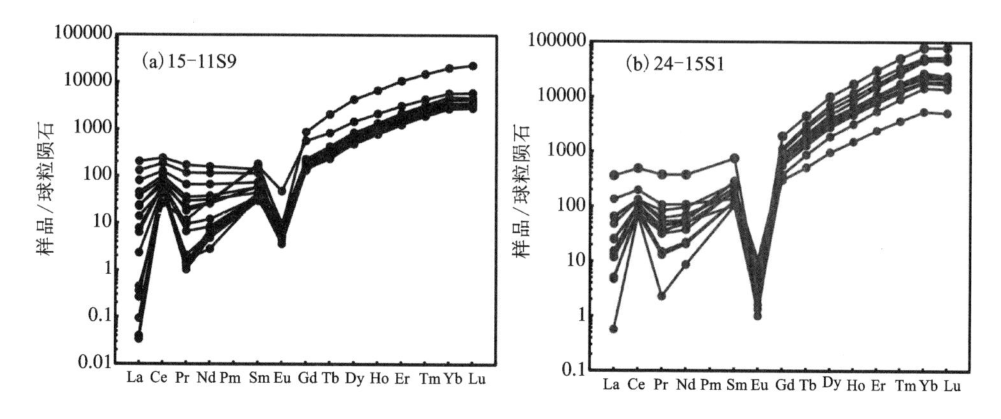

图4-21 锡田燕山期花岗岩锆石稀土元素配分曲线

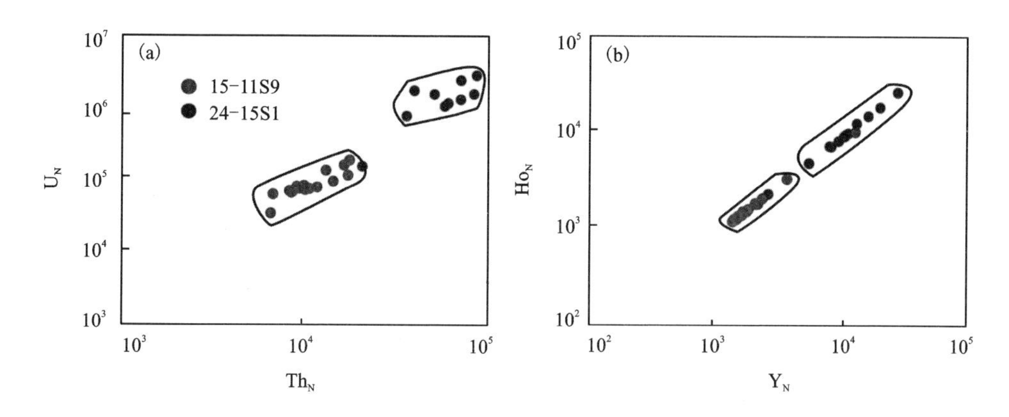

图4-22 锡田燕山期花岗岩锆石 Th_N-U_N 和 Y_N-Ho_N 图解

4.3.3 花岗岩地球化学特征

1) 主量元素

样品主量元素含量分析结果见表4-11。Hark图解显示锡田燕山期花岗岩主量元素含量变化较大(图4-23)，除Na和K元素与Si元素含量关系不明之外，其他元素均同Si元素呈明显的负相关关系，表明其存在钛铁矿、磷灰石等矿物的分离结晶。分析结果显示其 SiO_2 含量为75.20%~76.80%(平均为76.00%)，TiO_2 含量为0.02%~0.07%(平均为0.05%)，Al_2O_3 含量为12.70%~13.15%(平均为13.00%)，TFe_2O_3 含量为0.65%~1.24%(平均为0.94%)，MgO含量为0.03%~0.20%(平均为0.09%)，K_2O 含量为4.68%~5.77%(平均为5.26%)，P_2O_5 含量为0.01%~0.07%(平均为0.03%)，显示出高硅、高铝、高钾、低铁、低镁、低磷的特征，在 $w(SiO_2)-w(K_2O)$ 图解中多落入高钾钙碱性岩及钾玄岩类区域[图4-23(h)]。样品的铝饱和指数(A/CNK)值范围为1.03~1.06，A/NK值范围为1.11~1.26，在A/CNK-A/NK图解中多显示为过铝质(图4-24)。分异指数 *DI* 为92~96，表明燕山期花岗岩具有比印支期更高的分异程度。

表4-11 锡田燕山期花岗岩主量元素含量表

样号	20-12S1	17-3S5	15-11S9	17-1S10
SiO_2	75.70	75.20	76.10	76.80
TiO_2	0.02	0.07	0.05	0.07
Al_2O_3	13.10	13.05	13.15	12.70
TFe_2O_3	0.84	0.65	1.24	1.03
MnO	0.03	0.02	0.03	0.05
MgO	0.03	0.20	0.05	0.08
CaO	0.39	1.11	0.74	0.66
Na_2O	3.35	2.54	3.88	3.53
K_2O	5.77	5.69	4.68	4.89
P_2O_5	0.01	0.07	0.01	0.01
LOI	0.40	1.06	0.56	0.27
Total	99.64	99.66	100.49	100.09
DI	96	92	94	95
A/CNK	1.05	1.06	1.03	1.03
A/NK	1.11	1.26	1.15	1.13

注：LOI为烧失量，单位为%；$A/NK=Al_2O_3/(Na_2O+K_2O)$(原子比)；$A/CNK=Al_2O_3/(Na_2O+K_2O+CaO)$(原子比)；氧化物含量单位为%。

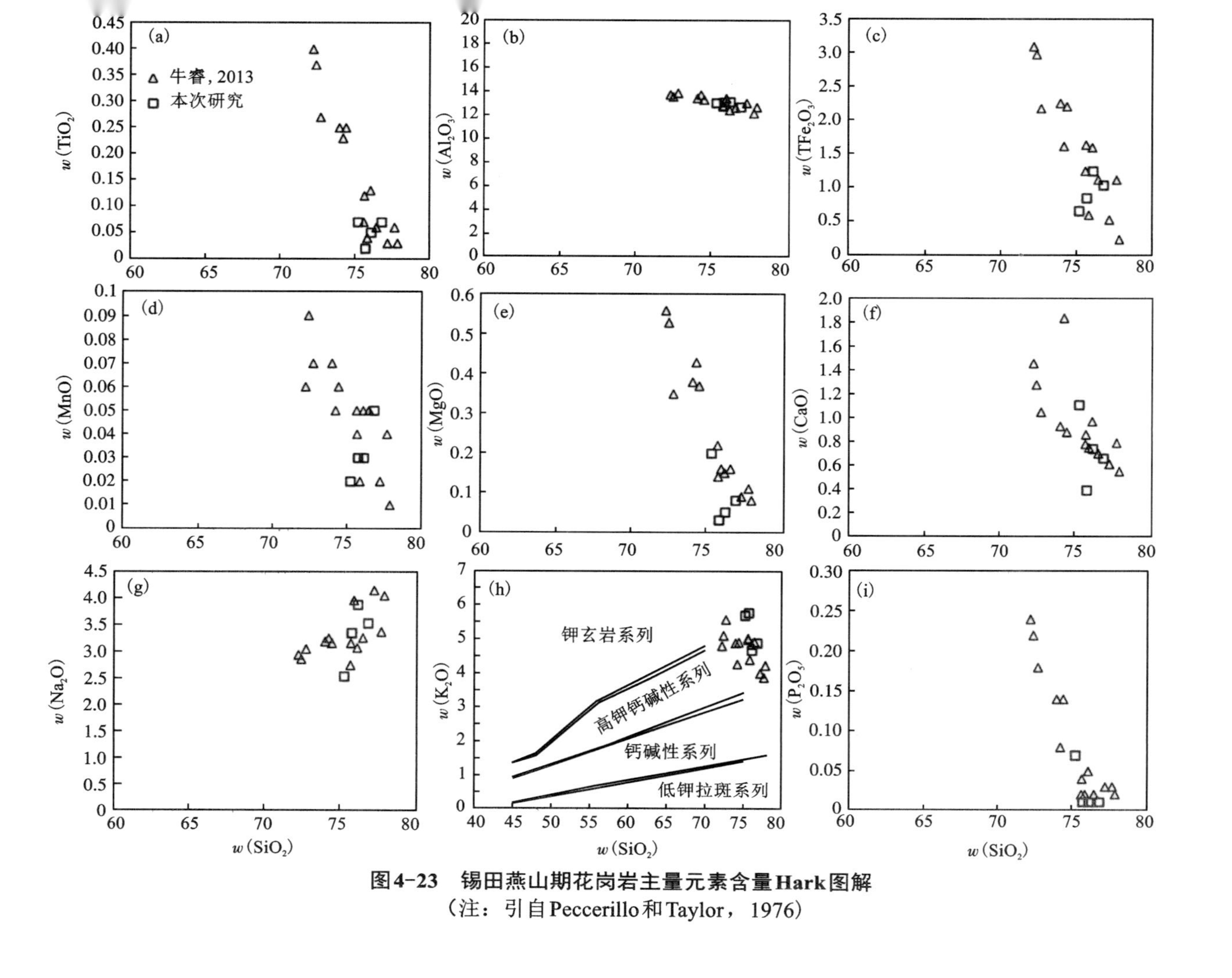

图4-23　锡田燕山期花岗岩主量元素含量Hark图解

（注：引自Peccerillo和Taylor，1976）

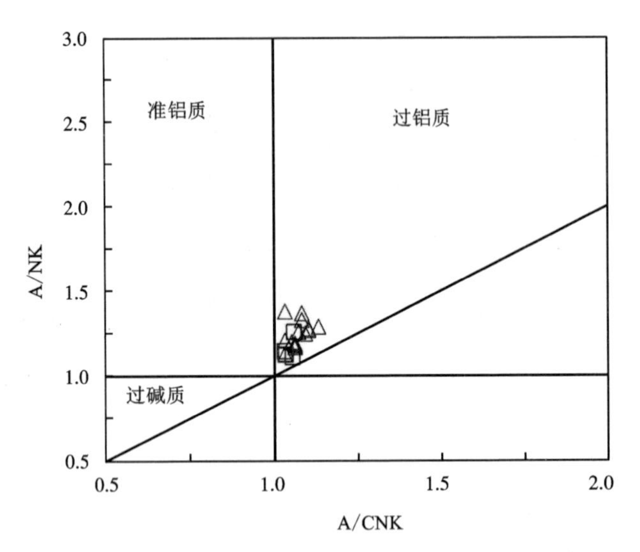

图 4-24 锡田燕山期花岗岩 A/NK 与 A/CNK 图解

(注：图标同图 4-23；底图据 Maniar 和 Piccoli，1989)

2)稀土元素与微量元素

锡田燕山期花岗岩的微量元素及稀土元素含量分析结果见表 4-12。相对于印支期花岗岩，样品稀土元素总量∑REE 较低，为 44.44~185.74 μg/g，LREE 为 31.60~107.29 μg/g，$(La/Yb)_N$ 为 0.73~2.05，LREE/HREE 为 1.37~3.4，轻重稀土元素分馏不明显，轻稀土元素相对于重稀土元素稍有富集。负 Eu 异常明显(Eu/Eu^* 为 0.03~0.65)，Ce 异常不明显。球粒陨石标准化稀土元素配分曲线呈平缓的"海鸥"型[图 4-25(a)]。在原始地幔标准化微量元素蛛网图[图 4-25(b)]上，富集 Rb、U、Th、Ta、Nd 等元素，亏损 Ti、P、Sr、Ba、Nb、K 等元素。

表 4-12 锡田燕山期花岗岩微量元素及稀土元素含量表

样号	20-12S1	17-3S5	15-11S9	17-1S10
V	5	6	5	6
Cr	60	60	40	50
Cs	32.6	35.8	46.4	58.4
Ga	23.9	17.2	24.9	21.5
Rb	938	537	773	890
Ba	84.6	194.5	10.3	363

续表4-12

样号	20-12S1	17-3S5	15-11S9	17-1S10
Th	14.70	8.45	38.5	11.60
U	30.5	24.7	34.0	30.1
Ta	7.2	2.1	7.7	9.6
Nb	12.8	9.1	40.8	19.8
Sr	27.9	102.0	8.5	165.0
Zr	18	39	93	39
Hf	1.3	1.9	4.8	2.5
La	9.3	8.6	18.1	6.3
Ce	20.9	18.6	46.6	14.5
Pr	2.52	2.10	6.32	1.79
Nd	9.3	6.9	25.3	6.5
Sm	3.67	1.92	10.85	2.33
Eu	0.09	0.40	0.12	0.18
Gd	4.15	1.80	13.80	2.32
Tb	1.01	0.40	2.89	0.50
Dy	6.85	2.84	20.5	3.26
Ho	1.44	0.64	4.70	0.73
Er	4.71	2.03	14.90	2.28
Tm	0.73	0.37	2.44	0.39
Yb	6.08	2.83	16.65	2.93
Lu	0.84	0.42	2.57	0.43
Y	34.8	19.9	152.5	21.7
ΣREE	71.59	49.85	185.74	44.44
LREE	45.78	38.52	107.29	31.60
HREE	25.81	11.33	78.45	12.84
LREE/HREE	1.77	3.40	1.37	2.46
$(La/Yb)_N$	1.03	2.05	0.73	1.45
Eu/Eu^*	0.07	0.65	0.03	0.23
Ce/Ce^*	1.00	1.00	1.02	1.00

注：表中元素含量单位为 μg/g。

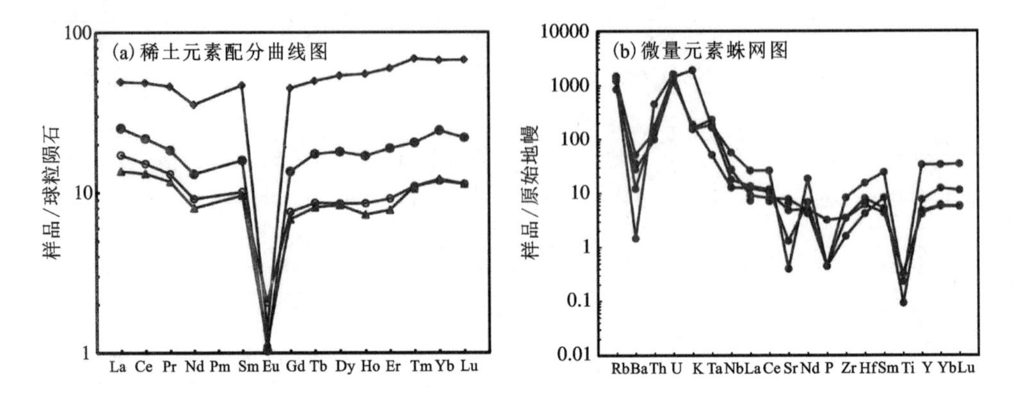

图 4-25　锡田燕山期花岗岩稀土元素配分图及微量元素蛛网图

4.3.4　岩石 Sr-Nd-Pb 同位素组成

样品全岩 Sr-Nd 同位素组成分析结果见表 4-13。$^{87}Sr/^{86}Sr$ 的测定值为 0.716683~0.914153，$^{143}Nd/^{144}Nd$ 分析值为 0.511956~0.512234，依据锆石定年结果对岩石初始 $^{87}Sr/^{86}Sr$ 值、$^{143}Nd/^{144}Nd$ 值及相关参数进行计算。计算结果结果表明锡田燕山期花岗岩具有很高的岩石初始 $^{87}Sr/^{86}Sr$ 值（$(^{87}Sr/^{86}Sr)_i$ = 0.736764~0.843879、较低的初始 $^{143}Nd/^{144}Nd$ 值（$(^{143}Nd/^{144}Nd)_i$ = 0.511876~0.511970、较小的 $\varepsilon_{Nd}(t)$ 值(-11.0~-9.1)和较老的 Nd 模式年龄 T_{2DM} = 1837~1688 Ma。

表 4-13　锡田燕山期花岗岩 Sr-Nd-Pb 同位素组成

样号	20-12S1	15-11S9	17-1S10	样号	20-12S1	15-11S9	17-1S10
Rb/(μg·g^{-1})	488	599	276	$^{206}Pb/^{204}Pb$	19.752	19.493	18.996
Sr/(μg·g^{-1})	79.5	28.3	25.6	±2σ (mean)	0.001	0.001	0.001
$^{87}Rb/^{86}Sr$	17.89	62.44	31.83	$^{207}Pb/^{204}Pb$	15.777	15.961	15.753
$^{87}Sr/^{86}Sr$	0.776183	0.914153	0.914014	±2σ (mean)	0.001	0.001	0.001
±2σ (mean)	0.000015	0.000017	0.000015	$^{208}Pb/^{204}Pb$	38.878	39.838	38.983
$(^{87}Sr/^{86}Sr)_i$	0.736764	0.776571	0.843879	±2σ (mean)	0.002	0.002	0.001
Sm/(μg·g^{-1})	2.1	25.6	2.2	Pb (×10^{-6})	56	83	127

续表4-13

样号	20-12S1	15-11S9	17-1S10	样号	20-12S1	15-11S9	17-1S10
Nd/(μg·g^{-1})	5. 1	59. 6	17	Th/(μg·g^{-1})	11. 35	38. 5	11. 6
^{147}Sm/^{144}Nd	0. 2512	0. 2601	0. 0788	U/(μg·g^{-1})	48. 1	34	30. 1
^{143}Nd/^{144}Nd	0. 512151	0. 512234	0. 511956	t/Ma	152	152	152
±2σ (mean)	0. 000015	0. 00001	0. 000011	(^{206}Pb/^{204}Pb)$_t$	18. 417	18. 849	18. 631
(^{143}Nd/^{144}Nd)$_i$	0. 511896	0. 51197	0. 511876	(^{207}Pb/^{204}Pb)$_t$	15. 711	15. 929	15. 735
$\varepsilon_{Nd}(t)$	−10. 6	−9. 1	−11	(^{208}Pb/^{204}Pb)$_t$	38. 775	39. 599	38. 937
T_{2DM}/Ma	1805	1688	1837				
t/Ma	152	152	152				

注：计算公式及相关参数采用如下：(^{87}Sr/^{86}Sr)$_i$ = (^{87}Sr/^{86}Sr)$_{sample}$ − ^{87}Rb/^{86}Sr ($e^{\lambda t}$ − 1)，λ = 1. 42 × 10^{-11} a^{-1} (Steiger 和 Jäger，1977)；(^{143}Nd/^{144}Nd)$_i$ = (^{143}Nd/^{144}Nd)$_{sample}$ − (^{147}Sm/^{144}Nd)$_m$ × ($e^{\lambda t}$ − 1)，λ = 6. 54 × 10^{-12} a^{-1}(Lugmair 和 Marti，1978)；$\varepsilon_{Nd}(t)$ = [(^{143}Nd/^{144}Nd)$_{sample}$/(^{143}Nd/^{144}Nd)$_{CHUR}(t)$ − 1] × 10^4；(^{87}Sr/^{86}Sr)$_{UR}$ = 0. 7045，(^{87}Rb/^{86}Sr)$_{UR}$ = 0. 0827，(^{143}Nd/^{144}Nd)$_{CHUR}$ = 0. 512638，(^{147}Sm/^{144}Sm)$_{CHUR}$ = 0. 1967 (CHUR = chondritic uniform reservoir)。λ_U^{238} = 1. 55125×10^{-10} a^{-1}；λ_U^{235} = 9. 8485×10^{-10} a^{-1}；λ_{Th}^{232} = 4. 9475×10^{-11} a^{-1}(Steiger 和 Jäger，1977)。

样品的 Pb 同位素组成分析结果见表 4-13，分析结果显示 3 件样品的 Pb 同位素组成均以富含高放射性铅同位素为特征，它们的现同位素比值^{206}Pb/^{204}Pb 为 18. 996~19. 752、^{207}Pb/^{204}Pb 为 15. 753~15. 961、^{208}Pb/^{204}Pb 为 38. 878~39. 838。依据样品中 U、Th 和 Pb 的含量，并以上述锆石 U-Pb 定年结果为参数进行 Pb 同位素初始比值的计算，计算过程采用单阶段 Pb 同位素演化模式(Zartman 和 Doe，1981)。计算结果为：(^{206}Pb/^{204}Pb)$_t$ 为 18. 417~18. 849、(^{207}Pb/^{204}Pb)$_t$ 为 15. 711~15. 929、(^{208}Pb/^{204}Pb)$_t$ 为 38. 775~39. 599。

4. 3. 5　花岗岩类型、成因与大地构造环境

1) 花岗岩类型

A 型花岗岩最早由 Loiselle 和 Wones(1979)提出，其具有碱性(alkaline)、贫水(anhydrous)和非造山(anorogenic)的特征，由于其成因不涉及源区，所以区别于 I 型和 S 型花岗岩(Chappell 和 White，1974)。关于 A 型花岗岩的成因，前人做了比较多的研究，一致认为其物质来源及成因机制具有多样性(Collins et al.，1982；Patiño Douce et al.，1990；King et al.，1997；张旗等，2012)。

锡田燕山期花岗岩由于具有高分异的特征(分异指数 *DI* 平均值为 94)，而高分异的I、S 型在地球化学特征以及矿物学特征上同 A 型花岗岩十分相似，造成区分的困难(King et al.，1997)，因此锡田花岗岩的成因类型才会有较大的争议(牛睿，2013；周云等，2013；姚远等，2013；Zhou et al.，2015)。锡田燕山期花岗岩在主量元素上富 Si、Na 和 K，贫 Ca、Mg 等；在微量元素上富集 Rb、Th、Ta 等元素，亏损 Sr、Ba、P 等元素，具有明显的负 Eu 异常，表明其具有 A 型花岗岩的一般特征(Collins et al.，1982；Whalen et al.，1987；贾小辉等，2009)。另外，锡田燕山期花岗岩具有较高的 Ga/Al 值，在 Whalen et al. (1987)提出的 A 型花岗岩的分类图解中，几乎所有样品均落入 A 型花岗岩的区域内(图 4–26)，指示其应该为 A 型花岗岩。

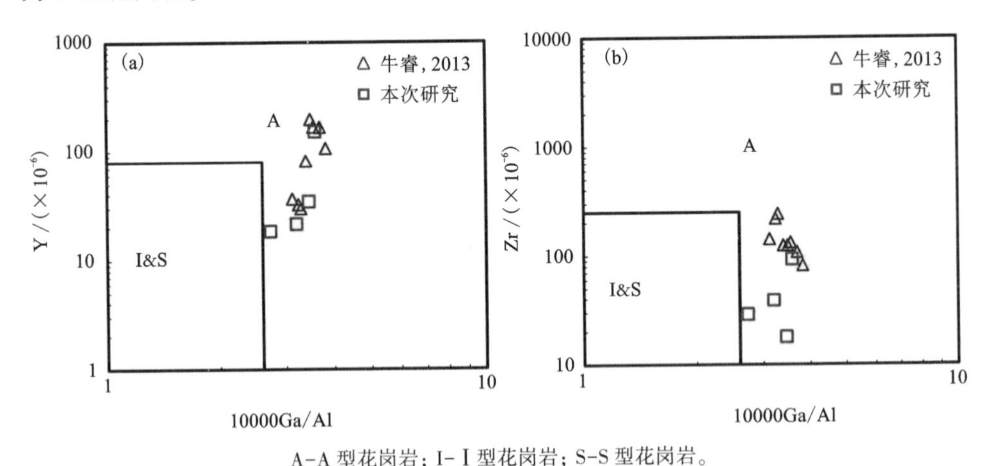

A–A 型花岗岩；I– I 型花岗岩；S–S 型花岗岩。

图 4–26　10000Ga/Al–Y 和 10000Ga/Al–Zr 图解

(注：底图据 Whalen et al. 1987)

另外，实验岩石学亦已证明 A 型花岗岩为高温花岗岩，其形成温度一般大于 850 ℃(Clemens et al.，1986；King et al.，1997；吴福元等，2007)。而本次研究中，依据 Ferry 和 Watson (2007)提出的锆石 Ti 温度计计算得出样品 15–11S9 的锆石结晶温度为 813~945 ℃(均值为 856℃，表 4–10)，表明锡田燕山期花岗岩属高温花岗岩，再次说明其应为 A 型花岗岩。

综上所述，我们认为锡田燕山期花岗岩应为高分异的 A 型花岗岩。

2)花岗岩成因

(1)岩浆温度及氧逸度。

由于样品 24–15S1 的锆石为热液锆石，因此未参与锆石 Ti 温度的计算。上文已述，锡田燕山期花岗岩的锆石结晶温度为 813~945 ℃(均值为 856 ℃)，表明是在较高的温度下结晶的。

利用 Trail et al. (2012) 提出的模型对锡田燕山期花岗岩中型结晶时熔体的氧逸度(fO_2)进行计算，计算结果见表 4-10。结果表明其氧逸度值 lg(fO_2) 分布范围为-15.5~-13.2(均值为-14.7)。在 T-lg(fO_2) 图解中，样品数据点均落于 IW (Fe-FeO) 趋势线上及附近(图 4-27)。以上证据说明，锡田燕山期花岗岩中锆石同印支期花岗岩相似，应是在较低的氧逸度环境下结晶的。

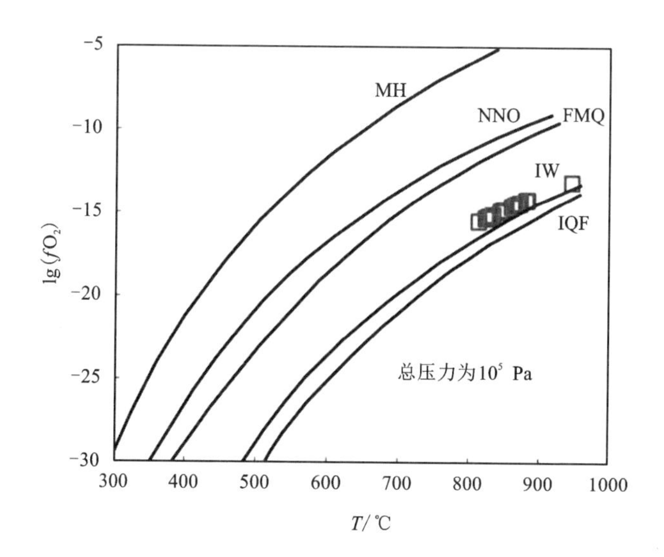

MH 为赤铁矿-磁铁矿缓冲剂；NNO 为 Ni-NiO 缓冲剂；FMQ 为石英-铁橄榄石-磁铁矿缓冲剂；IW 为 Fe-FeO 缓冲剂；IQF 为磁铁矿-方铁矿缓冲剂。

图 4-27　T-lg(fO_2) 图解

(注：底图据 Eugster 和 Wones，1962)

(2)岩浆源区。

关于 A 型花岗岩的成因，目前主要有下面 4 种观点：① 幔源岩浆的结晶分异，同时混染了部分壳源物质(Turner et al.，1992)；②深部地壳(主要是下地壳)麻粒岩的部分或者全部熔融(Collins et al.，1982)；③钙碱性交代地幔的部分或全部熔融(Martin，2006)；④先前存在的 I 型花岗岩(花岗闪长岩等)的熔融(Skjerlie 和 Johnston，1993)。然而 Patiño Douce(1999)认为长英质火成岩和变沉积岩在高压(P>1 GPa)下发生部分熔融作用也可以形成过铝的 A 型花岗岩。张旗(2012)认为 A 型花岗岩是在低压环境下地壳部分熔融形成的花岗岩类。因此，A 型花岗岩的物质来源和成因机制可以是多样化的。

锡田燕山期花岗岩亏损 Eu、Sr、Ba、P 和 Ti 等元素，指示着在岩浆演化过程中存在着斜长石、磷灰石和钛铁矿的分离结晶(图 4-25)。在 Hark 图解中，SiO_2

的含量和其他氧化物(除了 K_2O 不太明显)都存在着明显的线性关系(图 4-23)，也说明岩浆在演化过程中存在一定程度的结晶分异。以上证据也表明，其不太可能起源于幔源岩浆结晶分异。

另外，锡田燕山期花岗岩具有异常高的初始 $^{87}Sr/^{86}Sr$ 值(0.736764~0.843879)，这可能是锡田燕山期花岗岩的高 Rb/Sr 值造成的，高 Rb/Sr 值会造成放射性成因 ^{87}Sr 增量显著，高度分异的花岗岩或部分熔融的物源有特殊性(源岩富 Rb、贫 Sr)均可造成其 Rb/Sr 值高，而用具有高 Rb/Sr 值的样品的 Sr 同位素来探讨其成因是不合适的。由于样品 Sr 同位素未能成功约束源区，而 Sm-Nd 体系稳定性好，其示踪效果明显优于 Rb-Sr 同位素体系。经过计算，锡田燕山期花岗岩具有较低的初始 $^{143}Nd/^{144}Nd$ 值[$(^{143}Nd/^{144}Nd)_i$ = 0.511876~0.511970]、较小的 $\varepsilon_{Nd}(t)$ 值(-11.0~-9.1)——表明其应主要来源于地壳物质；较老的 Nd 模式年龄(T_{2DM} = 1837~1688 Ma)——该年龄值基本也在华南板块元古代地壳的演化区域内(T_{2DM} = 2.1~1.7 Ga。Li 和 McCulloch，1996；Chen 和 Jahn，1998)。在 $T-\varepsilon_{Nd}(t)$ 图解中，样品具有较大的变化范围，且有部分样品落入华南元古代地壳演化域的边界区域，暗示其可能受到了幔源物质的影响[图 4-28(a)]。而在 Rb/Sr-Rb/Ba 图解中，样品均落入富黏土的区域，表明其源岩应以变质泥质岩为主[图 4-28(b)]。而在$(^{143}Nd/^{144}Nd)_t-(^{206}Pb/^{204}Pb)_t$ 图解和$(^{206}Pb/^{204}Pb)_t-(^{207}Pb/^{204}Pb)_t$ 图解中[图 4-28(c)和图 4-28(d)]。锡田燕山期花岗岩也落入 EMI 型富集地幔区域内或者附近，而地幔岩浆分异一般不可能直接形成长英质花岗岩，因此进一步表明有部分幔源组分应参与了锡田燕山期花岗岩的形成。由于本次获得的初始 $^{87}Sr/^{86}Sr$ 值很高，因此未能用二元混合模型来探讨其幔源成分的多少。另外，燕山期花岗岩锆石具有变化范围较大的 $\varepsilon_{Hf}(t)$ 值(-14.69~-7.43)和 Hf 两阶段模式年龄(1695~1338 Ma)(Zhou et al.，2015)，结合本书分析，参与燕山期花岗岩形成的幔源物质应大于参与印支期花岗岩形成的幔源组分，并且在燕山期花岗岩中多发现暗色包体，且其年龄也为燕山期，这也是存在大量幔源物质和壳源物质混合的证据(陈迪等，2014)。

因此，锡田燕山期花岗岩应主要起源于华南元古代变质基底的部分熔融，其源岩与印支期花岗岩有着明显的不同，以变质泥质岩为主，相对于印支期花岗岩而言，更多的幔源组分参与到了锡田燕山期花岗岩的形成。

3)成岩大地构造背景

华南燕山期花岗质岩浆活动由于与区内广泛分布的有色金属成矿有着直接的关联，一直以来都是学术界研究的热点。关于燕山期花岗质岩浆的成因及其地球动力学机制一直存在争议，目前学术界主要有两大观点：①华南存在地幔柱活动，导致上覆地壳大面积重熔(毛景文等，1998；谢桂青和胡瑞忠，2001；肖龙，2004；童航寿，2010；全铁军等，2013)；②古太平洋板块向华南板块的俯冲消减

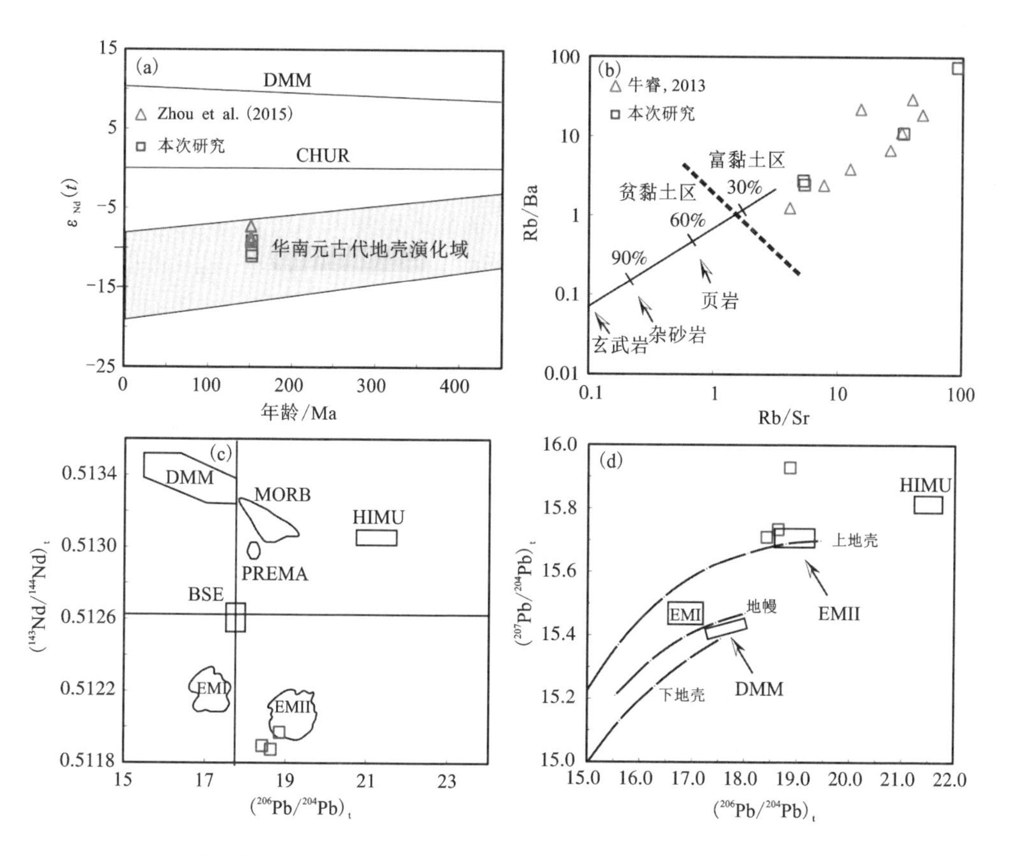

DMM—亏损地幔；MORB—洋中脊玄武岩；HIMU—高U/Pb值地幔；PREMA—流行地幔；BSE—硅酸盐地球；EMI—Ⅰ型富集地幔；EMII—Ⅱ型富集地幔。
(a)底图据孙涛等，2003；(b)(底图据Sylvester，1998)；(c)(底图据Zindler和Hart，1986)；(d)(底图据Zindler和Hart，1986)。

图4-28　年龄-$\varepsilon_{Nd}(t)$图解、Rb/Sr-Rb/Ba图解、$(^{206}Pb/^{204}Pb)_t$-$(^{143}Nd/^{144}Nd)_t$图解、$(^{206}Pb/^{204}Pb)_t$-$(^{207}Pb/^{204}Pb)_t$图解

引起软流圈上涌，底侵导致地壳物质部分熔融(王德滋和沈渭洲，2003；Honza和Fujioka，2004；Zhou et al.，2006)。但是目前学术界主流观点仍是认为华南大面积分布的燕山期花岗岩应与古太平洋板块的多角度俯冲有关。

锡田燕山期花岗岩属于A型花岗岩，虽然A型花岗岩可以形成于板内裂谷、地幔柱、弧后拉张以及后碰撞伸展等环境(Eby，1992；吴锁平等，2007)，但是无一例外均形成于一种拉张背景。另外，Eby(1992)将A型花岗岩分为两类：A1类花岗岩形成于板内裂谷、地幔柱或热点活动；A2类花岗岩则可以形成于多种伸展背景之下，如弧后拉张、后碰撞伸展等。依据Eby(1992)提出的分类图解，锡田燕山期花岗岩绝大部分样品落入 A2 区域内，少数样品落入 A1 区域内或 A1 和 A2 的分界线附近(图 4-29)，表明锡田燕山期花岗岩形成的地球动力学背景比较复杂。上文已述，锡田燕山期花岗岩是壳-幔岩浆混合的产物，表明该时期存在岩石圈拉张、软流圈上涌的事件；另外，锡田矿田位于钦杭带的中部，作为扬子板块和华夏板块的碰撞对接薄弱带，历史上曾发生多次开合事件，在该时期钦杭带某些薄弱部位可能再次开启，成为幔源岩浆上涌的重要通道，而华南内部 160～150 Ma 的拉张事件应与古太平洋板块向华南板块的俯冲消减引起的弧后或弧内拉张有关(Jiang et al.，2006，2009)，因此锡田燕山期 A2 类花岗岩可能记录了此次拉张事件的地球化学证据。

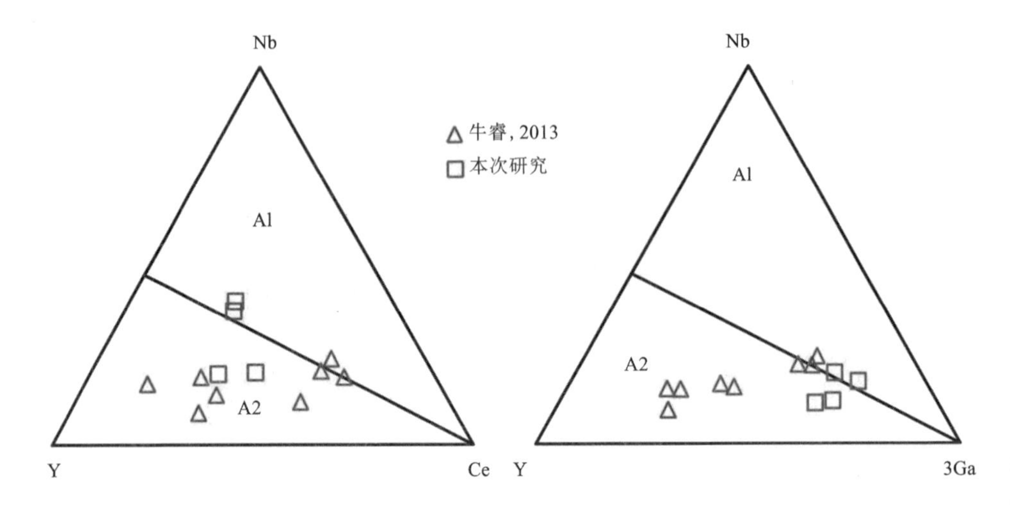

A1-非造山花岗岩；A2-后造山花岗岩

图 4-29　锡田燕山期 A 型花岗岩构造背景图解

(注：底图据 Eby，1992)

因此，锡田燕山期花岗岩是由古太平洋板块俯冲消减的弧后或者弧内拉张作用，钦杭带某些薄弱部位拉张，导致幔源岩浆上涌与长英质岩浆混合形成的。

4)花岗岩对成矿的制约

锡田燕山期花岗岩也为重熔型花岗岩，其源区为富含亲石元素 W 等元素的元古代地壳，另外有部分幔源物质参与了锡田燕山期花岗岩的形成。另外，锡田燕山期花岗岩的 W、Sn、Pb、Cu、Zn 等元素含量较印支期花岗岩更高，其中 W 含量是维氏值的 7～386 倍、Sn 含量是维氏值的 4～8 倍、Pb 含量是维氏值的 3～6 倍。以上特征表明锡田燕山期花岗岩为成矿提供了更为有利的条件。燕山期岩浆作用的另一个重要作用是其对印支期岩浆岩的占位侵入，燕山期岩浆主要侵位于印支期岩浆岩中，一方面促进印支期岩体的上隆，使其遭受更强烈的剥蚀，另一方面与印支期岩浆岩产生同化混染，或使深部印支期岩浆岩重熔，使其成为“无根”岩体，同时对印支期的矿体产生较大程度的泯灭，并对印支期花岗岩中的成矿物质可能进行了进一步萃取，使其富含成矿物质。

对比印支期花岗岩，燕山期花岗岩酸度、分异指数均更高，该特征与南岭地区花岗岩相似，而高分异的岩浆熔体在演化后期更容易分异出富含成矿物质的热液。

因此，锡田燕山期花岗质岩浆侵位于 152 Ma 左右，为高分异的 A 型花岗岩，在古太平洋板块向华南板块俯冲消减引起的拉张背景下，幔源岩浆在钦杭带薄弱部位底侵、上涌导致华南变质基底的重熔，并与之混合，形成锡田燕山期花岗岩。锡田燕山期花岗岩同样源于华南元古代变沉积岩的部分熔融，且有更高的分异程度、更高的熔体温度、较低的氧逸度，还有更多的幔源物质混入，对区域内的成矿应更加有利。

4.4　煌斑岩脉

邓埠仙地区发育多条基性煌斑岩脉(图 4-30)，岩脉切穿了燕山期二云母花岗岩，走向 NE，与 NE 向区域断层平行排布。其中茶汉断层从东往西断续有煌斑岩脉发育，单脉延长 0.2~2 km，整体延伸超过 5 km；大陇铅锌矿南部煌斑岩脉走向 NE60°，延长超过 300 m，岩脉宽 0.2~3 m，倾角较陡。围岩为燕山期二云母花岗岩，围岩无蚀变，接触界面不规整，有的煌斑岩脉中可含棱角状石英角砾(如湘东钨矿)，角砾呈棱角状，粒径为 0.5~3 cm。煌斑岩为煌斑结构，块状构造，斑晶(含量为 12%)由辉石、斜长石、黑云母组成；基质(含量为 88%)由斜长石、黑云母、石英和角闪石组成(图 4-31)。斑晶斜长石为半自形-自形，边部发育窄的熔蚀边，局部发生绢云母化；斑晶黑云母为片状，自形晶，颗粒边部被熔蚀呈不规则状。基质中的斜长石和黑云母均为半自形晶；角闪石为短柱状，半自形晶。

两个煌斑岩样品(0329-12-S3 与 11D2-1)的大部分锆石颗粒为自形晶，长度为 50~150 μm，长宽比为 1.5 : 1~4 : 1。CL 图像显示绝大部分锆石颗粒具有明显的振荡环带，表明其为岩浆成因锆石(Hoskin 和 Schaltegger，2003。图 4-32)。锆石 U-Pb 年龄分析结果列于附表 6，其谐和年龄为(137.3 ± 2) Ma(MSWD=1.18)与(142.9 ± 1.8) Ma(MSWD=1.06)(图 4-33)，成岩年龄均晚于燕山期花岗岩。

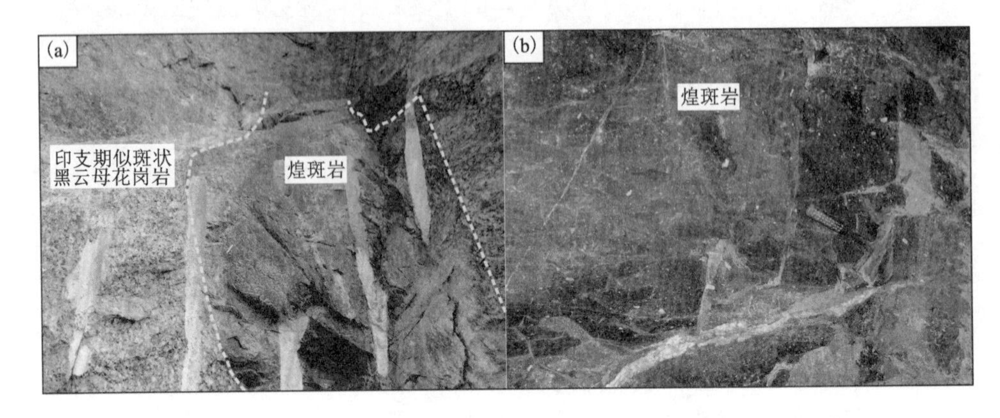

(a)茶汉断层西段煌斑岩脉侵入印支期花岗岩中；(b)茶汉断层东段煌斑岩脉。

图 4-30 煌斑岩宏观特征

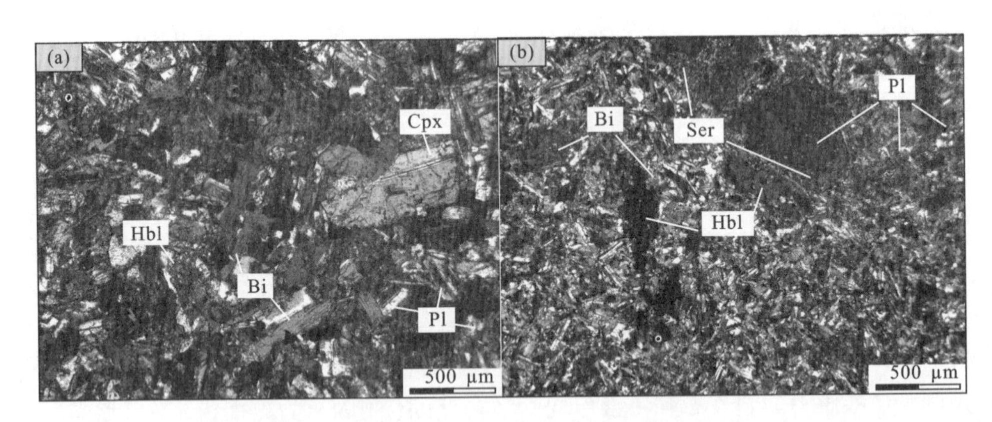

Cpx—单斜辉石；Pl—斜长石；Bi—黑云母；Hbl—角闪石；Ser—绢云母。

图 4-31 煌斑岩显微特征(正交偏光)

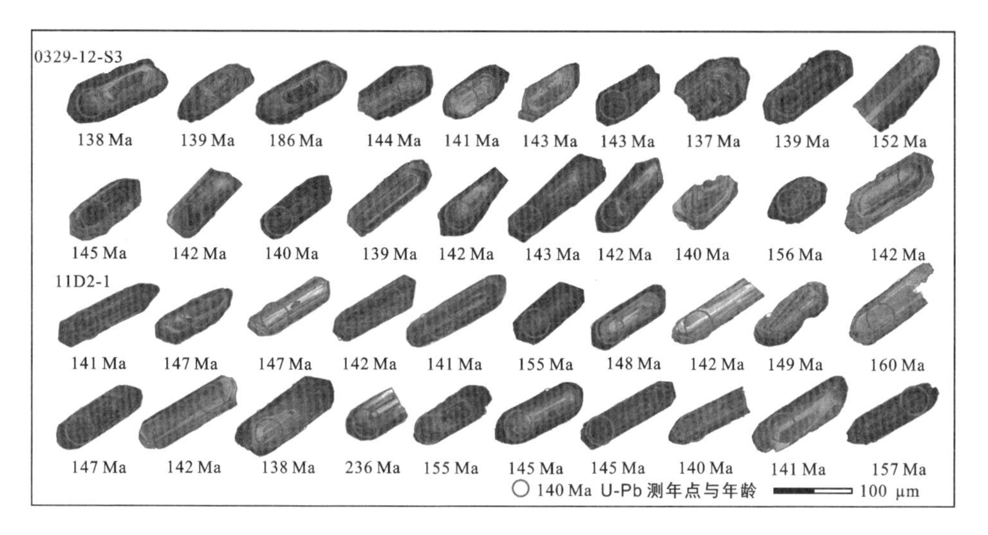

图 4-32　煌斑岩锆石 CL 图像

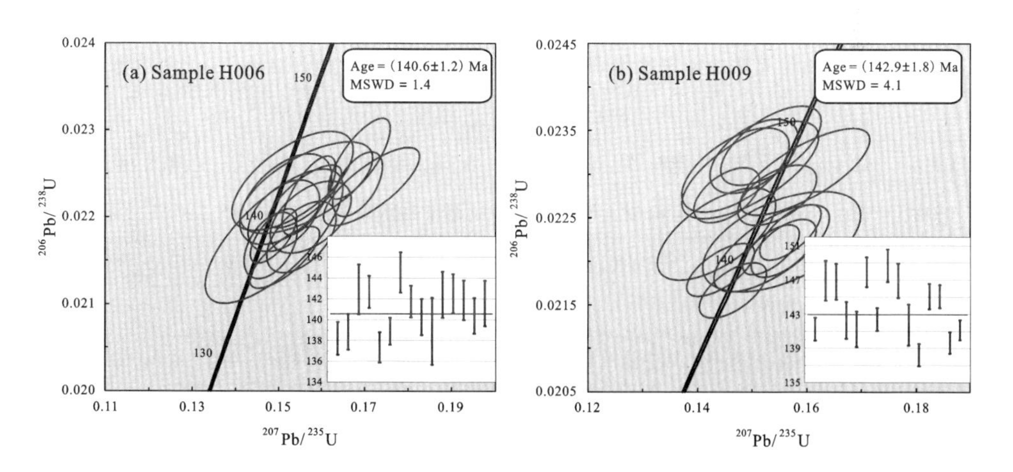

图 4-33　煌斑岩锆石 U-Pb 年龄谐和图

4.5 不同期次岩体的含矿性

锡田矿田加里东期、印支期和燕山期花岗岩的 W、Sn、Cu、Pb、Zn 等成矿元素含量见表 4-14。

表 4-14 锡田矿田花岗岩含矿元素组成 单位：$\times10^{-6}$

样品编号	期次	岩石名称	采样位置	W	Sn	Cu	Pb	Zn
170922-3S2	加里东期	中细粒白云母花岗岩	茶陵水库边	10.9	17.7	3.6	9.0	21
170922-3S3	加里东期	中细粒白云母花岗岩	茶陵水库边	6.7	18.3	3.5	9.0	16
170922-3S4	加里东期	中细粒白云母花岗岩	茶陵水库边	6.1	17.9	3.7	8.6	17
170922-4S2	加里东期	中细粒白云母花岗岩	茶陵水库边	7.8	25.5	5.3	16.6	32
170922-4S3	加里东期	中细粒白云母花岗岩	茶陵水库边	6.3	21.8	2.2	8.7	23
170922-4S4	加里东期	中细粒白云母花岗岩	茶陵水库边	6.3	22.0	1.8	7.7	22
平均值				7.4	20.5	3.4	9.9	21.8
1407-17-3S4	印支期	似斑状黑云母花岗岩	花木矿废石堆	2	17	29	44	38
1407-15-11S1	印支期	似斑状黑云母花岗岩	狗打栏矿废石堆	19	51	12	68	54
1407-17-1S9	印支期	似斑状黑云母花岗岩	荷树下矿废石堆	18	18	8	62	58
1407-21-5S1	印支期	似斑状黑云母花岗岩	高垄公路边	11	40	1	82	32
170929-15S2-1	印支期	粗粒黑云母花岗岩	垄山矿石堆	3.7	19.5	14.8	99.2	47
150619-5S1	印支期	细粒黑云母花岗岩	垄上 228 中段	11.4	30.3	8.7	55.2	14
平均值				10.9	29.3	12.3	68.4	40.5
160822-05-S1	燕山期	细粒黑云母花岗岩	白石凹	43.1	19.8	1.2	51.1	37
160823-04S1	燕山期	细粒黑云母花岗岩	小船里	13.7	7.2	8.6	90.0	12
160818-12S1	燕山期	细粒黑云母花岗岩	小船里	1.6	4.7	0.9	69.6	21
160818-3S2	燕山期	细粒黑云母花岗岩	园树山	8.5	41.4	1.4	55.3	49
1407-20-12S1	燕山期	细粒黑云母花岗岩	荷树下 3 号坑道	30	14	1	72	11
1407-15-11S9	燕山期	细粒黑云母花岗岩	狗打栏钨锡矿	29	26	1	83	19
1407-17-1S10	燕山期	细粒黑云母花岗岩	荷树下矿废石堆	16	15	10	115	17

续表4-14

样品编号	期次	岩石名称	采样位置	W	Sn	Cu	Pb	Zn
平均值				20.3	18.3	3.4	76.6	23.7
160823-15S1	燕山期	细粒二云母花岗岩	园树山	41.9	25.8	13.3	69.4	39
615-8S1	燕山期	细粒二云母花岗岩	湘东钨矿矿石堆	23.1	41.5	13.8	10.9	35
XT60	燕山期	细粒二云母花岗岩	垄上钻孔 ZK1409	23.9	45.0	—	42.9	—[1]
J2SH	燕山期	细粒二云母花岗岩	山洋坑	43.2	49.7	72.1	61.9	55[2]
平均值				28.1	32.6	22.5	62.8	28.7
160816-15S1	燕山期	细粒白云母花岗岩	岩口水库公路旁	930	78.2	51.7	39.6	19
1407-24-15S1	燕山期	细粒白云母花岗岩	垄上坑道 253	283	24	137	56	25
1407-25	燕山期	细粒白云母花岗岩	垄上	251	8.5	26.5	38.9	23.6
1407-20-13S1	燕山期	细粒白云母花岗岩	荷树下 3 号坑道	146	10.1	1.1	60.8	58
1407-19-4S1	燕山期	细粒白云母花岗岩	垄上 228 中段	84.5	32.9	6.4	66.1	63
平均值				339	30.7	44.5	52.3	37.7
161208-4S2	燕山期	细晶岩	太湖村公路旁	6.4	4.9	1.6	70.9	4
0329-12-S3	燕山期	煌斑岩	湘东钨矿	14.4	137	157	4.4	667
—	—	花岗岩	全国	1	2.2	5.5	0.06	40[3]
—	—	上地壳	中国东部	0.8	1.8	17	0.4	63[4]
—	—	上地壳	华南地块	1.2	2.5	19	23	69[5]

注：数据[1]来源于姚远等，2013；数据[2]来源于马铁球等，2004；数据[3]来源于迟清华等，2012；数据[4]与数据[5]来源于鄢明才等，1997。

成矿元素 W 与 Sn 平均含量从加里东期中细粒白云母花岗岩→印支期花岗岩→燕山期第一阶段黑云母花岗岩→燕山期第二阶段二云母花岗岩→燕山期第三阶段白云母花岗岩逐渐升高。W 含量由加里东期花岗岩中的 7.4×10^{-6} 增加到燕山期白云母花岗岩的 339×10^{-6}；Sn 元素含量由 20.5×10^{-6} 增加到 30.7×10^{-6}；Cu、Pb 与 Zn 平均含量也是逐渐升高的，如 Cu 元素含量由加里东期花岗岩的 3.4×10^{-6} 增加到燕山期白云母花岗岩的 44.5×10^{-6}。

但燕山期晚期的细晶岩与煌斑岩的 W 含量急剧下降，分别只有 6.4×10^{-6} 与 14.4×10^{-6}；煌斑岩中 Sn 的含量却最高，为 137×10^{-6}；煌斑岩中 Cu、Pb 与 Zn 元素较花岗岩也更富集。

第5章 矿田成矿的时、空、物分布特征

前人对锡田单个矿床的矿床成因、成矿时代、成矿环境与成矿物质及流体来源等方面做了大量的研究(刘国庆等, 2008; 蔡杨, 2013; 郑明泓, 2015; 邓湘伟, 2015; 曹荆亚, 2016; liang et al. , 2016; Xiong et al. , 2017; Xiong et al. , 2020)。本次研究在前人研究成果的基础上, 主要从系统的角度, 基于矿田尺度研究印支期成矿与燕山期成矿的不同特征, 燕山期成矿的空间分布、成矿物质与成矿流体源区的差异, 并针对研究区断层与成矿关系研究不足的情况, 重点探讨矿田构造与矿化的时空控制关系。

5.1 典型矿床的地质特征

整个矿田可分为北部的邓埠仙地区和南部的锡田地区, 其成矿时代可分为印支期和燕山期, 其中印支期成矿形成南部锡田地区的垄上钨锡矿、花木钨锡矿, 垄上钨锡矿为一中型矿床, 花木钨锡矿为一小型矿床; 北部邓埠仙仅金子岭铁矿因发育少量矽卡岩化可能为印支期成矿。本次以规模较大的垄上钨锡矿床作为印支期成矿的典型矿床研究对象。锡田矿区的燕山期成矿覆盖了南部和北部地区, 二者以茶陵盆地为中心呈北西向对称分布, 邓埠仙地区最为著名的是湘东钨矿; 南部矿床较多, 本次主要选取最有代表性的狗打栏钨锡矿、茶陵铅锌矿、星高萤石矿等开展研究。

5.1.1 垄上钨锡矿

垄上钨锡矿位于锡田矿田的南部印支期岩基的“哑铃柄”处, 是区内最大的矽卡岩型钨锡矿床(图 2-2), 前人已对其做了很多研究(邓湘伟, 2015; 曹荆亚, 2016), 本次从印支期与燕山期两期成矿差异来认识构造-岩浆-成矿关系, 具体开展流体包裹体显微测温、花岗岩年代学与地球化学、岩体与矿床中白钨矿主微

量元素对比与氧同位素组成等工作。

垄上矽卡岩型钨锡矿体呈层状、似层状和透镜状，分布于印支期似斑状黑云母花岗岩与泥盆系棋梓桥组灰岩接触带(图 5-1)，与接触带围岩产状一致[图 5-2(a)，(b)，(c)]。矿脉走向近 SN，倾向西[图 5-1(a)]，倾角 21°~60°，局部受次级褶皱和岩体接触面起伏影响发生变化[图 5-2(a)，(b)]。矿体厚度为 0.45~10.24 m，平均厚度为 2.61 m，WO_3 品位为 0.145%~2.034%，储量为 4964 t；锡矿体厚度为 0.43~5.04 m，SnO_2 品位为 0.113%~2.735%，储量为 3693 t；另外有 Cu 储量 2125 t。矽卡岩类型主要为石榴子石矽卡岩、绿帘石矽卡岩[5-2(a)，(b)，(c)]。除矽卡岩矿体外，矿床还发育石英脉型钨锡矿体，见石英+萤石+方解石脉穿切矽卡岩矿体[图 5-2(d)]。该类型矿体产于印支期花岗岩体内部或地层中，脉带宽 1~2 m，为细脉带，单脉宽几厘米到 20 cm[图 5-2(e)]，走向近 EW 向到 NEE 向，向南倾，倾角约 70°。

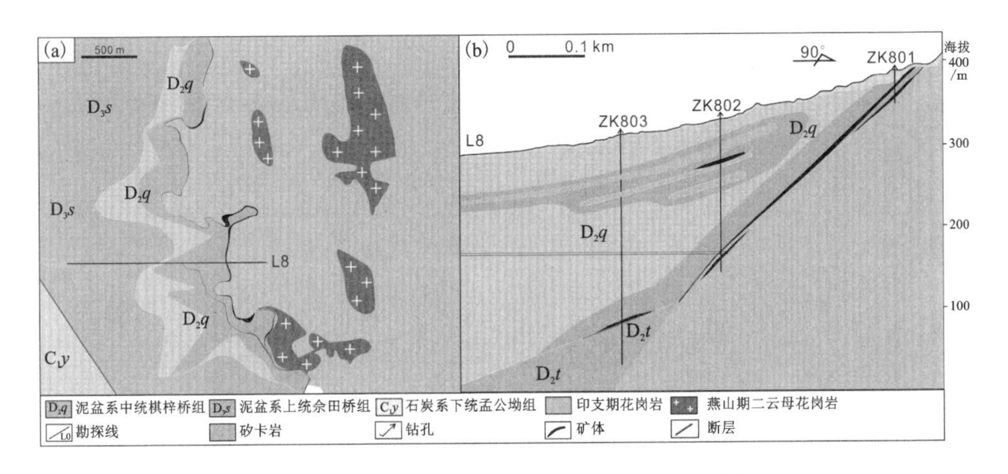

(a)垄上钨锡矿床地质图；(b)垄上钨锡矿床 L8 线地质剖面。

图 5-1　垄上钨锡矿矿床地质图与 L8 线地质剖面

上寨断层从矿区北部穿过，断层走向 NEE，倾角 45°~65°，断层中充填石英脉[图 5-2(f)]，石英脉中见绢云母化。矿床石英脉型钨锡矿体与上寨断层平行产出，且主要位于断层下盘，断层构造控矿特征明显，坑道中 NEE 向断层与近 SN 向接触带叠加的部位往往形成叠加富化的矽卡岩型矿体(曹荆亚，2016)。

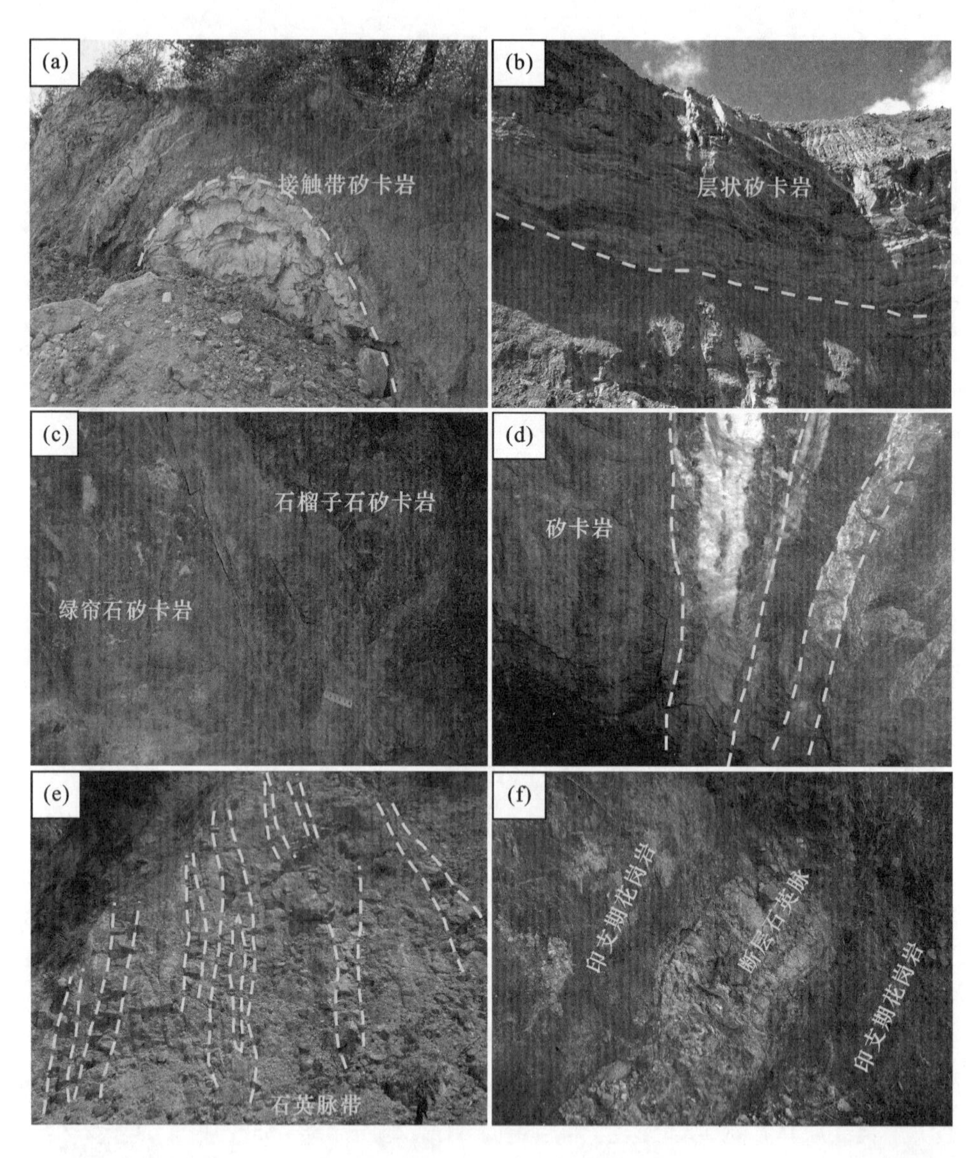

(a)接触带大理岩化；(b)棋梓桥组层状矽卡岩化；(c)接触带石榴子石矽卡岩与绿帘石矽卡岩；(d)晚期的石英+萤石+方解石脉穿切矽卡岩；(e)地表发育大量的石英脉带；(f)矿区北侧上寨断层中发育石英脉。

图 5-2　垄上钨锡矿的矿脉和上寨断层特征

矿区花岗岩主要为印支期花岗岩，另有少量的燕山期花岗岩呈岩枝、岩脉状，并穿切印支期花岗岩或地层[图 5-1(a)]。印支期岩性主要为似斑状黑云母花岗岩、中粗粒黑云母花岗岩、细粒黑云母花岗岩；燕山期花岗岩主要为二云母花岗岩。前人根据矿脉与岩体的空间关系与同位素年代学数据，认为印支期似斑状黑云母、黑云母花岗岩为矽卡岩钨锡矿的成矿地质体(邓湘伟，2015；曹荆亚，2016)。

5.1.2　湘东钨矿

湘东钨矿床位于锡田矿田北部的邓埠仙区域，是本区最大的石英脉型钨矿床，本书主要从茶陵盆地两侧燕山期矿化成因联系和矿田构造-岩浆-成矿关系角度开展流体包裹体显微测温、岩体与矿床中白钨矿主微量元素对比与氧同位素组成等研究工作。

湘东钨矿床主要由北组脉与南组脉组成，矿脉赋存于矿区印支期粗粒黑云母花岗岩和燕山期粗粒二云母花岗岩体中，矿脉走向主要为 NEE 向，其中南组脉以北倾为主，北组脉以南倾为主，脉宽为 10~80 cm(图 5-3)，WO_3 品位为 0.008%~3.400%，SnO_2 品位为 0.004%~0.124%。矿石为带状、块状或角砾状[图 5-4(a)，(b)，(c)，(d)]，矿石矿物以黑钨矿与白钨矿为主[图 5-4(a)，(b)]。矿脉可分为两个矿化期次，矿石矿物组合分别为：①第一期为石英+黑钨矿+白钨矿矿化[Qz1+Wlf+Sch，图 5-4(a)，(b)]，②第二期为石英+萤石[Qz2+Fl，图 5-4(c)，(d)]矿化。第二期石英+萤石矿脉穿切第一期石英黑钨矿脉[图 5-4(d)]。

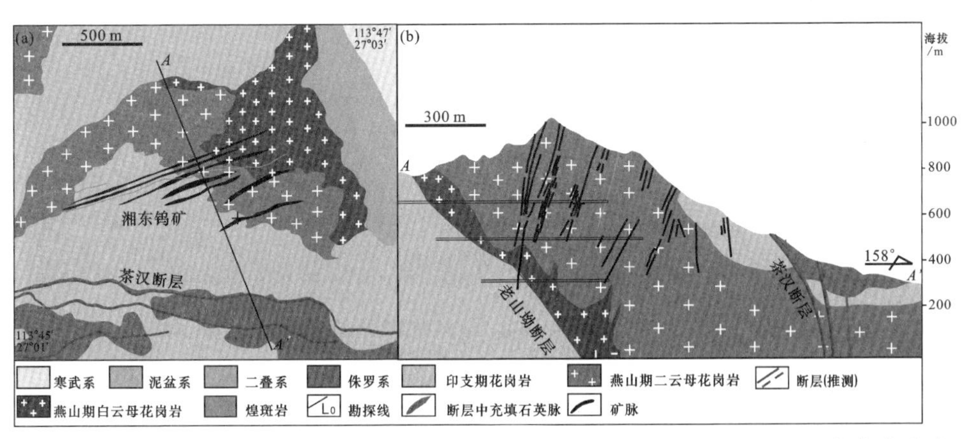

(a)湘东钨矿矿床地质图；(b)湘东钨矿矿床 A-A′剖面图。

图 5-3　湘东钨矿矿床地质图与 A-A′剖面图

扫一扫，看彩图

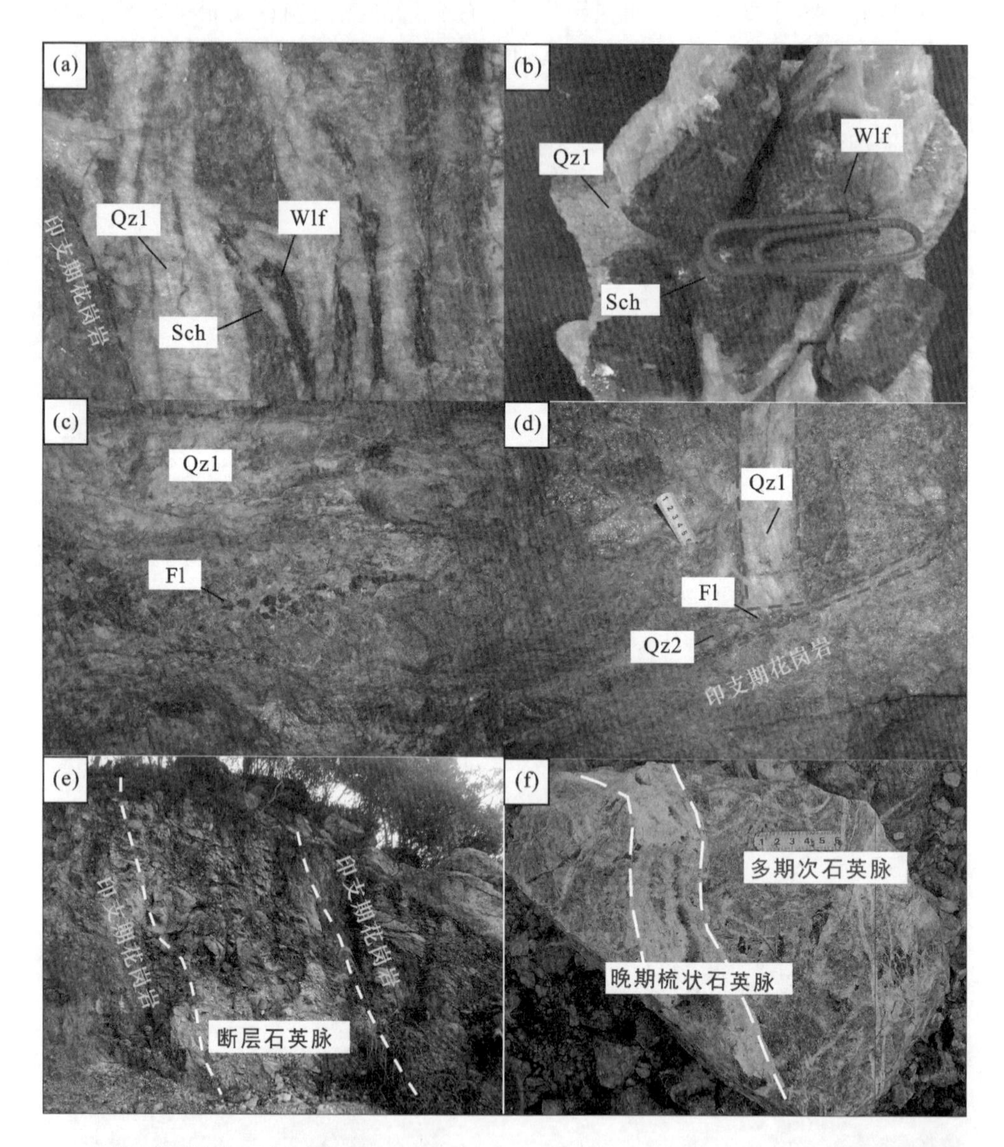

(a)第一期石英脉(石英与黑钨矿和白钨矿共生)；(b)石英脉中的白钨矿；(c)第一期石英脉中的紫色萤石；(d)第二期石英脉中的萤石；(e)茶汉断层破碎带以及多期次充填的石英脉；(f)茶汉断层中晚期梳状石英脉穿切早期石英脉。

Qz—石英；Wlf—黑钨矿；Sch—白钨矿；Fl—萤石。

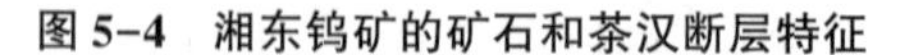

图 5-4　湘东钨矿的矿石和茶汉断层特征

湘东钨矿发育印支期与燕山期岩浆活动，印支期花岗岩以似斑状黑云母花岗岩和中粗粒黑云母花岗岩为主；燕山期花岗岩包括燕山期粗粒二云母花岗岩、细粒二云母花岗岩脉、白云母花岗岩脉及煌斑岩脉等，而白云母花岗岩与煌斑岩脉穿切印支期花岗岩或者燕山期中粒二云母花岗岩体。邓埠仙燕山期二云母与白云母花岗岩主量元素以高硅、高铝及高碱为特征，微量元素富集 Rb、K、U、Th 和 REE 等，亏损 Ta、Ti、P、Sr、Ba、Nb 等，具有显著的负 Eu 异常特征，富集轻稀土(邓渲桐等，2017)。

茶汉断层及其分支老山坳断层控制了湘东钨矿石英脉矿体分布(图 2-2，图 5-3)，南北两组容矿构造为茶汉断层的次级构造(Wei et al.，2018)，它们为同期、应力性质不同的裂隙，在裂隙倾向、充填物等方面存在较大差异，剖面上共同向岩体中心倾斜。南组裂隙为张剪性，充填的石英为纯白色，粒度大，块状构造；北组裂隙具压剪性特点，其中充填的石英为硅化细粒集合体(熊伊曲，2017)。茶汉断层分布于这两组裂隙的南侧，走向 NEE，倾向南，倾角 70°~85°(图 5-3)，充填有宽度为 0.5~5 m 的多期石英脉[图 5-4(e)]，石英脉破碎，石英呈角砾状，颜色为乳白色[图 5-4(e)，(f)]，其中晚期梳状石英脉穿切早期石英脉[图 5-4(f)]。

5.1.3　狗打栏钨锡矿

狗打栏钨锡矿位于锡田矿田南部，是一个中型石英脉型钨矿(图 2-2)，矿体为石英黑钨矿脉，走向 NE，约 18 条，脉间距为 2~10 m，产状 310∠68°左右(图 5-5)，围岩为印支期似斑状黑云母花岗岩[锆石 U-Pb 年龄为(229.9 ± 1.4) Ma，Wu et al.，2016]，石英脉宽为 10~70 cm，矿脉长度为 100~1000 m，沿走向发育膨大缩小现象(图 5-5)。WO_3+SnO_2 储量为 0.032 Mt，WO_3 和 SnO_2 的平均品位分别为 0.136%和 0.304%。矿石为半自形-它形粒状结构，块状和星点状构造，主要金属矿物为黑钨矿、白钨矿、锡石、闪锌矿、黄铁矿，次为黄铜矿、辉铋矿等，脉石矿物主要为石英、长石、萤石及白云母等[图 5-6(a)，(b)]。蚀变类型主要为硅化、云英岩化、萤石化等[图 5-6(c)，(d)]。矿脉可分为两个矿化期次，矿石矿物组合为：①第一期为石英+黑钨矿+白钨矿[Qz1+Wlf+Sch，图 5-6(a)，(b)]矿化；②第二期为石英+萤石[Qz2+Fl，图 5-6(c)，(d)]矿化。

狗打栏钨锡矿出露的印支期花岗岩包括似斑状黑云母花岗岩、中粗粒黑云母花岗岩和细粒黑云母花岗岩等，其粗粒结构指示为岩体中心相，细粒结构指示为岩体边缘相；燕山期花岗岩包括中细粒二云母花岗岩和白云母花岗岩等，但主要以脉状穿切于印支期花岗岩，岩脉发育冷凝边，指示燕山期岩体为浅成相岩体。另外，在矿区周边发育细晶岩脉。

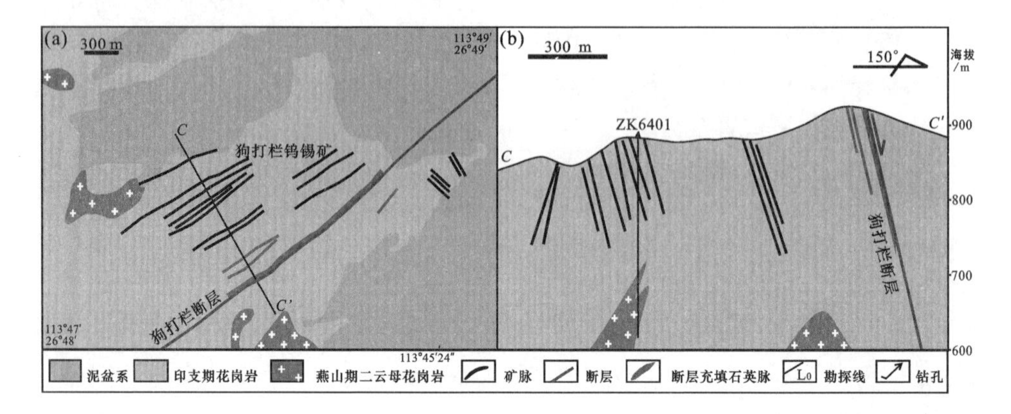

(a)狗打栏钨锡矿矿床地质图；(b)狗打栏钨锡矿 L64 线剖面图。

扫一扫，看彩图

图 5-5　狗打栏钨锡矿矿床地质图与 L64 线剖面图

狗打栏断层位于该矿床矿体的南东侧，是控制矿脉分布的代表性断层(图 2-2)。断层与矿脉平行发育，走向 60°~70°，断层带宽为 3~5 m，倾角 60°~75°(图 5-5)，充填多期次石英脉，早期石英呈角砾状，第二期石英具有强烈的油脂光泽，有较强的绢云母化，见少量白钨矿和锡石[图 5-6(e)，(f)]。

5.1.4　茶陵铅锌矿

茶陵铅锌矿位于锡田矿田南部(图 2-2)，是一典型的断层破碎带型铅锌矿，总金属(Pb+Zn)储量为 0.08 Mt，平均品位为(Pb+Zn)10%。含矿石英脉位于 NE 向锡湖断层的次级断层带内[图 5-7(a)]，倾向 60°，倾角 65°~75°，宽度为 0.3~2.5 m[图 5-7(b)]。铅锌矿石为块状构造[图 5-8(a)]，主要由石英、方铅矿、闪锌矿、萤石和方解石组成[图 5-8(a)，(b)，(c)]。矿脉可分为两个矿化期次，矿石矿物组合为：①石英+方铅矿+闪锌矿(Qz1+Gn+Sp)[图 5-8(a)]；②石英+萤石+方解石(Qz2+F1+Cal)[图 5-8(b)，(c)]。第二期石英+萤石+方解石脉穿切第一期矿脉[图 5-8(c)]。

锡湖断层位于茶陵铅锌矿南西侧(图 2-2)。断层走向 NE 60°~70°，围岩为印支期、燕山期花岗岩与泥盆纪地层，断层中发育断层角砾岩和石英脉[图 5-8(d)，(e)]。角砾主要为早期石英脉与印支期花岗岩，石英脉宽度为 2~5 m，走向 NE40°~50°，倾向北西，倾角 45°~65°[图 5-8(d)，(e)]。早期石英为乳白色，第二期石英脉穿切第一期石英脉，且发育少量白钨矿与绢云母[图 5-8(f)]。

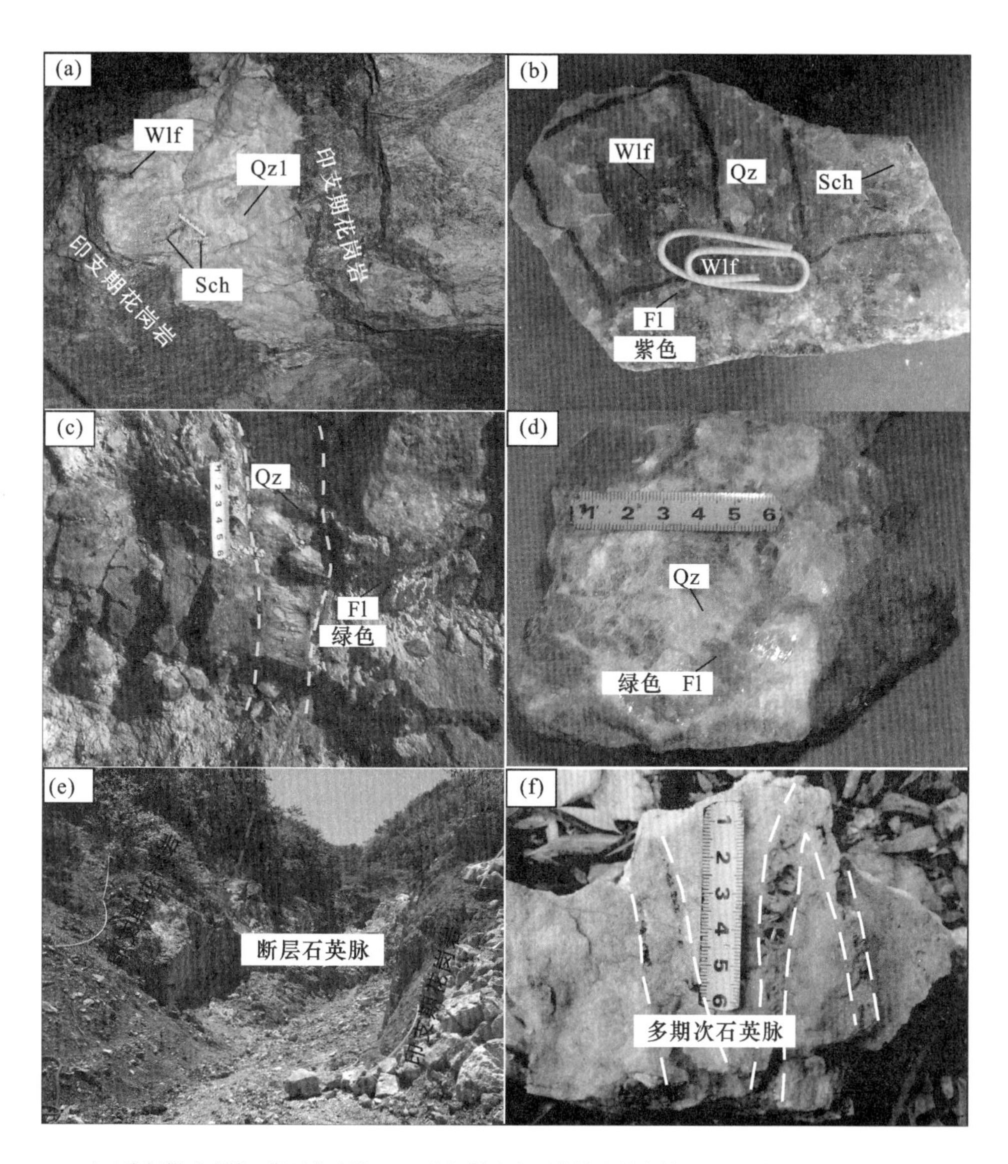

(a)狗打栏矿床第一期石英矿脉；(b)狗打栏矿床石英脉中的白钨矿；(c)狗打栏矿床第二期石英脉(含萤石)；(d)狗打栏矿床第二期石英脉及其中的萤石；(e)狗打栏断层中充填的石英脉；(f)狗打栏断层中多期次石英脉穿切。
Qz—石英；Wlf—黑钨矿；Sch—白钨矿；Fl—萤石。

图 5-6　狗打栏钨锡矿的矿石和断层中石英脉特征

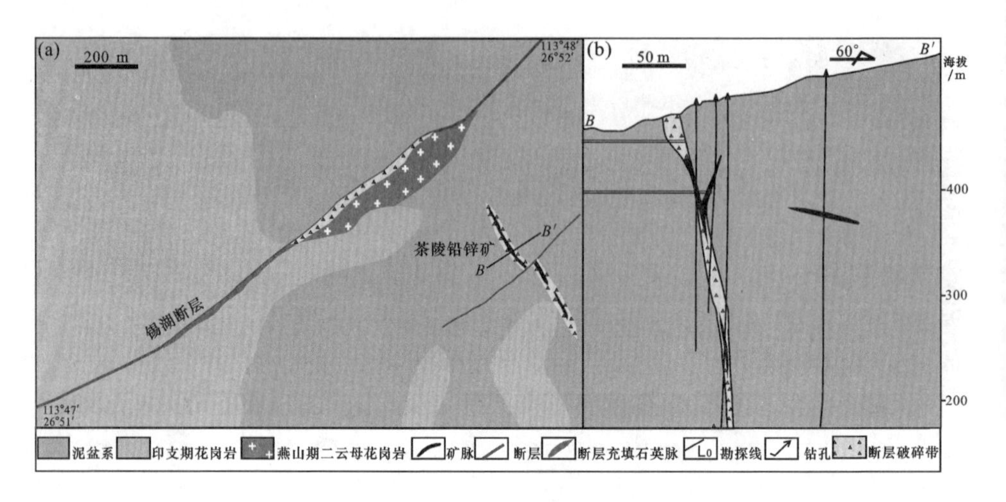

(a)茶陵铅锌矿矿床地质图；(b)茶陵铅锌矿 *B*-*B*′线剖面图。

图 5-7　茶陵铅锌矿矿床地质图与 *B*-*B*′线剖面图

5.1.5　星高萤石矿

星高萤石矿位于锡田矿田南部，为一中型的独立萤石矿(图 2-2)，发育在印支期粗粒黑云母花岗岩中[图 5-9(a)]，矿体走向 NE60°，倾向 NW，倾角 65°~70°，宽度为 4~6 m，通常沿走向延伸大于 200 m，中间膨大，两端缩小尖灭(图 5-9)。矿石矿物主要为石英与萤石，CaF_2 储量为 0.6 Mt，平均品位为 76.3%，矿石中含微量的 Pb(0.02%)与 Zn(0.03%)。矿脉可分为两个矿化期次，矿物组合均为石英+萤石，但第一期以萤石为主，萤石为绿色、紫色、白色等，含有少量的石英[图 5-10(a)，(b)，(c)]；第二期石英为梳状，含有无色萤石，并穿切第一期石英萤石脉[图 5-10(d)]。

萤石矿脉严格受 NE 星高断层控制[图 5-9(b)]，该断层位于矿脉的 NW 侧，产状与矿脉相似，走向 50°~60°，倾向 NW[图 5-10(e)，(f)]，其中充填有多期石英脉[图 5-10(e)]，石英脉明显宽于矿脉，宽度达 5~15 m，脉中可见少量云母与高岭石[图 5-10(e)，(f)]。

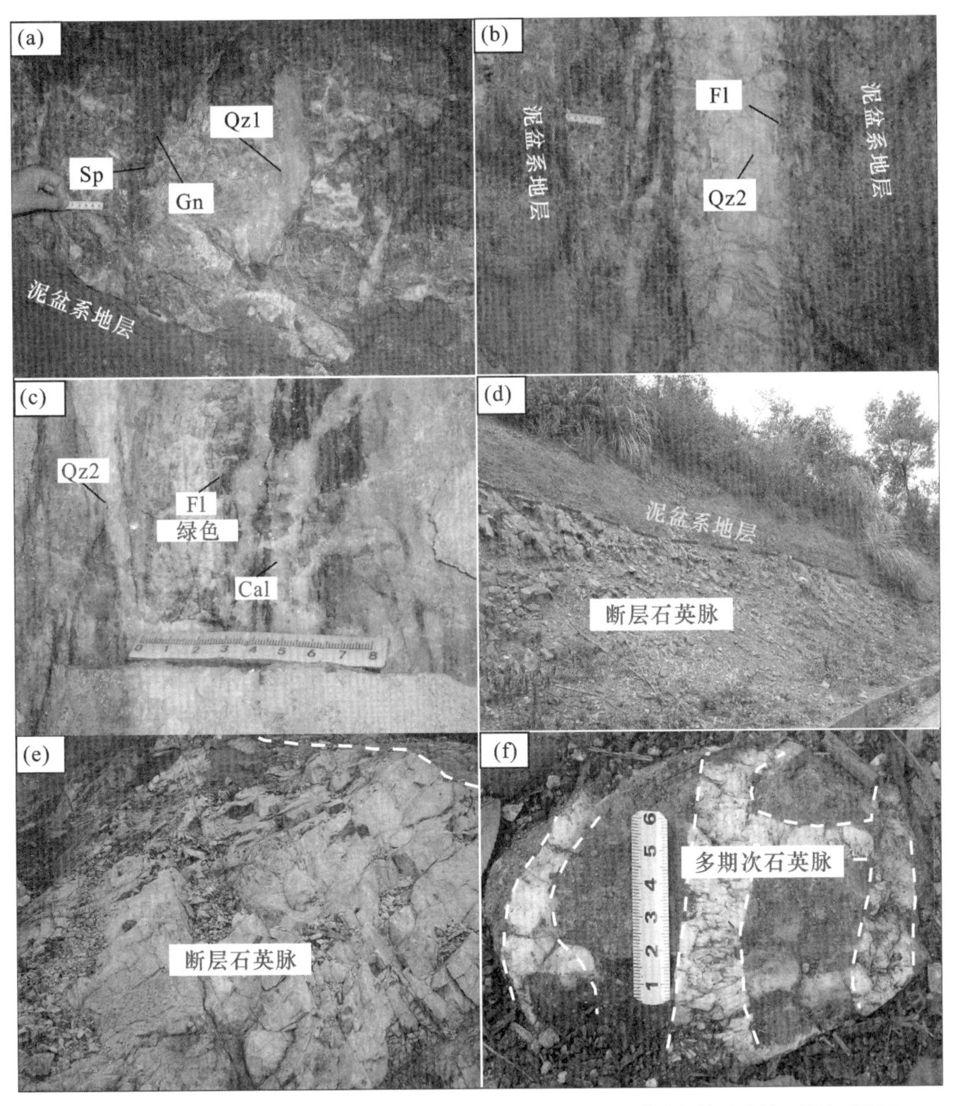

(a)茶陵铅锌矿床第一期石英脉(石英与方铅矿和闪锌矿共生)；(b)茶陵铅锌矿床第二期与萤石共生的石英脉；(c)茶陵铅锌矿床第二期与萤石、方解石共生的石英脉；(d)锡湖断层见多期石英脉；(e)锡湖断层中石英脉的放大照片；(f)锡湖断层中多期次石英脉穿切。

Qz—石英；Fl—萤石；Sp—闪锌矿；Gn—方铅矿；Cal—方解石。

图5-8　茶陵铅锌矿的矿脉与断层中石英脉特征

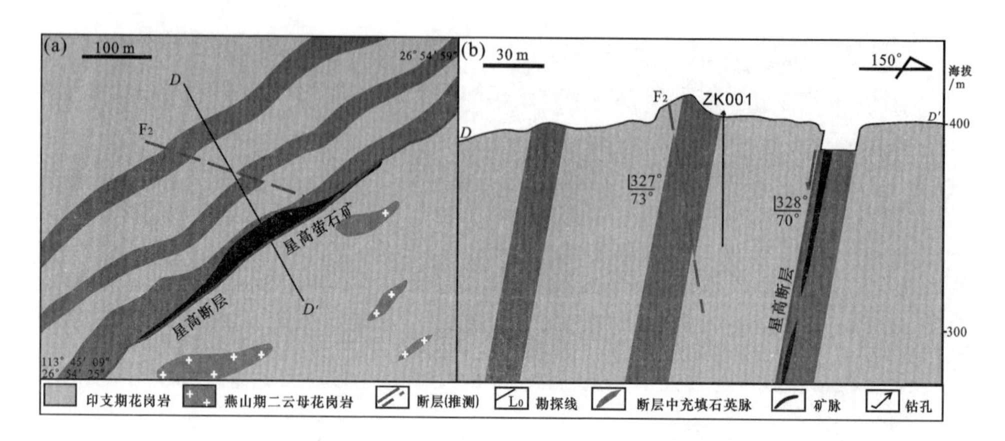

(a)星高萤石矿矿床地质图；(b)星高萤石矿 *D–D′*线剖面图。

图 5-9　星高萤石矿矿床地质图和 *D–D′*线剖面图

5.2　矿床空间分布规律

印支期的矿床数量少，在矿田尺度上未能总结出其矿床的分带规律，但其主要分布在矿田南部的锡田地区(图 5-11)。

锡田矿田的燕山期矿化显示了良好的空间分带，北部邓埠仙地区与南部的锡田地区均分别发育钨锡矿化、铅锌矿化、萤石矿化，并形成相应矿床，矿床空间分布显示了差异性(图 5-11)。已发现的燕山期矿床主要分布在印支期岩体内，以石英脉型矿床为主，矿体充填于 NE、EW、NNW 向张性节理中，整体受 NE 向断层控制，为岩浆热液作用的产物，两区均具有从南向北的钨锡矿→铅锌矿→萤石矿的矿化分带，各矿带走向为 NE 向。在北部地区，由南向北为湘东钨矿与鸡冠石钨矿→大陇铅锌矿与太和仙铅锌矿，该区不发育独立萤石矿，但在八团岩体中的大垅铅锌矿中发育宽 30~40 cm 的萤石脉；锡田矿田的南部地区以狗打栏断层为界，其南部未发现明显矿化，但从断层向北，依次为荷树下、狗打栏、花里泉、园树山钨锡矿→锡湖、牛形岭、尧岭铅锌矿→星高、光明萤石矿床。

(a)星高萤石矿的萤石石英矿脉；(b)星高萤石矿第一期绿色萤石石英脉；(c)星高萤石矿第一期紫色萤石石英脉；(d)星高萤石矿第二期石英脉；(e)充填于星高断层中的石英脉；(f)星高断层多期石英脉及穿切关系。Qz—石英；Fl—萤石。

图 5-10　星高萤石矿的矿脉和断层中石英脉特征

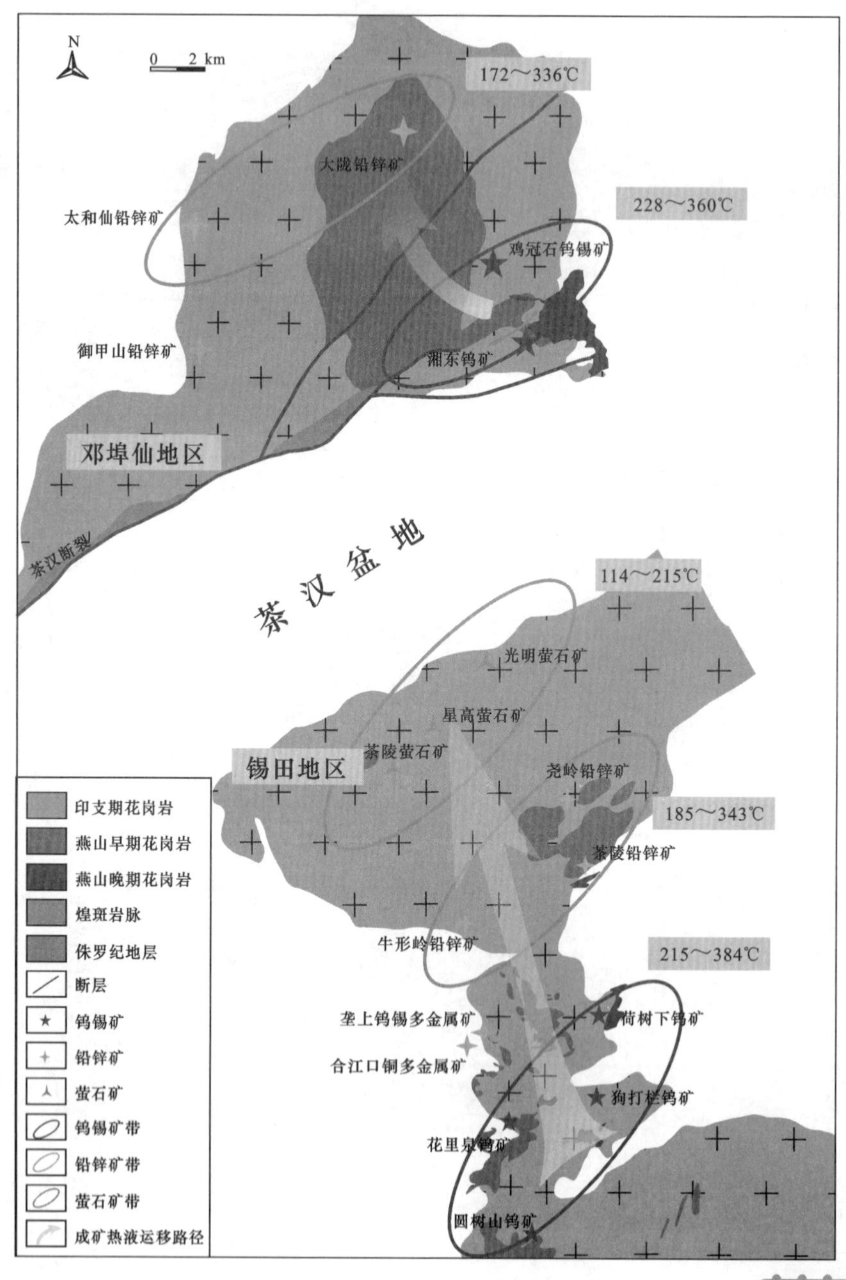

图 5-11　锡田矿田矿化分带样式图

5.3　不同成矿期次矿物组合的空间分带

从矿田尺度上看，印支期的钨锡矿化分布于南部的锡田地区，主要矿物组合为石榴子石+透辉石+白钨矿±锡石；而北部地区出现矽卡岩，矿物组合为石榴子石+绿帘石+绿泥石，未见钨锡多金属矿物。

根据燕山期矿脉的穿切关系和矿物的生成顺序，可以确定锡田矿田内燕山期钨锡、铅锌和萤石矿床均发育两期次热液矿化，其矿物组合分别为：第一期为 Qz1+矿石(Wlf+Sch 或 Gn+Sp 或 Fl)，第二期为 Qz2+Fl。同时，矿物组合也显示了空间分带性。

矿物组合与矿床分布分带相对应，从南往北矿石矿物由黑钨矿±白钨矿±辉钼矿±锡石+石英，变为方铅矿±闪锌矿+石英，最后为萤石+石英。

邓埠仙地区：南部钨锡矿床矿石矿物组合主要为黑钨矿+石英[图 5-12(a)]、黑钨矿+辉钼矿+石英、黑钨矿+锡石+石英，北部铅锌矿床矿石矿物组合主要为方铅矿±闪锌矿+石英[图 5-12(d)]、方铅矿±闪锌矿+石英+萤石。

锡田地区：南部钨锡矿床矿石矿物组合主要为黑钨矿+石英、黑钨矿+辉钼矿+石英[图 5-12(b)]、黑钨矿+辉钼矿+硫化物+石英[图 5-12(c)]，中部铅锌矿床矿石矿物组合主要为方铅矿±闪锌矿+石英[图 5-12(e)]，北部萤石矿床矿石矿物组合主要为萤石+石英[图 5-12(f)]。

5.4　样品采集和分析方法

流体包裹体、H-O-S 同位素样品采自垄上钨锡矿、湘东钨矿、狗打栏钨锡矿、茶陵铅锌矿、星高萤石矿、光明萤石矿等矿床，采样详细信息见表 5-1。

流体包裹体测试分析、锆石 U-Pb 同位素定年和微量元素含量分析方法与 3.5 节断层中样品的测试方法一致。

萤石的氢氧同位素分析在核工业北京地质研究院分析测试研究中心完成。萤石流体包裹体的氢同位素分析：通过加热喷射法(1400 ℃)提取样品中流体包裹体中的 H_2O、H_2 和含 H 的气体，并通过还原法将 H_2O 中 H 的气体还原为 H_2，使用 MAT-253 气体同位素质谱仪测定氢同位素，测试精度为±2‰。萤石流体包裹体的氧同位素分析：先将包裹体中 H_2O 与 BrF_5 反应生成氧气，并通过冷冻进行纯化，然后使氧气与石墨反应形成 CO_2，并通过 MAT-253 气体同位素质谱仪分析氧同位素组成，分析精度优于±0.2‰。

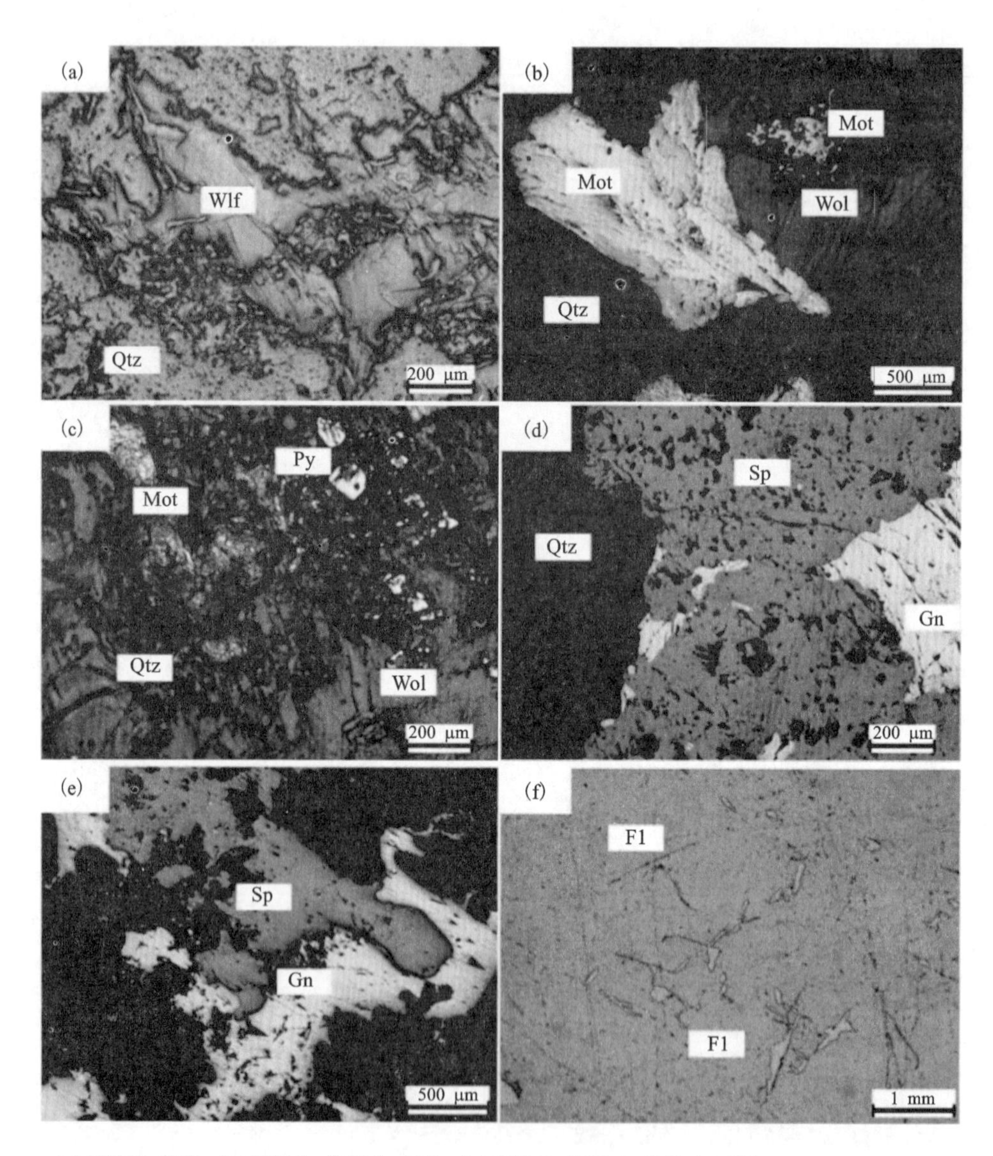

(a)黑钨矿+石英；(b)黑钨矿+辉钼矿+石英；(c)黑钨矿+辉钼矿+黄铁矿+石英；(d)方铅矿+闪锌矿+石英；(e)方铅矿+闪锌矿+蚀变花岗岩型；(f)萤石矿+石英。Wlf—黑钨矿；Mot—辉钼矿；Gn—方铅矿；Sp—闪锌矿；Py—黄铁矿；Fl—萤石；Qtz—石英。

图 5-12　锡田矿田矿物组合特征

表 5-1　样品信息表

样品编号	矿区	采样位置	矿物组合
LSGR-1	垄上钨锡矿	288 中段	似斑状黑云母花岗岩
LSOB-1	垄上钨锡矿	288 中段	石榴子石+透辉石+白钨矿+石英
XDOB-1	湘东钨矿	N27°2′26″ E113°47′14″(421 m)	石英+黑钨矿+白钨矿±黄铁矿
XDGR-1	湘东钨矿	10 中段	细粒二云母花岗岩
XDOB-2	湘东钨矿	7 中段	石英+黑钨矿+白钨矿±黄铁矿
GDLOB-1	狗打栏钨锡矿	N26°48′44″ E113°49′2″ (558 m)	石英+黑钨矿+白钨矿±辉钼矿
GDLOB-2	狗打栏钨锡矿	N26°48′31″ E113°49′10″ (605 m)	石英+萤石
140720-19S1	狗打栏钨锡矿	525 中段	石英+黑钨矿+白钨矿±辉钼矿
CLOB-1	茶陵铅锌矿	N26°48′31″ E113°49′10″ (605 m)	石英+闪锌矿+方铅矿
161208-1S7	茶陵铅锌矿	1 号坑道	石英+闪锌矿+方铅矿
CLOB-2	茶陵铅锌矿	N26°48′31″ E113°49′10″ (605 m)	石英+萤石±方解石
XGOB-1	星高萤石矿	N26°54′42″ E113°45′20″ (380 m)	石英+萤石
XGOB-2	星高萤石矿	N26°54′43″ E113°45′20″ (380 m)	石英
1601121-8S2	光明萤石矿	1#脉	石英+萤石

原位硫同位素在中国地质大学地质过程与矿产资源国家重点实验室完成。使用 193 nm ArF Analyte Excite 激光烧蚀系统和 Agilent 7700x 质谱仪进行激光烧蚀，激光束光斑直径为 33 μm，烧蚀频率为 10 Hz。高纯氦气作为载气，与氩气和氮气混合。多接收器等离子体质谱仪由 Nu Instrument 公司生产，型号为 Nu Plasma II。通过直接测试获得标准样品和样品点的 $^{34}S/^{32}S$ 值，并通过外标校准(SSB 方法)计算 $\delta^{34}S_{CDT}$ 值。使用的标准矿物是国际硫化物标准 NBS-123 闪锌矿和实验室内部标准 WS-1 黄铁矿，2σ 的分析精度约为±0.3‰。

5.5　流体包裹体分析

本次研究除对典型矿床进行石英流体包裹体研究外，为了对比花岗岩初始流体与钨锡成矿流体特征，确定它们之间的联系，特别对垄上印支期似斑状黑云母花岗岩与湘东钨矿燕山期细粒二云母花岗岩的石英中流体包裹体也进行了分析。

5.5.1 流体包裹体类型

锡田矿田的石英、白钨矿与萤石中发育大量原生流体包裹体，根据它们在室温下的状态，将之分为五种类型：①两相含水流体包裹体 $V_{H_2O}+L_{H_2O}$(Ⅰ型)；②三相富含 CO_2 的流体包裹体 $V_{CO_2}+L_{CO_2}+L_{H_2O}$(Ⅱ型)；③一相纯 H_2O 流体包裹体 L_{H_2O}(Ⅲ型)；④两相纯 CO_2 流体包裹体 $V_{CO_2}+L_{CO_2}$(Ⅳ型)；⑤三相含石盐子矿物的流体包裹体 $S_{halite}+V_{H_2O}+L_{CO_2}$(V 型)。

矿田南部垄上印支期似斑状黑云母花岗岩中石英主要发育Ⅰ型流体包裹体[图 5-13(a)]与少量的Ⅲ型流体包裹体，大小为 5~30 μm，气液比为10%~80%；垄上矽卡型钨锡矿石中白钨矿和石英的Ⅰ型流体包裹体占主导地位[图 5-13(b)]，其次是Ⅲ型流体包裹体[图 5-13(c)，(d)]，流体包裹体的大小分别为 5~20 μm 和 3~10 μm，气液比分别为 5%~90%和 5%~20%，显示岩体石英与矿石石英中流体包裹体类型相似特点。

矿田北部湘东钨矿燕山期细粒二云母花岗岩中石英主要发育Ⅰ型流体包裹体，见少数Ⅲ型流体包裹体[图 5-13(e)]，大小为 5~30 μm，气液比为 10%~80%；湘东钨矿石英脉钨锡矿石石英中发育众多Ⅰ型流体包裹体和少量Ⅲ型流体包裹体[图 5-13(f)]，大小为 3~20 μm，气液比为 5%~80%；石英脉矿石中白钨矿的Ⅰ型和Ⅲ型流体包裹体占主导地位[图 5-13(g)，(h)]，流体包裹体的大小为 3~15 μm，气液比为 5%~90%，显示岩体石英与矿石石英中流体包裹体类型相似特点。

矿田南部的狗打栏钨锡矿第一期石英脉中石英的流体包裹体主要为Ⅰ型流体包裹体，另有少量Ⅱ型、Ⅲ型和Ⅳ型流体包裹体[图 5-13(i)]，大小为 6~15 μm，气液比为 10%~85%。

茶陵铅锌矿第一期石英脉中石英的流体包裹体也主要为Ⅰ型流体包裹体，另发育三相含石盐子矿物的 V 型流体包裹体[图 5-13(j)]，大小为 4~17 μm，气液比为 30%~90%。

星高萤石矿第一期石英脉中萤石主要发育Ⅰ型流体包裹体[图 5-13(k)]，大小为 10~80 μm，气液比为 10%~80%。

矿田南部从钨锡矿(南)→铅锌矿(中)→萤石矿(北)包裹体逐渐变大(表 5-2)，第一期石英流体包裹体类型差异较大(图 5-13)，而第二期石英脉中石英的流体包裹体均主要为Ⅰ型流体包裹体[图 5-13(l)]。另外，钨锡矿与对应的花岗岩中的石英的流体包裹体类型也相似(图 5-13)。

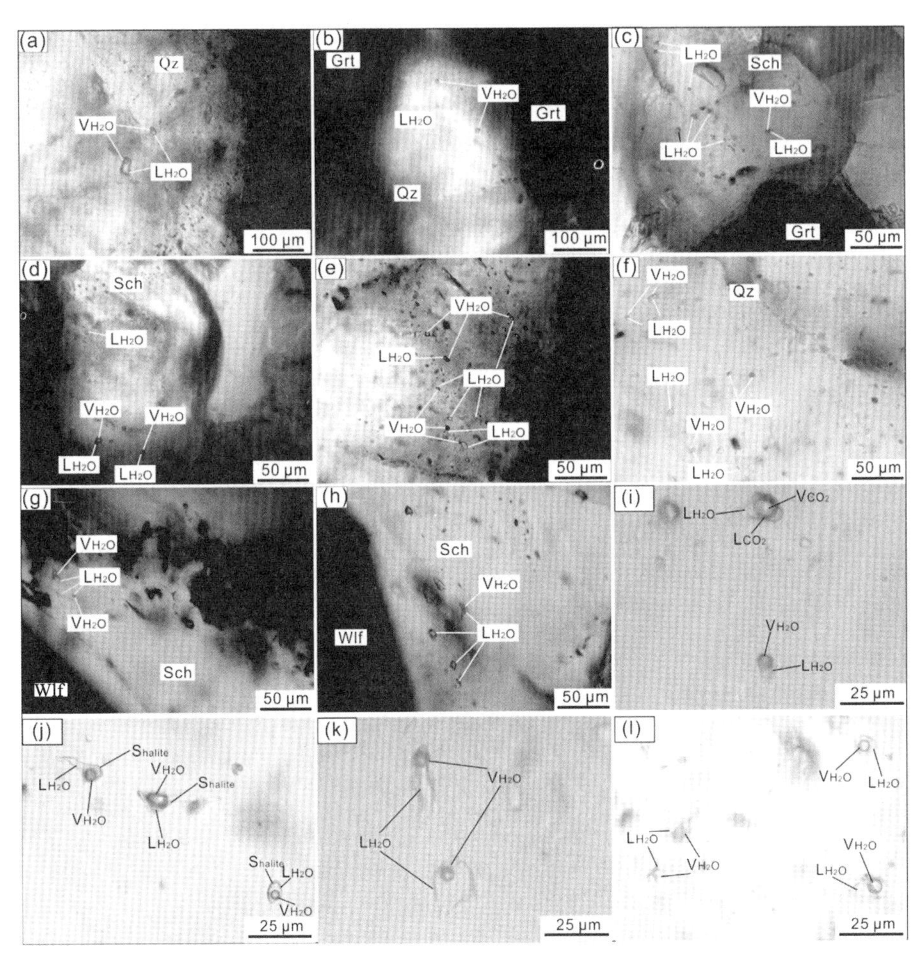

(a)垄上印支期似斑状黑云母花岗岩石英中的Ⅰ型流体包裹体；(b)垄上钨锡矿矽卡岩矿石中石英的Ⅰ型流体包裹体；(c)与(d)垄上钨锡矿矽卡岩矿石中白钨矿的Ⅰ型和Ⅲ型流体包裹体；(e)湘东钨矿燕山期细粒二云母花岗岩石英中的Ⅰ型和Ⅲ型流体包裹体；(f)湘东钨矿第一期石英脉状矿石中石英的Ⅰ型和Ⅲ型流体包裹体；(g)湘东钨矿石英脉矿石中白钨矿的Ⅰ型流体包裹体；(h)湘东钨矿石英脉矿石中白钨矿的Ⅰ型和Ⅲ型流体包裹体；(i)狗打栏钨锡矿第一期石英脉中石英的Ⅰ、Ⅱ和Ⅳ型流体包裹体；(j)茶陵铅锌矿第一期石英脉中石英的Ⅴ型与Ⅰ型流体包裹体；(k)星高萤石矿床第一期石英脉中萤石的Ⅰ型流体包裹体；(l)茶陵铅锌矿床第二期石英脉中石英的Ⅰ型流体包裹体。Sch—白钨矿；Qz—石英；L_{H_2O}—液相水；V_{H_2O}—气相水；L_{CO_2}—液相二氧化碳；V_{CO_2}—气相二氧化碳；S_{halite}—石盐子矿物。

图5-13　锡田矿田中石英和白钨矿中不同类型的流体包裹体特征

表 5-2 锡田矿田中钨锡矿床白钨矿和石英中富液相流体包裹体(I 型)的特征

样品编号	矿床	矿物	N	气液比/%	大小/μm	均一温度/℃		盐度/(% NaCl equiv)	
						变化	平均值	变化	平均值
LSGR-1	垄上钨锡矿	岩体中石英	28	10~80	5~30	290~342	316	3. 23~4. 65	3. 93
LSOB-1	垄上钨锡矿	石英	25	5~90	5~20	295~324	307	3. 39~4. 18	3. 78
LSOB-1	垄上钨锡矿	白钨矿	25	5~20	3~10	277~311	293	3. 39~3. 87	3. 62
XDGR-1	湘东钨矿	岩体中石英	30	10~80	5~30	315~355	330	3. 39~4. 34	3. 95
XDOB-1	湘东钨矿	第一期石英	25	5~80	3~20	250~359	299	3. 23~6. 45	5. 06
XDOB-1	湘东钨矿	白钨矿	25	5~90	3~15	268~303	286	4. 18~5. 11	4. 64
GDLOB-1	狗打栏钨锡矿	第一期石英	23	10~85	6~15	200~363	303	3. 55~6. 45	5. 16
GDLOB-2	狗打栏钨锡矿	第二期石英	20	10~35	11~31	160~310	210	1. 74~4. 18	2. 90
CLOB-1	茶陵铅锌矿	第一期石英	20	30~90	4~17	190~352	219	11. 9~27. 7	16. 4
CLOB-2	茶陵铅锌矿	第二期石英	20	5~35	5~22	150~251	203	1. 91~2. 9	2. 28
XGOB-1	星高萤石矿	第一期萤石	28	10~80	10~80	120~343	193	1. 06~1. 57	1. 38
XGOB-2	星高萤石矿	第二期石英	26	5~40	10~60	121~152	136	1. 40~1. 74	1. 55

5.5.2 流体包裹体的均一温度

1)印支期垄上钨锡矿

垄上钨锡矿中印支期似斑状黑云母花岗岩石英的Ⅰ型流体包裹体均一温度为290~342 ℃，平均值为316 ℃，冰点温度为-2.8~-1.9 ℃，对应盐度为3.2%~4.7% NaCl equiv，平均值为3.9% NaCl equiv[表5-2；图5-14(a)，(b)]；矽卡岩矿石中石英流体包裹体的均一温度为295~324 ℃，平均值为308 ℃，冰点温度为-2.5~-2.0 ℃，对应盐度为3.3%~4.2% NaCl equiv；矽卡岩矿石中白钨矿的流体包裹体均一温度为277~311 ℃，平均值为293 ℃，冰点温度为-2.3~2.0 ℃，对应盐度为3.4%~3.9% NaCl equiv。垄上钨锡矿矽卡岩矿石中石英和白钨矿中的流体包裹体的均一温度为277~324 ℃，平均值为303 ℃[表5-2；图5-14(a)，(b)]，比花岗岩中石英流体包裹体的均一温度稍低，而盐度是相似的。

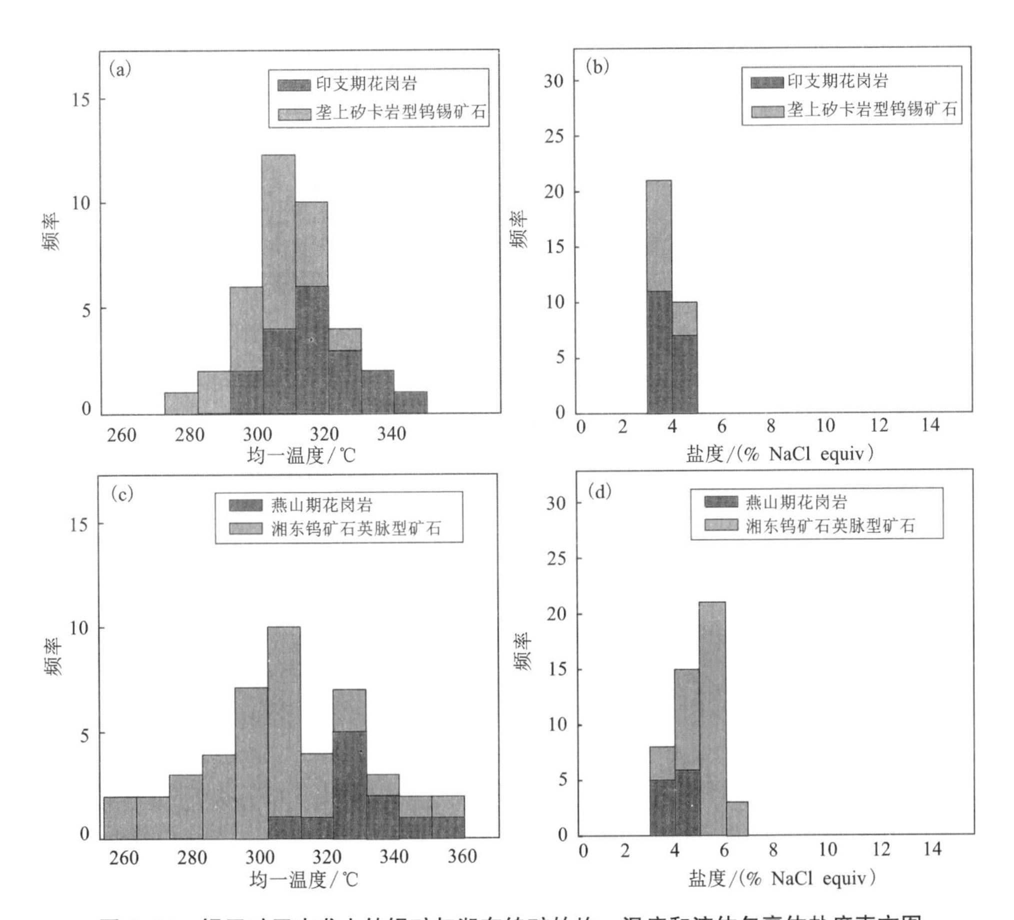

图5-14　锡田矿田中垄上钨锡矿与湘东钨矿的均一温度和流体包裹体盐度直方图

2)湘东钨矿

湘东钨矿燕山期细粒二云母花岗岩中石英的流体包裹体均一温度为315～355 ℃，平均值为330 ℃，冰点温度为-2.6～-2.0 ℃，对应盐度为3.4%～4.3% NaCl equiv[表5-2；图5-14(c)，(d)]；石英脉矿石中石英的Ⅰ型流体包裹体的均一温度为250～359 ℃，平均值为299 ℃，盐度差异很大，为3.2%～6.5% NaCl equiv；石英脉矿石中白钨矿的Ⅰ型流体包裹体的均一温度为268～303 ℃，平均值为286 ℃，冰点温度为-3.1～-2.5 ℃，对应盐度为4.18%～5.11% NaCl equiv。综上，湘东钨矿石英脉矿石的石英和白钨矿的流体包裹体均一温度为250～359 ℃，平均值为297 ℃[表5-2；图5-14(c)，(d)]，总体低于花岗岩中石英的流体包裹体的均一温度，而盐度稍高于花岗岩中石英的流体包裹体。

3)狗打栏钨锡矿

第一期钨锡矿脉中石英中的流体包裹体均一温度为200～360 ℃，盐度为3%～7% NaCl equiv；第二期石英萤石脉中石英流体包裹体的均一温度为160～310 ℃，盐度为1%～5% NaCl equiv[图5-15(a)，图5-16(a)]。

4)茶陵铅锌矿床

第一期铅锌矿脉中石英流体包裹体均一温度为190～350 ℃，盐度为12%～28% NaCl equiv；第二期石英萤石脉中石英的流体包裹体的均一温度为150～250 ℃，盐度为2%～3% NaCl equiv[图5-15(b)，图5-16(b)]。

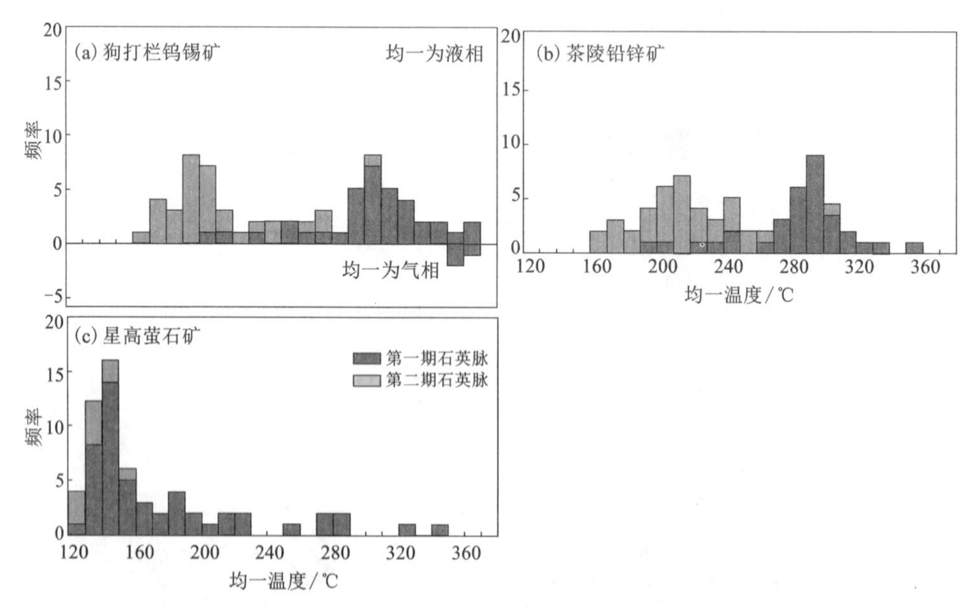

图5-15　锡田矿田南部地区的流体包裹体均一温度频率直方图

5)星高萤石矿

第一期石英萤石脉中萤石流体包裹体的均一温度为120~340 ℃，盐度为1.06%~1.57% NaCl equiv；第二期石英萤石脉中石英的流体包裹体均一温度为120~150 ℃[图5-15(c)]，盐度为1.40%~1.74% NaCl equiv[图5-16(c)]。

以上数据显示，在矿田南部的锡田地区，从狗打栏钨锡矿床(南)→茶陵铅锌矿床(中)→星高萤石矿(北)，石英中的流体包裹体均一温度呈现下降趋势(图5-15)；而茶陵铅锌矿的盐度最高，狗打栏钨锡矿次之，星高萤石矿最低(图5-16)。同时，从第一期到第二期流体包裹体均一温度与盐度也呈现下降趋势。

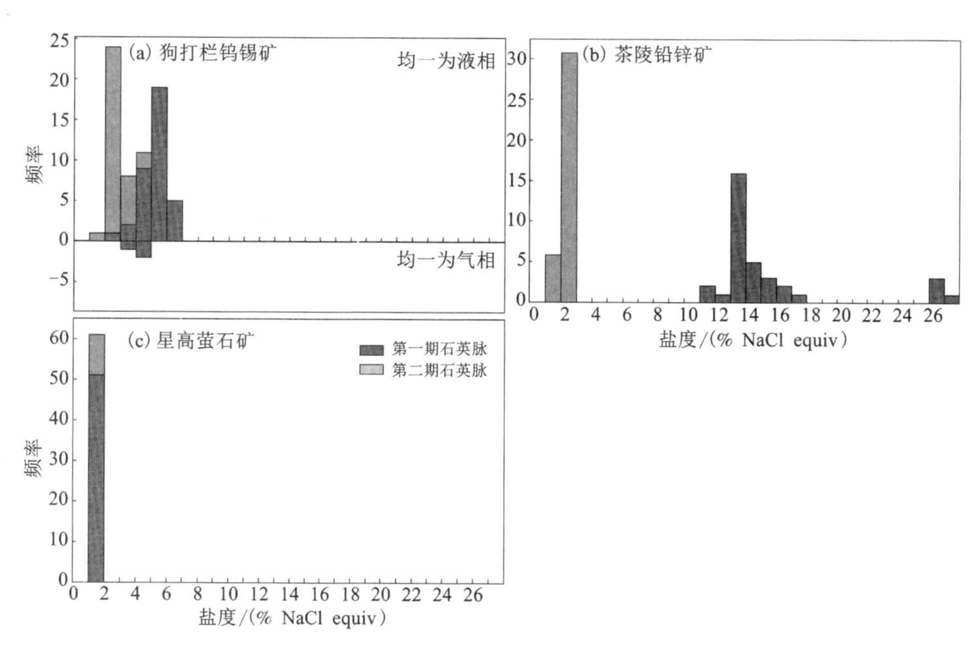

图5-16 锡田矿田南部地区的流体包裹体盐度频率直方图

5.5.3 流体包裹体组分

前人已对垄上钨锡矿与湘东钨矿矿石石英中流体包裹体组分做了系统研究，其中垄上钨锡矿矽卡岩矿石中石英流体包裹体气相组分主要为H_2O、CO_2，含有少量的N_2、H_2S、CH_4(邓湘伟，2015)；湘东钨矿石英脉型矿石中石英流体包裹体气相组分主要为H_2O、CH_4、CO_2，含有少量的N_2、$CaCO_3$、$CaSO_4$(Xiong et al.，2019)。本次研究主要针对锡田矿田南部狗打栏钨锡矿、茶陵铅锌矿、星高萤石矿矿石中石英与萤石的流体包裹体气相组分进行分析。

流体包裹体激光拉曼分析结果显示狗打栏钨锡矿的流体包裹体气相组分主要含 H_2O、CH_4、CO_2、$CaSO_4$。其中Ⅰ型($V_{H_2O}+L_{H_2O}$)包裹体气相组分主要为 H_2O [3400 cm^{-1}。图 5-17(a)，(b)]；Ⅱ型包裹体除含 CO_2(1286 cm^{-1} 或 1388 cm^{-1})外，还有 CH_4[2914~2918 cm^{-1}。图 5-17(c)]；另外流体包裹体中可能还有少量的 $CaSO_4$[11161 cm^{-1}。图 5-17(b)，(c)，(d)]。

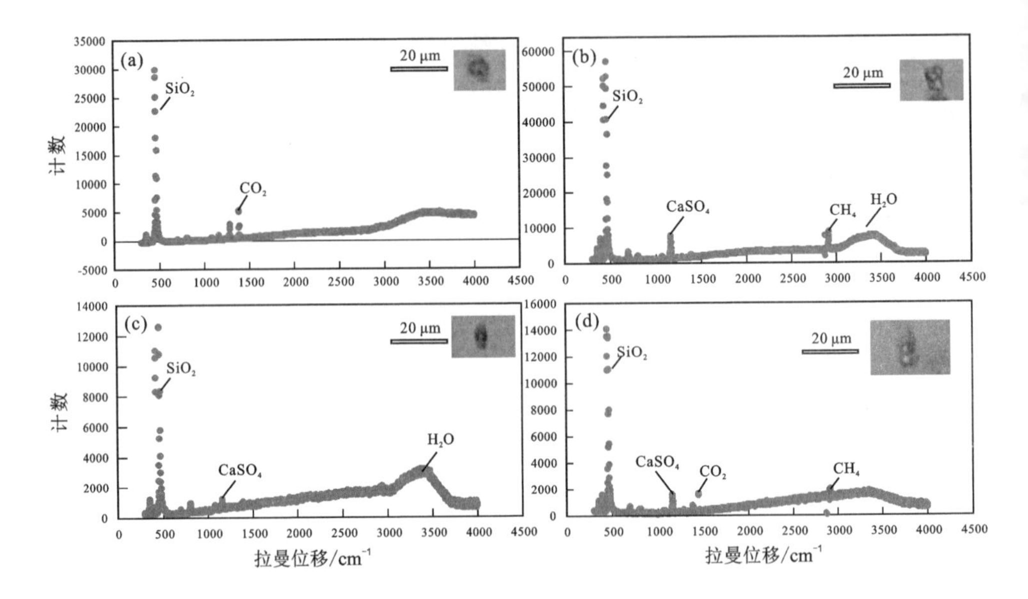

图 5-17　狗打栏钨锡矿流体包裹体激光拉曼图谱

茶陵铅锌矿石英的Ⅰ型($V_{H_2O}+L_{H_2O}$)流体包裹体气相组分普遍含 CH_4(2914~2918 cm^{-1}。图 5-18)与 H_2O(3400 cm^{-1}。图 5-18)，另外可能还含少量的 CO_2 与 $CaSO_4$[11161 cm^{-1}。图 5-18(b)]。

星高萤石矿床萤石的Ⅰ型($V_{H_2O}+L_{H_2O}$)流体包裹体气相组分主要为 H_2O [3400 cm^{-1}。图 5-19(a)，(b)，(d)]，含少量的 CO_2[1286 cm^{-1} 或 1388 cm^{-1}。图 5-19(a)]与 CH_4[2914~2918 cm^{-1}。图 5-19(c)]。激光拉曼光谱在 300~1700 cm^{-1} 常受到萤石的荧光干扰，未获得有效结果(图 5-19)。

总体上，从狗打栏钨锡矿→茶陵铅锌矿→星高萤石矿流体包裹体气相组分均以 H_2O 为主，并且普遍含 CO_2，但是 CO_2 信号强度逐渐减弱，指示 CO_2 含量逐渐降低。另外，茶陵铅锌矿流体包裹体气相组分普遍含 CH_4。

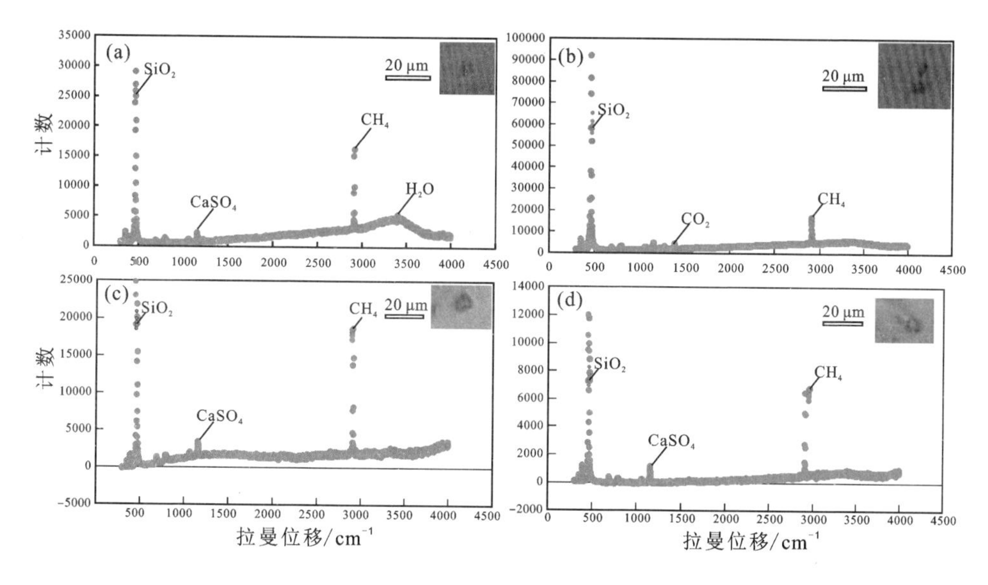

图 5-18　茶陵铅锌矿流体包裹体激光拉曼图谱

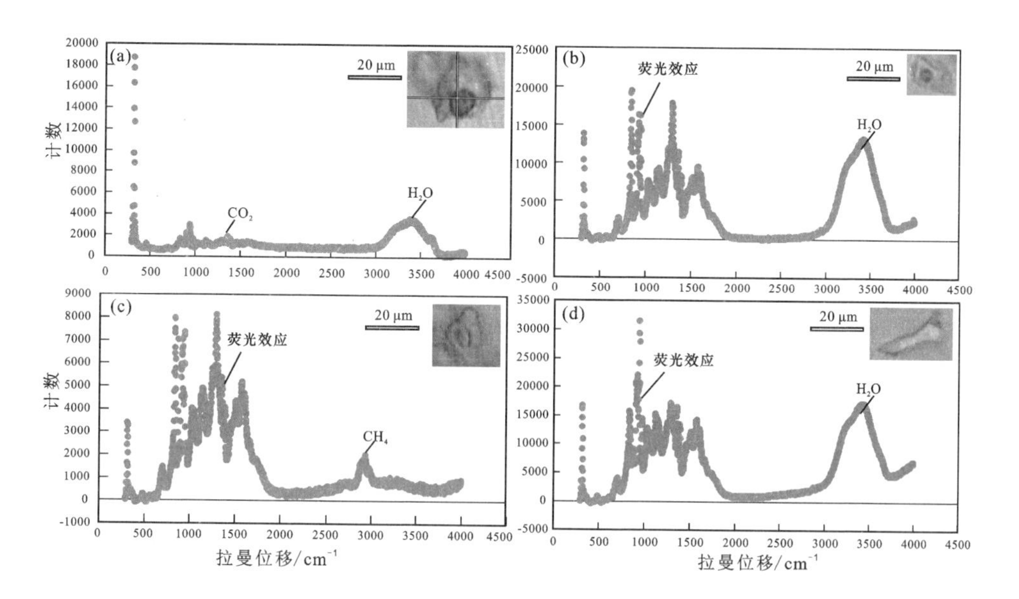

图 5-19　星高萤石矿流体包裹体激光拉曼图谱

5.6 石英与萤石的 H-O 同位素组成

锡田矿田垄上钨锡矿石英的$\delta^{18}O_{quartz}$为11.8‰~12.8‰，包裹体水的δD分布在-44‰~-54‰(邓湘伟，2015)；湘东钨矿石英的$\delta^{18}O_{quartz}$为12.7‰~14.8‰，包裹体水的δD分布在-70‰~-54‰(蔡杨，2013)，指示成矿流体主要为岩浆水。本次主要针对锡田矿田南部的狗打栏钨锡矿、茶陵铅锌矿、星高萤石矿与光明萤石矿进行石英与萤石的H-O同位素分析。

表5-3显示了各矿床中石英与萤石的氢和氧同位素分析结果。成矿流体中的$\delta^{18}O_{fluid}$同位素组成是根据矿物-水体系的氧同位素分馏方程计算所获得。

$$1000\ln\alpha_{Qtz-H_2O}=3.38\times10^6/T^2-3.40 \text{(Clayton et al., 1972)}$$

方程中的T是流体包裹体均一温度的峰值。

表5-3　锡田矿田中石英和萤石的H-O同位素组成

样品	矿床	期次	矿物	δD/‰	$\delta^{18}O_{quartz}$/‰	T/℃	$\delta^{18}O_{H_2O}$/‰
XD-09	湘东钨矿	一	石英	-54	13.5	260	5.01[1]
XD-29	湘东钨矿	一	石英	-68	12.7	260	4.21[1]
XD-01	湘东钨矿	一	石英	-58	14.8	260	6.31[1]
XD-20	湘东钨矿	一	石英	-68	12.6	260	4.11[1]
XD-01	湘东钨矿	一	石英	-63	13.1	260	4.61[1]
XD-17	湘东钨矿	一	石英	-66	13.4	260	4.91[1]
XD-26	湘东钨矿	一	石英	-70	12.9	260	4.41[1]
GDLOB-1	狗打栏钨锡矿	一	石英	-72	11.3	400	4.41
140720-19S1	狗打栏钨锡矿	一	石英	-68.6	12.3	400	5.41
GDLOB-2	狗打栏钨锡矿	二	石英	-61.2	3.60	260	-8.10
CLOB-1	茶陵铅锌矿	一	石英	-77.5	5.10	380	-2.55
161208-1S7	茶陵铅锌矿	一	石英	-79.8	5.60	380	-2.05
CLOB-2	茶陵铅锌矿	二	石英	-65.3	1.90	280	-8.60
XGOB-1	星高萤石矿	一	萤石	-63.8	-4.10	190	-4.10
XGOB-2	星高萤石矿	一	萤石	-59.6	-4.30	190	-4.30
1601121-8S2	光明萤石矿	二	萤石	-62.5	-3.90	190	-3.90

注：石英中的流体包裹体的$\delta^{18}O_{H_2O}$值使用矿-水系统的氧同位素分馏方程式($1000\ln\alpha_{Qtz-H_2O}=3.38\times10^6/T^2-3.40$)计算(Clayton et al., 1972)，T是石英中流体包裹体的峰值温度；数据[1]来自蔡杨，2013。

狗打栏钨锡矿中第一期石英的 $\delta^{18}O_{quartz}$ 值为 11.3‰～12.3‰，平均值为 11.8‰；对应成矿流体的 $\delta^{18}O_{fluid}$ 值为+4.41‰～+5.41‰；δD 值为−72.0‰～−68.6‰。第二期石英的 $\delta^{18}O_{quartz}$ 值为+3.6‰，对应成矿流体的 $\delta^{18}O_{fluid}$ 值为−8.10‰，δD 值为−61.2‰。

茶陵铅锌矿第一期石英的 $\delta^{18}O_{quartz}$ 值为 5.10‰～5.60‰，平均值为 5.40‰；对应的成矿流体的 $\delta^{18}O_{fluid}$ 值为−2.55‰～−2.05‰，平均值为−2.30‰；δD 值为−79.8‰～−77.5‰，平均值为−78.6‰。第二期石英的 $\delta^{18}O_{quartz}$ 值为 1.90‰，对应的成矿流体的 $\delta^{18}O_{fluid}$ 值为−8.60‰，δD 值为−65.3‰。

星高萤石矿床中萤石流体包裹体的 $\delta^{18}O_{fluid}$ 值为−4.30‰～−4.10‰，平均值为−4.20‰，δD 值为−63.8‰～−59.6‰，平均值为−62.0‰。光明萤石矿床中萤石流体包裹体的 $\delta^{18}O_{fluid}$ 值和 δD 值分别为−3.90‰和−62.5‰。

从狗打栏钨锡矿→茶陵铅锌矿→星高萤石矿，$\delta^{18}O_{H_2O}$ 值呈下降趋势，另外从成矿早期到晚期 $\delta^{18}O_{H_2O}$ 值也呈下降趋势。

5.7　硫同位素组成及空间分布

锡田矿田垄上钨锡矿辉钼矿 $\delta^{34}S$ 为+3.33‰，黄铁矿 $\delta^{34}S$ 为 1.8‰～+4.25‰，闪锌矿 $\delta^{34}S$ 为−1.3‰～+4.66‰，磁黄铁矿 $\delta^{34}S$ 为−0.2‰～+1.31‰，均分布在零值附近(邓相伟，2013)；湘东钨矿毒砂 $\delta^{34}S$ 为−0.9‰～+0.61‰，黄铜矿 $\delta^{34}S$ 为−2‰～+0.03‰，辉钼矿 $\delta^{34}S$ 为−0.76‰～+0.07‰，黄铁矿 $\delta^{34}S$ 为−0.49‰(蔡杨，2013；熊伊曲，2017)，也主要在零值附近，指示成矿物质主要为岩浆来源。本次研究主要针对锡田矿田南部的狗打栏钨锡矿、茶陵铅锌矿与光明萤石矿进行硫化物硫同位素分析。

表 5-4 显示了锡田矿田南部各矿床中硫化物的原位硫同位素分析结果。

表 5-4　锡田矿田中硫化物 S 同位素组成

矿床	样品	$^{34}S/^{32}S$	误差	^{34}S	测试条件	$^{32}S(V)$	矿物
湘东钨矿	10−6	—	—	−0.9	—	—	毒砂[1]
湘东钨矿	XD11−25	—	—	−1.19	—	—	黄铜矿[2]
湘东钨矿	XD11−26	—	—	−1.36	—	—	黄铜矿[2]
湘东钨矿	XD11−39	—	—	0.03	—	—	黄铜矿[2]

续表5-4

矿床	样品	$^{34}S/^{32}S$	误差	^{34}S	测试条件	$^{32}S(V)$	矿物
湘东钨矿	XD11-45	—	—	-0.78	—	—	黄铜矿[2]
湘东钨矿	XD11-48	—	—	-0.99	—	—	黄铜矿[2]
湘东钨矿	XD11-50	—	—	-0.79	—	—	黄铜矿[2]
湘东钨矿	XD11-52	—	—	-1.31	—	—	黄铜矿[2]
湘东钨矿	XD11-65	—	—	-0.74	—	—	黄铜矿[2]
湘东钨矿	XD11-29	—	—	-0.49	—	—	黄铁矿[2]
湘东钨矿	XD11-29	—	—	-0.76	—	—	辉钼矿[2]
湘东钨矿	XD11-31	—	—	-0.73	—	—	辉钼矿[2]
湘东钨矿	XD11-41	—	—	-0.76	—	—	辉钼矿[2]
湘东钨矿	XD11-63	—	—	-0.72	—	—	辉钼矿[2]
湘东钨矿	XD11-64	—	—	-0.59	—	—	辉钼矿[2]
湘东钨矿	XD11-88	—	—	-0.14	—	—	辉钼矿[2]
湘东钨矿	XD11-89	—	—	0.07	—	—	辉钼矿[2]
湘东钨矿	XD11-21	—	—	0.61	—	—	毒砂[2]
湘东钨矿	DBX-13-89-1C	—	—	-1.5	—	—	毒砂[2]
湘东钨矿	DBX-13-89-1D	—	—	-1.8	—	—	毒砂[2]
湘东钨矿	DBX-13-89-1-6	—	—	-0.9	—	—	毒砂[2]
湘东钨矿	DBX-13-89-1-8	—	—	-1.1	—	—	毒砂[2]
湘东钨矿	DBX-13-89-1-9	—	—	-1.6	—	—	毒砂[2]
湘东钨矿	DBX-13-3W-7b	—	—	-1.4	—	—	毒砂[2]
湘东钨矿	DBX-15-89-5	—	—	-1	—	—	毒砂[2]
湘东钨矿	DBX-15-89-6	—	—	-1.3	—	—	毒砂[2]
湘东钨矿	DBX-16-89-1d	—	—	-1.5	—	—	毒砂[2]
湘东钨矿	DBX-16-89-4b	—	—	-1.4	—	—	毒砂[2]
湘东钨矿	DBX-13-5-6	—	—	-0.6	—	—	黄铜矿[2]
湘东钨矿	DBX-13-5-5	—	—	-2	—	—	黄铜矿[2]
湘东钨矿	DBX-14-5-2b	—	—	-1.6	—	—	黄铜矿[2]

续表5-4

矿床	样品	$^{34}S/^{32}S$	误差	^{34}S	测试条件	$^{32}S(V)$	矿物
湘东钨矿	DBX-15-89-5	—	—	-1	—	—	毒砂[2]
标样 WS-1		0.0492778	0.000004		100%T, 8 Hz, 33 μm	7.7	
狗打栏钨锡矿	GDLOB-1-01	0.04924434	0.000003	0.8		11.1	黄铁矿
狗打栏钨锡矿	GDLOB-1-01	0.0492556	0.000003	0.9		11.1	黄铁矿
狗打栏钨锡矿	GDLOB-1-02	0.04925546	0.000004	0.9		8.8	黄铁矿
狗打栏钨锡矿	GDLOB-1-03	0.04916376	0.000003	0		9.6	黄铁矿
茶陵铅锌矿	161208-1S7-01	0.04923887	0.000004	0.7		7.4	方铅矿
茶陵铅锌矿	161208-1S7-02	0.0492367	0.000004	0.6		5.6	方铅矿
茶陵铅锌矿	161208-1S7-03	0.04924165	0.000004	0.7		5.3	方铅矿
茶陵铅锌矿	161208-1S7-04	0.04931398	0.000003	2.2		6.6	闪锌矿
茶陵铅锌矿	161208-1S7-05	0.04930484	0.000004	2.0		6.5	闪锌矿
茶陵铅锌矿	161208-1S7-06	0.04929604	0.000003	1.8		6.6	闪锌矿
光明萤石矿	1601121-8S2-01	0.04882809	0.000004	-7.7		15.1	黄铁矿
光明萤石矿	1601121-8S2-02	0.04879847	0.000005	-8.3		12.8	黄铁矿
光明萤石矿	1601121-8S2-03	0.04881748	0.000003	-7.9		12.8	黄铁矿
光明萤石矿	1601121-8S2-04	0.0488044	0.000003	-8.2		13.1	黄铁矿

注：数据[1]来自熊伊曲，2017；数据[2]来自蔡杨，2013。

狗打栏钨锡矿床第一期矿石中与黑钨矿共生的黄铁矿 $\delta^{34}S$ 值为 0~0.9‰，平均值为 0.65‰。茶陵铅锌矿第一期矿石中方铅矿的 $\delta^{34}S$ 值为 0.6‰~0.7‰，平均值为 0.66‰；闪锌矿的 $\delta^{34}S$ 值为 1.8‰~2.2‰，平均值为 2.0‰。光明萤石矿床中与无色萤石和石英共生的黄铁矿 $\delta^{34}S$ 值为-8.3‰~-7.7‰，平均值为-8.0‰(表 5-4，图 5-20)。

狗打栏钨锡矿与茶陵铅锌矿的硫化物的 $\delta^{34}S$ 值均较集中且在零值附近变化，表明硫源单一，成矿流体的硫来自深部岩浆($\delta^{34}S=0\pm3‰$。Chaussidon 和 Lorand，1990)，钨锡阶段的硫同位素组成与南岭成矿带典型的岩浆期后热液钨矿床中的硫同位素组成相似，例如瑶岗仙(李顺庭等，2011)、淘锡坑(宋生琼等，2011)、盘古山(方贵聪等，2014)[图 5-20(a)]。光明萤石矿床中与石英和萤石共生的黄铁矿的$\delta^{34}S$值为-8.3‰~-7.7‰，平均值为-8.0‰，说明成矿物质可能有地层硫的加入(图5-20)。

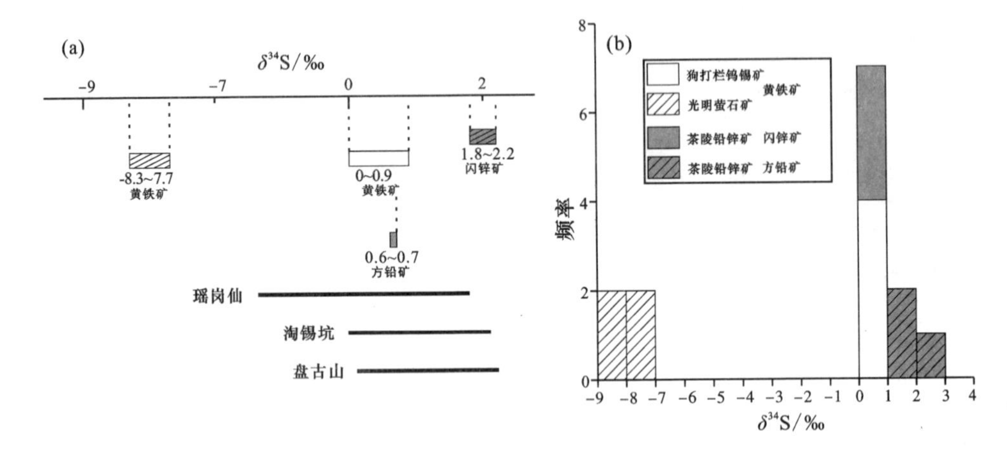

注：(a)硫同位素区间分布图；(b)硫同位素的频率直方图。瑶岗仙数据来自李顺庭等，2011；淘锡坑数据来自宋生琼等，2011；盘古山数据来自方贵聪等，2014。

图5-20　锡田矿田矿床硫化物的硫同位素组成

5.8　矿床中的锆石U-Pb年龄及地球化学特征

5.8.1　锆石的CL特征

选取湘东钨矿、狗打栏钨锡矿和茶陵铅锌矿中主成矿阶段(第一期)含矿石英脉中锆石作为主要研究对象(星高萤石矿石英脉中未分离出锆石)，进行CL图像观察，结果显示不同矿床的锆石在CL图像中显示出不同的特征(图5-21)。湘东钨矿矿脉中的锆石为棱形、不规则长条状或者浑圆状[图5-21(a)]，颗粒通常较小(粒径大多数为40~80 μm，长宽比为1∶1~4∶1)，并且表现出从亮到暗的CL图像，部分颗粒具有振荡环带。狗打栏矿的锆石有类似特点，锆石为棱形、不规则长条形或圆形[图5-21(b)]，粒径稍大于湘东钨矿(60~120 μm，长宽比为1∶1~3∶1)，也有从亮到暗变化的CL图像，部分颗粒具有振荡环带或不规则分区。茶陵铅锌矿矿脉中锆石呈不规则长条状或浑圆状，粒径只有30~80 μm，长宽比为1∶1~2∶1，有些颗粒显示明显的振荡分带[图5-21(c)]。

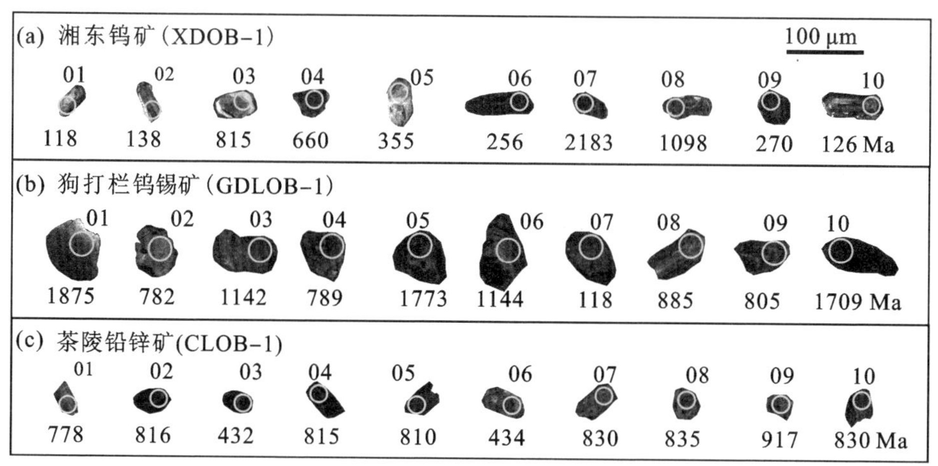

图 5-21　锡田矿田矿脉中锆石的 CL 图像

5.8.2　锆石的 U-Pb 年龄

锆石 U-Pb 年龄数据见附表 7，获得的 79 个^{206}Pb/^{238}U 年龄值的谐和度高于 90%，年龄值主要集中在前泥盆纪(>400 Ma，n=68)，个别年龄值分布在三叠纪，其他少量年龄值为零散状分布，也不在这两个年龄段中。

钨锡矿带中湘东钨矿床与狗打栏钨锡矿含矿石英脉中锆石的年龄较老，且具有较大的变化范围，分别分布于 2200~220 Ma 与 2423~432 Ma[图 5-22(a)，(b)]。铅锌矿带中茶陵铅锌矿矿脉中锆石的 U-Pb 年龄在 2028~432 Ma 变化[图 5-22(c)]。

5.8.3　锆石中稀土元素分布

矿脉中锆石稀土元素含量的 LA-ICP-MS 分析结果列于附表 8。钨锡矿带中湘东钨矿与狗打栏钨锡矿脉中大多数锆石的 LREE 含量较低(<100×10^{-6}，LREE/HREE<0.1)，有强烈的 Ce 正异常和 Eu 负异常，其 Ce/Ce* 为 10~400，Eu/Eu* 为 0.03~0.75[图 5-23(a)，(b)]；但少量茶陵铅锌矿锆石 LREE 含量相对较高，Ce 异常较弱[图 5-23(c)]。

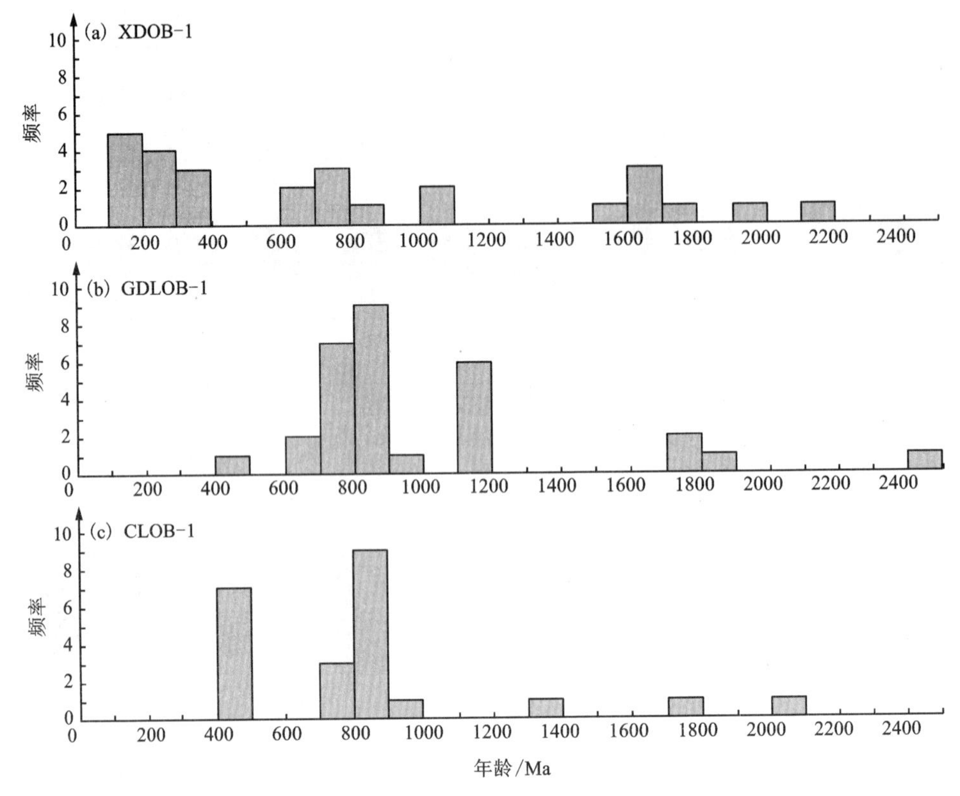

图 5-22　锡田矿田矿脉中锆石的 U-Pb 年龄直方图

5.9　白云母 $^{40}Ar-^{39}Ar$ 年代学

5.9.1　样品采集及测试流程

本次用于白云母 $^{40}Ar-^{39}Ar$ 同位素定年分析的样品 1401-3-1 采集于合江口铜矿 228 中段含矿石英脉壁的白云母[图 5-24(a)]，1401-5-3 采集于荷树下钨矿的含矿石英脉中的白云母[图 5-24(b)]。

样品的单矿物分选工作由廊坊诚信地质服务公司完成。而后将粗挑的白云母样品放在双目镜下进行人工挑选，使纯度达到99%以上。将待测样品同标准样品 ZBH-25(王松山，1983)分别用铝箔和铜箔包装呈小圆饼形，密封于小铝管内，而后将样品送至中国原子能科学研究院 49-2 游泳池式反应堆中照射 50 h。样品 $^{40}Ar-^{39}Ar$ 激光阶段加热定年在中国地质大学(武汉)构造与油气资源教育部重

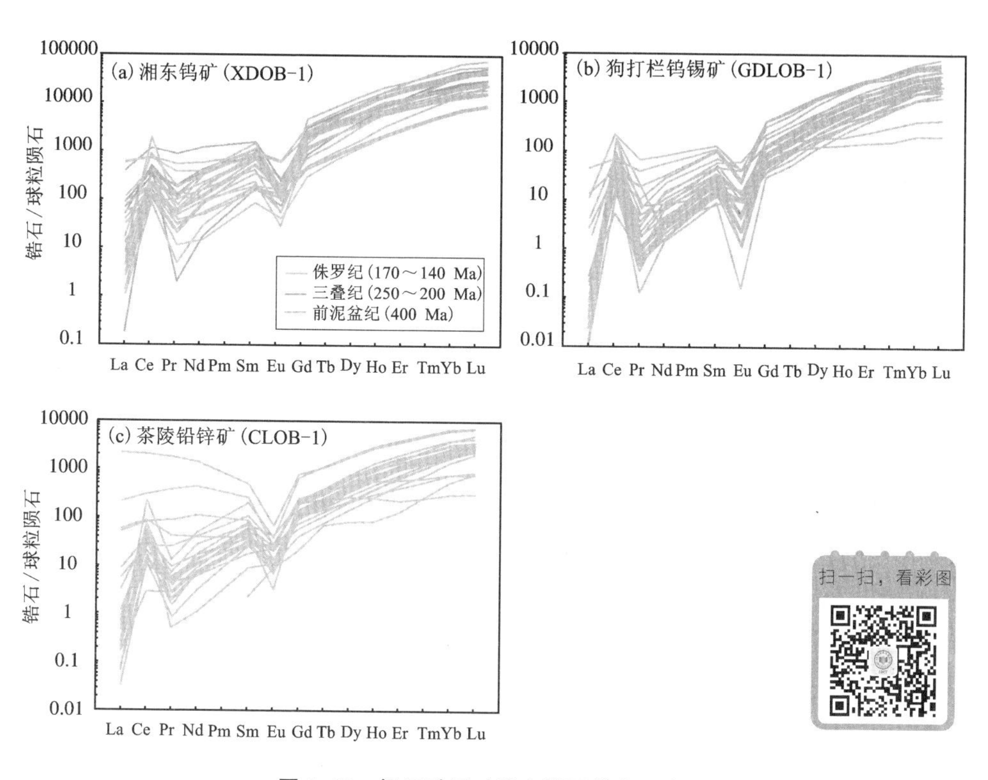

图5-23　锡田矿田矿脉中锆石稀土配分图

图5-24　用于白云母Ar-Ar同位素定年的样品

点实验室完成。测试仪器为美国 Thermo Scientific 公司生产的 Argus VI 质谱仪，激光器为 Coherent 50W CO_2激光，光斑直径为 2.5 mm。激光加热时间为每个阶段 60 s，气体纯化时间为 400 s，纯化剂为 2 个 Zr-Al 纯化泵，具体分析流程见邱华宁等的研究(2015)。标样用激光全熔进行质谱 Ar 同位素组成分析，得到 J 值，然后根据 J 值变化曲线的函数关系和样品的位置计算出每个样品的 J 值。干扰同位素的校正因子为 $(^{39}Ar/^{37}Ar)_{Ca} = 8.984\times10^{-4}$，$(^{36}Ar/^{37}Ar)_{Ca} = 2.673\times10^{-4}$，$(^{40}Ar/^{39}Ar)_{K} = 5.97\times10^{-3}$。数据的处理以及坪年龄图的绘制由专业软件 ArArCALC ver. 2.52 完成(Koppers，2002)。

5.9.2 分析结果

样品 1401-3-1 激光阶段加热进行了 13 个阶段(见表 5-5)，其中 6~12 阶段获得了平坦的年龄谱，对应坪年龄为(156.6±0.7) Ma[MSWD=0.51。图 5-25(a)]，其^{39}Ar 的释放量为 60%。在$^{39}Ar/^{36}Ar-^{40}Ar/^{36}Ar$ 等时线图上，对应的数据点构成了反等时线年龄(156.0±0.7) Ma[MSWD=0.50。图 5-25(b)]，与坪年龄在误差范围内一致。$^{40}Ar/^{36}Ar$ 的初始值为 369.4，明显大于大气氩的值(295.5)，表明存在过剩氩，过剩的氩可能为矿物结晶时从介质中捕获的，它可以导致矿物视年龄偏高。

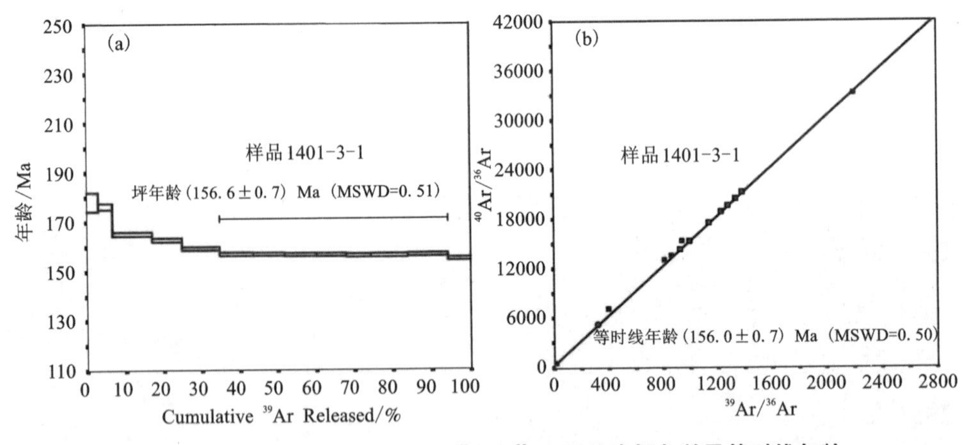

图 5-25 样品 1401-3-1 白云母$^{40}Ar-^{39}Ar$ 同位素坪年龄及等时线年龄

样品 1401-5-3 激光阶段加热进行了 17 个阶段(见表 5-6)，其中 4~16 阶段获得了平坦的年龄谱，对应坪年龄为(156.06±0.6) Ma[MSWD=0.39。图 5-26(a)]，其^{39}Ar 的释放量为 97%。在$^{39}Ar/^{36}Ar-^{40}Ar/^{36}Ar$ 等时线图上，对应的数据点构成了反等时线年龄(149.5±0.8) Ma[MSWD=0.17。图 5-26(b)]，与坪年龄在误差范围内一致。$^{40}Ar/^{36}Ar$ 的初始值为 322.3，稍大于大气氩的值(295.5)，在误差范围内，因此此样品年龄可靠。

表 5-5　锡田矿区合江口铜矿白云母激光阶段升温 $^{40}Ar-^{39}Ar$ 同位素数据表

阶段	激光强度/%	$^{36}Ar_{Air}$	$^{37}Ar_{Ca}$	$^{38}Ar_{Cl}$	$^{39}Ar_K$	$^{40}Ar^*$	Age	±2σ	$^{40}Ar^*$/%	$^{39}Ar_K$/%	K/Ca	±2σ
样品 1401-3-1，J=0.00597658												
1	3.0	8.352237	0.455045	0	113.4174	1964.729	178.15	±3.85	44.32	2.97	96	±114
2	3.5	0.353951	0.068200	0	140.3255	2405.689	176.39	±1.27	95.82	3.67	796	±4843
3	4.0	0.417355	1.220178	0	391.9233	6271.402	165.16	±0.82	98.06	10.26	124	±39
4	4.5	0.373381	2.809730	0	301.6886	4752.649	162.71	±0.81	97.72	7.89	42	±6
5	5.0	0.442124	2.334220	0	380.7179	5864.459	159.25	±0.70	97.81	9.96	63	±13
6	5.5	0.363324	2.113471	0	335.4711	5089.276	156.94	±0.68	97.92	8.78	61	±11
7	6.0	0.279337	0.712120	0	317.3702	4812.307	156.87	±0.66	98.30	8.30	172	±117
8	6.6	0.257147	0.753279	0	315.0922	4772.848	156.72	±0.66	98.42	8.24	162	±91
9	7.2	0.214422	0.483887	0	296.6023	4488.735	156.58	±0.65	98.59	7.76	237	±165
10	8.0	0.186587	0.186982	0	248.6592	3756.227	156.30	±0.69	98.54	6.51	515	±1070
11	9.0	0.364393	1.739365	0	362.0685	5471.214	156.35	±0.69	98.06	9.47	81	±18
12	10.0	0.309666	1.300001	0	395.4027	5985.141	156.61	±0.65	98.48	10.35	118	±42
13	12.0	0.101247	0.000000	0	222.9344	3334.773	154.84	±0.65	99.10	5.83	1688	±43766

表 5-6　锡田矿区荷树下钨矿白云母激光阶段升温 $^{40}Ar-^{39}Ar$ 同位素数据表

阶段	激光强度/%	$^{36}Ar_{Air}$	$^{37}Ar_{Ca}$	$^{38}Ar_{Cl}$	$^{39}Ar_{K}$	$^{40}Ar^{*}$	Age	±2σ	$^{40}Ar^{*}$/%	$^{39}Ar_{K}$/%	K/Ca	±2σ
样品 1401-5-3，J=0. 00601125												
1	3. 5	0. 805392	1. 24328	0. 0244828	70. 293	983. 31	146. 01	±0. 90	80. 50	0. 33	21. 9	±5. 5
2	4. 0	1. 126541	2. 75436	0. 0916141	226. 388	3115. 69	143. 74	±0. 68	90. 33	1. 05	31. 8	±2. 8
3	4. 5	0. 932214	3. 54879	0. 0801365	305. 397	4303. 38	147. 03	±0. 62	93. 97	1. 41	33. 3	±2. 4
4	5. 0	0. 729517	4. 09692	0. 0427813	266. 075	3831. 62	150. 13	±0. 71	94. 66	1. 23	25. 1	±2. 4
5	5. 5	0. 866444	4. 22810	0. 0469309	346. 414	4986. 62	150. 07	±0. 63	95. 10	1. 60	31. 7	±2. 0
6	6. 0	0. 791340	1. 92265	0	355. 298	5119. 39	150. 21	±0. 61	95. 62	1. 64	71. 5	±13. 6
7	6. 6	0. 749541	3. 09221	0. 0191758	418. 406	6025. 35	150. 13	±0. 60	96. 44	1. 94	52. 4	±5. 5
8	7. 2	1. 087820	3. 69424	0	483. 226	6958. 74	150. 13	±0. 60	95. 57	2. 24	50. 6	±6. 0
9	8. 0	1. 477193	4. 62408	0. 0629329	599. 808	8630. 43	150. 01	±0. 70	95. 17	2. 78	50. 2	±5. 2
10	9. 0	2. 034087	9. 33838	0. 0835925	1200. 907	17249. 80	149. 76	±0. 62	96. 62	5. 56	49. 8	±2. 5
11	10. 0	2. 228974	13. 34350	0. 3811791	1471. 320	21164. 56	149. 97	±0. 62	96. 97	6. 81	42. 7	±2. 2
12	12. 0	2. 994688	11. 46637	0. 4170220	2116. 678	30449. 44	149. 98	±0. 62	97. 16	9. 79	71. 4	±4. 3
13	15. 0	2. 917203	14. 40500	0. 4643653	2332. 692	33549. 73	149. 95	±0. 59	97. 48	10. 79	62. 7	±3. 1
14	18. 0	3. 513590	32. 99599	0. 8970278	3544. 872	50852. 81	149. 58	±0. 65	97. 98	16. 40	41. 6	±2. 1
15	21. 0	3. 396023	51. 91925	1. 2386831	3702. 481	53202. 34	149. 82	±0. 64	98. 13	17. 13	27. 6	±0. 7
16	25. 0	2. 935180	21. 59519	1. 2257019	4107. 682	58955. 43	149. 65	±0. 64	98. 53	19. 01	73. 6	±3. 4
17	30. 0	0. 330773	4. 18540	0. 0804839	63. 155	871. 98	144. 18	±2. 88	89. 91	0. 29	5. 8	±0. 3

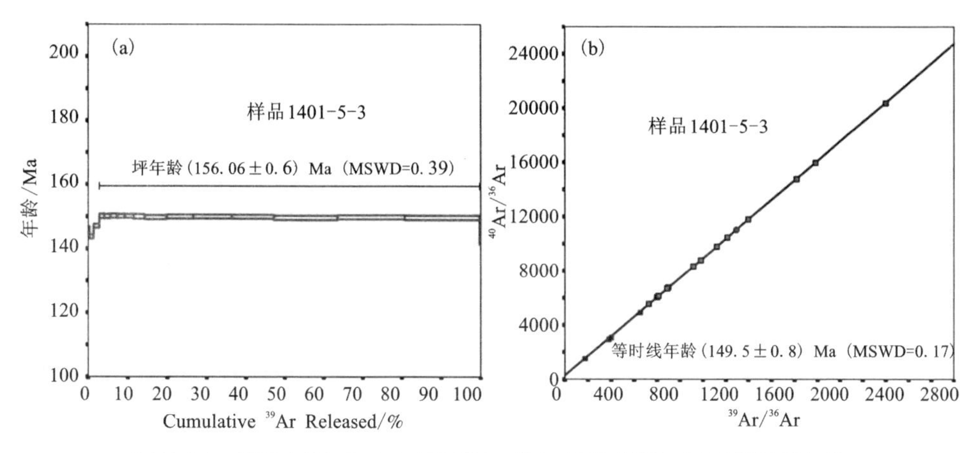

图 5-26 样品 1401-5-3 白云母 ^{40}Ar-^{39}Ar 同位素坪年龄及等时线年龄

5.10 黑钨矿 Sr-Nd-Pb 同位素

本次研究选取垄上钨锡多金属矿床和荷树下钨矿的黑钨矿样品各 1 件进行了 Sr-Nd-Pb 同位素分析。

Sr-Nd-Pb 同位素分析结果及相关参数见表 5-7。

表 5-7 锡田黑钨矿 Sr-Nd-Pb 同位素组成及相关参数

样号	LB2-1	15-11S8
Rb/(μg·g^{-1})	88.67	31.56
Sr/(μg·g^{-1})	107.9	15.69
^{87}Rb/^{86}Sr	2.382	5.831
^{87}Sr/^{86}Sr	0.723412	0.725421
±2σ (mean)	0.000013	0.000011
(^{87}Sr/^{86}Sr)$_i$	0.71827	0.71282
Sm/(μg·g^{-1})	6.858	2.909
Nd/(μg·g^{-1})	25.29	11.82
^{147}Sm/^{144}Nd	0.1640	0.1487
^{143}Nd/^{144}Nd	0.511998	0.512303

续表5-7

样号	LB2-1	15-11S8
±2σ (mean)	0.000013	0.000014
$(^{143}Nd/^{144}Nd)_i$	0.511835	0.512155
$\varepsilon_{Nd}(t)$	-11.9	-5.6
T_{2DM}/Ma	1905	1399
$^{206}Pb/^{204}Pb$	18.5249	18.5692
±2σ (mean)	0.0008	0.0007
$^{207}Pb/^{204}Pb$	15.7843	15.8772
±2σ (mean)	0.0006	0.0006
$^{208}Pb/^{204}Pb$	39.1060	39.4155
±2σ (mean)	0.0015	0.0016
μ	9.81	9.99
ω	40.40	42.38
Th/U	3.99	4.11
V1	80.26	88.86
V2	56.29	57.13
$\Delta\alpha$	79.29	81.87
$\Delta\beta$	30.02	36.08
$\Delta\gamma$	50.49	58.80

分析结果显示两件黑钨矿样品的$^{87}Sr/^{86}Sr$的测定值为0.723412～0.725421，$^{143}Nd/^{144}Nd$分析值为0.511998～0.512303，以本书获得的Ar-Ar年龄150 Ma为参数，对岩石初始$^{87}Sr/^{86}Sr$值、$^{143}Nd/^{144}Nd$值及相关参数进行计算。计算结果显示样品具有较高的初始$^{87}Sr/^{86}Sr$值(0.71282～0.71827)；两样品具有较小的初始$^{143}Nd/^{144}Nd$值(0.511835～0.512155)，负的$\varepsilon_{Nd}(t)$值(-11.9～-5.6)以及不同的Nd模式年龄(T_{2DM}为1399～1905 Ma)。

两件黑钨矿样品的Pb同位素组成分析结果显示两件样品的现同位素比值为$^{206}Pb/^{204}Pb$ = 18.525 ～ 18.569、$^{207}Pb/^{204}Pb$ = 15.784 ～ 15.877、$^{208}Pb/^{204}Pb$ = 39.106～39.416。同样以本书获得的Ar-Ar年龄150 Ma为参数进行同位素相关参数的计算。计算结果为：样品Th/U值为3.99～4.11，μ值为9.81～9.99，$\Delta\beta$值为30.02～36.08，$\Delta\gamma$值为50.49～58.80。

第 6 章　不同地质体中白钨矿的分布特征

6.1　样品的采集与分析方法

为了探讨钨锡成矿与花岗岩、断层的成因关系以及锡田矿田南北两个成矿区的钨锡、铅锌、萤石成矿的内在联系，本研究对不同成矿带的岩体、NE 向断层与典型矿床矿石中白钨矿开展了阴极发光图像、主量元素、微量元素以及氧同位素特征对比研究，样品的详细信息见表 6-1。

表 6-1　锡田矿田含白钨矿花岗岩、断层岩、矿石样品信息表

样品编号	赋存岩石	矿床	CL	矿物组合	粒径/μm
LSGR-1	似斑状黑云母花岗岩	垄上钨锡矿	灰白到黑色	石英+斜长石+黑云母+白钨矿	200~350
LSOB-1	矽卡岩矿石	垄上钨锡矿	灰白	石榴子石+透辉石+石英	~300
XDGR-1	细粒二云母花岗岩	湘东钨矿	黑色到灰白	石英+长石+黑云母+白云母	200±50
XDOB-1	石英脉矿石	湘东钨矿	灰白到黑灰色	石英+黑钨矿+白钨矿+黄铁矿	100~200
XDOB-2	石英脉矿石	湘东钨矿	灰白到黑灰色	石英+黑钨矿+白钨矿+黄铁矿	50~150
GDLOB-1	石英脉矿石	狗打栏钨锡矿	灰白到黑灰色	石英+黑钨矿+白钨矿+黄铁矿	100~180
5s1	石英脉矿石	星高萤石矿	灰白到黑灰色	石英+萤石	80~150

续表6-1

样品编号	赋存岩石	矿床	CL	矿物组合	粒径/μm
GDLOF-1	断层岩	狗打栏断层	振荡环带	石英+绢云母+白钨矿	150~800
CLOF-1	断层岩	锡湖断层	振荡环带	石英+绢云母+白钨矿	100~300

岩石样品破碎至0.06~0.27 mm，然后用磁法和重液分离技术从样品中分离出白钨矿单矿物颗粒。在紫外线灯的照射下，通过双目显微镜将粒径大于50 μm的白钨矿颗粒镶嵌在环氧树脂中，然后抛光。白钨矿主量元素分析在中南大学有色金属成矿预测重点实验室完成，采用电子探针(EPMA-1720/1720H)分析，分析条件为：15 kV 加速电压，10 nA 电子束电流和5 μm 电子束直径(斑束尺寸)。采用天然白钨矿矿物作为标准参考物质，采用ZAF的校准方法，每种元素的检出限列于附表9。

在中国武汉的武汉上谱分析科技有限责任公司进行了白钨矿的阴极发光实验和LA-ICP-MS微量元素分析。详细的操作条件和数据处理方法据Zong et al.，2007。使用GeolasPro激光剥蚀系统，包括COMPexPro 102 ArF准分子激光(波长为193 nm，最大能量为200 MJ)和MicroLas光学系统进行激光剥蚀。激光烧蚀系统采用“线”信号平滑装置(Hu et al.，2015)。激光的光斑大小和频率设置为32 μm和5 Hz，微量元素组分采用BHVO-2G、BCR-2G和BIR-1G标样校准(Liu et al.，2008)。每次分析包含20~30 s的背景采集和50 s的数据采集。用软件程序(ICPMSDataCal)进行背景和分析信号处理，对微量元素含量进行时间漂移校正和定量校准(见Liu et al.，2008)。

6.2 矿床中白钨矿的主要特征

6.2.1 白钨矿的分布

在湘东钨矿、垄上钨锡矿、狗打栏钨锡矿与星高萤石矿的矿石样品中观察到了白钨矿及其他矿物。

垄上钨锡矿床中矽卡岩矿脉主要分布在印支期似斑状黑云母花岗岩与泥盆系接触带[图6-1(a)]，白钨矿分布在石英、石榴子石和透辉石颗粒之间[图6-1(a)，(b)]，呈粒状，半自形晶。湘东钨矿石英脉矿石中白钨矿[图6-1(c)]与黑钨矿、石英共生；狗打栏钨锡矿石英脉矿石中白钨矿与黑钨矿、少量的黄铜矿、黄铁矿等硫化物共生[图 6-1(d)]。

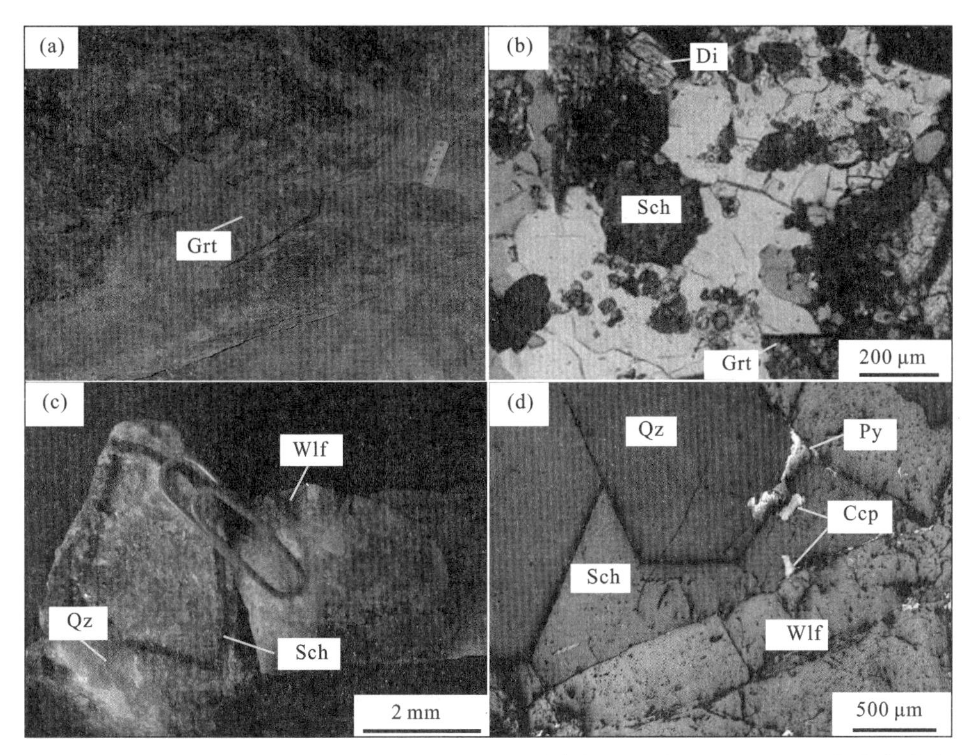

(a)垄上钨锡矿中层状石榴子石矽卡岩；(b)垄上钨锡矿中矽卡岩的石英+石榴石+透辉石+白钨矿矿物组合；(c)湘东钨矿床中石英脉矿石中的白钨矿；(d)狗打栏钨锡矿石英脉的石英+白钨矿+黄铜矿+黄铁矿+黑钨矿矿物组合。Sch—白钨矿；Wlf—黑钨矿；Py—黄铁矿；Ccp—黄铜矿；Qz—石英；Grt—石榴子石；Di—透辉石。

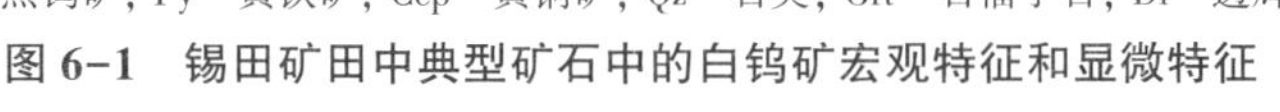

图 6-1　锡田矿田中典型矿石中的白钨矿宏观特征和显微特征

6.2.2　白钨矿的 CL 图像特征

垄上钨锡矿矽卡岩型矿石中白钨矿粒径主要为 300 μm，CL 颜色主要为深灰色与灰白色，呈现均一的 CL 图像，少数存在弱的分区环带，个别颗粒被晚期白钨矿细脉穿切[图 6-2(a)]。

湘东钨矿石英脉矿石中白钨矿粒径主要为 50~200 μm，CL 颜色主要为深灰色[图 6-2(b)]，CL 图像均一。

狗打栏钨锡矿石英脉矿石中白钨矿粒径主要为 100~200 μm，CL 颜色也主要为深灰色[图 6-2(c)]，CL 图像也较均一。

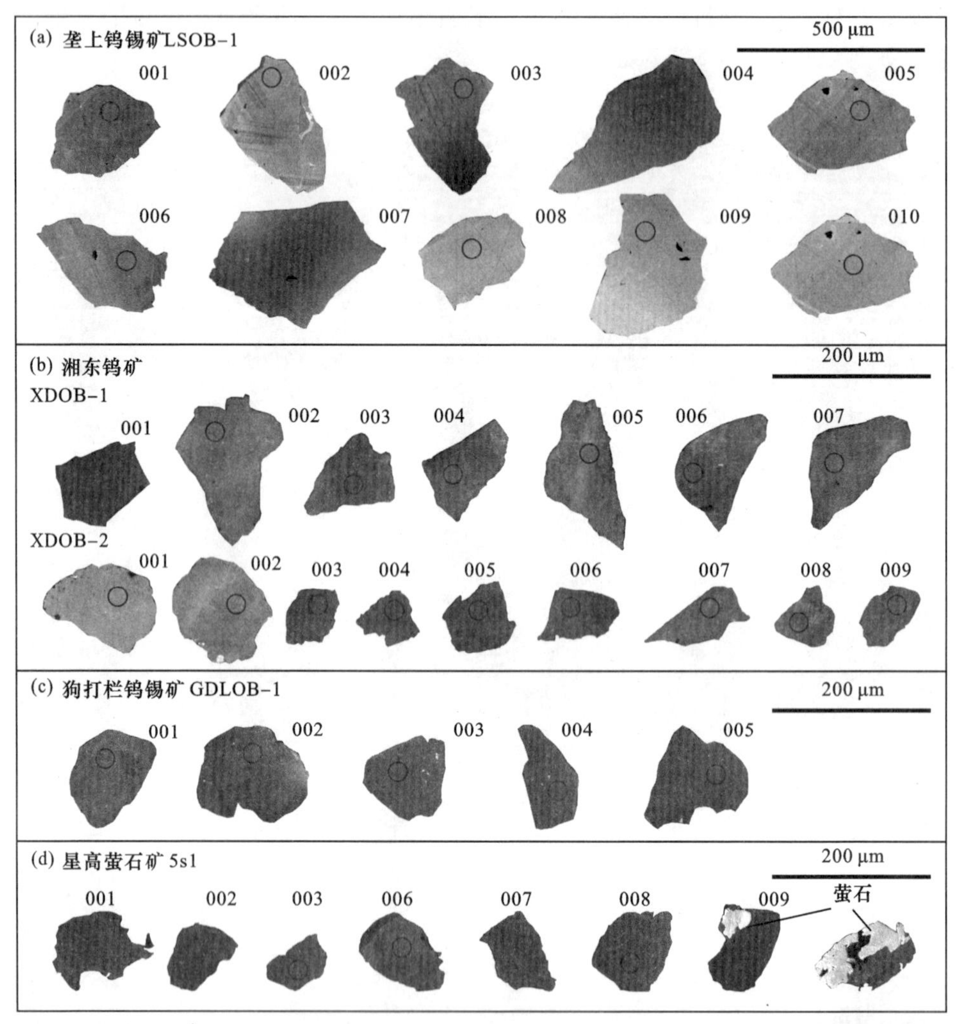

图 6-2　矿石中白钨矿的 CL 图像

星高萤石矿石英脉矿石中白钨矿粒径主要为 80～150 μm，CL 颜色主要为深灰色，少数萤石 CL 颜色为亮白色[图 6-2(d)]，CL 图像均一。

6.2.3　白钨矿主量元素分布

印支期矽卡岩矿石中白钨矿的主量元素含量见表 6-2，WO_3 含量为 81.16%～83.52%，CaO 含量为 16.98%～17.21%，Na_2O 含量较少(平均值为 0.02%)，MoO_3 含量为 0.02%～1.78%。

表 6-2　矿床中白钨矿主量元素组成

矿床	垄上钨锡矿（$n=4$）				湘东钨矿（$n=10$）			
样品编号	LSOB-1				XDOB-1，XDOB-2			
元素	Max	Min	Mean	SD	Max	Min	Mean	SD
Na_2O	0. 02	—	0. 01	0. 01	0. 29	—	0. 07	0. 10
WO_3	83. 52	81. 16	82. 1	0. 97	85. 42	81. 2	83. 78	1. 43
MoO_3	1. 78	0. 02	1. 21	0. 71	0. 14	—	0. 03	0. 04
PbO_2	—	—	—	—	0. 16	—	0. 03	0. 05
CaO	17. 21	16. 98	17. 12	0. 09	17. 35	16. 67	16. 99	0. 21

注：SD 为标准偏差；“—”为低于检测限；元素含量单位为%。

燕山期石英脉钨锡矿石中白钨矿的 WO_3 含量为 81. 20%～85. 42%，CaO 含量为 16. 67%～17. 35%，MoO_3 含量≤0. 14%，Na_2O 含量平均值为 0. 29%。

印支期矽卡岩矿石与燕山期石英脉钨锡矿石中白钨矿的 BSE 图像均为均一的[图 6-3(a)，(b)]。电子探针(EPMA)面分析显示，印支期矽卡岩钨锡矿石和燕山期石英脉钨锡矿石中白钨矿的主量元素 WO_3[图 6-3(c)，(g)]与 CaO[图 6-3(d)，(h)]分布均匀，MoO_3 也均匀分布[图 6-3(e)，(i)]，但 Na_2O 仅在局部区域存在[图 6-3(f)，(j)]。

6. 2. 4　白钨矿中微量元素分布

白钨矿的微量元素分析结果见表 6-3，详细分析数据见附表 10。

表 6-3　锡田矿田中白钨矿稀土元素特征

矿床	垄上钨锡矿（$n=10$）				湘东钨矿（$n=10$）			
样品编号	LSOB-1				XDOB-1，XDOB-2			
元素	Min	Max	Mean	SD	Min	Max	Mean	SD
La	20. 66	53. 14	38. 36	9. 55	2. 13	73. 25	19. 26	18. 76
Ce	83. 42	182. 2	141. 7	27. 60	2. 76	111. 44	23. 24	26. 07
Pr	14. 82	28. 51	23. 97	3. 97	0. 08	7. 12	1. 82	1. 70
Nd	71. 39	138. 5	112. 6	18. 88	0. 17	13. 30	5. 08	4. 05
Sm	9. 88	30. 06	18. 41	6. 39	0. 12	4. 13	0. 70	0. 92

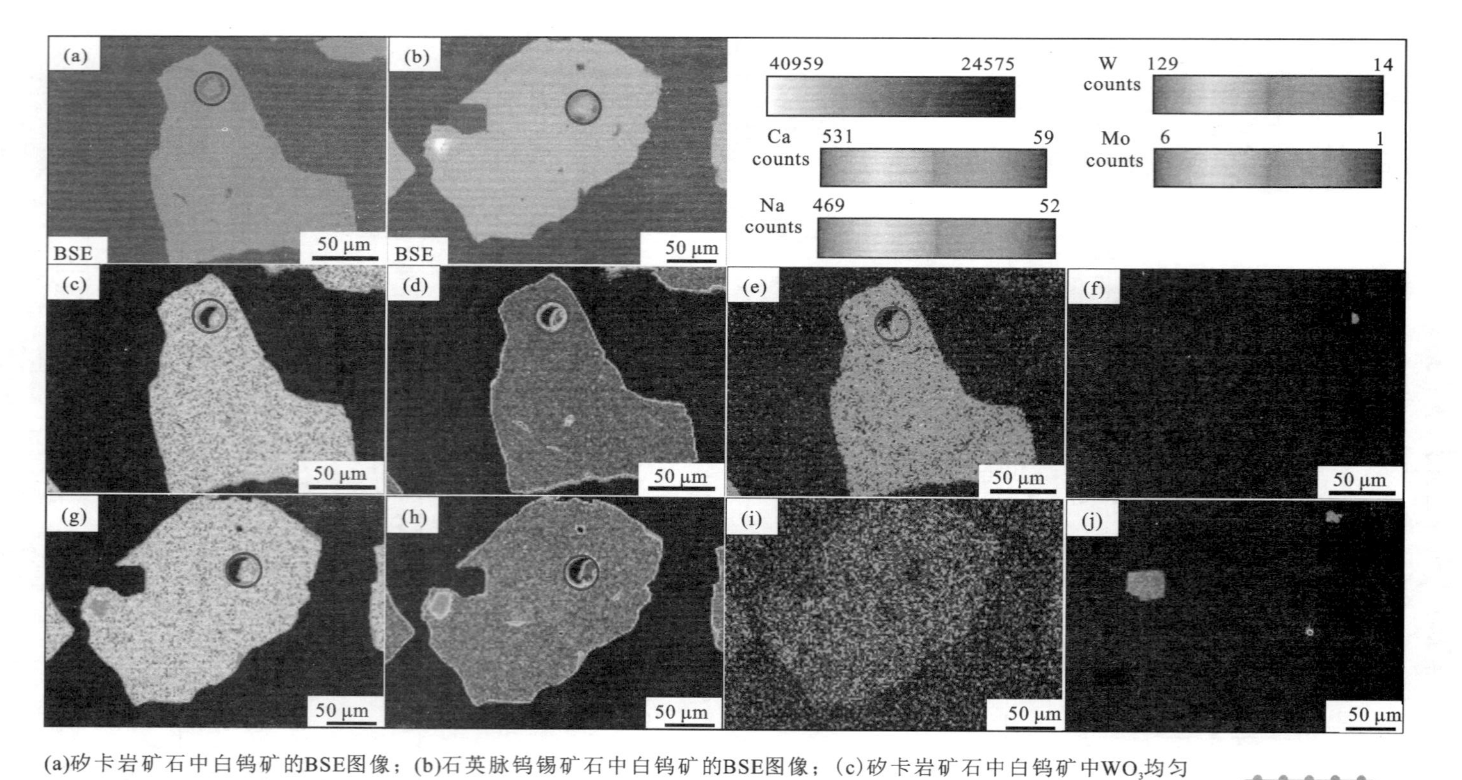

(a)矽卡岩矿石中白钨矿的BSE图像；(b)石英脉钨锡矿石中白钨矿的BSE图像；(c)矽卡岩矿石中白钨矿中WO_3均匀分布；(d)矽卡岩矿石中白钨矿中CaO均匀分布；(e)矽卡岩矿石中白钨矿中MoO_3均匀分布；(f)矽卡岩矿石中白钨矿中局部分布少量的Na_2O；(g)石英脉钨锡矿石中白钨矿中WO_3均匀分布；(h)石英脉钨锡矿石中CaO均匀分布；(i)石英脉钨锡矿石中MoO_3均匀分布；(j)石英脉钨锡矿石中白钨矿中局部分布少量的Na_2O。

图6-3 矿石中白钨矿的BSE图像和EPMA元素图

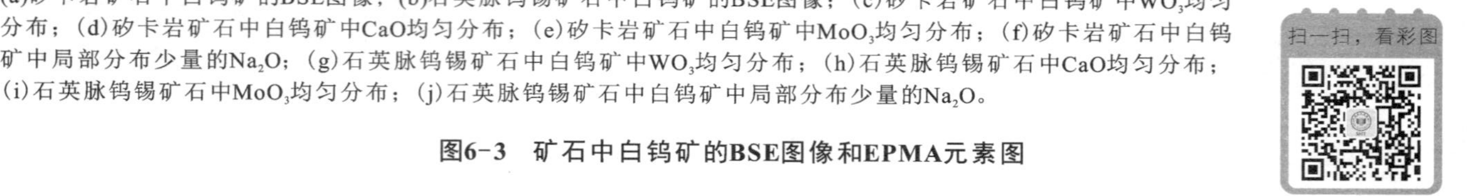

续表 6-3

矿床	垄上钨锡矿（$n=10$）				湘东钨矿（$n=10$）			
样品编号	LSOB-1				XDOB-1，XDOB-2			
元素	Min	Max	Mean	SD	Min	Max	Mean	SD
Eu	0. 61	1. 60	1. 22	0. 34	0. 50	10. 80	3. 89	3. 14
Gd	2. 36	14. 52	6. 67	3. 76	0. 13	4. 74	1. 08	1. 22
Tb	0. 16	1. 10	0. 46	0. 29	0. 01	0. 96	0. 33	0. 37
Dy	0. 62	3. 28	1. 32	0. 86	0. 10	10. 96	3. 43	4. 28
Ho	0. 04	0. 31	0. 12	0. 08	0. 01	3. 27	0. 91	1. 19
Er	0. 02	0. 43	0. 15	0. 12	0. 03	14. 45	4. 01	5. 26
Tm	—	0. 03	0. 01	0. 01	0. 01	3. 58	0. 89	1. 18
Yb	—	0. 09	0. 06	0. 03	0. 11	30. 52	7. 90	9. 96
Lu	—	0. 01	0. 01	0. 00	0. 02	5. 03	1. 34	1. 66
Y	0. 71	7. 17	2. 91	1. 98	1. 09	44. 09	15. 27	16. 50
∑REE	211. 3	403. 3	345. 0	60. 74	11. 72	263. 23	73. 87	65. 86
LREE	204. 3	389. 5	336. 2	58. 49	6. 28	215. 64	53. 98	51. 22
HREE	3. 61	19. 76	8. 77	5. 06	0. 63	70. 41	19. 88	24. 54
LREE/HREE	19. 11	107. 8	49. 30	24. 93	0. 46	61. 88	17. 99	22. 01
$(La/Yb)_N$	364. 0	764. 0	552. 1	250. 0	0. 52	86. 14	14. 88	23. 45
Eu/Eu^*	0. 18	0. 48	0. 30	0. 10	6. 29	47. 62	18. 16	11. 43
Ce/Ce^*	1. 08	1. 18	1. 12	0. 03	0. 16	1. 17	0. 78	0. 26
矿床	狗打栏钨锡矿（$n=7$）				星高萤石矿（$n=7$）			
样品编号	GDLOB-1				5s1			
元素	Min	Max	Mean	SD	Min	Max	Mean	SD
La	1. 51	9. 26	4. 93	3. 38	0. 37	4. 12	2. 19	1. 38
Ce	1. 19	12. 46	6. 87	5. 40	0. 14	1. 37	0. 77	0. 45
Pr	0. 13	1. 03	0. 48	0. 38	0. 02	0. 04	0. 03	0. 01
Nd	0. 31	3. 42	1. 35	1. 22	0. 03	0. 22	0. 13	0. 08
Sm	0. 06	0. 30	0. 15	0. 09	—	0. 11	0. 04	0. 05
Eu	0. 37	2. 96	1. 58	1. 22	0. 15	0. 61	0. 40	0. 15

续表 6-3

矿床	狗打栏钨锡矿(n=7)				星高萤石矿(n=7)			
样品编号	GDLOB-1				5s1			
元素	Min	Max	Mean	SD	Min	Max	Mean	SD
Gd	0.13	0.68	0.33	0.21	0.01	0.13	0.06	0.05
Tb	0.04	0.14	0.08	0.04	—	0.02	0.01	0.01
Dy	0.49	1.16	0.84	0.29	0.01	0.12	0.06	0.05
Ho	0.17	0.40	0.28	0.10	—	0.03	0.02	0.01
Er	0.98	2.27	1.59	0.58	0.02	0.15	0.08	0.05
Tm	0.24	0.86	0.55	0.26	0.01	0.04	0.03	0.01
Yb	2.92	13.45	8.21	4.39	0.41	1.13	0.67	0.24
Lu	0.64	3.25	1.90	1.07	0.09	0.39	0.23	0.10
Y	9.25	26.40	16.69	7.51	0.81	2.76	1.75	0.68
∑REE	9.98	48.13	29.13	17.73	1.89	7.60	4.73	2.18
LREE	4.02	27.45	15.36	11.31	0.95	5.99	3.57	1.92
HREE	5.96	21.78	13.77	6.72	0.61	1.73	1.16	0.34
LREE/HREE	0.61	1.59	0.99	0.41	1.01	5.25	3.01	1.27
$(La/Yb)_N$	0.29	0.52	0.40	0.10	0.65	4.16	2.24	1.10
Eu/Eu^*	8.24	39.33	19.67	11.94	5.05	354.00	95.99	124.19
Ce/Ce^*	0.48	0.98	0.78	0.19	0.23	0.38	0.26	0.05

注：“—”为低于检测限；SD 为标准偏差；元素含量单位为 10^{-6}。

垄上钨锡矿矽卡岩矿石中白钨矿的 Na_2O 和 Nb 平均含量分别为 7.1×10^{-6} 和 1.4×10^{-6}；∑REE+Y 含量变化较大，从 213×10^{-6}~409×10^{-6}，平均含量为 348×10^{-6}。其稀土元素球粒陨石标准化型式显示从 La~Nd 呈递增趋势，但从 Nd~Lu 呈递减趋势；Eu 负异常显著，Eu/Eu^* 为 0.08~0.59，平均值为 0.20；具有弱的 Ce 正异常，Ce/Ce^* 值为 1.01~1.20，平均值为 1.12[图 6-4(a)]。与白钨矿共生的石榴子石 ∑REE+Y 含量变化较大，为 33.9×10^{-6}~97.2×10^{-6}，平均含量为 59.1×10^{-6}。其稀土元素球粒陨石标准化型式显示了显著的重稀土富集，$(La/Yb)_N$ 值为 0~0.3，平均值为 0.07；Eu 负异常显著，Eu/Eu^* 为 0.25~0.48，平均值为 0.35[图 6-4(a)]。

湘东钨矿与狗打栏钨锡矿的石英脉钨锡矿石中白钨矿的 Na_2O 和 Nb 平均含量

分别为 18.2×10^{-6} 和 118.9×10^{-6}；$\sum$REE+Y 含量变化较大，从 18×10^{-6} ~ 307×10^{-6}，平均含量为 79×10^{-6}。其球粒陨石标准化稀土型式特征表现为轻、重稀土的弱富集，中稀土亏损，其分布型式显示为典型的"W"型[图 6-4(b)]；样品的 Eu/Eu* 值高，为 6.3~26，平均 14，具有明显的 Eu 正异常；Ce 弱负异常，Ce/Ce* 为 0.16~1.17，平均值 0.78，Ce 为弱的负异常到弱的正异常。

星高萤石矿中白钨矿的 Na_2O 和 Nb 平均含量分别为 8.72 和 2.82×10^{-6}(附表 10)；稀土元素总含量 $\sum$REE+Y 为 2.88×10^{-6} ~ 10.36×10^{-6}，LREE 为 0.95×10^{-6} ~ 5.87×10^{-6}，显著低于上述两矿床样品的稀土元素值，样品的 HREE 为 0.61×10^{-6} ~ 1.75×10^{-6}，$(La/Yb)_N$ 为 0.65~4.16，LREE/HREE 为 1.01~5.26，轻、重稀土弱富集，中稀土亏损；球粒陨石标准化稀土配分型式显示为典型的"W"型[图 6-4(c)]，发育显著的 Eu 正异常，Eu/Eu* 为 5.05~251.57；弱的 Ce 负异常，Ce/Ce* 为 0.23~0.38。

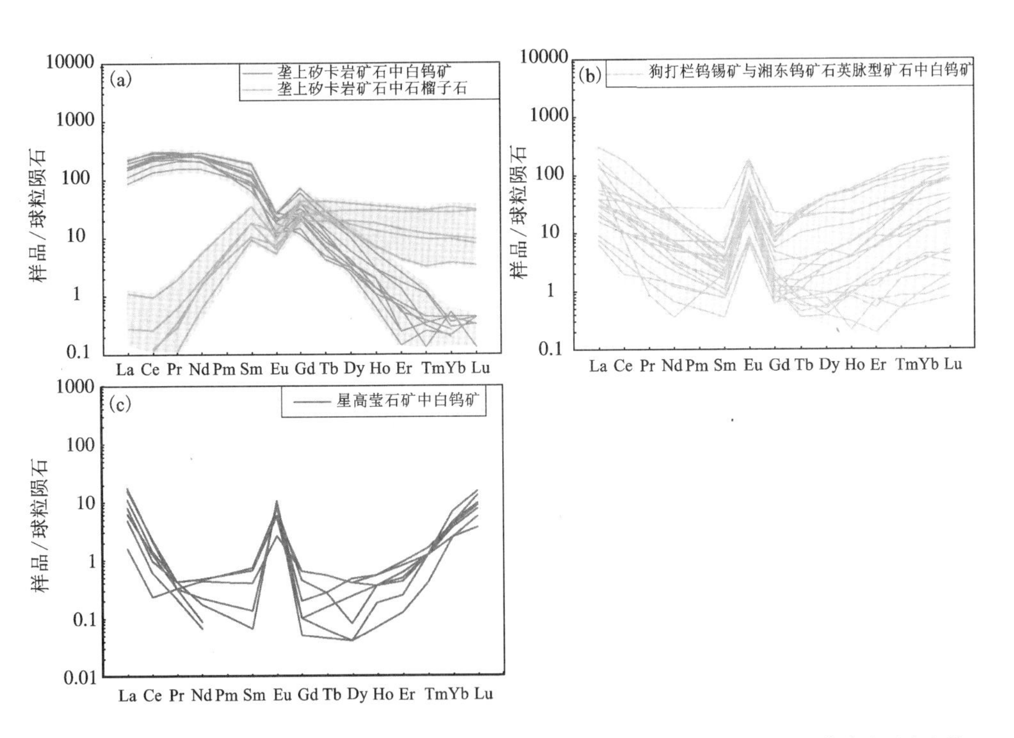

(a)垄上钨锡矿矽卡岩矿石中白钨矿的稀土配分曲线；(b)湘东钨矿与狗打栏钨锡矿石英脉矿石中白钨矿的稀土配分曲线；(c)星高萤石矿中白钨矿的稀土配分曲线。标准化值据 Sun 和 Mc Donough，1989。

图 6-4　锡田矿田矿石中白钨矿与石榴子石的球粒陨石标准化稀土配分曲线

6.2.5 白钨矿的氧同位素分布

白钨矿 $\delta^{18}O_{scheelite}$ 数据见表 6-4。

垄上矽卡岩型钨锡矿石中白钨矿的 $\delta^{18}O_{scheelite}$ 值为+5.9‰~+7.2‰，平均值为+6.4‰；对应成矿流体的 $\delta^{18}O_{fluid}$ 值为+7.68‰~+8.98‰，平均值为+8.18‰。湘东钨矿与狗打栏钨锡矿床中石英脉矿石中白钨矿的 $\delta^{18}O_{scheelite}$ 值为-7.3‰~+1.6‰，平均值为-3.95‰；对应成矿流体的 $\delta^{18}O_{fluid}$ 值为-5.97‰~+2.93‰，平均值为-2.62‰。

表 6-4 锡田矿田矿石中白钨矿氧同位素组成

样品编号	矿床	采样位置	$O_{scheelite}$/‰	温度 T/℃	$\delta^{18}O_{fluid}$/‰
LSOB-1	垄上钨锡矿	288 水平	6.1	310	7.88
LSOB-2	垄上钨锡矿	288 水平	7.2	310	8.98
LSOB-3	垄上钨锡矿	288 水平	5.9	310	7.68
611-1S2	湘东钨矿	南 1 号脉	-6.5	280	-5.17
0402-13s1	湘东钨矿	12 中段 89 号脉	1.6	280	2.93
140720-19s1	狗打栏钨锡矿	狗打栏 525 中段	-3.6	280	-2.27
161119-12s1	狗打栏钨锡矿	狗打栏 525 中段	-7.3	280	-5.97

注：成矿流体的 $\delta^{18}O_{fluid}$ 值使用矿-水系统的氧同位素分馏方程式($1000\ln\alpha = 1.39\times10^6/T^2-5.87$)计算(Wesolowski 和 Ohmoto, 1983)；T 是白钨矿或者与白钨矿共生的石英中流体包裹体的峰值温度。

6.3 印支期与燕山期岩体中白钨矿的组构及元素分布特征

6.3.1 白钨矿的分布

只从垄上印支期似斑状黑云母花岗岩和湘东钨矿燕山期细粒二云母花岗岩中选出白钨矿[图 6-5(a)，(d)]，白钨矿分布在钾长石、斜长石、石英和白云母之间[图 6-5(b)，(c)，(e)，(f)]。

6.3.2 白钨矿的 CL 图像特征

印支期似斑状黑云母花岗岩中白钨矿粒径为 200~350 μm[图 6-6(a)]，燕山期细粒二云母花岗岩中白钨矿粒径为 150~250 μm[图 6-6(b)]；大多数颗粒的 CL 颜色为深灰色与灰白色，并显示均一的 CL 图像(图 6-6)，但少数颗粒发育 CL 环带，如印支期似斑状黑云母花岗岩中的 003、004 和 007 号颗粒[图 6-6(a)]。

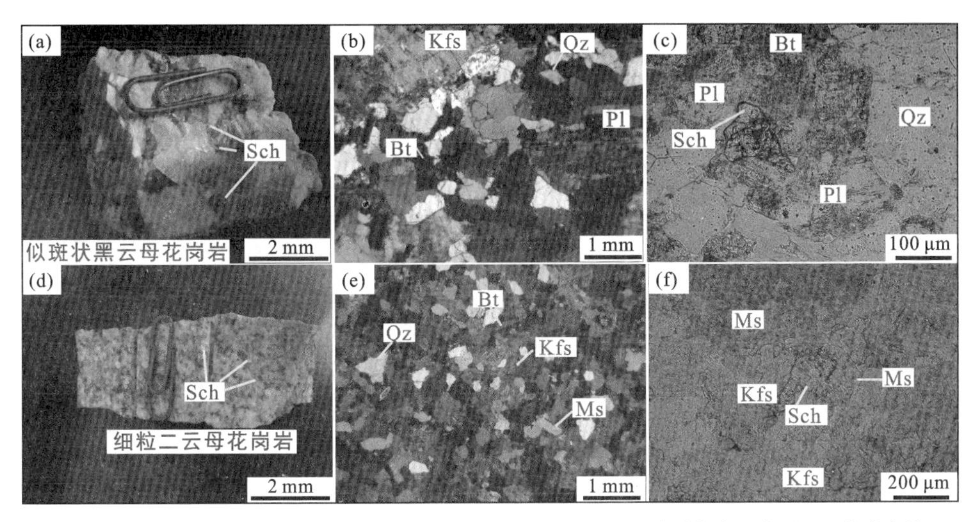

(a)印支期似斑状黑云母花岗岩，白钨矿分布在长石和石英之间；(b)印支期似斑状黑云母花岗岩的显微照片(正交偏光)；(c)印支期似斑状黑云母花岗岩中白钨矿分布在斜长石与石英之间(单偏光)；(d)燕山期细粒二云母花岗岩中白钨矿为星点状；(e)燕山期细粒二云母花岗岩的显微照片(正交偏光)；(f)燕山期细粒二云母花岗岩中白钨矿分布在钾长石、石英和白云母之间(单偏光)。Sch—白钨矿；Qz—石英；Bt—黑云母；Ms—白云母；Kfs—钾长石；Pl—斜长石。

图 6-5　锡田矿田中花岗岩中白钨矿宏观特征和显微特征

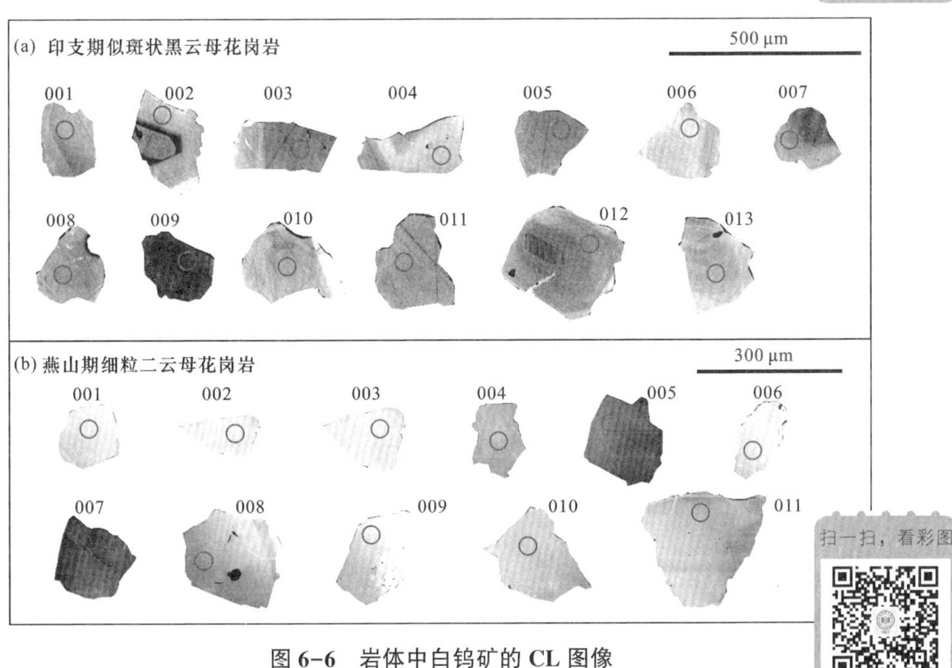

扫一扫，看彩图

图 6-6　岩体中白钨矿的 CL 图像

6.3.3 白钨矿主量元素分布

岩体中白钨矿主量元素分析结果见表 6-5，详细数据见附表 9。

表 6-5 岩体中白钨矿主量元素组成

岩体	印支期似斑状黑云母花岗岩(n=4)				燕山期细粒二云母花岗岩(n=7)			
样品编号	LSGR-1				XDGR-1			
元素	Max	Min	Mean	SD	Max	Min	Mean	SD
Na_2O	0.11	0.02	0.06	0.03	0.04	0	0.02	0.01
WO_3	83.97	81.81	82.72	0.79	84.58	82.2	83.35	0.72
MoO_3	0.44	0.25	0.34	0.07	0.09	0	0.03	0.04
PbO_2	0	0	0	0	0.09	0	0.01	0.03
CaO	16.86	16.49	16.71	0.15	17.18	16.92	17.08	0.09

注：SD 为标准偏差；元素含量单位为%。

印支期似斑状黑云母花岗岩中白钨矿的 WO_3 含量为 81.81%～83.97%，CaO 含量为 16.49%～16.86%，MoO_3 和 Na_2O 含量较低，分别为 0.25%～0.44%和 0.02%～0.11%。

燕山期细粒二云母花岗岩中白钨矿的 WO_3 含量为 82.20%～84.58%，CaO 含量为 16.92%～17.18%，MoO_3 和 Na_2O 含量较低，其平均值分别为 0.09%和 0.04%。

印支期似斑状黑云母花岗岩与燕山期细粒二云母花岗岩中白钨矿的 BSE 图像均是均一的[图 6-7(a)，(b)]。电子探针面分析结果显示白钨矿中 WO_3[图 6-7(c)，(g)]和 CaO[图 6-7(d)，(h)]分布均匀，MoO_3 亦均匀分布[图 6-7(e)，(i)]，但 Na_2O 只在印支期花岗岩白钨矿中分布相对均匀[图 6-7(f)]，在燕山期细粒二云母花岗岩中仅局部存在[图 6-7(j)]。

6.3.4 白钨矿的微量元素分布

岩体中白钨矿的微量元素分析结果见表 6-6，详细数据见附表 10。

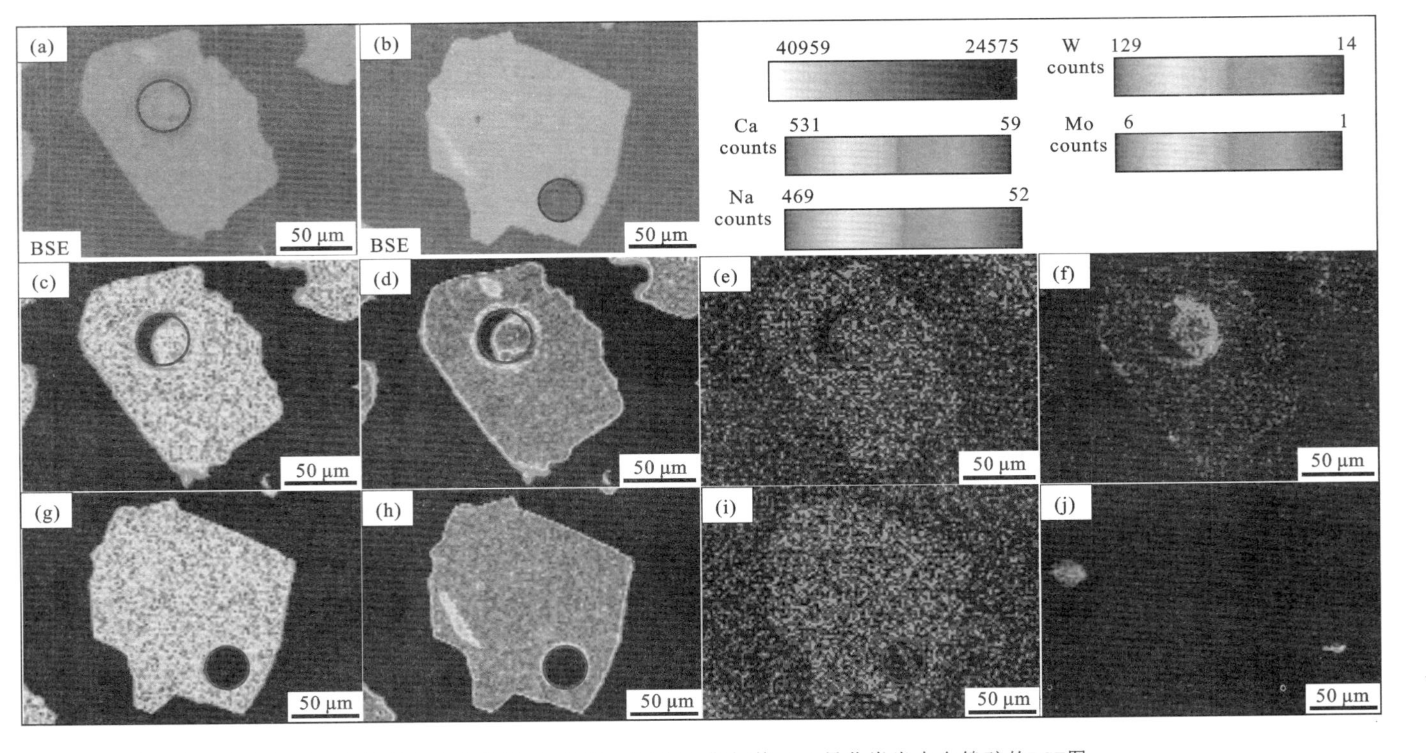

(a)印支期似斑状黑云母花岗岩中白钨矿的BSE图像；(b)燕山期细粒二云母花岗岩中白钨矿的BSE图像；(c)印支期似斑状黑云母花岗岩中白钨矿的WO_3均匀分布；(d)印支期似斑状黑云母花岗岩中白钨矿的CaO均匀分布；(e)印支期似斑状黑云母花岗岩中白钨矿的MoO_3均匀分布；(f)印支期似斑状黑云母花岗岩中白钨矿的Na_2O均匀分布；(g)燕山期细粒二云母花岗岩中白钨矿的WO_3均匀分布；(h)燕山期细粒二云母花岗岩中白钨矿的CaO均匀分布；(i)燕山期细粒二云母花岗岩中白钨矿的MoO_3元素均匀分布；(j)燕山期细粒二云母花岗岩中白钨矿的Na_2O仅在局部存在。

图6-7　锡田矿田岩体中白钨矿的BSE图像和EPMA元素图

表 6-6　锡田矿田白钨矿中稀土元素分布特征

岩体	印支期似斑状黑云母花岗岩(n=13)				燕山期细粒二云母花岗岩(n=11)			
样品编号	LSGR-1				XDGR-1			
元素	Min	Max	Mean	SD	Min	Max	Mean	SD
La	51.77	260.4	140.3	74.04	82.46	220.4	135.9	48.30
Ce	240.6	1239	638.1	341.1	240.5	956.1	466.1	205.0
Pr	37.72	241.8	119.6	64.00	29.98	151.3	68.95	33.30
Nd	195.3	1365	664.0	350.8	103.3	637.0	268.9	147.7
Sm	37.21	323.7	173.6	88.63	26.90	197.9	78.50	47.01
Eu	3.30	16.68	8.84	3.99	11.28	54.70	24.64	12.43
Gd	28.85	253.3	146.7	73.62	24.86	143.9	66.67	35.63
Tb	3.78	40.36	19.99	11.64	4.64	21.81	11.09	5.36
Dy	16.93	206.8	102.3	61.29	27.58	102.3	59.07	25.97
Ho	2.92	34.77	18.74	10.84	5.36	16.29	10.32	4.06
Er	7.17	85.79	45.53	26.22	18.34	48.39	30.06	10.21
Tm	0.82	11.21	5.78	3.48	2.43	6.15	4.20	1.29
Yb	4.43	68.83	36.30	22.74	15.90	40.79	26.75	7.82
Lu	0.84	10.42	4.97	3.03	1.98	5.35	3.29	1.00
Y	63.69	1130	478.6	327.0	157.8	413.4	246.2	74.61
∑REE	656.4	4081	2125	1045	620.6	2576	1254	556.4
LREE	590.6	3438	1744	893.3	514.5	2217	1043	479.6
HREE	65.74	687.7	380.3	209.2	106.1	358.4	211.4	88.08
LREE/HREE	2.24	9.32	5.47	2.32	3.28	6.75	5.02	1.04
$(La/Yb)_N$	0.90	11.85	4.01	2.92	1.69	5.30	3.74	0.98
Eu/Eu^*	0.08	0.59	0.20	0.13	0.80	1.61	1.08	0.24
Ce/Ce^*	1.01	1.20	1.12	0.05	1.06	1.24	1.16	0.05
$(La/Sm)_N$	0.22	1.27	0.62	0.33	0.51	2.44	1.36	0.57
$(Gd/Lu)_N$	2.01	5.88	4.02	1.01	1.13	5.84	2.49	1.19

注：SD 为标准偏差；元素含量单位为%。

印支期似斑状黑云母花岗岩中白钨矿的∑REE+Y含量变化较大，其值为720×10^{-6}~4775×10^{-6}，平均值为2603×10^{-6}。球粒陨石标准化稀土元素分布曲线显示由La~Nd呈递增趋势，Nd~Lu呈递减趋势；Eu负异常显著，Eu/Eu*为0.08~0.59，平均值为0.20；弱Ce正异常，Ce/Ce*为1.01~1.20，平均值为1.12[图6-8(a)]。

燕山期细粒二云母花岗岩中白钨矿的∑REE+Y含量变化也较大，其值为778×10^{-6}~2943×10^{-6}，平均值为1500×10^{-6}。球粒陨石标准化稀土配分型式相对平坦，轻稀土略富集；弱的Eu正或负异常，Eu/Eu*为0.80~1.61，平均值为1.08；Ce/Ce*为1.06~1.24，平均值为1.16[图6-8(b)]。

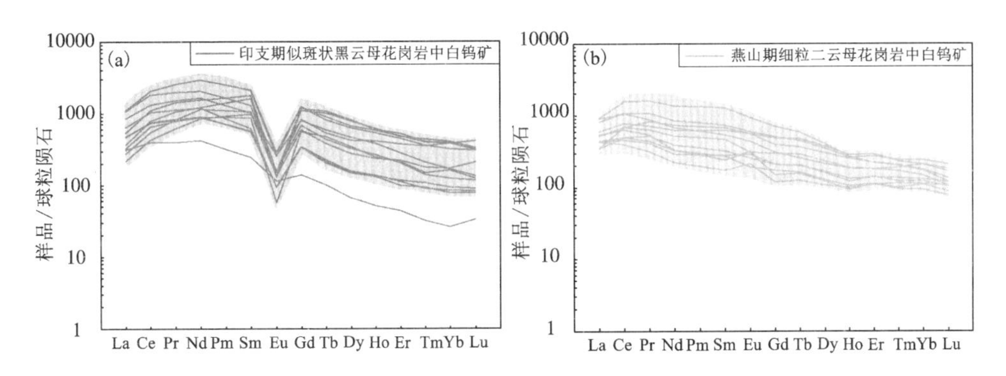

(a)印支期似斑状黑云母花岗岩中白钨矿；(b)燕山期细粒二云母花岗岩中白钨矿。
标准化值据Sun和Mc Donough，1989。

图6-8　岩体中白钨矿的球粒陨石标准化稀土配分曲线

印支期似斑状黑云母花岗岩中白钨矿的Na_2O平均含量为181×10^{-6}，Nb平均含量为804×10^{-6}；燕山期细粒二云母花岗岩中白钨矿的Na_2O平均含量为166×10^{-6}，Nb平均含量为206×10^{-6}。

6.3.5　岩体与矿石白钨矿中微量元素替代机制对比

白钨矿中稀土离子半径和合适的晶格空穴控制了其稀土元素进入白钨矿的途径，一是稀土离子替代Ca^{2+}或W^{6+}离子进入白钨矿，二是稀土元素直接进入白钨矿晶格空穴(Shannon，1976；Ghaderi et al.，1999)，其进入白钨矿晶格的三种机制分别为：(M1) $2Ca^{2+} \rightleftharpoons Na^{+} + REE^{3+}$；(M2) $Ca^{2+} + W^{6+} \rightleftharpoons REE^{3+} + Nb^{5+}$；(M3) $3Ca^{2+} \rightleftharpoons 2REE^{3+} + \square$(“□”代表空穴)。

M1和M2替代机制需要电荷平衡补偿，进入白钨矿中稀土元素的比例取决于白钨矿中Na和Nb元素的原子数量(Ghaderi et al.，1999)，当有足够的Na或

Nb 时，稀土元素通过其电荷补偿可较多地进入白钨矿。通过将白钨矿中 Na_2O 和 Nb 的质量分数转化为 Na、Nb 的原子数，建立其与∑REE+Y-Eu 原子数的比例关系，进而可以确定稀土元素进入白钨矿的机制(Ghaderi et al. , 1999)。

研究区印支期似斑状黑云母花岗岩和燕山期细粒二云母花岗岩中白钨矿拥有高含量的 Na_2O 和 Nb，其原子数与∑REE+Y-Eu 原子数正相关，图 6-9 显示它们大约为 1∶1 关系，说明稀土元素通过 M1 和 M2 机制进入印支期似斑状黑云母花岗岩中白钨矿的晶格。

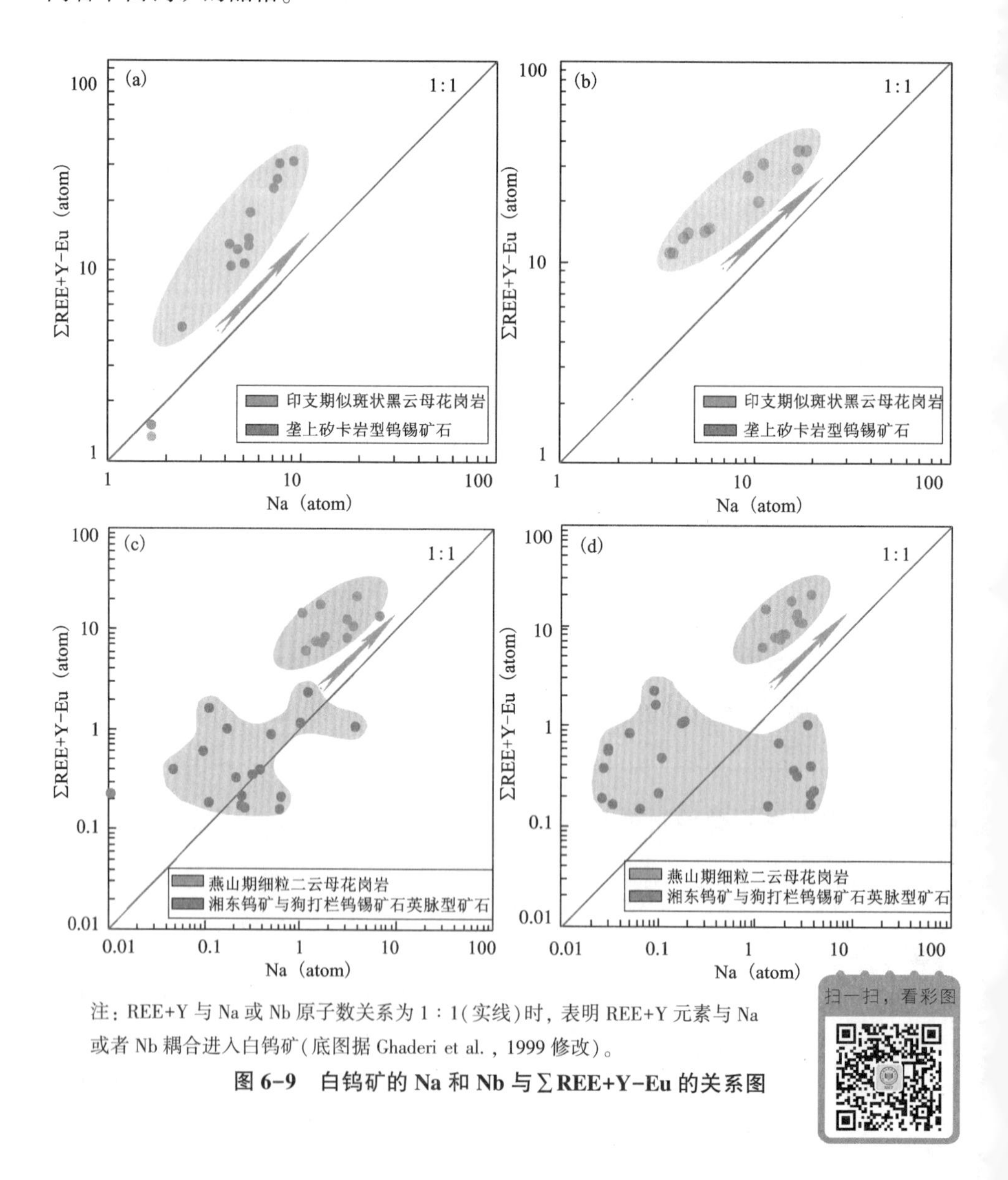

注：REE+Y 与 Na 或 Nb 原子数关系为 1∶1(实线)时，表明 REE+Y 元素与 Na 或者 Nb 耦合进入白钨矿(底图据 Ghaderi et al. , 1999 修改)。

图 6-9　白钨矿的 Na 和 Nb 与∑REE+Y-Eu 的关系图

垄上钨锡矿中矽卡岩矿石中白钨矿的 Na_2O 和 Nb 含量非常低，表明稀土元素进入白钨矿晶格只能是通过 M3 机制占据白钨矿的空穴而进入白钨矿。

湘东钨矿与狗打栏钨锡矿白钨矿中的 Na_2O 只在局部富集[图 6-3(j)]，Na 原子数与 $\sum$REE+Y-Eu 原子数为弱正相关[图 6-9(c)]，说明 M1 机制可能在石英脉白钨矿的局部发生；石英脉白钨矿中 Nb 含量很低，且 Nb 原子数与 $\sum$REE+Y-Eu 原子数间无相关性[图 6-9(d)]，说明 M2 机制很可能不能发生。因此，$\sum$REE+Y 元素应主要通过 M3 机制以占据空穴的方式直接进入白钨矿。

星高萤石矿中白钨矿的 Na_2O 与 Nb 含量均较低，因此稀土元素也主要受 M3 机制控制，通过占据白钨矿的空穴直接进入白钨矿。

综上所述，印支期似斑状黑云母花岗岩和燕山期细粒二云母花岗岩中白钨矿中的 $\sum$REE+Y 元素主要通过 M1 和 M2 替代机制进入白钨矿晶格，少量的为 M3 替代机制。矽卡岩矿石白钨矿中 $\sum$REE+Y 元素主要通过 M3 机制进入，石英脉矿石有少量的 M1 机制作用，更多的也为 M3 机制所致。M1 替代方式可导致 MREE 显著分馏，而 M3 型替代方式为空穴替代，对稀土离子半径的约束相对宽松，不产生稀土分馏，因此白钨矿的稀土模式可以更好地代表流体中的稀土元素特征(Ghaderi et al.，1999)。

6.3.6　白钨矿中 Eu 与 Ce 价态

Eu 和 Ce 分别各有 Eu^{2+}/Eu^{3+} 和 Ce^{3+}/Ce^{4+}(Shannon，1976)两种离子价态，与其他 REE^{3+} 类似，Eu^{3+} 和 Ce^{3+} 可以通过 M1、M2 和 M3 的替代机制进入白钨矿晶格(Blundy 和 Wood，1994；Ghaderi et al.，1999)；Eu^{2+} 和 Ce^{4+} 也可以通过钙空穴替代机制(M3)进入白钨矿晶格(Blundy 和 Wood，1994；彭建堂等，2005)。但是与 Eu^{2+}、Ce^{4+} 相比，Eu^{3+}、Ce^{3+} 与 Ca^{2+} 离子半径更接近(rCa^{2+}=1.12Å，rCe^{3+}=1.14Å，rEu^{3+}=1.06Å，rCe^{4+}=0.97Å，rEu^{2+}=1.25Å)，Ca^{2+} 离子与 Ce^{3+} 的半径差绝对值为 0.02，与 Eu^{3+} 的是 0.06，但与 Ce^{4+} 的是 0.15，与 Eu^{2+} 的是 0.13，它们间是数量级的差别，因此白钨矿 M1、M2 机制优先容纳 Eu^{3+} 与 Ce^{3+}；而 Eu^{2+} 与 Ce^{4+} 主要通过 M3 机制进入白钨矿。前人报道 $D_{白钨矿/流体}$ Eu^{3+} 为 6~80，$D_{白钨矿/流体}$ Eu^{2+} 为 1.2~16(Shannon，1976；Brugger et al.，2000；Brugger et al.，2008)，二者之间的差别也说明白钨矿优先容纳 Eu^{3+} 与 Ce^{3+}。

白钨矿中 Eu 的价态可以通过分析 Eu、Sm 和 Gd 的相关性来确定(图 6-10。Ghaderi et al.，1999)。如果流体中的 Eu 只以 Eu^{3+} 的形式存在，Eu 的含量会呈现与 Sm 和 Gd 的含量一致的变化，为正相关。相反，如果 Eu 的含量与 Sm、Gd 的含量变化不一致，则 Eu 主要为 Eu^{2+}。

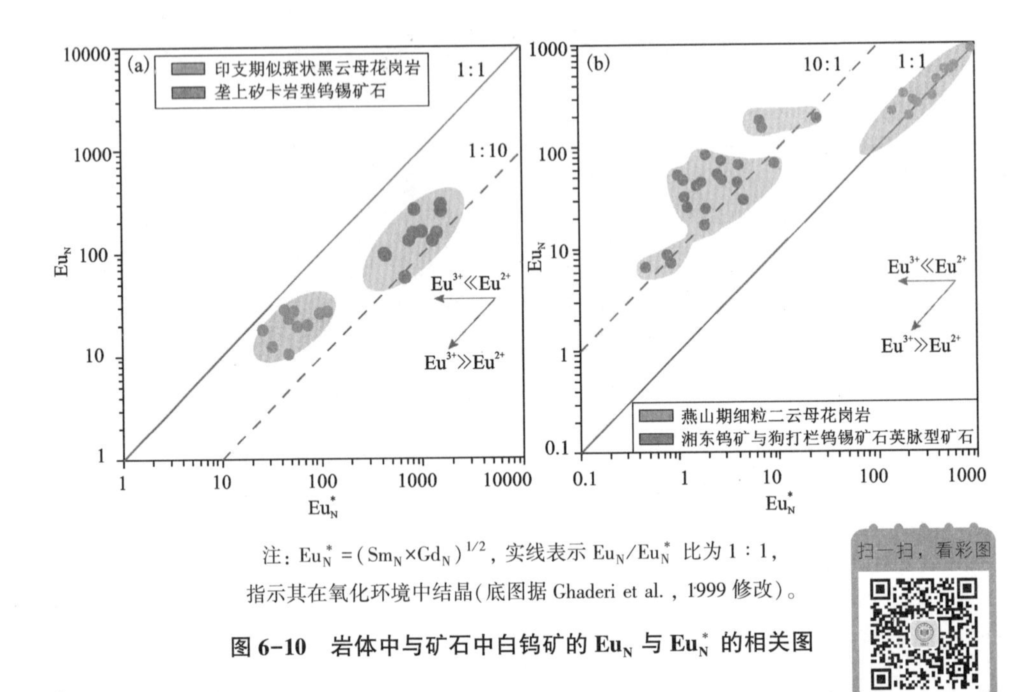

注：$Eu_N^* = (Sm_N \times Gd_N)^{1/2}$，实线表示 Eu_N/Eu_N^* 比为 1：1，指示其在氧化环境中结晶(底图据 Ghaderi et al.，1999 修改)。

图 6-10　岩体中与矿石中白钨矿的 Eu_N 与 Eu_N^* 的相关图

研究区白钨矿的 Eu_N 与 Eu_N^* 的相关图(图 6-10)显示，印支期似斑状黑云母花岗岩、燕山期细粒二云母花岗岩、矽卡岩矿石中白钨矿的 Eu_N 与 Eu_N^* 的投影点落在 1：1 比例线附近，并呈带状分布，说明白钨矿中 Eu 以 Eu^{3+} 为主(图 6-10)；石英脉矿石中白钨矿的投影点均偏离 1：1 线，但均在该线上方的 10：1～100：1 线附近[图 6-10(b)]，显示了 Eu_N/Eu_N^* 值高，Eu 正异常显著的特点，也说明白钨矿中 Eu^{2+} 占主导地位。

白钨矿的 Ce 异常的正负可以用来识别 Ce 价态，正的 Ce 异常指示 Ce^{4+} 的存在(Ding et al.，2015；Sha 和 Chappell，1999)。锡田矿田印支期似斑状黑云母花岗岩、燕山期细粒二云母花岗岩、矽卡岩矿石中白钨矿的 Ce 异常均为弱正异常(Ce/Ce^* 分别为 1.01～1.20、1.06～1.24、1.08～1.18)，指示白钨矿中可能存在少量的 Ce^{4+}。

因此，印支期似斑状黑云母花岗岩、燕山期细粒二云母花岗岩和矽卡岩矿石的白钨矿中 Eu 以三价为主，可能存在少量的 Ce^{4+}；而石英脉矿石中的白钨矿中 Eu 以二价为主。

6.4　断层中白钨矿的组构及元素分布特征

6.4.1　白钨矿的分布

只从锡湖断层与狗打栏断层中分选出白钨矿，锡湖断层中的白钨矿分布在第二期细颗粒石英中，二者为共生关系[图6-11(a)，(b)，(c)]。狗打栏断层中白钨矿也与第二期石英共生，石英脉中还发育萤石、黄铁矿和绢云母[图6-11(d)，(e)，(f)]。

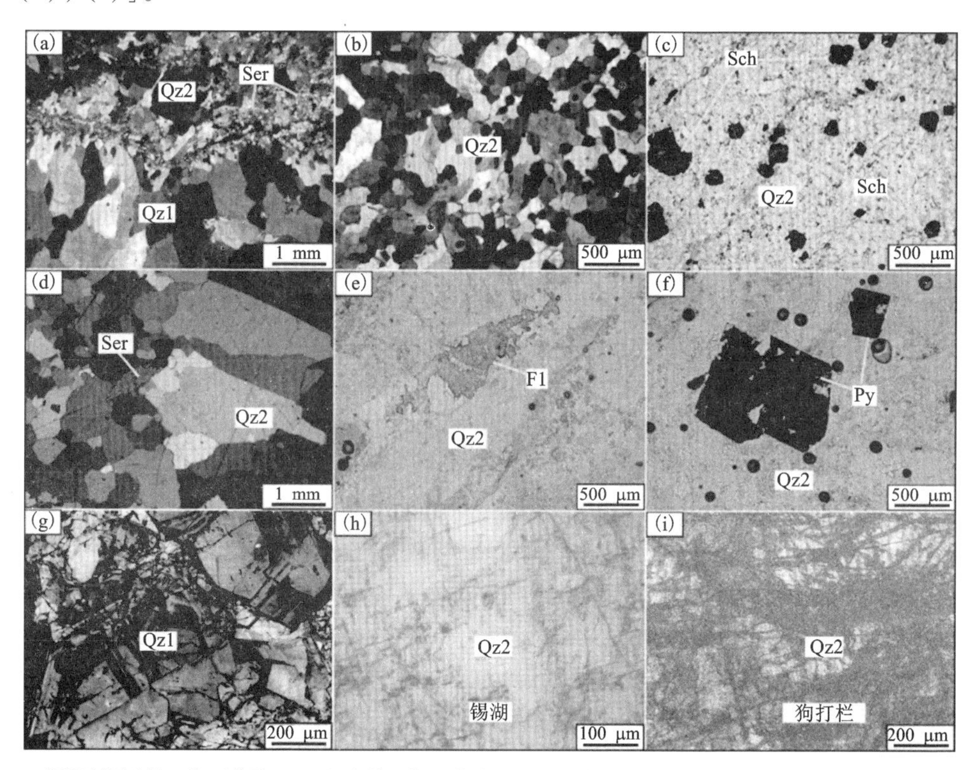

(a)锡湖断层中第二期石英脉(Qz2)切穿第一期石英脉(Qz1)，且伴随着强烈的绢云母化；(b)锡湖断层中细粒第二期石英(Qz2)；(c)锡湖断层中与第二期石英脉(Qz2)共生的白钨矿；(d)狗打栏断层中粗粒第二期石英(Qz2)，伴随着绢云母化；(e)狗打栏断层中与第二期石英(Qz2)共生的萤石；(f)狗打栏断层中第二期石英(Qz2)中的黄铁矿；(g)锡湖断层中第一期石英脉(Qz1)的CL图像，显示碎裂结构；(h)锡湖断层第二期石英脉(Qz2)的CL图像，显示相对均一的CL图像；(i)狗打栏断层中第二期石英脉(Qz2)的CL图像，显示多期石英脉的穿插。Qz1—第一期石英脉；Qz2—第二期石英脉；Qz_3—第三期石英脉；Sch—白钨矿；Ser—绢云母；Fl—萤石；Py—黄铁矿。

图6-11　断层中白钨矿和石英显微特征及CL图像

锡湖断层的第一期石英 CL 图像显示明显的碎裂[图 6-11(g)]，第二期与白钨矿共生石英呈均一的浅灰色 CL 图像，只发育微裂纹[图 6-11(h)]；狗打栏断层与白钨矿共生的第二期石英的 CL 图像显示发育密集的微裂隙与多期石英脉的穿插[图 6-11(i)]。

6.4.2 白钨矿的 CL 图像特征

锡湖断层中的白钨矿粒径分布在 100~300 μm[图 6-12(a)]，尽管其 BSE 图像显示其为均匀的深灰色[图 6-12(c)]，但却有强烈的 CL 色差反应，深灰色和浅灰色环带交替发生，构成显著的四边形振荡环带结构[图 6-12(a)]，从核部到边部 CL 图像颜色由深灰色变为浅灰色[图 6-12(a)]；振荡环带的宽度为 0.5~15 μm，浅灰色环带的宽度(4~15 μm)远远大于深灰色环带(0.5~2 μm)。

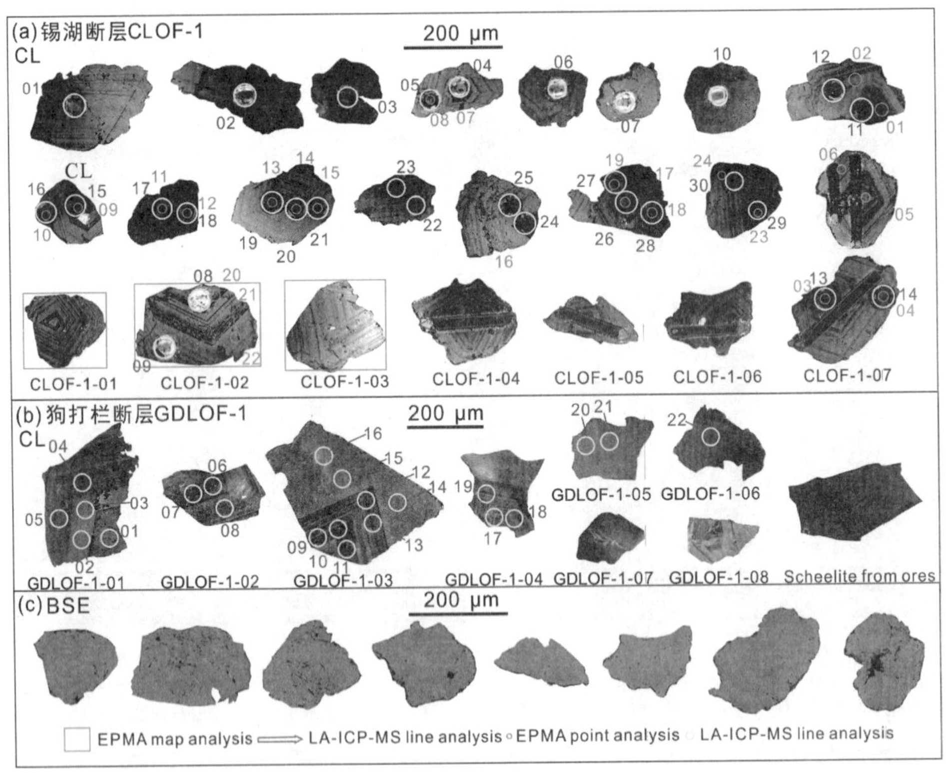

图 6-12　断层中白钨矿的 CL 和 BSE 图像

狗打栏断层中的白钨矿粒径为 150~800 mm，也具有强烈的 CL 色差反应，核部发育显著的四边形振荡环带，各环带宽度差异较小，为 20~50 μm[图 6-12(b)]，CL 颜色从深灰色到浅灰色变化不大，特别是边部的 CL 颜色比较均匀，为均一浅灰色[图 6-12(b)]。此外，少量白钨矿中存在晚期白钨矿微细脉的穿切，晚期脉表现为亮白色的 CL 图像[图 6-12(b)]。

6.4.3　白钨矿的主量元素分布

锡湖断层中白钨矿的 EPMA 面分析见图 6-13，主量元素分析结果列于表 6-7。

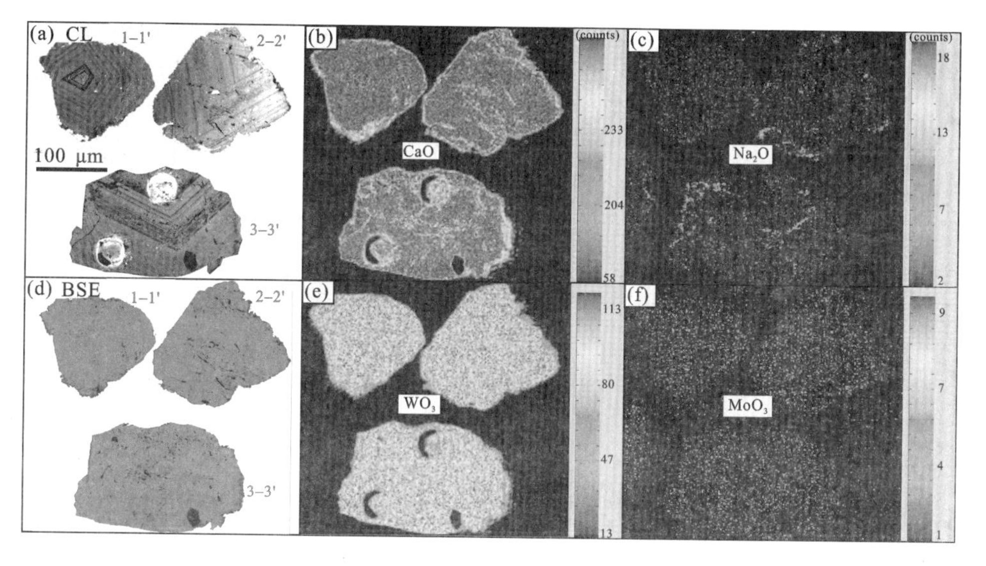

(a)锡湖断层的白钨矿的 CL 图像；(b)白钨矿中均匀分布的 CaO；(c)白钨矿中 Na_2O 含量低于检出限，仅在局部存在；(d)锡湖断层的白钨矿的 BSE 图像；(e)白钨矿中均匀分布的 WO_3；(f)白钨矿中均匀分布的 MoO_3。

图 6-13　锡湖断层中白钨矿的 EPMA 面分析

扫一扫，看彩图

EPMA 面分析显示主量元素 WO_3[图 6-13(e)]与 CaO[图 6-13(b)]在白钨矿中均匀分布，MoO_3 也分布均匀[图 6-13(f)]，而 Na_2O 只在局部富集[图 6-13(c)]。

从表 6-7 可知，白钨矿核部的 WO_3 平均含量为 82.3%，中部的 WO_3 平均含量为 82.6%，边部的 WO_3 平均含量为 82.7%，进一步证实白钨矿中 WO_3 和 CaO 分布均匀。

表 6-7　锡湖断层中白钨矿主量元素组成

环带	Spot No.	WO_3	CaO	Na_2O	MgO	FeO	Total
核部	01	82.7	19.1	0.01	—	—	102
	03	85.0	19.6	—	0.01	—	105
	05	82.6	19.8	—	0.03	—	102
	07	80.9	19.8	—	0.01	—	101
	09	82.8	19.9	—	0.03	0.05	103
	11	82.0	19.5	—	0.05	—	102
	13	84.5	19.7	—	—	—	104
	17	81.3	19.5	—	—	—	101
	20	79.2	19.1	—	—	0.03	98.4
	Max	85.0	19.9	0.01	0.05	0.05	—
	Min	79.2	19.1	—	—	—	—
	Mean	82.3	19.6	0.001	0.01	0.01	—
	SD	1.80	0.30	0.003	0.02	0.02	—
中部	06	81.3	19.7	—	—	—	101
	08	82.7	19.7	—	—	0.05	102
	16	83.5	19.5	—	—	—	103
	18	83.1	19.9	—	0.01	—	103
	19	82.9	19.8	—	0.01	—	103
	22	82.9	19.5	—	0.01	0.01	102
	24	82.2	19.8	—	—	—	102
	Max	83.5	19.9	—	0.01	0.05	—
	Min	81.3	19.5	—	—	—	—
	Mean	82.6	19.7		0.004	0.009	—
	SD	0.70	0.10		0.005	0.019	—

续表6-7

环带	Spot No.	WO_3	CaO	Na_2O	MgO	FeO	Total
边部	02	81.4	19.3	—	—	—	101
	04	82.7	19.7	0.01	—	—	102
	10	82.3	19.7	0.01	0.01	0.01	102
	12	83.8	19.6	—	—	0.01	104
	14	83.2	19.8	—	0.01	—	103
	15	82.5	19.8	0.01	—	—	102
	Max	83.8	19.8	0.01	0.01	0.01	—
	Min	81.4	19.3	—	—	—	—
	Mean	82.7	19.7	0.005	0.003	0.003	—
	SD	0.80	0.20	0.005	0.005	0.005	—
LOD		0.02	0.02	0.01	0.01	0.01	—

注："—"为低于检测限；LOD为检测限；SD为标准偏差；元素含量单位为%。

6.4.4　白钨矿的微量元素分布

白钨矿微量元素分析样品分别为锡湖断层与狗打栏断层的白钨矿，其含量的LA-ICP-MS线扫描分析结果见图6-14，LA-ICP-MS微量元素分析结果列于表6-8，详细分析数据列于附表11。

1）锡湖断层中白钨矿的微量元素分布

锡湖断层中白钨矿的LA-ICP-MS线分析结果显示Sr、Nb、Mg、Fe元素均匀分布，仅在核部含量略高（图6-14），Al元素呈现无规律性变化，Hf元素仅在局部有所体现，Th和U显示彼此相反的变化趋势，但是这些变化趋势均与CL振荡环带分布不一致。LA-ICP-MS点分析结果显示白钨矿中少量微量元素（Mg、Al和Sr）含量高于10×10^{-6}，另外U、Th、Pb、Ba、Mo和Nb含量为$1\times10^{-6}\sim10\times10^{-6}$。

锡湖断层中白钨矿REE+Y元素含量从核部到边部逐渐降低，形成显著的峰-谷型曲线（图6-14）；La含量变化相对弱于其他REE+Y元素，且与其他轻稀土元素（La~Nd）变化趋势不一致，Y含量变化与其他重稀土元素（Er~Y）变化趋势一致，中稀土元素（Sm~Ho）含量变化比LREE或HREE的变化幅度都大；信号曲线中的凹峰也记录了稀土元素在某些部位发生突然变化[图6-14(a)，(b)，(d)]。

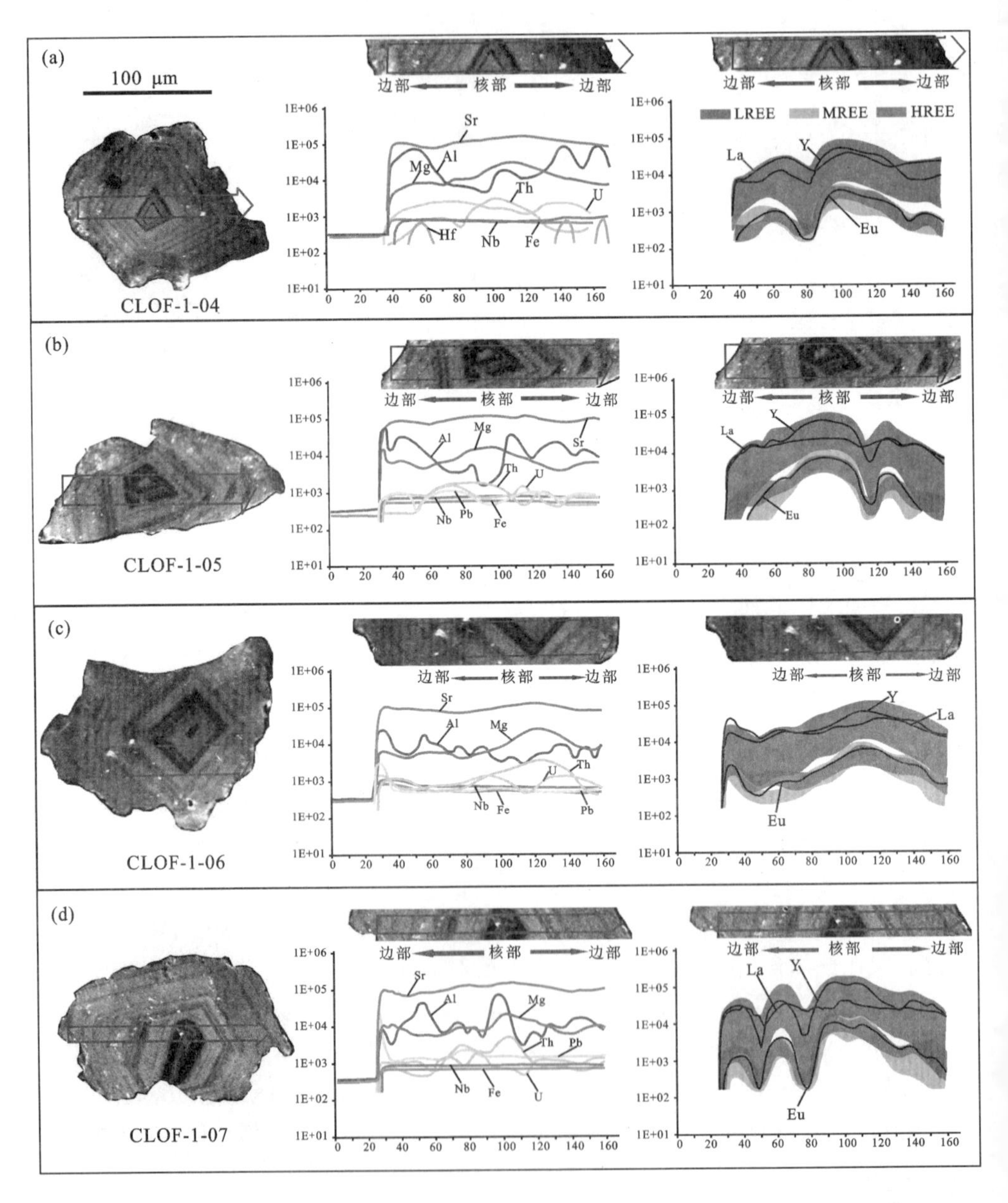

图 6-14 锡湖断层中白钨矿的线分析结果

表 6-8　锡湖断层与狗打栏断层中白钨矿稀土元素特征

元素	CLOF-01											
	核部(n=11)				中部(n=7)				边部(n=9)			
	Max	Min	Mean	SD	Max	Min	Mean	SD	Max	Min	Mean	SD
La	108	36. 3	77. 1	22. 7	56. 6	26. 4	38. 8	11. 7	48. 3	18. 1	29. 6	8. 76
Ce	294	95. 9	183	71. 6	87. 1	47. 7	72. 2	16. 9	34. 7	14. 6	25. 8	6. 33
Pr	46. 7	14. 6	28. 0	10. 9	14. 1	4. 4	7. 79	3. 23	2. 95	0. 78	1. 74	0. 73
Nd	210	50. 1	109	48. 6	38. 5	12. 5	23. 1	9. 11	7. 31	1. 07	4. 14	2. 28
Sm	61. 2	12. 5	32. 7	13. 7	10. 1	2. 85	4. 92	2. 45	2. 27	0. 19	0. 99	0. 82
Eu	27. 2	6. 72	13. 7	6. 39	4. 27	2. 8	3. 48	0. 62	1. 27	0. 63	0. 97	0. 19
Gd	67. 4	13. 5	31. 0	15. 7	6. 82	2. 53	4. 11	1. 38	1. 68	0. 15	0. 82	0. 60
Tb	13. 2	2. 73	6. 11	3. 07	1. 23	0. 47	0. 75	0. 25	0. 35	0. 04	0. 16	0. 12
Dy	98. 8	20. 9	43. 2	23. 9	7. 48	3. 66	5. 63	1. 43	2. 23	0. 32	1. 24	0. 71
Ho	18. 6	3. 45	7. 87	4. 61	1. 52	0. 76	1. 13	0. 28	0. 51	0. 09	0. 28	0. 15
Er	47. 7	8. 05	20. 7	12. 2	4. 99	2. 8	3. 88	0. 81	1. 69	0. 55	1. 04	0. 32
Tm	7. 30	1. 45	3. 46	1. 87	1. 24	0. 61	0. 90	0. 21	0. 53	0. 26	0. 34	0. 08
Yb	45. 2	10. 1	23. 6	11. 5	12. 1	5. 2	8. 87	2. 69	6. 18	3. 08	4. 93	1. 14
Lu	5. 01	1. 34	2. 95	1. 27	1. 85	0. 88	1. 39	0. 40	1. 58	0. 52	1. 10	0. 35
Y	278	60. 4	143	70. 7	75. 2	33. 5	52. 8	15. 0	37. 1	18	27. 2	6. 37
∑REE+Y	1251	441	725	282	288	183	230	37. 2	124	83	100	13. 8
LREE	669	276	443	145	210	97. 9	150	40. 7	79. 8	46. 1	63. 3	11. 8
HREE	303	69. 6	139	72. 5	34. 6	19. 3	26. 6	5. 70	13. 5	8. 26	9. 92	1. 99
LREE/HREE	4. 59	2. 21	3. 46	0. 70	8. 25	3. 27	5. 83	1. 90	8. 66	4. 03	6. 55	1. 55
$(La/Yb)_N$	6. 67	0. 74	2. 95	1. 76	6. 52	1. 68	3. 58	1. 91	5. 95	2. 21	4. 42	1. 12
Eu/Eu^*	1. 59	0. 99	1. 31	0. 23	3. 14	1. 46	2. 51	0. 67	16. 3	1. 59	5. 81	4. 71
Ce/Ce^*	1. 33	0. 57	0. 96	0. 25	1. 13	0. 74	0. 99	0. 14	0. 87	0. 38	0. 61	0. 17

续表 6-8

元素	GDLOF-1											
	核部(n=10)				中部(n=4)				边部(n=16)			
	Max	Min	Mean	SD	Max	Min	Mean	SD	Max	Min	Mean	SD
La	29.2	0.98	8.36	10.3	7.21	0.89	3.43	2.98	8.67	0.04	1.97	2.37
Ce	40.0	1.85	15.2	13.1	12.8	0.79	5.45	5.71	12.0	0.07	2.19	3.39
Pr	3.92	0.25	1.79	1.29	1.30	0.08	0.48	0.58	1.02	0.01	0.19	0.27
Nd	14.8	0.73	6.29	4.31	4.43	0.33	1.59	1.94	2.10	0.02	0.45	0.61
Sm	5.62	0.13	1.50	1.57	0.75	0.10	0.31	0.30	0.11	0.01	0.04	0.03
Eu	3.64	0.19	1.16	1.17	0.32	0.07	0.18	0.11	0.35	0.01	0.09	0.08
Gd	5.75	0.52	2.14	2.01	0.50	0.18	0.33	0.17	0.25	0.02	0.08	0.06
Tb	1.29	0.17	0.53	0.46	0.15	0.03	0.10	0.05	0.04	0.01	0.02	0.01
Dy	14.5	1.65	5.27	4.91	1.67	0.24	1.22	0.66	0.70	0.04	0.25	0.21
Ho	4.78	0.58	1.60	1.59	0.53	0.07	0.40	0.22	0.21	0.02	0.09	0.07
Er	27.2	3.20	8.55	8.72	3.32	0.39	2.25	1.28	1.52	0.10	0.60	0.46
Tm	7.84	0.95	2.39	2.48	1.14	0.13	0.73	0.43	0.69	0.03	0.24	0.19
Yb	88.2	11.6	27.5	28.0	13.7	1.72	8.82	5.06	11.8	0.63	4.01	3.49
Lu	18.8	2.56	5.94	5.93	2.99	0.37	1.97	1.13	2.80	0.20	1.05	0.88
Y	192	18.9	64.1	63.6	50.0	2.75	19.5	20.9	18.9	1.27	5.69	4.97
∑REE+Y	385	49.5	152	117	98.1	22.1	46.8	34.7	57.0	2.64	17.0	13.6
LREE	85.5	4.14	34.3	28.1	24.0	2.73	11.44	10.5	20.5	0.15	4.92	6.39
HREE	167	21.4	53.9	53.1	24.0	3.13	15.8	8.94	17.5	1.03	6.33	5.23
LREE/HREE	2.75	0.16	1.02	1.02	5.17	0.15	1.62	2.40	2.99	0.09	0.92	0.96
$(La/Yb)_N$	1.37	0.03	0.39	0.52	3.01	0.06	0.85	1.44	1.86	0.03	0.52	0.66
Eu/Eu^*	2.45	1.15	1.90	0.42	2.11	1.51	1.83	0.29	16.7	1.29	5.77	4.14
Ce/Ce^*	1.33	0.75	1.00	0.23	1.29	0.44	0.79	0.36	1.28	0.28	0.76	0.31

注：SD 为标准偏差；元素含量单位为 10^{-6}。

锡湖断层中白钨矿 LA-ICP-MS 点分析结果显示其核部∑REE+Y 含量为 $441\times10^{-6}\sim1251\times10^{-6}$，平均含量为 725×10^{-6}，其中 LREE(La~Nd)含量为 $246\times10^{-6}\sim581\times10^{-6}$，平均含量为 396×10^{-6}；MREE(Sm~Ho)含量为 $60.2\times10^{-6}\sim286\times10^{-6}$，平均含量为 135×10^{-6}；HREE(Er~Y)含量为 $82.3\times10^{-6}\sim384\times10^{-6}$，平均含量为 194×10^{-6}。核部轻稀土元素到重稀土元素含量总体下降的特点，显示弱的轻稀土富集。稀土元素球粒陨石标准化配分曲线为平坦型，有弱的正 Eu 异常，Eu/Eu^* 为 0.99~1.59，平均值为 1.31；弱的正、负 Ce 异常，Ce/Ce^* 为 0.57~1.33，平均值为 0.95，且具有弱的四分组效应[图 6-15(a)]。

与核部相比，白钨矿的中部具有较低的∑REE+Y 含量，从 $183\times10^{-6}\sim288\times10^{-6}$，平均含量为 230×10^{-6}；尤其是 MREE(Sm~Ho)含量低，从 $13.1\times10^{-6}\sim31.1\times10^{-6}$，平均含量为 20.0×10^{-6}；具有正 Eu 异常，Eu/Eu^* 为 1.46~3.14，平均值为 2.51；弱的正、负 Ce 异常，Ce/Ce^* 为 0.74~1.13，平均值为 0.99[图 6-15(a)]。

白钨矿的边部相对于核部和中部具有最低的∑REE+Y 含量，从 $83.0\times10^{-6}\sim124\times10^{-6}$，平均含量为 100×10^{-6}；其中 MREE(Sm~Ho)的含量显著减少，从 $1.75\times10^{-6}\sim7.88\times10^{-6}$，平均含量为 4.47×10^{-6}；且有显著的正 Eu 异常，Eu/Eu^* 为 1.59~16.3，平均值为 5.81；负 Ce 异常，Ce/Ce^* 为 0.38~0.87，平均值为 0.61[图 6-15(a)]；稀土元素球粒陨石标准化配分曲线为"W"型。

2)狗打栏断层中白钨矿的微量元素分布

狗打栏断层中白钨矿的微量元素(Mg、Al、Sr 和 Pb)含量高于 10×10^{-6}，而 U、Th、Mo 和 Nb 含量为 $1\times10^{-6}\sim10\times10^{-6}$，其 Mg、Al、Sr、Mo、Th、U 和 Na 的平均含量低于锡湖断层的白钨矿，但 Nb 和 Pb 含量较之高。

狗打栏断层中白钨矿核部的∑REE+Y 含量为 $49.5\times10^{-6}\sim385\times10^{-6}$，平均含量为 152×10^{-6}，其中 LREE(La~Nd)含量为 $0.13\times10^{-6}\sim83.0\times10^{-6}$，平均含量为 14.6×10^{-6}；MREE(Er~Y)含量为 $0.10\times10^{-6}\sim28.7\times10^{-6}$，平均含量为 4.71×10^{-6}；HREE(Sm~Ho)从 $2.23\times10^{-6}\sim334\times10^{-6}$，平均含量为 46.8×10^{-6}。这显示核部中稀土元素较轻稀土与重稀土元素整体亏损的特点，并具有弱的正 Eu 异常，Eu/Eu^* 为 1.15~2.45，平均值为 1.90；弱的正、负 Ce 异常，Ce/Ce^* 为 0.75~1.33，平均值为 1.00[图 6-15(b)，(c)，(d)]。

与核部相比，边部的∑REE+Y 含量显著降低，从 $2.64\times10^{-6}\sim57.0\times10^{-6}$，平均含量为 17.0×10^{-6}，具有显著的正 Eu 异常，Eu/Eu^* 为 1.29~16.7，平均值为 5.77，另有弱的正 Ce 异常，Ce/Ce^* 为 0.28~1.28，平均值为 0.76[图 6-15(b)，(c)，(d)]；其球粒陨石标准化配分曲线为"W"型。

上述数据说明锡湖断层和狗打栏断层的白钨矿边部均表现出显著的 MREE 贫化，正 Eu 异常(1.29~16.7，平均值为 5.78)和弱的正、负 Ce 异常(0.28~1.28，平均值为 0.71)[图 6-15(a)，(b)，(c)，(d)]，且锡湖断层和狗打栏断层

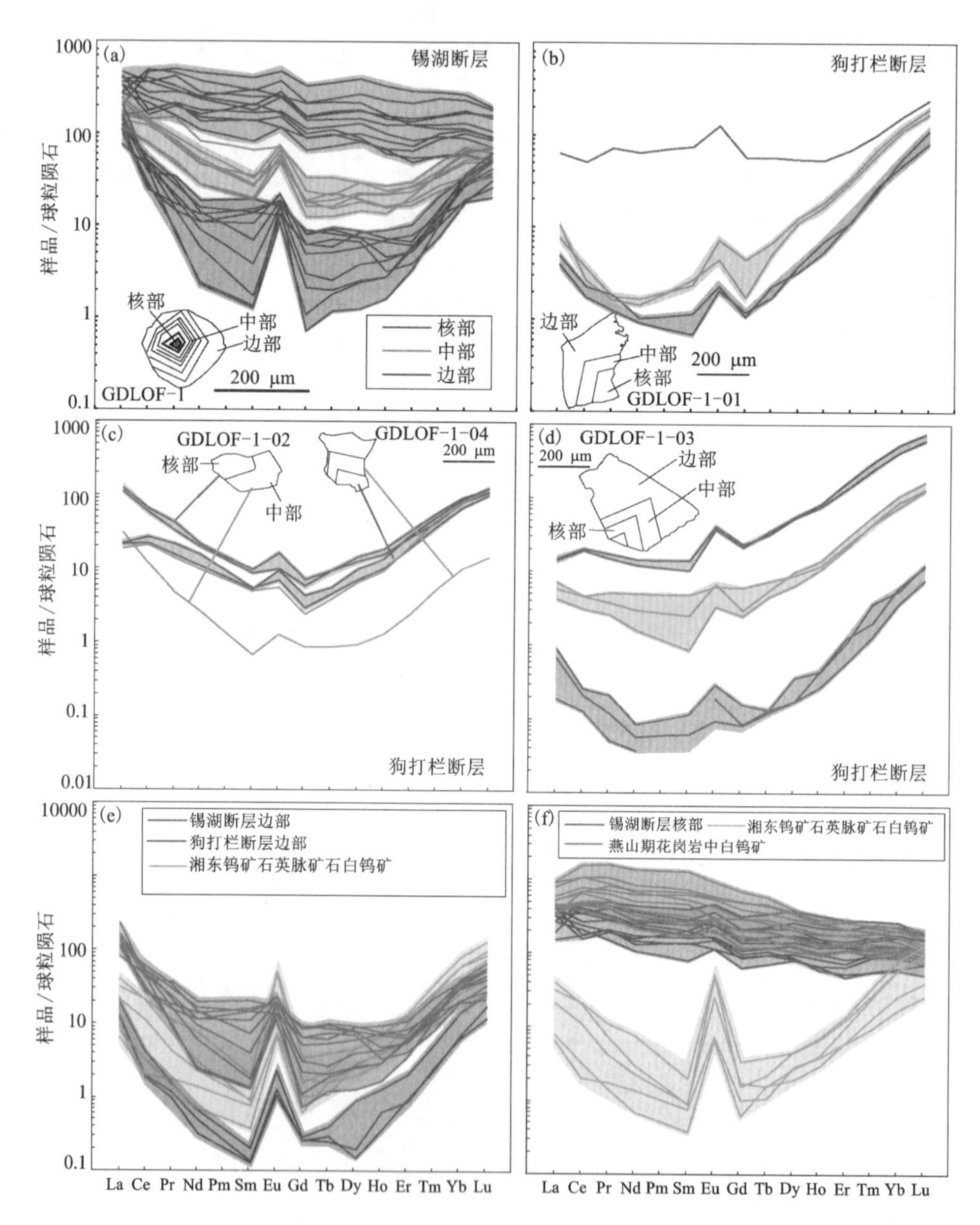

(a)锡湖断层中白钨矿；(b)、(c)与(d)狗打栏断层中白钨矿；(e)锡湖断层与狗打栏断层中白钨矿边部和石英脉矿石中白钨矿稀土配分曲线对比；(f)锡湖断层中白钨矿的核部与燕山期细粒二云母花岗岩中白钨矿稀土配分曲线对比。标准化值据 Sun 和 Mc Donough，1989。

图 6-15　断层中白钨矿的稀土配分曲线

的白钨矿边部与锡田矿田石英脉矿石中白钨矿的稀土元素配分型式一致[图6-15(e)]，另外锡湖断层的白钨矿核部与燕山期细粒二云母花岗岩中白钨矿的稀土配分型式相似[图6-15(f)]。

6.4.5　白钨矿振荡环带形成机理

锡湖断层带和狗打栏断层带中白钨矿均表现出四边形振荡环带结构[图6-12(a)，(b)]，为结晶环带{001}(Brugger et al.，2000)。白钨矿阴极发光振荡环带可以认为由以下机制造成：①自激发射带(SB)，其与 WO_4^{2-} 基团相关，被认为是CL发光的主要原因(Brugger et al.，2000；Poulin et al.，2016)；②主量或微量元素，可以直接或间接改变CL发光强度(Poulin et al.，2016)；③过渡元素(尤其是REE)(Brugger et al.，2000；Kempe 和 Götze，2002；Schwinn 和 Markl，2005；彭建堂等，2005)，也对发光有所影响。其中，自激发射带(SB)占主导影响时，CL环带常很宽，且 WO_3 含量与SB波段整体强度为正相关(Poulin et al.，2016)。

研究区白钨矿均匀的BSE和元素EPMA面分析结果证实主要元素(WO_3 和CaO)呈均匀分布[图6-13(a)，(b)，(d)，(e)]，因此 WO_4^{2-}-SB对CL发光总体影响应该一致，说明CL振荡环带不是由SB效应引起。前人研究表明Mo和Sr通常是影响CL振荡环带的主要元素(Poulin et al.，2018)，尽管白钨矿中Sr含量较高，但线分析结果表明Sr分布均匀(图6-14)，且Mo含量较低(常低于 0.01×10^{-6} 的检测限)，并且分布是均匀的，与CL振荡环带现象矛盾(图6-14)；白钨矿中Si、P、K和Fe含量均大于 10×10^{-6}，但也是呈均匀分布；虽然Mg和Al的含量分布有不规则变化，但其变化趋势与振荡环带结构并不匹配；其他微量元素含量均小于 1×10^{-6}，即使有作用，其作用影响应非常小；Th和U显示了相反变化趋势，但其分布与CL振荡环带分布也不一致。因此，可以认为应不是微量元素导致了白钨矿CL振荡环带的形成。

线分析结果显示从白钨矿核部到边部，稀土元素含量是逐渐降低的，但未发生振荡变化，据此稀土元素也不应是CL振荡环带形成的主要原因，因此认为白钨矿的CL振荡环带更可能是流体系统与局部 $P-T-X$ 条件控制的(Shore 和 Fowler，1996；Brugger et al.，2000)，这点将在8.5节进一步讨论。

6.4.6　白钨矿中微量元素替代机理

白钨矿中微量元素的替代机理及判别方法已在6.3.5节详细论述，本节主要对断层中白钨矿的稀土元素替代机理进行具体分析。

锡湖断层中白钨矿含少量Nb，核部和中部Nb的原子数与∑REE+Y-Eu原子数呈正相关，但边部二者并不相关[图6-16(a)]，这表明稀土元素以M2替代机制进入白钨矿的核部和中部，而边部M2替代机制不发生；白钨矿中大多测试点

的 Na_2O 含量低于检测限，表明 M1 机制可能未发生[图 6-16(b)]，因此在白钨矿边部稀土元素只能以 M3 替代机制进入白钨矿。

狗打栏断层中白钨矿 Nb 原子数与 ∑REE+Y-Eu 没有线性关系，表明 M2 的替代机制可能没有发生[图 6-16(c)]。白钨矿中的 Na_2O 含量也很低($Na_2O<12\times10^{-6}$，平均含量为 3.07×10^{-6})，且其原子数与 ∑REE+Y-Eu 的原子数没有正相关关系，表明 M1 替代机制也未发生[图 6-16(d)]。因此，狗打栏断层中稀土元素只能以 M3 替代机制进入白钨矿。

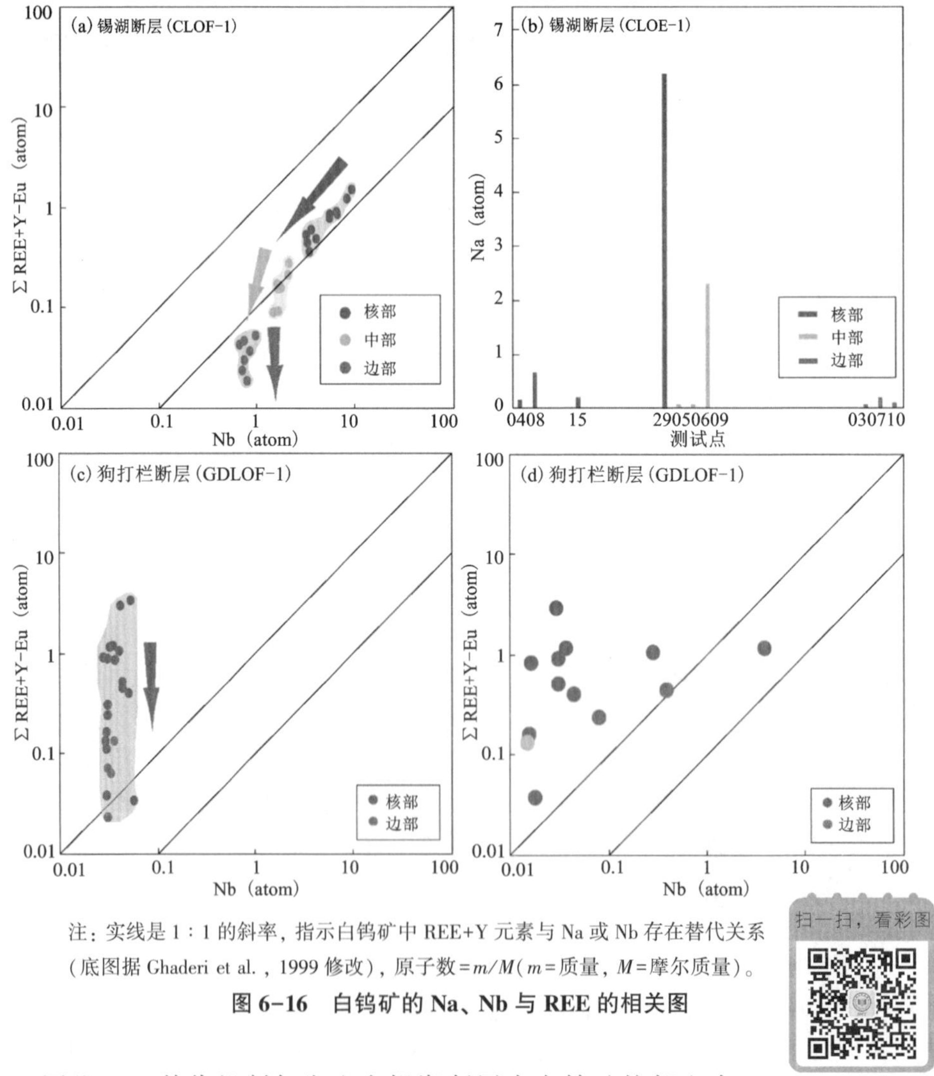

注：实线是 1∶1 的斜率，指示白钨矿中 REE+Y 元素与 Na 或 Nb 存在替代关系(底图据 Ghaderi et al.，1999 修改)，原子数 $=m/M$($m=$质量，$M=$摩尔质量)。

图 6-16　白钨矿的 Na、Nb 与 REE 的相关图

因此，M2 替代机制仅发生在锡湖断层中白钨矿核部和中部，而 M3 替代可能主要在锡湖断层白钨矿边部和狗打栏断层的白钨矿中发生。

6.4.7　白钨矿中 Eu 与 Ce 价态

白钨矿中 Eu 与 Ce 价态判别方法已在 6.3.6 节详细论述，本节主要对断层中白钨矿中 Eu 与 Ce 价态进行具体分析。

锡湖断层中白钨矿的 Eu 异常值从核部→中部→边部显著增加，Eu/Eu^* 分别为 0.99～1.59、1.46～3.14 与 1.59～16.3[图 6-17(a)]，核部与中部的 Eu_N/Eu_N^* 值约为 1∶1[图 6-17(b)]，表明 Eu^{3+} 占主导地位；边部 Eu_N vs Eu^* 值未显示正相关关系[图 6-17(b)]，表明 Eu^{2+} 占主导地位。

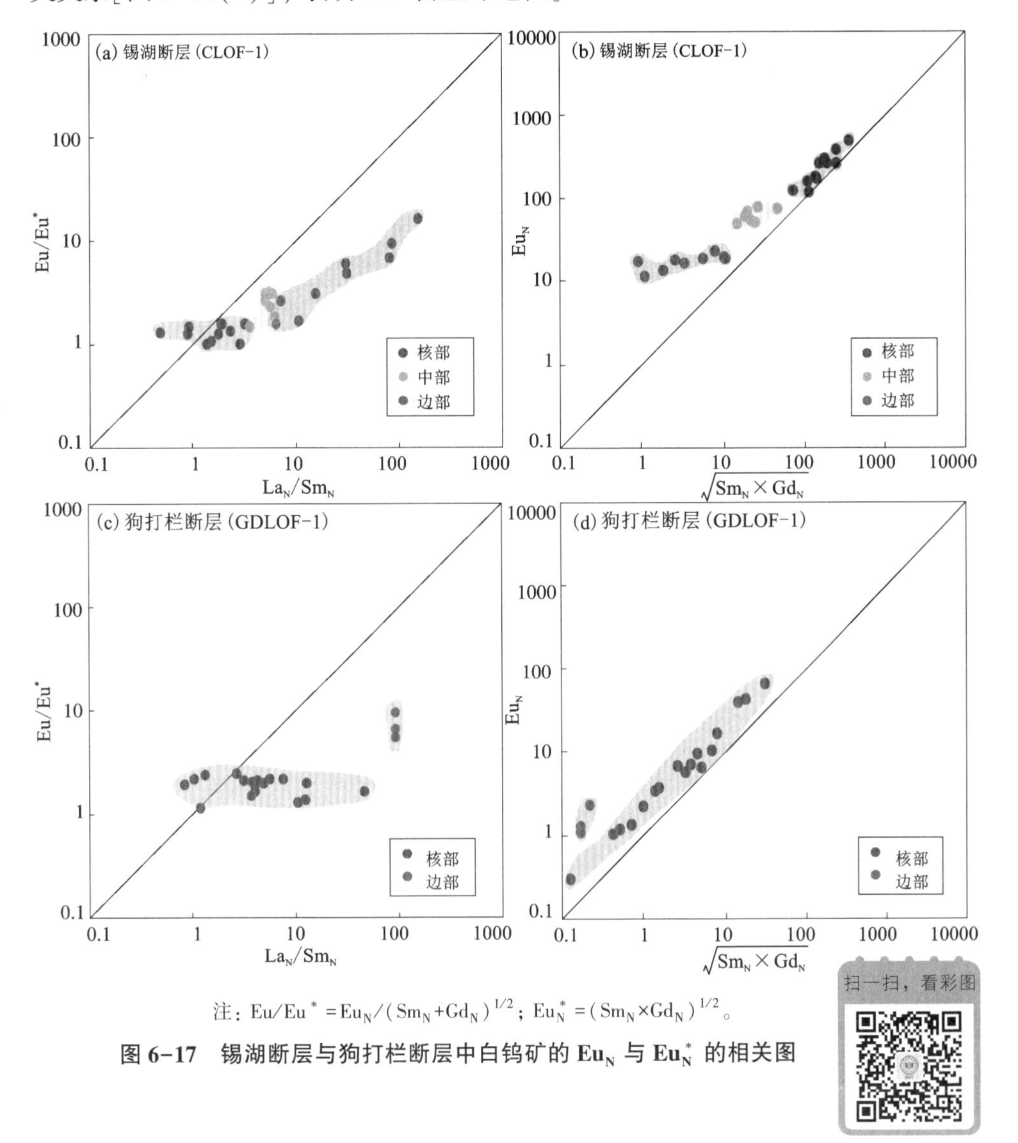

注：$Eu/Eu^* = Eu_N/(Sm_N+Gd_N)^{1/2}$；$Eu_N^* = (Sm_N \times Gd_N)^{1/2}$。

图 6-17　锡湖断层与狗打栏断层中白钨矿的 Eu_N 与 Eu_N^* 的相关图

狗打栏断层的白钨矿的核部 Eu_N/Eu_N^* 值约为 1：1，表明 Eu^{3+} 占主导地位，而边部数据较少且集中，尚不能对其做出判断[图 6-17(c)，(d)]。

锡湖断层中白钨矿核部与中部的 Ce 为弱的正异常，指示存在少量的 Ce^{4+}[图 6-15(a)]。

狗打栏断层中白钨矿大多数颗粒的核部与边部 Ce 均为弱的负异常[图 6-15(b)，(c)]，仅个别颗粒的核部 Ce 为弱正异常[图 6-15(d)]。

第 7 章　不同矿化带中萤石的分布特征

7.1　样品采集和分析方法

为了获得不同成矿带中更多的成矿流体演化信息，对钨锡矿石、铅锌矿石和独立萤石矿中萤石的阴极发光图像、主量元素、微量元素以及同位素进行研究。研究的萤石样品分别取自狗打栏钨锡矿(钨锡矿带)、茶陵铅锌矿(铅锌矿带)、星高和光明萤石矿(萤石矿带)，详细的样品信息列于表 7-1。

表 7-1　锡田矿田萤石样品信息表

样品编号	矿床	期次	矿物组合	萤石颜色
H01	狗打栏	一	黑钨矿+白钨矿+萤石±黄铁矿+石英	紫色
H02	狗打栏	一	黑钨矿+白钨矿+萤石±黄铁矿+石英	紫色
H03	狗打栏	二	萤石+石英	绿色
H04	狗打栏	二	萤石+石英	绿色
H05	狗打栏	二	萤石+石英	无色
H06	狗打栏	二	萤石+石英	无色
H09	茶陵	二	萤石+方解石+石英	绿色
H10	茶陵	二	萤石+方解石+石英	绿色
H11	茶陵	二	萤石+方解石+石英	绿色
H12	星高	一	萤石+石英	紫色
H13	星高	一	萤石+石英	紫色

续表7-1

样品编号	矿床	期次	矿物组合	萤石颜色
H14	星高	一	萤石+石英	绿色
H15	星高	二	萤石+石英	绿色
H16	星高	二	萤石+石英	绿色
H17	星高	二	萤石+石英	绿色
H18	星高	二	萤石+石英	无色
H19	星高	二	萤石+石英	无色
H20	光明	一	萤石+石英	紫色
H21	光明	二	萤石+石英	绿色
H22	光明	二	萤石+石英	无色

所有样品制成薄片后进行显微镜观察和阴极发光测试。在双目显微镜下，挑选纯净萤石单矿物进行微量元素与同位素分析。

萤石阴极发光(CL)测试在武汉上谱分析科技有限责任公司完成。仪器为高真空扫描电子显微镜(JSM-IT100)，配备有 GATAN MINICL 系统。工作电压为 10.0~13.0 kV，钨灯丝电流为 80~85 μA。

萤石微量元素分析在澳实分析检测(广州)有限公司完成。分析流程如下：将萤石样品均分为两部分，一部分用高氯酸、硝酸和氢氟酸消化，溶于稀盐酸中，然后用等离子发射光谱(ICP-AES)和等离子体质谱(ICP-MS)进行分析；另一部分样品与过氧化钠助熔剂混合，在 670 ℃以上温度下熔化，冷却后再熔化，用盐酸消解，并通过等离子体质谱(ICP-MS)进行分析。根据样品的实际情况和消解效果，以综合分析值为最终测试结果。测量元素见附表 12，测试相对偏差 $RD<10\%$，相对误差 $RE<10\%$。

Sm-Nd 同位素分析在核工业北京地质研究院分析测试研究中心完成。用蒸馏水洗涤萤石，并在低温下干燥，再研磨至 100~200 目。称取 0.1 g 左右粉末样品置于低压密闭溶样罐中，加入钐钕稀释剂，用混合酸($HF+HNO_3+HClO_4$)溶解 24 h；待样品完全溶解后，再蒸干；之后加入 6 mol/L 的盐酸转为氯化物，再次蒸干；再用 0.5 mol/L 盐酸溶解，通过离心分离，将清液栽入阳离子交换柱 [ϕ0.5 cm×15 cm，AG50W×8(H^+)100~200 目]，用 1.75 mol/L 盐酸溶液和 2.5 mol/L 盐酸淋洗基体元素和其他元素，用 4 mol/L 盐酸淋洗稀土元素，蒸干，转为硝酸盐，进行质谱分析。质谱测定采用 ISOPROBE-T 热电离质谱计，三带，M^+离子型式，可调多法拉第接收器接收。

7.2　不同矿带中的萤石的组构及元素分布

7.2.1　萤石的分布

本研究磨制了不同矿床中不同萤石的薄片，并在显微镜下进行观察，其特征照片见图 7-1。

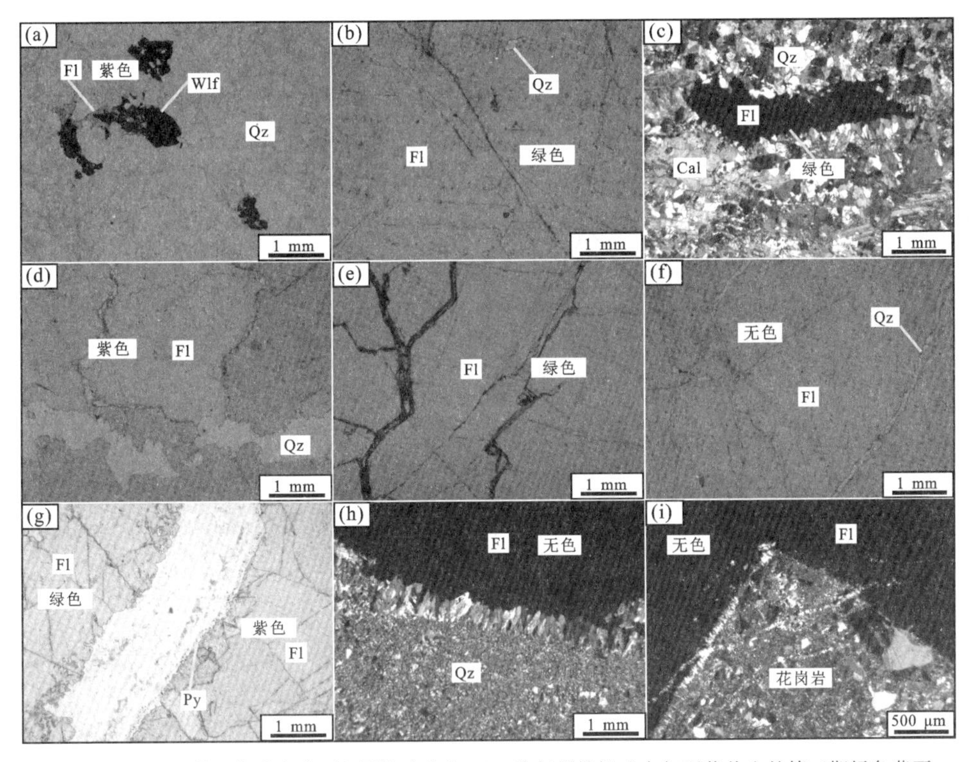

(a)狗打栏钨锡矿第一期紫色萤石与黑钨矿共生；(b)狗打栏钨锡矿中与石英共生的第二期绿色萤石；(c)茶陵铅锌矿中与方解石和石英共生的第二期绿色萤石；(d)星高萤石矿中与石英共生的紫色萤石；(e)星高萤石矿中绿色萤石；(f)星高萤石矿中与石英共生的无色萤石；(g)光明萤石矿条带状矿石中紫色和绿色萤石之间的石英、黄铁矿硅质层；(h)光明萤石矿中与石英共生的无色萤石；(i)光明萤石矿中无色萤石胶结印支期花岗岩角砾岩。Wlf—黑钨矿；Fl—萤石；Cal—方解石；Qz—石英。

扫一扫，看彩图

图 7-1　不同成矿带萤石的显微特征

狗打栏钨锡矿第一期紫色萤石为不规则它形晶，与黑钨矿和石英共生[图 7-1(a)]；第二期绿色萤石为自形晶，与粒状石英共生[图 7-1(b)]。茶陵铅锌矿只发育第二期绿色萤石，主要为半自形晶，与方解石和石英共生[图 7-1(c)]。星高萤石矿的紫色、绿色和无色萤石全部为自形-半自形晶，并与石英共生[图 7-1(d)，(e)，(f)]。光明萤石矿条带状矿石中紫色萤石比绿色萤石形成早，二者之间发育少量黄铁矿的硅质层[图 7-1(g)]。另外，光明萤石矿无色萤石结晶晚于紫色和绿色萤石，也与石英共生，并胶结印支期花岗岩角砾岩[图 7-1(h)，(i)]。

7.2.2 萤石 CL 图像特征

选择结晶较好的光明萤石矿与星高萤石矿的萤石进行 CL 图像观察。从光明萤石矿床中紫色萤石的 CL 图像可见弱的六边形振荡环带[图 7-2(a)]，带宽为 150~300 μm。萤石的裂隙中有石英充填，显示黑色的 CL 图像，与显微镜下所见

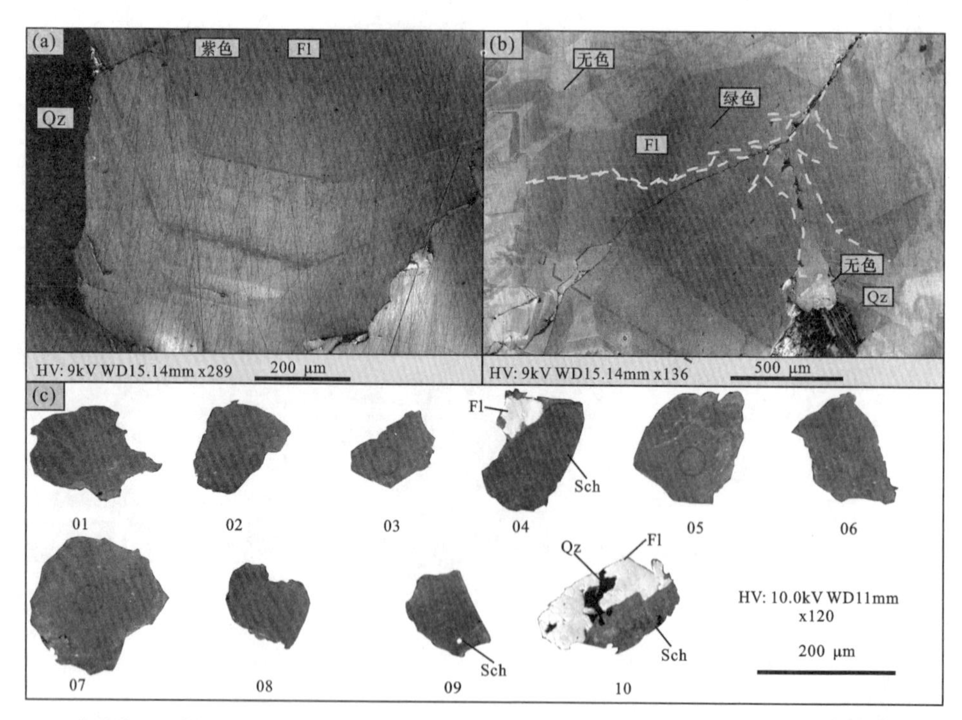

(a)光明萤石矿紫色萤石的弱六边形振荡环带；(b)光明萤石矿无色萤石胶结绿色萤石，核部(绿色萤石)振荡环带发育，边部无色萤石为不规则的颗粒；(c)星高萤石矿绿色萤石与白钨矿和石英共生。Sch—白钨；Fl—萤石；Qz—石英。

图 7-2 锡田矿田萤石的 CL 图像

特征一致[图 7-1(g)]。绿色萤石分布于核部，无色萤石分布于边部[图 7-2(b)]，边部无色萤石裂隙中有石英颗粒分布[图 7-2(b)]，局部见无色萤石穿切并胶结绿色萤石[图 7-2(b)]；绿色萤石的 CL 图像显示了明显的振荡环带，带宽为 200~300 μm[图 7-2(b)]，从核部到边部 CL 颜色逐渐变浅，边部无色萤石为不规则的颗粒结构[图 7-2(b)]。

星高萤石矿萤石的 CL 图像显示绿色萤石与白钨矿和石英共生[图 7-2(c)]，白钨矿为较亮的 CL 图像，石英为灰黑色的 CL 图像[图 7-2(c)]。

7.2.3　萤石的微量元素分布特征

萤石中微量元素含量见表 7-2 以及附表 12。

表 7-2　锡田矿田中萤石稀土元素特征

元素	狗打栏钨锡矿（第一期）			狗打栏钨锡矿（第二期）			茶陵铅锌矿（第二期）			星高萤石矿			光明萤石矿		
	Max	Min	Mean	Max	Min	Mean	Max	Min	Mean	Max	Min	Mean	Max	Min	Mean
La	114	109	112	2.40	0.90	1.45	12.2	4.50	8.65	7.00	3.40	4.65	8.00	3.40	5.60
Ce	230	217	224	4.50	1.70	2.93	25.6	8.50	17.5	16.0	7.50	11.1	17.5	7.10	11.7
Pr	25.6	24.7	25.2	0.56	0.24	0.38	3.24	0.90	2.17	2.32	0.92	1.52	2.19	0.94	1.48
Nd	84.6	82.3	83.5	2.30	1.00	1.53	13.1	3.20	8.73	10.6	3.70	6.11	8.70	3.20	5.40
Sm	14.9	13.6	14.2	0.85	0.28	0.49	2.72	0.59	1.79	4.00	1.13	2.08	2.23	0.89	1.51
Eu	2.05	1.91	1.98	0.17	0.07	0.11	0.72	0.14	0.44	0.31	0.07	0.18	0.51	0.19	0.33
Gd	10.1	9.30	9.70	1.72	0.45	0.98	3.34	0.64	2.19	5.99	1.17	2.76	2.57	0.93	1.68
Tb	1.53	1.40	1.47	0.33	0.08	0.21	0.52	0.13	0.36	1.19	0.23	0.52	0.46	0.15	0.29
Dy	9.29	8.73	9.01	2.21	0.52	1.40	3.51	0.75	2.34	7.53	1.36	3.39	3.21	0.99	1.99
Ho	1.98	1.83	1.91	0.50	0.10	0.32	0.78	0.18	0.51	1.72	0.31	0.76	0.78	0.21	0.46
Er	6.80	5.54	6.17	1.35	0.27	0.86	2.13	0.56	1.45	5.02	0.94	2.23	2.51	0.60	1.45
Tm	1.09	1.08	1.09	0.19	0.04	0.12	0.30	0.09	0.21	0.74	0.14	0.35	0.38	0.10	0.23
Yb	8.32	8.20	8.26	1.06	0.29	0.71	1.86	0.57	1.29	4.92	0.89	2.36	2.58	0.68	1.55
Lu	1.45	1.34	1.40	0.13	0.05	0.10	0.26	0.08	0.18	0.72	0.12	0.36	0.41	0.10	0.24
Y	79.8	76.8	78.3	29.1	11.7	23.6	43.6	8.30	28.5	146	15.1	55.7	38.1	7.00	20.4

续表7-2

元素	狗打栏钨锡矿（第一期）			狗打栏钨锡矿（第二期）			茶陵铅锌矿（第二期）			星高萤石矿			光明萤石矿		
	Max	Min	Mean	Max	Min	Mean	Max	Min	Mean	Max	Min	Mean	Max	Min	Mean
∑REE	512	486	499	18.3	6.98	11.6	70.3	20.8	47.8	66.7	22.8	38.4	52.0	19.5	33.9
LREE	471	448	460	10.8	4.19	6.88	57.6	17.8	39.2	38.8	16.9	25.7	39.1	15.7	26.0
HREE	40.5	37.4	39.0	7.49	1.80	4.70	12.7	3.00	8.53	27.8	5.23	12.7	12.9	3.76	7.89
LREE/HREE	12.0	11.6	11.8	2.88	0.97	1.68	5.94	4.28	4.92	3.42	1.29	2.47	4.18	3.03	3.51
$(La/Yb)_N$	9.83	9.53	9.68	2.47	0.95	1.59	5.66	4.61	4.99	3.06	0.81	1.83	3.59	2.22	2.87
Eu_N/Eu^*	0.49	0.48	0.49	0.59	0.42	0.49	0.73	0.61	0.68	0.32	0.17	0.24	0.65	0.60	0.63
Ce_N/Ce^*	1.00	0.99	1.00	1.00	0.88	0.95	0.98	0.93	0.96	1.05	0.99	1.02	1.01	0.94	0.97
Y_N/Y^*	1.47	1.42	1.45	3.91	2.01	3.00	2.05	1.72	1.93	3.35	1.63	2.26	1.84	1.17	1.49

注：$Eu^*=(Sm/Sm_N+Gd/Gd_N)/2$；$Ce^*=(La/La_N+Pr/Pr_N)/2$；$Y^*=(Dy/Dy_N+Ho/Ho_N)/2$；元素含量单位为$\times10^{-6}$。

狗打栏钨锡矿第一期紫色萤石具有最高的微量元素(不包括稀土元素)含量，而第二期绿色萤石中的微量元素含量较低，二者的差值可达两个数量级(附表12)。

茶陵铅锌矿和星高、光明萤石矿萤石的微量元素分布与狗打栏钨锡矿第二期绿萤石相似(图7-3)，但是狗打栏钨锡矿床第一期紫色萤石较其他萤石更富集Rb、Th、U、La、Ce、Nd和Sm元素。

上地壳标准化图(图7-3)显示大多数萤石样品的Rb、U、La、Ce、Nd、Sm和Y元素富集，而其他元素是亏损的；另外，K、P、Nb、Zr、Hf和Ti相对于相邻元素，表现为负异常。

不同成矿带中萤石的稀土元素含量变化较大，但是配分曲线具有一定的相似性，特别是HREE(图7-4)。狗打栏钨锡矿床第一期紫色萤石具有最高的∑REE+Y($563\times10^{-6}\sim592\times10^{-6}$)和强富集LREE(LREE/HREE = 11.6~12.0)，弱的负Eu异常($Eu/Eu^*=0.48\sim0.49$)[图7-4(a)]；第二期绿色萤石∑REE+Y较低($18.7\times10^{-6}\sim47.4\times10^{-6}$)，弱富集LREE(LREE/HREE = 0.97~2.88)；萤石稀土配分型式变为平坦型[图7-4(a)]。

铅锌矿带中茶陵铅锌矿第二期萤石具有低的∑REE+Y($29.1\times10^{-6}\sim113.9\times10^{-6}$)和弱的LREE富集(LREE/HREE=4.28~5.94)，弱的负Eu异常($Eu/Eu^*=0.61\sim0.73$)[图7-4(b)]。

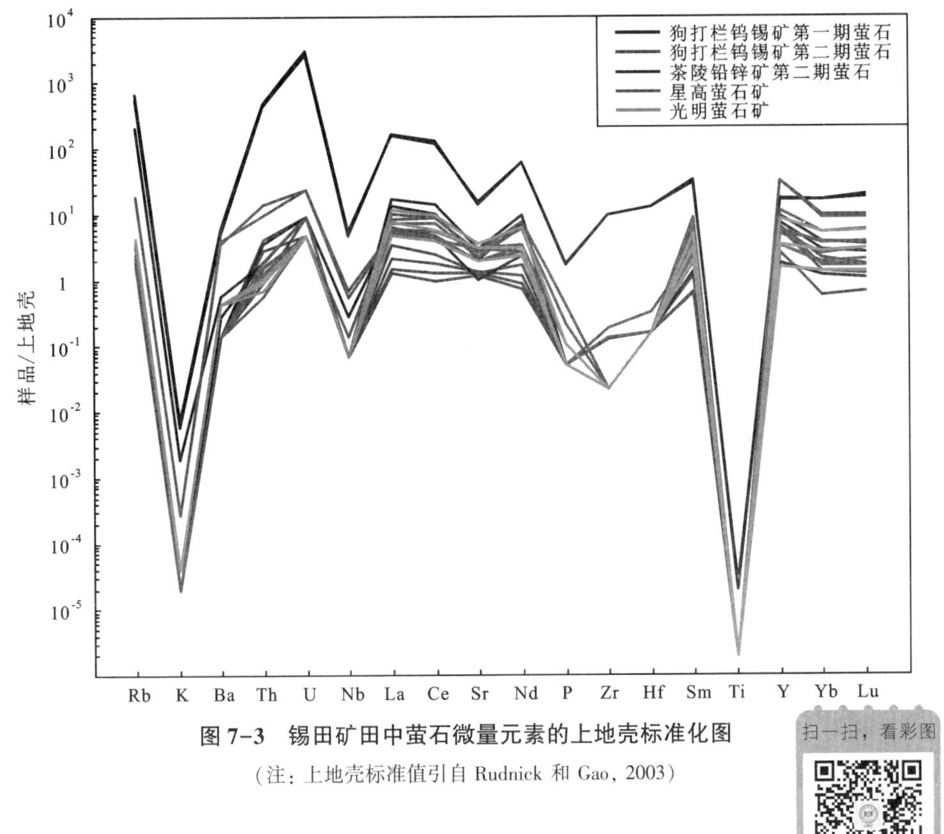

图 7-3　锡田矿田中萤石微量元素的上地壳标准化图

（注：上地壳标准值引自 Rudnick 和 Gao，2003）

扫一扫，看彩图

星高与光明萤石矿床的稀土配分型式具有低的 $\sum$REE+Y（$37.9\times10^{-6}\sim212.7\times10^{-6}$；$26.5\times10^{-6}\sim96.1\times10^{-6}$）和弱 LREE 富集（LREE/HREE = 1.29 ~ 3.42；LREE/HREE = 3.03 ~ 4.18），显著的负 Eu 异常［Eu/Eu^* = 0.17 ~ 0.32；Eu/Eu^* = 0.63 ~ 0.65。图 7-4(c)，(d)］。

7.2.4　萤石的成矿元素

萤石的成矿元素（W、Sn、Mo、Pb、Zn 和 Bi）含量见表 7-3。狗打栏钨锡矿第一期紫色萤石中成矿元素含量（特别是 W、Sn 和 Mo）远高于第二期绿色萤石，W、Sn 和 Mo 的富集系数从第一期紫色萤石的 80、25 和 109 分别下降到第二期绿色萤石的 0.17、0.14 和 0.29（表 7-3）。

茶陵铅锌矿萤石的 W、Sn 和 Mo 的富集系数分别为 2.94、0.98 和 0.37。星高和光明萤石矿萤石的 W、Sn 和 Mo 富集系数分别为 5.89、0.23 和 0.26（表 7-3），均低于狗打栏钨锡矿第一期紫色萤石。

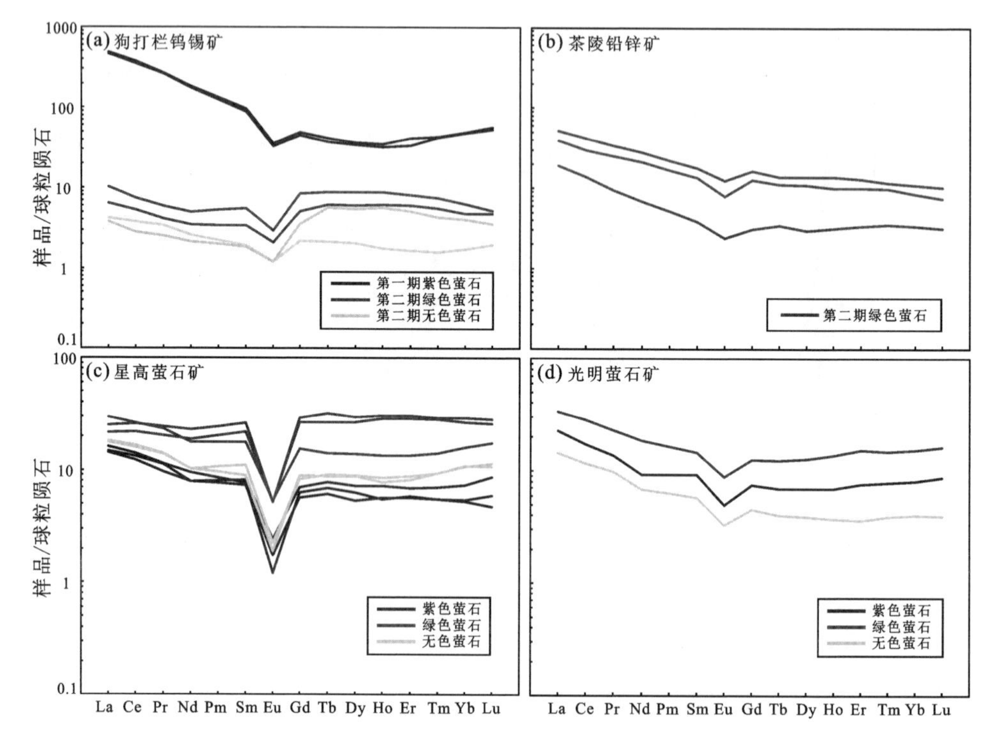

图 7-4　不同成矿带中萤石稀土元素稀土配分曲线图

（注：标准化值据 Sun 和 Mc Donough，1989）

表 7-3　锡田矿田中萤石含矿元素组成

样品编号	矿床	期次	Ag	Bi	Cu	Mo	Pb	Sn	W	Zn
H01	狗打栏钨锡矿	一	0.02	0.38	1.10	73.1	2.60	30.7	9.20	7.00
H02	狗打栏钨锡矿	一	0.01	0.28	1.00	35.8	2.40	38.8	87.0	8.00
克拉克值			0.07	0.17	26.0	0.50	15.0	1.40	0.60	76.0
平均值			0.02	0.33	1.05	54.5	2.50	34.8	48.1	7.50
SD			0.01	0.05	0.05	18.7	0.10	4.05	38.9	0.50
CF			0.21	1.94	0.04	109	0.17	24.8	80.2	0.10
H03	狗打栏钨锡矿	二	<0.01	0.01	1.20	0.21	0.70	0.20	0.10	<2
H04	狗打栏钨锡矿	二	<0.01	0.01	1.30	0.15	<0.5	<0.2	0.10	<2
H05	狗打栏钨锡矿	二	<0.01	0.01	1.30	0.11	<0.5	0.20	0.10	<2
H06	狗打栏钨锡矿	二	0.02	0.01	1.20	0.10	<0.5	0.20	0.10	<2

续表7-3

样品编号	矿床	期次	Ag	Bi	Cu	Mo	Pb	Sn	W	Zn
平均值			0.02	0.01	1.25	0.14	0.70	0.20	0.10	—
SD			0.01	0.00	0.06	0.05	0.35	0.10	0.00	0.00
CF			0.29	0.06	0.05	0.29	0.05	0.14	0.17	—
H09	茶陵铅锌矿	二	0.01	0.03	1.10	0.10	0.70	0.20	2.50	<2
H10	茶陵铅锌矿	二	0.01	0.03	1.10	0.10	0.70	0.20	2.50	<2
H11	茶陵铅锌矿	二	<0.01	0.03	1.40	0.36	0.50	3.70	0.30	<2
平均值			0.01	0.03	1.20	0.19	0.63	1.37	1.77	—
SD			0.01	0.00	0.17	0.15	0.12	2.02	1.27	0.00
CF			0.14	0.18	0.05	0.37	0.04	0.98	2.94	—
H12	星高萤石矿	一	0.04	0.03	2.10	0.26	1.50	0.80	10.4	2.00
H13	星高萤石矿	一	0.04	0.03	1.70	0.15	2.70	0.60	12.7	2.00
H14	星高萤石矿	一	<0.01	0.01	1.20	0.12	<0.5	0.20	0.80	<2
H15	星高萤石矿	二	<0.01	0.01	1.20	0.09	1.60	0.20	5.30	<2
H16	星高萤石矿	二	<0.01	0.01	1.20	0.08	<0.5	0.20	5.50	<2
H17	星高萤石矿	二	<0.01	0.01	1.20	0.07	0.70	<0.2	0.80	<2
H18	星高萤石矿	二	<0.01	0.01	1.40	0.09	<0.5	0.20	0.80	<2
H19	星高萤石矿	二	<0.01	0.07	1.30	0.10	0.90	0.20	1.00	<2
H20	光明萤石矿	一	<0.01	0.01	1.40	0.15	<0.5	0.30	0.40	<2
H21	光明萤石矿	二	<0.01	0.01	1.50	0.14	0.80	0.30	1.00	<2
H22	光明萤石矿	二	<0.01	0.01	1.40	0.19	1.80	0.20	0.20	<2
平均值			0.04	0.02	1.42	0.13	1.43	0.32	3.54	2.00
SD			0.02	0.02	0.26	0.05	0.86	0.21	4.20	0.77
CF			0.57	0.11	0.05	0.26	0.10	0.23	5.89	0.03

注：“<”为低于检测限；克拉克值引自迟清华与鄢明才，2005；SD 为标准偏差；CF 为富集系数；元素含量单位为 10^{-6}。

7.2.5　萤石的 Sm-Nd 同位素年龄

为确定萤石与钨锡矿、铅锌矿及断层中热液活动的成因关系，选择星高萤石矿紫色与绿色萤石进行 Sm-Nd 同位素定年。

萤石 Sm 和 Nd 同位素定年是确定萤石矿成矿时代的有效手段(Barker et al.，2009；Graupner et al.，2015)。星高萤石矿萤石的 Sm 和 Nd 元素含量及同位素组成列于表 7-4，其 Sm 和 Nd 含量分别为 $1.29\times10^{-6}\sim3.87\times10^{-6}$、$3.95\times10^{-6}\sim9.80\times10^{-6}$，$^{147}Sm/^{144}Nd$ 和 $^{143}Nd/^{144}Nd$ 的变化范围分别为 0.1715～0.3502、0.512050～0.512222。萤石的 6 个 $^{147}Sm/^{144}Nd$ 与 $^{143}Nd/^{144}Nd$ 投影点呈线性分布[图 7-5(a)]，其等时线年龄为(153.4 ± 8.2) Ma(初始 $^{143}Nd/^{144}Nd$ = 0.511871 ± 0.000013，MSWD = 1.5)，与钨锡矿和铅锌矿成矿时代基本一致[(156.6±0.7) Ma～(149.7±0.9) Ma。刘国庆等，2008；Liang et al.，2016；He et al.，2018；Cao et al.，2018]；对应的 $\varepsilon_{Nd}(t)$ 值为-11.3～-11.0，平均值为-11.1[图 7-5(b)]，与锡田矿田燕山期花岗岩相似(Zhou et al.，2015)。

表 7-4　锡田矿田星高萤石矿床萤石的 Sm-Nd 同位素组成

样品编号	颜色	Sm/($\times10^{-6}$)	Nd/($\times10^{-6}$)	$^{147}Sm/^{144}Nd$	$^{143}Nd/^{144}Nd$	2σ	$\varepsilon_{Nd}(t)$
H12	紫色	1.37	4.4	0.1883	0.512056	0.000013	-11.18
H13	紫色	1.29	3.95	0.1973	0.512060	0.000011	-11.30
H14	绿色	1.68	5.07	0.2009	0.512072	0.000008	-11.11
H15	绿色	3.04	8.64	0.2126	0.512090	0.000009	-11.01
H16	绿色	3.87	6.68	0.3502	0.512222	0.000007	-11.12
H17	绿色	2.78	9.8	0.1715	0.512050	0.000018	-10.99

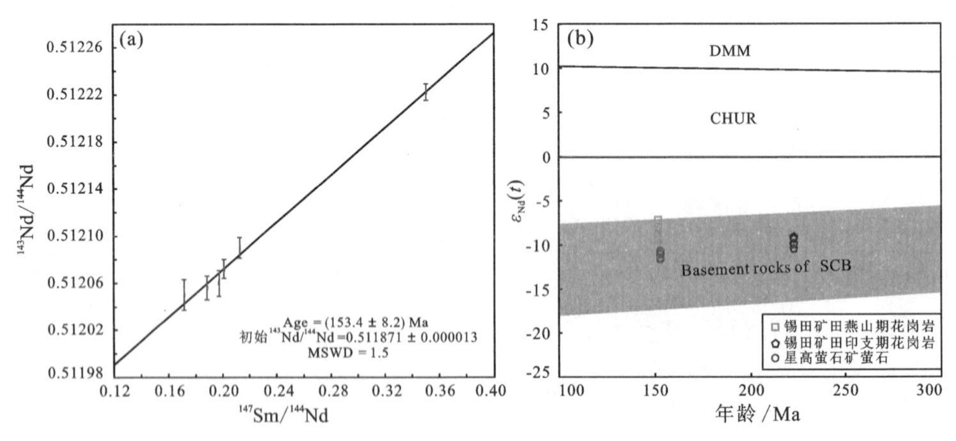

注：$\varepsilon_{Nd}(t)=[(^{143}Nd/^{144}Nd)_i/(^{143}Nd/^{144}Nd)_{CHUR}-1]\times10^4$。SCB 基底岩石的 $\varepsilon_{Nd}(t)$ 来自 Sun et al.，2003；印支期花岗岩和燕山期花岗岩的 $\varepsilon_{Nd}(t)$ 来自 Wu et al.，2016 与 Zhou et al.，2015。DMM 为亏损地幔；CHUR 为球粒陨石均一源区。

图 7-5　星高萤石矿床中萤石的 Sm-Nd 同位素等时线图及萤石和花岗岩的年龄与 $\varepsilon_{Nd}(t)$ 图

第 8 章　燕山期断层对成矿的控制作用

锡田矿田燕山期主要发育 NE-NEE 向断层和 NNW 向断层，并以 NE 向的矿田断层最为发育，发育数条，等距排列。人们对锡田矿田内矿床与断层关系的认识主要集中在二者空间关系与控制矿床分布方面，但对断层自身特征与成矿在时间和物质方面的联系关注较少，对断层中流体特征与成矿流体关系及可能的联系机理也并不清楚，本章将从时间、空间、物质(热液)之间的联系方面对这些问题进行初步探讨。

8.1　燕山期断层与成矿的空间耦合

区域应力场分析(图 8-1)表明，第一期 NNW-SSE 向挤压形成了 NEE 走向的逆断层(例如茶汉断裂)，发育断层破碎带[图 8-1(a)]，对应 NEE 向断层中第一期角砾状石英脉；第二期 NW-SE 向的挤压形成了 NNW 向与 NEE 向的张剪性结构面[图 8-1(b)]，分别充填第二期石英脉或矿脉；第三期 NNW-SSE 向的伸展形成了 NEE 向的张剪性结构面[图 8-1(c)]，形成了第三期梳状石英脉。其中，第二期 NNW 向与 NEE 向张剪性结构面为燕山期主要的容矿断层，如南部的茶陵铅锌矿与北部的大陇、太和仙、卸甲山铅锌矿等主要赋存在 NNW 向断层中；北部的湘东钨矿、南部的狗打栏钨锡矿、星高萤石矿等主要发育在 NNE 向的断层带中。如 3.3 节所述，NE-NEE 向断层最终受伸展作用控制，表现为正断层特点。

茶陵盆地两侧燕山期热液矿床具有区域空间分带性，盆地两侧的矿化类型均呈现由南向北的 W-Sn、Pb-Zn、萤石矿化分带(图 5-11)，同时矿物组合、流体包裹体均一温度等热液特征也显示了相应的 NE 向的分带以及南、北两区的规律性变化(详见本书的 5.2 节)；而矿床的这种展布与 NE 向断层展布有良好一致性，构成二者在区域空间尺度上的大致耦合格架。

除此之外，单个矿床也都分布在 NE 向断层的附近，其容矿断层均与之有关，

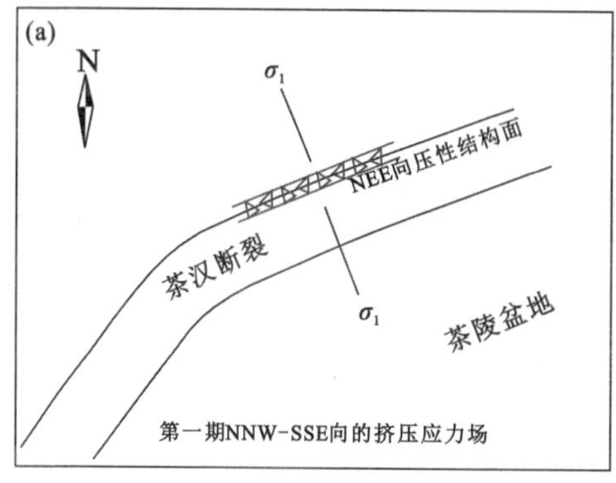

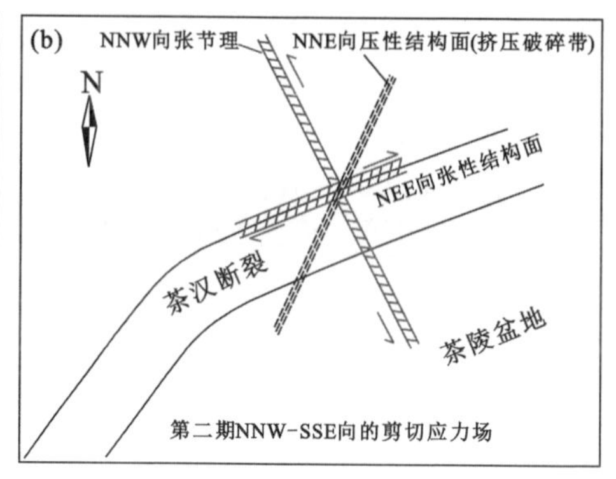

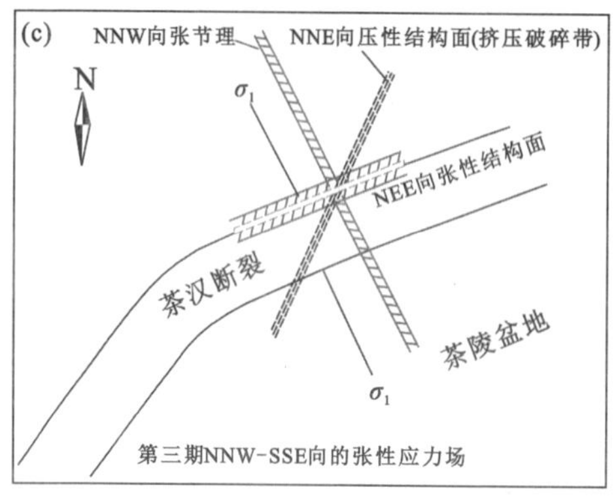

图 8-1　锡田燕山期构造应力场分析简图

在矿床尺度上显示了二者密切的空间关系。北部邓埠仙地区的湘东钨矿床分布在茶汉断层下盘的平行次级断层带中，大陇铅锌矿、太和仙铅锌矿床分别分布在NE向的大陇断层的NNW向次级断层中，一个位于大陇断层的NE端，一个位于其SW端。南部锡田地区的狗打栏钨锡矿与花里泉钨锡矿床位于NE向狗打栏断层附近，前者位于该断层的NE端，后者位于断层的SW端，其容矿断层是NE向的次级断层；园树山钨锡矿床位于NE向园树山断层旁侧，其NE向次级断层是容矿断层；尧岭铅锌矿床处于NE向五马骑巢断层的下盘的断层破碎带中，NE向的次级断层控制了矿体分布；茶陵铅锌矿床位于NE向锡湖断层的南侧，矿体呈脉状，沿NNW向次级断层分布；星高萤石矿床距NE向星高断层的水平距离只有20~30 m，矿体均分布于NE向次级断层中；光明萤石矿床处于NE向星高断层与光明断层的中部，矿体也分布于NE向次级断层中(图2-2)。

剖面上，狗打栏钨锡矿、垄上燕山期脉型矿受断层系统约束明显，从山顶→山脚→地下坑道中，由密集分布、平行排列的硅化线(不含矿)、石英细脉带(含少量的黑钨矿与白钨矿）过渡到坑道中含黑钨矿石英大脉[图5-2(e)，图5-5(b)]。而星高萤石矿从地表往深部+200 m标高(杨冰清，1989)，石英萤石矿脉一致稳定赋存在断层破碎带中[图5-9(b)]。湘东钨矿的南、北两组脉分布在不同力学性质的断层系统中，北组脉为压剪性裂隙，可能为早期挤压形成的，矿脉以硅化带与石英细脉带为主，矿化较弱；南组矿脉显示出张剪特征，石英脉有明显的充填特征，矿石品位高于北组脉(孙振家，1990；熊伊曲，2017)，形成于张性环境(Wei et al.，2018)，南组脉一直延伸至茶汉断层(老山坳段)，深度可达800 m[图5-3(b)]。

因此，无论从平面还是剖面角度，都显示了燕山期断层与成矿的空间关系非常密切。

8.2　燕山期断层与成矿的时间耦合

如3.4节所述，基于燕山期NE向断层与锡田岩体、地层的空间关系，将NE向系列断层活动形成的时代约束为(159.2±4.6)Ma～(152.5±1.2)Ma，与燕山期岩浆热液活动时代相似，二者具有时代耦合特点(Liang et al.，2016)，从时代上可将NE向系列断层中热液活动与岩浆热液归属为同一热液体系。工作中还发现断层中热液活动期次与研究区矿床热液活动期次存在对应关系(3.5与3.7节)。

对于锡田矿田的成矿化时代，前人已开展了较多的工作，将矿田南部各类矿带的成矿时代确定为(156.6±0.7) Ma～(149.7±0.9) Ma，其中狗打栏钨锡矿的辉钼矿Re-Os等时线年龄为(149.7±0.9) Ma (Liang et al.，2016)，锡石U-Pb等时线年龄为(155.2±1.8) Ma (He et al.，2018)，荷树下钨锡矿床白云母$^{40}Ar/^{39}Ar$坪年龄为(156.6±0.7) Ma (Cao et al.，2018)，垄上钨锡矿床白云母$^{40}Ar/^{39}Ar$等时线年龄为157～155 Ma(马丽艳等，2008；Liang et al.，2016)，锡石U-Pb等时线年龄为(154.5±2.2) Ma (He et al.，2018)，辉钼矿Re-Os等时线年龄为(150±2.7) Ma(刘国庆等，2008)。矿田北部邓埠仙地区各矿带的成矿时代为(154±8.0) Ma～(150.4±1.5) Ma，其中湘东钨矿辉钼矿Re-Os等时线年龄为(150.5±5.2) Ma(蔡杨等，2012)，(150.4±1.5) Ma(董超阁等，2018)；锡石U-Pb等时线年龄分为两阶段，与二云母有关的锡石U-Pb等时线年龄为(151.6±3.7) Ma，与白云母有关的锡石U-Pb等时线年龄为(136.8±3.3) Ma (Xiong et al.，2020)；大陇铅锌矿闪锌矿Rb-Sr等时线年龄为(154±8.0) Ma(郑明泓等，2016)。

前人未对萤石矿的成矿时代进行约束，为了明确萤石矿与钨锡矿、铅锌矿的关系，并为矿田矿化分带提供依据，测定星高萤石矿萤石的Sm-Nd同位素等时线年龄，其结果为(153.3±8.0) Ma[MSWD=1.5，图7-5(a)]。

以上事实说明，锡田矿田北部和南部的各类矿化的成矿时代基本一致，与NE向系列断层形成的时代和燕山期花岗岩的成岩时代基本一致，显示成矿时代与断层活动时代在时间上是耦合的。

8.3 NE向断层流体与成矿流体演化过程相似性

如3.5、3.7节所述，NE向断层与矿床的热液活动均发育多期流体活动，NE向系列断层的流体活动期次与成矿阶段也存在对应关系。如3.5.1所述，断层的宏观特点、构造岩的显微特征、CL图像特征均显示断层中有三期热液活动，其中第一期热液活动并不成矿，而第二期热液活动中的矿物与成矿早阶段(第一期)矿物类型一致，含微量黄铁矿、白钨矿；第二期形成的热液石英只发育微裂隙，且没有明显变形，显示第二期热液活动时环境相对稳定，与矿体中石英基本没变形对应，因而认为NE向断层第二期的构造-热液活动与第一阶段的成矿可对应。断层的第三期热液石英脉规模最小，梳状构造发育，为纯石英脉，与成矿的晚阶段(第二期)对应，均受明显的张应力场控制，热液运动均以平流方式为主，如湘东钨矿、狗打栏钨锡矿、茶陵铅锌矿、大陇铅锌矿、星高萤石矿等矿脉中部也发育梳状石英或萤石[图5-4(d)；5-6(c)；5-8(b)；5-10(d)]。

NE向断层与矿床中关系密切的两期热液特征也显示二者有相似的演化过程(图8-2)。

均一温度-盐度关系图显示[图8-2(a)]狗打栏断层与狗打栏钨锡矿从早期到晚期流体包裹体的均一温度和盐度有协同下降的变化趋势，狗打栏断层内第二期石英脉到第三期石英脉流体包裹体的均一温度从260~370 ℃降至140~270 ℃[图3-6(a)]，盐度从0.8%~8% NaCl equiv降至1%~5% NaCl equiv[图3-7(a)]；狗打栏钨锡矿第一期石英脉到第二期石英脉流体包裹体均一温度从200~360 ℃降至160~310 ℃[图5-15(a)]，盐度从3%~7% NaCl equiv降至1%~5% NaCl equiv[图5-16(a)]。断层与矿床中石英流体包裹体的均一温度与盐度之间均表现出较为明显的线性关系，随着温度的逐渐降低盐度亦逐渐降低，都具有高温高盐度流体与低温低盐度流体混合特征[图8-2(a)]，显示二者流体演化趋势的相似性。

狗打栏断层中第二期石英脉与狗打栏钨锡矿第一期石英脉均发育Ⅰ型富液相包裹体与富气相包裹体，显微测温过程中富液相包裹体均一到液相，富气相包裹体均一到气相[图3-6(a)；5-15(a)]，均一温度相近[图8-2(a)]，计算得出富气相包裹体的盐度低于富液相包裹体的盐度[图3-7(a)；5-16(a)]，指示断层流体与成矿流体均发生了沸腾作用(图8-2。Shepherd et al.，1985)，正是断层的张

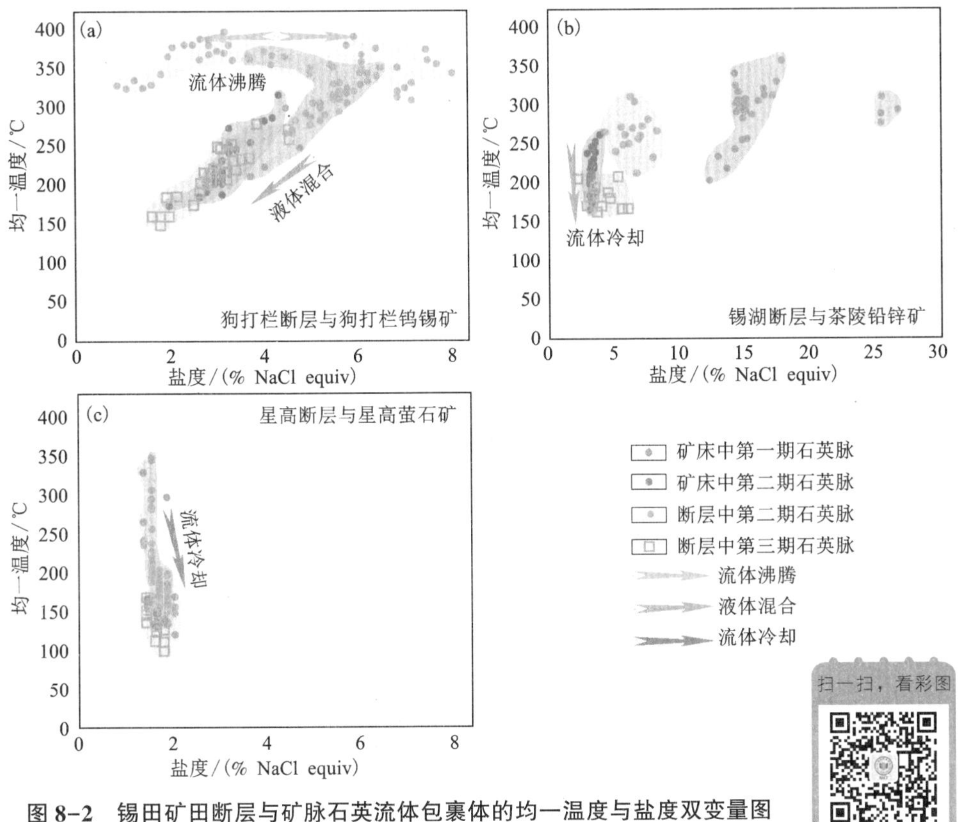

图 8-2　锡田矿田断层与矿脉石英流体包裹体的均一温度与盐度双变量图

性特点为流体进入断层后减压沸腾提供了有利条件(Zacharias et al.，2016)。激光拉曼分析结果显示狗打栏断层第二期石英脉与狗打栏钨锡矿第一期石英脉流体包裹体均含 CO_2 与 CH_4 气体(图 3-8；图 5-17)，显示二者在气相组分上有相似的特点。

锡湖断层与茶陵铅锌矿也表现出相似的规律[图 8-2(b)]，锡湖断层第二期石英脉到第三期石英脉流体包裹体均一温度由 200~296 ℃降至 150~195 ℃，盐度由 4%~8% NaCl equiv 降至 2%~6% NaCl equiv[图 3-6(b)；3-7(b)]；茶陵铅锌矿早阶段的石英到晚阶段石英流体包裹体均一温度由 190~350 ℃降至 150~250 ℃，盐度由 12%~28% NaCl equiv 降至 2%~3% NaCl equiv[图 5-15(b)；5-16(b)]。断层与矿床中石英流体包裹体的均一温度与盐度均表现出从早阶段到晚阶段显著降低的规律，具有高温高盐度流体与低温低盐度流体混合特征[图 8-2(b)]，也显示二者流体演化趋势的相似性。

星高断层与星高萤石矿的流体演化过程也相似，从早期石英脉到晚期石英脉流体包裹体的均一温度降低，但盐度变化不大[图 8-2(c)]。星高断层第二期到第三期石英脉中流体包裹体均一温度从 121～152 ℃降至 91～154 ℃[图 3-6(c)]，盐度均为 1%～2% NaCl equiv[图 3-7(c)]，星高萤石矿早阶段到晚阶段石英脉的流体包裹体的均一温度从 120～340 ℃降至 120～150 ℃[图 5-15(c)]，盐度均为 1%～2% NaCl equiv[图 5-16(c)]，指示断层与成矿流体均受快速冷却作用机制控制[图 8-2(c)]。

图 8-3 显示了 NE 向断层与矿石中石英的 H-O 同位素组成也存在相似的演化过程。狗打栏断层第二期到第三期流体的 $\delta^{18}O_{fluid}$ 值从+3.71‰～+7.21‰降至-7.90‰，δD 值从-71.5‰上升至-60.1‰；狗打栏钨锡矿从第一期到第二期流体的 $\delta^{18}O_{fluid}$ 值从+4.41‰～+5.41‰下降到-8.10‰，δD 值从-72‰～-68.6‰上升至-61.2‰，狗打栏断层第二期与矿床第一期流体主要落入岩浆水区域，断层与成矿流体以岩浆热液为主，而狗打栏断层第三期与矿床第二期流体主要落在南岭大气降水线附近(陈振胜与张理刚，1990)，指示了有大气降水加入断层与成矿流体系统。

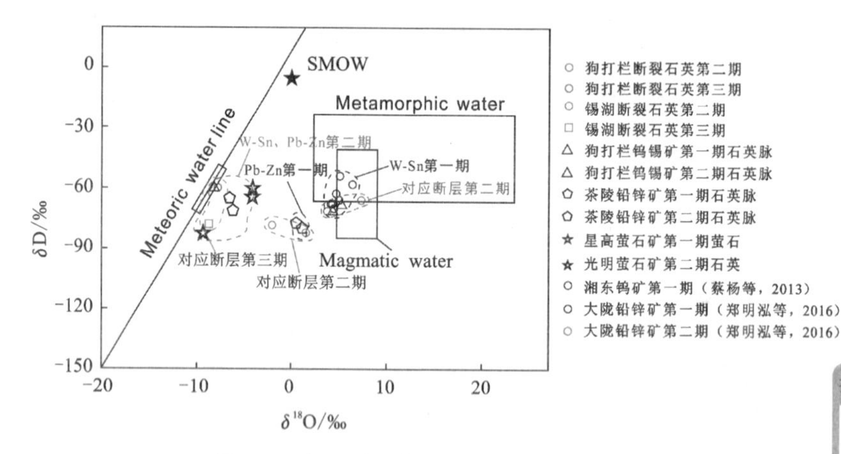

图 8-3　锡田矿田断层与矿床流体的 δD 与 $\delta^{18}O_{fluid}$ 图

(注：湘东钨矿床的数据来自蔡杨，2013；大陇铅锌矿的数据来自郑明泓，2015。)

扫一扫，看彩图

锡湖断层第二期到第三期流体的 $\delta^{18}O_{quartz}$ 值从-2.09‰～+1.51‰降至-8.81‰，δD 值从-82.3‰～-78.5‰升至-77.9‰；茶陵铅锌矿从第一期到第二期流体的 $\delta^{18}O_{fluid}$ 值从-2.55‰～-2.05‰下降到-8.60‰，δD 值从-79.8‰～-77.5‰上升至 65.3‰。锡湖断层第二期与矿床第一期流体主要落入岩浆水与大气降水混合区域，且靠近岩浆水区域，断层与成矿流体以岩浆热液为主，有大气降水的加入，而锡湖断层第三期与矿床第二期流体主要落在南岭大气降水线附近(陈振胜与张理刚，1990)，指示了有大气降水加入断层与成矿流体系统。

可见锡田矿田中的矿脉和NE向断层中的热液演化过程相似，都经历了从高温、高盐度、高$\delta^{18}O_{fluid}$值和相对低的δD值到低温、低盐度、低$\delta^{18}O_{fluid}$值和相对高的δD值的演化过程。

以上分析说明锡田矿田NE向断层与成矿不仅在活动时代上相近，而且在流体活动期次及演化规律上都有良好对应或耦合关系。

8.4 断层与矿床热液物质与流体来源的相似性

锡田矿田中NE向断层从早到晚的热液活动伴随不同的热液产物，第一、三期以纯石英为主，断层中的成矿元素含量低，未发现与矿床矿石矿物相同的矿物；但断层第二期石英脉中除石英以外还出现绢云母、白钨矿、黄铁矿、萤石等矿物[图6-11(a)，(c)，(d)，(e)，(f)]，矿物类型与锡田矿田矿床中的矿物类型相似，显示NE向断层中矿物分布模式与矿床成矿阶段有很强的对应，断层第二期的热液活动与矿床中早阶段(第一期)矿物类型可对应，从多矿物组成角度上可以说明NE向断层中流体与矿田中热液-矿床中的热液物质类型存在耦合性。

锡田矿田的NE向断层充填物的元素分析结果显示(3.5.2节)普遍富集W、Sn元素，其平均富集系数分别为389和129，茶汉断层及上寨断层中局部地段充填物中W、Sn含量甚至高于边界品位值(0.1%)，显示断层中富集的成矿元素与矿床一致。锡湖断层与狗打栏断层中第二期石英脉中白钨矿边部的稀土配分型式与湘东钨矿、狗打栏钨锡矿、星高萤石矿中白钨矿的稀土配分型式相似，均为“W”型[图6-15(e)]，反映了矿田北区、南区、NE向断层成矿物质为同一源区(Hazarika et al.，2016；Ghaderi et al.，1999；Xue et al.，2014；Dostal et al.，2009)。

由于石英是断层与矿体中均发育的矿物，而且均为热液作用产物，比较其微量元素(尤其是稀土元素)分布特点或可以有助于揭示断层与成矿间的物质联系。图8-4显示茶汉断层石英中稀土元素分布模式与湘东钨矿床早阶段石英趋势的相似性，均表现为LREE富集，HREE相对亏损，Eu异常均很弱(表3-6)；狗打栏断层与相邻的狗打栏钨锡矿的石英的稀土元素分布也有相似的特点，因此认为断层与矿床中石英最初的流体来源应相关。

锡田内W-Sn矿带→Pb-Zn矿带→萤石矿带，以及对应的断层石英脉，其流体的δD值微弱升高，$\delta^{18}O_{fluid}$值逐渐减小，分布呈线性关系，从以原始岩浆水为主逐渐向南岭地区大气降水区域线性漂移(Sheppard，1986；陈振胜与张理刚，1990)，这说明W-Sn矿带、Pb-Zn矿带、萤石矿带的成矿流体与断层流体显示了相似的演化趋势，成矿流体随时间和空间的变化，其组成及流体来源变化趋势相似，从早到晚二者的流体中大气降水均逐渐增多，证实二者流体来源的相似性。

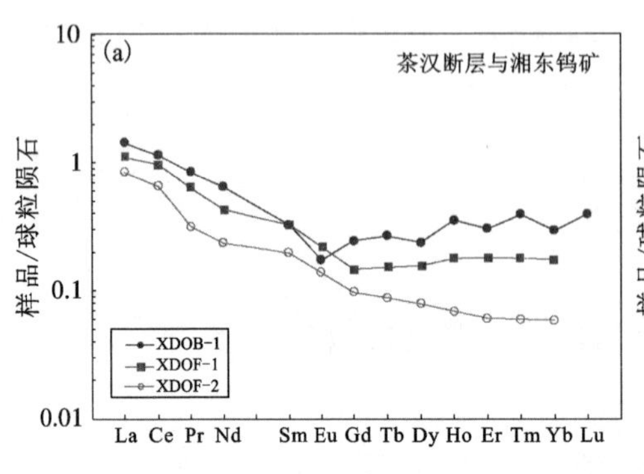

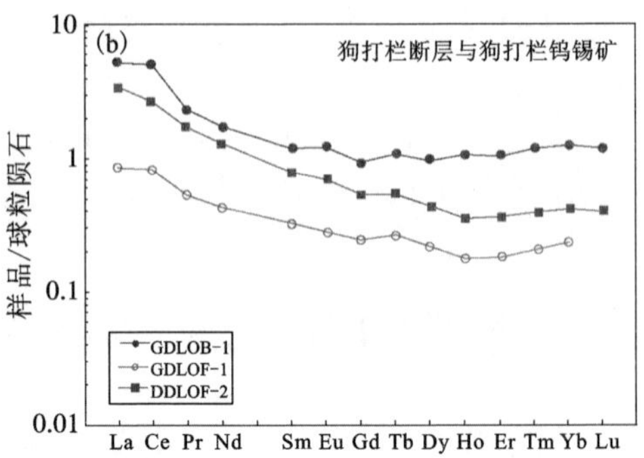

图 8-4　锡田矿田断层(绿线)与矿床石英(红线)的球粒陨石标准化配分曲线

(注：球粒陨石标准化值据 Sun 和 Mc Donough，1989。)

扫一扫，看彩图

以上事实说明锡田矿区南、北两地区矿床成矿物质与流体来源一致，均以岩浆源为主，晚期有大比例的大气降水加入；更重要的是显示 NE 向断层中的热液组分类型、来源及组成变化趋势与区内矿床有较高程度的相似性，较好地指示了 NE 向断层中的热液与矿床热液物质的相关，也说明断层-热液活动与成矿阶段的对应性。

8.5　断层中白钨矿稀土元素对流体系统的指示

由于只从锡湖断层和狗打栏断层中获得了白钨矿样品，因此以二者为例探讨单颗粒白钨矿稀土元素分布特征。

1)锡湖断层

LA-ICP-MS 线分析结果显示锡湖断层白钨矿的 REE 元素总量从核部(早期)到边部(晚期)减少(图 6-14)，表明早期流体富稀土元素，晚期流体贫化稀土元素，锡湖断层白钨矿核部到边部的稀土元素分布曲线显示了由 Eu 弱正异常的平坦型变为 Eu 强正异常及 MREE 显著贫化的“W”型[图 6-15(a)]，显示从早到晚流体中稀土元素发生强烈分馏。断层中白钨矿核部 Y/Ho 值恒定(14.0~20.5，附表 11)，与燕山期二云母花岗岩中白钨矿的 Y/Ho 值相似[图 8-5(a)]，表明白钨矿早期结晶于单一岩浆热液流体源，指示白钨矿早期结晶时锡湖断层处于相对封闭环境(Brugger et al.，2000；Irber，1999)，也反映流体进入断层后处于稳定的状态。

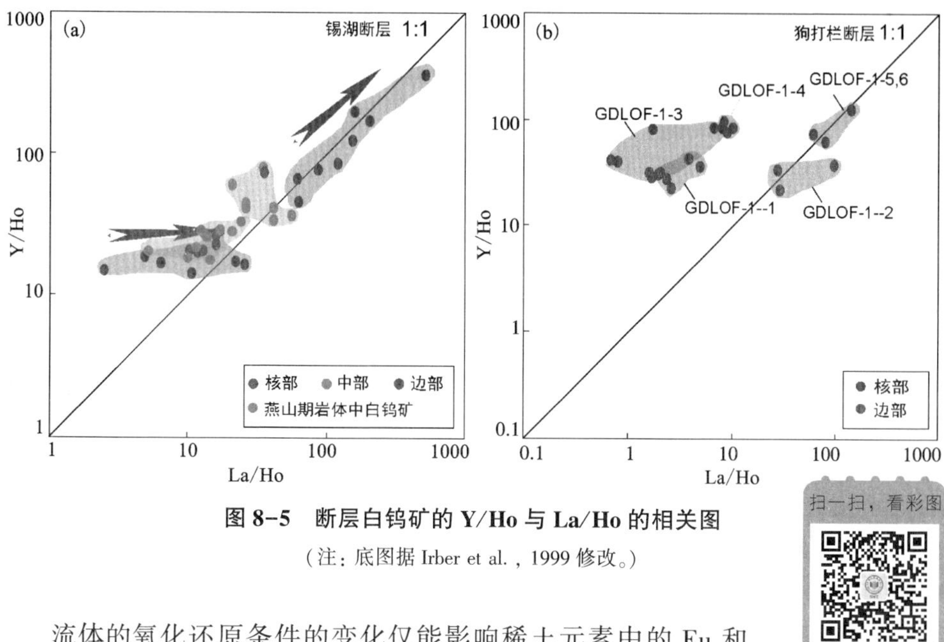

图 8-5　断层白钨矿的 Y/Ho 与 La/Ho 的相关图

（注：底图据 Irber et al.，1999 修改。）

流体的氧化还原条件的变化仅能影响稀土元素中的 Eu 和 Ce，对三价元素影响很小，并且不会引起 REE 的整体分馏(Ghaderi et al.，1999；Hazarika et al.，2016)。流体中 MREE 的贫化主要是富 MREE 的矿物的沉淀所致，如富含 MREE 氟磷灰石的沉淀(Brugger et al.，2000；彭建堂等，2005)。锡湖断层的样品中未发现氟磷灰石，与白钨矿共生的矿物主要为石英和少量绢云母，石英流体包裹体中可能存在少量稀土元素，但石英中 Si、O 离子半径和价态的特征也确定其晶格中不存在稀土元素，因此石英结晶所捕获稀土元素不足以引起流体中稀土元素的强烈分馏；绢云母是贫稀土矿物($\sum$REE 通常$<10\times10^{-6}$)，其稀土配分型式常呈平坦状，MREE 也只略有贫化(Li et al.，2015b)，因此，绢云母也不是成矿流体 MREE 发生强烈分馏的主要控制因素。

Brugger et al.(2000)提出了封闭系统中的分步结晶定性模拟模型，证明了封闭流体系统中白钨矿的结晶可导致稀土元素分布从富 MREE 到贫 MREE 的变化，所计算的稀土配分系数 $D_{白钨矿/流体}$与理论曲线一致[图 8-6(a)]。锡湖断层中白钨矿从核部到边部的稀土配分型式变化与 Brugger et al.(2000)模拟模型一致[图 8-6(a)]，表明从核部到边部稀土元素分布曲线从平坦型配分型式变为"W"型配分型式主要是封闭系统下的白钨矿自身结晶引起的[图 6-15(a)]，由于早结晶的白钨矿(核部)捕获了流体中的稀土元素，导致流体中稀土元素含量降低，也致使后结晶白钨矿(边部)稀土元素含量降低(Vikent'eva et al.，2012)。由于断层开放程度和活动频率不高，钨锡成矿流体规模较小[图 8-6(b)]，其边部 Eu 以+2 价

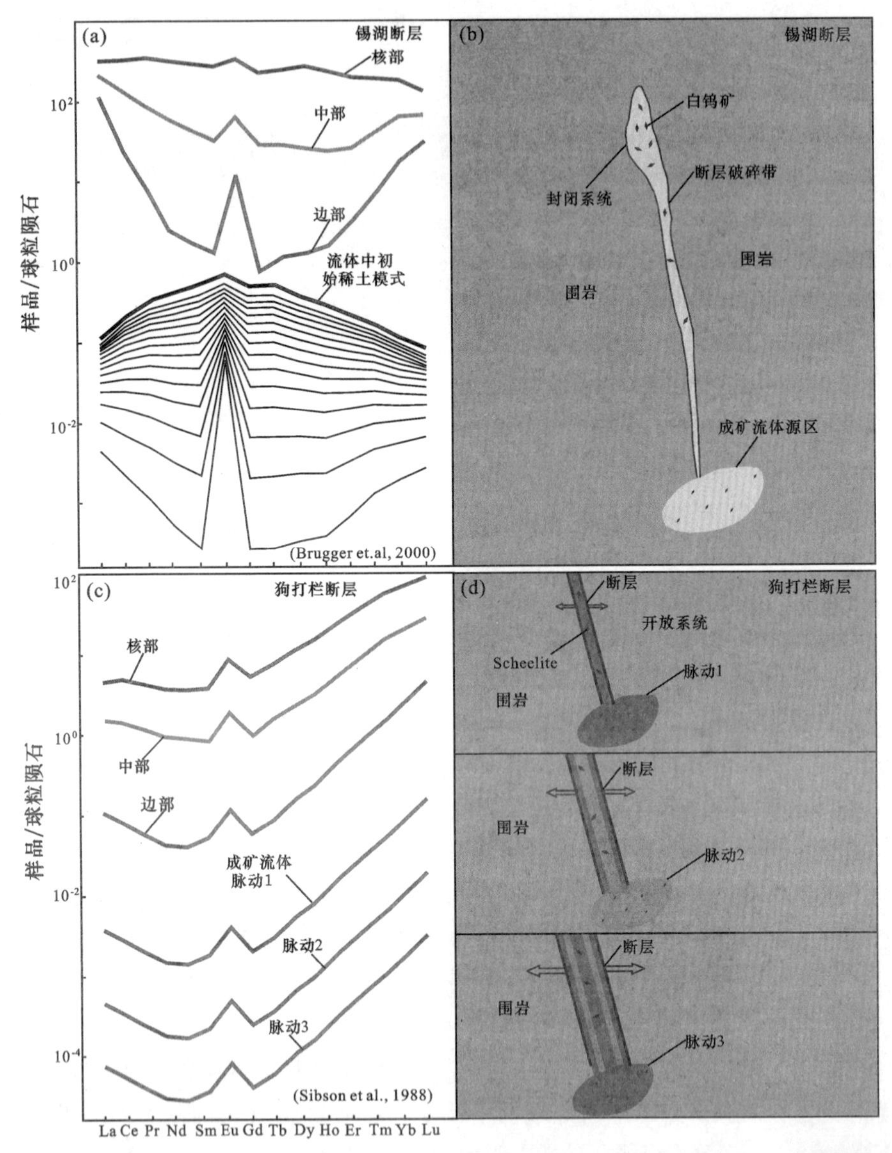

(a)锡湖断层的白钨矿稀土配分曲线变化与封闭体系中白钨矿稀土配分曲线变化的实验结果对比图(Brugger et al., 2000)；(b)锡湖断层-流体系统中白钨矿结晶原理示意图；(c)狗打栏断层白钨矿由核部到边部 REE 分布曲线的变化与开放系统流体的周期性脉动条件下白钨矿稀土分布变化实验(Sibson et al., 1988)结果相似；(d)狗打栏断层的断层-流体周期脉动示意图。

图 8-6　不同系统中白钨矿的稀土分馏模型

为主，指示了还原环境，而锡湖断层旁分布的是茶陵铅锌矿似也较好地说明了这点。

2)狗打栏断层

狗打栏断层中白钨矿核部到边部 MREE 元素含量变化较小，MREE 贫化程度低，没有逐渐分馏现象，大多数颗粒的稀土配分型式显示一致性，但∑REE 发生周期性变化[图 6-15(b)，(c)，(d)]；从核部到边部 Y/Ho 值有显著变化，二者有近 1 个数量级的差异[图 8-5(b)，附表 11]，这些与锡湖断层形成了较明显的差异，进而也说明断层-流体系统一直是开放的，在其演化过程中有外来流体加入，而且流体以周期性脉动性方式进入断层系统[图 8-6(c)，(d)]，其形成机制可为地震泵或断层阀模型解释(Sibson et al.，1988)。白钨矿核部 Eu 以+3 价为主，指示了氧化的环境，且开放的环境和钨锡成矿流体大量进入断层系统的特征与该断层旁分布的是狗打栏钨锡矿是一致的。

8.6　断层石英脉-矿脉的耦合关系及找矿意义

以上对燕山期断层与矿床在分布空间、形成时代、流体来源、流体系统的演化特点上的分析，反映了它们之间良好的耦合关系。为了表达它们之间的关系，尝试建立其耦合模型。但断层与矿体中锆石年龄值分布差异似不支持二者的成因联系，对此通过流体的“分馏”过程进行初步解释。

1)NE 向断层与容矿断层流体分馏及“双脉”模型

锡田矿田的矿脉和断层石英脉具有完全不同的锆石年龄值的分布模式，矿脉中存在大量老锆石(前泥盆纪)，湘东钨矿矿体中锆石年龄值为 2200~600 Ma[图 5-22(a)]，狗打栏钨锡矿床为 900~600 Ma[图 5-22(b)]，茶陵铅锌矿有两个集中域，分别为 500~400 Ma 和 900~800 Ma[图 5-22(c)]。而断层中的锆石 U-Pb 年龄值分布集中，其值为 250~140 Ma(图 3-10)。

矿脉与断层中锆石的形态不同，矿脉中锆石颗粒较小，多数为浑圆状，少数为不规则长条状(图 5-21)，而断层中锆石多数为棱柱状自形晶(图 3-9)。

矿脉中的锆石的年龄值常早于成矿年龄的现象也已有报道，如香花岭锡-铅-锌矿(Wu et al.，2018)，前人认为形成这种现象的原因是岩浆重熔基底岩石的差异及流体途经时代更老围岩，两种原因均可使不同时代的老锆石在矿脉中共存。

锡田矿田断层石英脉中锆石的 U-Pb 年龄值的分布与断层围岩(花岗岩)的年龄分析相同(蔡杨，2013；Zhou et al.，2015；Liang et al.，2016)，因此认为断层中的锆石为流体与围岩(花岗岩)发生水-岩交代反应而捕获的围岩锆石。

对于断层与矿脉中锆石年龄分布模式不同的原因，还缺乏理想的解释。本书基于断层与矿床在时、空、物上存在联系的基础，尝试通过分馏机制对其进行初步解释，并初步建立含矿(矿脉)与不含矿石英脉(断层)联系的“双脉”模型(图 8-7)。

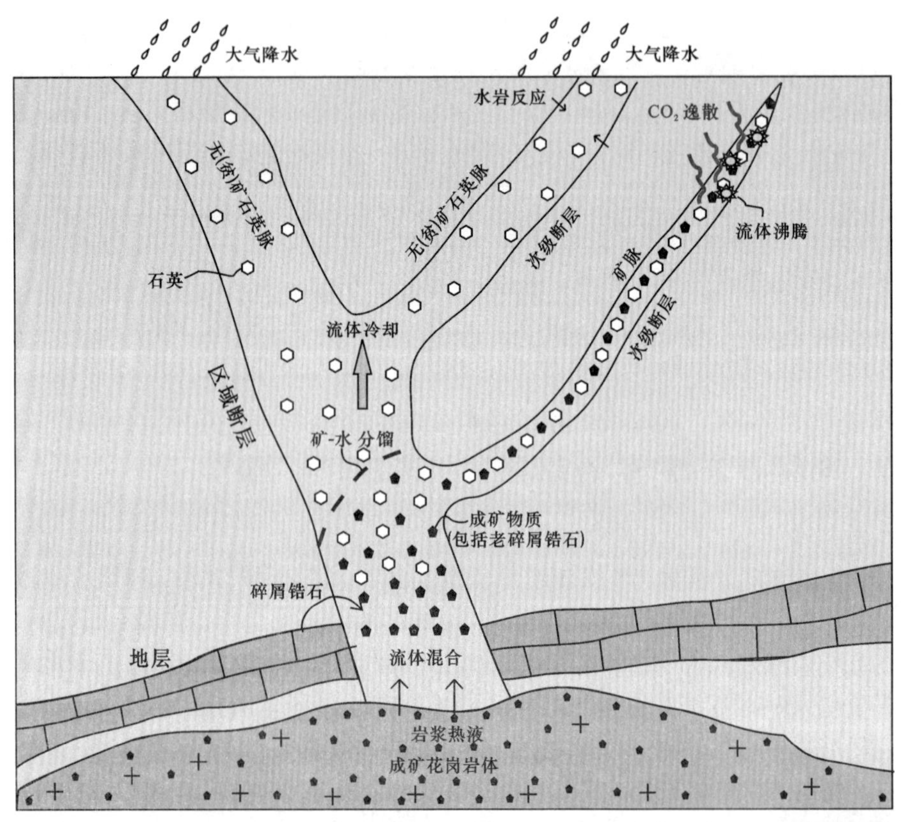

图 8-7 锡田矿田石英脉型矿床中的“矿水分离”模型图

含矿花岗岩浆热液流体在向上运移过程中可与围岩中的循环流体进行混合，初始的混合热液中包含了大量从深部围岩捕获的锆石，热液向上运移时一方面可进入旁侧次级断层，另一方面可继续沿主断层运移；次级断层中由于热液的不断加入而无法逸散，成矿物质浓度增加，同时流动性下降，其状态应较为稳定。另外，当流体进入断层后受减压作用影响，热液发生沸腾和除气，进而成矿物质沉淀，形成矿脉，所携带的多源锆石也发生沉淀。

成矿物质的沉淀使热液组分变为富水和二氧化硅的流体，它们沿 NE 向主断层继续向上运移，主要从花岗岩围岩中捕获锆石，同时有更多的大气降水加入，使流体温度下降，盐度和微量元素含量也下降。

但由于成矿物质和锆石发生了先期沉淀，此时的流体中成矿物质相对于矿床亏损，流体在进入浅部的主断层和次级断层后只能形成不含矿石英脉，其中锆石的年龄值也更年轻，分布也相对集中。

该模型显示，矿脉形成稍早于断层石英脉，断层中的流体为成矿流体分馏后残留体与大气降水的混合体，而断层为流体的逸散通道，其作用在于 NE 向断层可使深部流体发生大规模逸散，防止了流体压力与围岩压力平衡关系的形成，保证了深部含矿流体可源源不断进入断层-矿床流体系统，使热液中“溶质”(成矿物质)可以不断富集并沉淀，由于溶液体系中“溶质”的质量一般远小于“溶液”，因此不含矿的断层石矿脉规模远大于含矿石英脉(图 5-4，图 5-6，图 5-8，图 5-10)。

该模型虽然较好地解释了石英脉型矿床中断层石英脉与矿脉的关系，也得到了流体中锆石年龄值、组分、温度、盐度等特征及二者空间相邻等事实支持，但其形成的机理仍不清楚，包括矿-水分离的控制机制，更合理的模型还需要更多的研究和深入的理论来完善。

2)断层石英脉-矿脉“双脉”模型的找矿意义

图 8-7 模型指示断层中石英脉的规模可以反映含矿热液的量，因而与成矿规模有关。在锡田矿田中，湘东钨矿床对应的茶汉断层的石英脉规模远比狗打栏钨锡矿对应的断层中的石英脉规模大，湘东钨矿的成矿规模也大于狗打栏钨锡矿。星高萤石矿床对应的星高断层石英脉规模大于光明断层的石英脉，星高萤石矿的矿石量也大于光明萤石矿(图 5-9，图 5-10)。

根据断层石英脉与矿脉的“双脉”模型，断层石英脉与矿脉间存在成因联系，大多数情况下，断层石英脉比矿脉发育范围更广，具有与矿脉相似的倾向特征，使断层石英脉(无矿石英脉)对矿脉的勘探更有指示意义。

第 9 章　岩浆活动与成矿关系研究

前人对锡田矿田岩浆岩和成矿模式均开展过较详尽的工作，本次研究主要进行相关补充工作，以为从更深入的角度认识锡田矿田岩浆活动对成矿的影响提供依据。

9.1　岩体与矿化空间相关

印支期矽卡岩型矿床主要分布在泥盆系灰岩与印支期岩体的接触带，矿体位于接触带附近的层间破碎带或岩体凹部的接触带，如垄上钨锡矿与合江口铜矿分布在南部印支期岩体的“哑铃柄”处接触带(图 2-2)，其印支期岩体的大部分接触带均没有矿化，矿化只在“哑铃柄”处发育，实际上说明是岩体的“凹部”与矿化关系密切。

燕山期石英脉型矿床分布于印支期花岗岩岩基或者燕山期岩体内部的裂隙中(伍式崇等，2012；邓渲桐等，2017；董超阁等，2018)，并受 NE 向矿田断层约束(图 2-2)，少数燕山期岩体与泥盆系灰岩接触带部位发育小规模矽卡岩钨锡矿化，如荷树下钨锡矿床中的部分矿体(He et al.，2018)。

锡田矿田北部的邓埠仙地区出露较大规模燕山期岩体，钨锡矿脉主要发育在第一期中粗粒二云母花岗岩与第二期细粒二云母花岗岩的裂隙中，因此可以认为成矿与这两期花岗岩是空间叠加关系，其成矿相关的岩体应是更晚期岩浆岩。

在矿田南部的锡田地区，钨锡矿脉主要分布在印支期岩基的裂隙中，燕山期岩体为岩株与岩脉状，且呈零散状分布，岩体以细粒结构为主，说明其剥蚀程度低，与成矿有关的燕山期岩体的主体应还处于隐伏状(图 2-2)。

锡田矿田北部的邓埠仙地区和南部的锡田矿区都显示出从南向北由钨锡矿化→铅锌矿化→萤石矿化的分带，而且钨锡成矿带处的燕山期岩体出露面积明显大于铅锌矿带、萤石矿带，前者的岩体为岩株状，而后者多只出露少量岩脉

(图2-2)，说明矿化分带与岩体出露面积(隐伏程度)相关。同时，W-Sn矿带、Pb-Zn矿带、萤石矿带成矿流体的均一温度呈逐渐降低趋势(图5-11)，说明W-Sn矿带与岩体的距离较铅锌矿和萤石矿更近，W-Sn矿带应是燕山期岩突突起最高处，而Pb-Zn矿带、萤石矿带应是岩突突起较低处，W-Sn矿带、Pb-Zn矿带、萤石矿带指示了深部燕山期岩体的岩突由南向北海拔下降(埋深加大)分布，反映了矿带与岩体的空间相关性。

9.2 岩浆岩成岩-成矿时间的对应

花岗岩的成岩时代与矿化时代的一致性是岩浆-矿化耦合的基本依据(王玉往等，2012；叶天竺等，2014)。图9-1显示了锡田矿田的矿化与花岗岩成岩时代存在一定对应性，区内尽管也发育加里东花岗岩，但未发现加里东期的矿化[图4-1(a)，(b)]。

与印支期花岗岩有关的矿化基本只分布在锡田矿田南部的锡田地区(图2-2)，矿化类型为矽卡岩型钨锡矿化，如垄上钨矿与合江口铜矿，垄上为一中型矿床，合江口为一小型矿床，成矿时代为225 Ma，与印支期花岗岩成岩时代相一致[(225.5±3.6) Ma]；矿田北部邓埠仙地区尚未发现与印支期有关的矿化，只有印支期岩体与泥盆系接触带金子岭发现大量的石榴子石、透闪石、绿帘石化、绿泥石矽卡岩化。

与燕山期花岗岩有关的矿化在矿田的北部和南部均有发育，其矿床数量和规模均明显大于印支期(图2-2)，其矿化类型主要为断层热液充填钨锡、铅锌、萤石脉矿，并与燕山期岩浆热液作用有关(蔡杨等，2012；郑明泓，2015；Liang et al.，2016；Cao et al.，2018；Xiong et al.，2017)，所有矿床的矿化时代与岩体成岩时代也相近(图9-1)。

9.3 岩浆活动与成矿作用

尽管锡田矿田发育加里东期、印支期、燕山期花岗岩，但成矿显示了从无矿→小规模成矿→大规模成矿的演化规律，这种规律与岩体出露规模成反比，前人研究结果已说明锡田矿田成矿作用为岩浆热液作用，因此本次工作考虑岩浆演化与成矿元素的富集、流体来源和演化的相关性，希望能以更详尽的事实说明岩浆活动对成矿的重要影响。

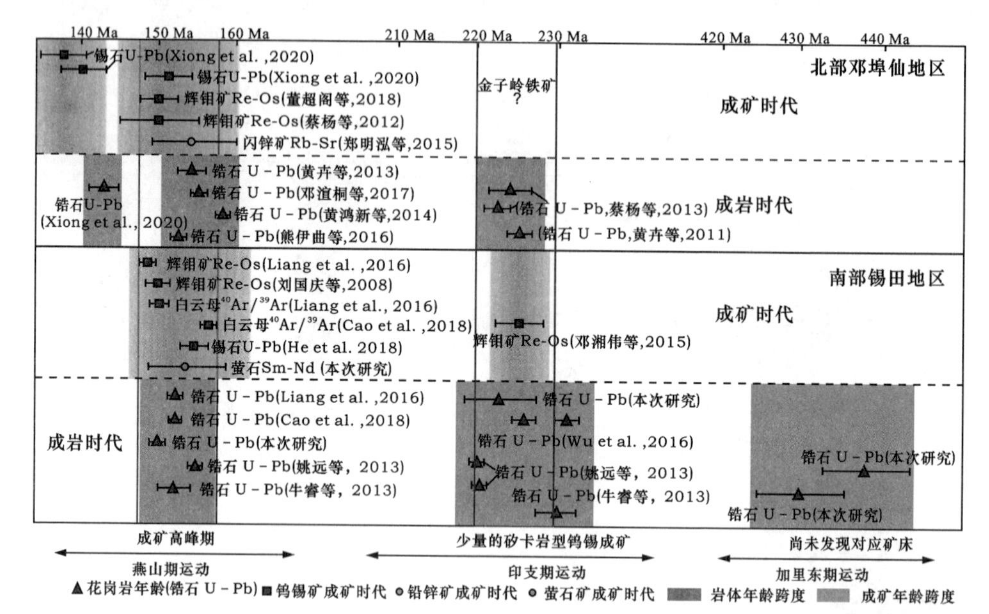

图 9-1　锡田矿田成岩与成矿年龄对比图

9.3.1　岩浆演化与含矿元素富集

表 4-4 显示锡田矿田花岗岩中的成矿元素(W、Sn、Cu、Pb、Zn)含量具有从加里东期→印支期→燕山期增加的趋势，其中 W、Sn 元素更显突出。加里东期中细粒白云母花岗岩中 W、Sn 元素含量为华南地块上地壳的 6 倍，远低于燕山期与印支期所有岩体(图 9-2)；印支期花岗岩中 W 元素的含量明显低于燕山期花岗岩，其粗粒花岗岩中的 W 含量虽为华南上地壳的 10 倍，但低于燕山期全部演化阶段花岗岩中 W 的含量。

就是在燕山期内花岗岩也显示了从早到晚成矿元素含量逐渐变化的趋势，岩浆演化晚期的白云母花岗岩中 W 元素最富集，其含量为华南上地壳的 283 倍，为二云母花岗岩(燕山期岩浆演化第二阶段的花岗岩)的 25 倍，为黑云母花岗岩(燕山期岩浆演化第一阶段的花岗岩)的 19 倍。

各构造期花岗岩中 Sn 元素含量分布与 W 元素分布变化相似，但 Sn 含量值低于 W，加里东期的花岗岩的 Sn 含量只有华南地块上地壳的 8 倍，印支期花岗岩中 Sn 元素含量为华南地块上地壳的 12 倍，燕山期花岗岩的 Sn 元素含量是华南地块上地壳的 8~18 倍，岩浆演化早阶段的黑云母花岗岩 Sn 元素含量最低，为华南地块的 8 倍，而晚阶段的白云母花岗岩的 Sn 元素含量为华南地块上地壳的

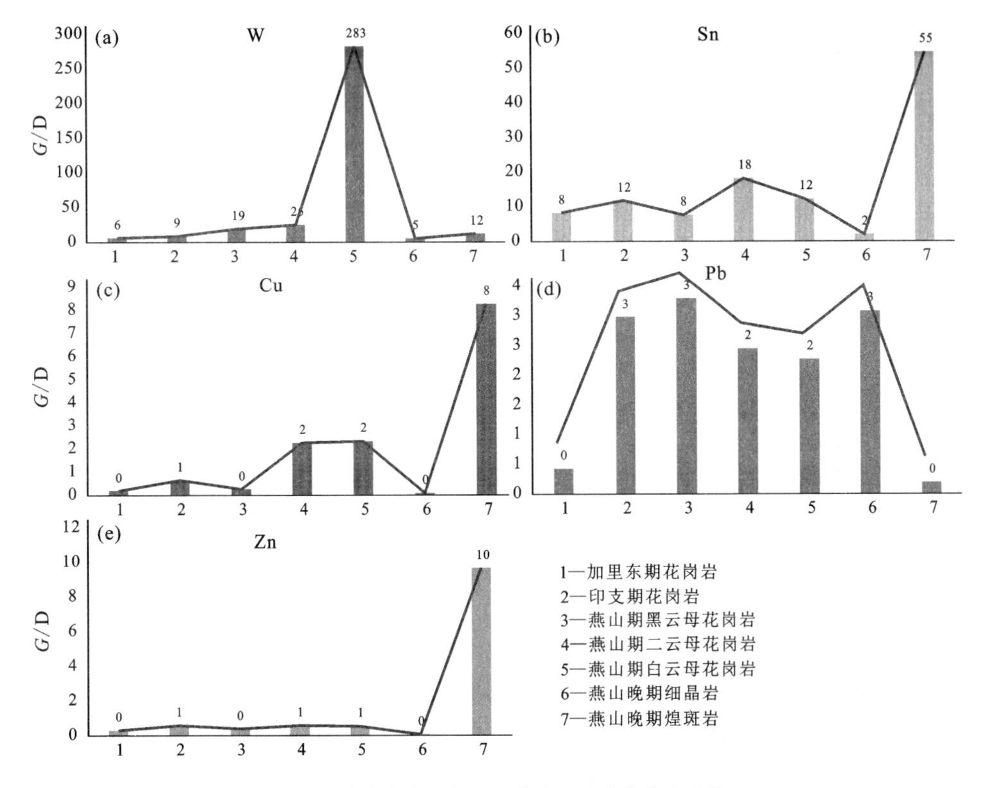

G—花岗岩中成矿元素；D—华南上地壳中成矿元素。

图 9-2　不同构造期花岗岩成矿元素富集系数图

30.7 倍。值得注意的是煌斑岩中的 Sn 异常高，为华南地块上地壳的 55 倍，但因为煌斑岩形成时期并未发生成矿，且岩浆活动规模小，所以锡田矿田 Sn 成矿与之无关，但其 Sn 含量的高值原因及意义值得深入探讨。

研究区花岗岩中 Cu 元素的富集程度远低于 W、Sn 元素，印支期和加里东期花岗岩的 Cu 元素含量相对于华南地块上地壳显示为亏损，燕山期花岗岩中 Cu 元素含量只为华南地块上地壳的 2 倍，这决定了锡田矿田只有局部地段有铜富集(垄上)。燕山期和印支期的花岗岩中 Pb 和 Zn 元素含量差别不大，但远高于加里东期岩体(图 9-2)。

不同构造期花岗岩中成矿元素含量的变化趋势与研究区加里东期不成矿，印支期有少量矽卡岩型钨锡矿，燕山期发育大规模 W-Sn、Pb-Zn、萤石成矿事件相吻合，这种岩浆成矿元素分布的演化规律反映了岩浆活动对成矿物质的支撑作用。

9.3.2 岩浆热液规模与成矿

岩浆热液作用同样与锡田矿田成矿作用存在对应关系。锡田矿田最南端的宁冈地区大规模出露了加里东期花岗岩，其出露面积数倍于区内的印支期、燕山期花岗岩面积，但已有资料及实地调查结果显示，在研究区及邻区无与之有关的矿化及蚀变，其邻区的矿化也是燕山期岩浆作用的结果。加里东期花岗岩岩体的接触带发育较大规模、连续分布的热接触变质带，表现为奥陶系砂岩大规模角岩化，但未发现有热液蚀变现象，因此说明加里东期岩浆出溶流体规模有限，岩浆主要起热作用。另外，区内新发现加里东期花岗岩产状小岩株，因而说明应不存在顶部热液蚀变已被剥蚀的情况，也反映了加里东期岩浆中流体含量低、岩浆热液作用弱的事实。

锡田矿田印支期岩浆热液作用虽以交代作用为主，但仅在垄上钨锡矿与花木钨锡矿处形成矽卡岩型热液蚀变，伴生的成矿规模均较小，与印支期花岗岩大规模出露不成比例，或说明岩浆热液规模小，成矿作用弱，或可能是其热液作用产物(矿或蚀变)已被剥蚀。

区内燕山期花岗岩出露面积最小，但如3.5节所述，该期大规模发育与岩浆热液有关的硅化，沿NE向断层分布的硅化带和石英脉的宽度可达5~15 m，长度可达上千米，同时发育电气石化、绢云母化、萤石化[图5-4(e)；图5-10(e)]，局部也发育少量矽卡岩化，其岩浆热液蚀变规模远大于印支期和加里东期岩浆热液蚀变规模，同时形成区内大规模的岩浆热液成因的钨锡矿床、铅锌矿和萤石矿。

以上岩浆热液作用的规模与成矿规模的对应性从另一角度反映了岩浆作用与成矿的密切相关性。

9.3.3 白钨矿氧同位素对成矿流体来源的指示

氧同位素常被用来示踪成矿流体来源(Poulin et al., 2018)。垄上矽卡岩型矿床中白钨矿 $\delta^{18}O_{scheelite}$ 值为+5.9‰~+7.2‰，变化很小，对应成矿流体的 $\delta^{18}O_{fluid}$ 值为+7.68‰~+8.98‰，其投影点落入了岩浆水热液范围，指示其成矿流体源于岩浆热液。

根据Shelton et al.(1987)的研究，与花岗岩相关的石英脉中白钨矿的单颗粒 $\delta^{18}O_{scheelite}$ 分布范围为-6‰(边部)~+2%(核部)；锡田矿田燕山期石英脉型白钨矿 $\delta^{18}O_{scheelite}$ 值变化较大(表6-4)，为-7.3‰~+1.6‰(平均值为-3.95‰)，与Shelton确定的白钨矿 $\delta^{18}O_{scheelite}$ 分布范围基本一致，对应的成矿流体的 $\delta^{18}O_{fluid}$ 值也指示燕山期石英脉中白钨矿的流体源自岩浆水，可能有少量的大气降水加入。但是由于研究区发育燕山期三期岩浆岩，白钨矿氧同位素组成并不能识别石英脉中白钨矿矿化的物质来源于哪期岩浆。

9.3.4　白钨矿的稀土元素分布对成矿物源的指示

人们主要通过矿体脉石矿物进行氢氧同位素组成，或硫化物的 S 同位素组成的测定来确定成矿流体和成矿物质来源，当矿田内有多期岩浆作用或有多种岩体时 H-O-S 同位素方法却难以确定是哪期岩浆作用的结果，特别是氢氧同位素组成的测定对象多为石英，而石英并不是矿石矿物，显然其对成矿的指示要弱于矿石矿物。人们也根据岩石中富含稀土元素的矿物类型及数量决定宿主岩石的稀土配分型式的原理，常用岩石或矿石的稀土配分型式近似代表成矿流体中稀土配分型式(Green 和 Pearson，1983；Roberts et al.，2006；Guo et al.，2016；Hazarika et al.，2016)，但由于岩石或矿石常包含大量的脉石矿物，同时由于稀土元素对不同的矿物有不同的分配系数，因此这种替代结果的可靠性仍不确定。显然，通过矿石矿物的稀土元素分布特征有助于更准确地了解成矿物质的来源。

白钨矿是研究区内较为普遍存在的矿石矿物，不单在矿床中存在，在 NE 向断层中也存在，甚至在花岗岩中也有发育，通过显微镜下的观察，确认其与造岩矿物为共生关系，是岩浆演化晚期的结晶白钨矿[图 6-5(c)，(f)]。基于这种情况，本研究尝试对白钨矿进行稀土配分型式的比较，以获得流体来源更为明确的信息。

流体温度、压力、组成和氧化还原条件均会影响稀土元素的分配系数，岩浆出溶热液-成矿热液的转变过程中稀土元素很可能发生分馏，在热液-白钨矿的结晶过程中，稀土元素会发生再次分馏(Blundy 和 Wood，1994；Green 和 Pearson，1983；Brugger et al.，2000)。每一次分馏过程都可导致残留流体中的稀土配分型式相对于原始岩浆或流体产生变化，因此热液结晶白钨矿内部稀土元素的分布对于流体来源与过程有更准确的指示作用。

1)印支期花岗岩与矽卡岩型钨锡矿矿中白钨矿的稀土元素分布

以垄上为例，其印支期似斑状黑云母花岗岩与矽卡岩型钨锡矿石中的白钨矿有相似的 LREE 配分型式[图 6-4(a)；图 6-8(a)]，显示 LREE(Pr-Sm)富集、负 Eu 异常分布特征，说明矽卡岩型矿的成矿流体应源自印支期似斑状黑云母花岗岩出溶的流体，从物源角度明确指示印支期似斑状黑云母花岗岩为垄上钨锡矿的成矿地质体；岩体与矿石中白钨矿的 HREE 配分型式有所不同，矽卡岩型矿石中白钨矿的 HREE 显著贫化，这种变化应主要与流体演化有关(详见 9.3.5 部分)。

Y 与 Ho 元素有相似的离子半径和化合价，因而它们常有相似的地球化学行为(Bau 和 Moeller，1992)，因此 Y/Ho 的值一般不会因为环境条件的变化而变化，只与其来源有关，当热液系统的流体来源确定后，流体演化过程中 Y/Ho 相对稳定，因此其是识别流体来源的有效指标(Bau 和 Moeller，1992；Irber，1999)。La 和 Lu 是稀土元素族中两端元元素，二者的比值可表示稀土元素的分布变化，因此 Y/Ho 和 La/Lu 图可以有效表达稀土元素分布变化与流体来源。

在图 9-3(a)中，锡田矿田的印支期似斑状黑云母花岗岩和垄上矽卡岩矿石中白钨矿的 Y/Ho 值不随稀土元素 La/Lu 值的变化而变化，呈水平状分布，因此可以认为印支期花岗岩与矽卡岩矿石中白钨矿有相似的流体来源。

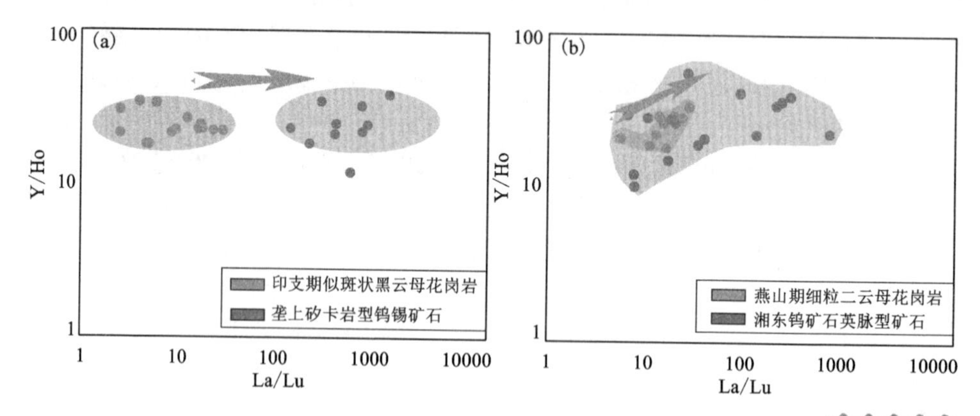

图 9-3　锡田矿田中花岗岩与矿石中白钨矿的 Y/Ho 和 La/Lu 的相关图

（注：底图据 Irber et al.，1999 修改。）

2)燕山期花岗岩与石英脉型钨锡矿中白钨矿的稀土元素分布

燕山期情况较印支期复杂，以湘东钨矿为例。研究区湘东钨矿燕山期二云母花岗岩与石英脉矿石的白钨矿稀土配分型式并不相同[图 6-4(b)；图 6-8(b)]，燕山期二云母花岗岩白钨矿的 LREE 和 HREE 为平坦型，弱富集 LREE，无显著 Eu 异常，而石英脉矿石中白钨矿的 LREE 和 HREE 高度分馏，强烈亏损 MREE，且有显著正 Eu 异常。湘东钨矿燕山期二云母花岗岩与石英脉矿石的白钨矿稀土配分型式的差异说明石英脉矿石的成矿物质虽来源于岩浆热液，但可能并非来自燕山期细粒二云母花岗岩，而真正的成矿地质体还是隐伏状态。

从燕山期细粒二云母花岗岩到石英脉矿石，白钨矿的 Y/Ho 值是显著变化的[图 9-3(b)]，燕山期细粒二云母花岗岩中白钨矿的 Y/Ho 值为 17.6~33.2，平均值为 25.3，而石英脉矿石白钨矿的 Y/Ho 值为 9.8~112，平均值为 38.4，因此可以认为燕山期细粒二云母花岗岩与石英脉矿石中白钨矿有不同的流体来源，再次证实了燕山期细粒二云母花岗岩可能并非石英脉矿石的成矿物源。

9.3.5　白钨矿、萤石的 Ce 和 Eu 价态对岩浆-成矿热液环境的指示

由于稀土元素 Ce 和 Eu 为变价元素，通过白钨矿中 Ce 和 Eu 的价态可以推测流体的氧化还原环境（Bau 和 Dulski，1995；Kempe et al.，2002；Sasmaz et al.，2005）。

在氧化环境中，流体中的 Ce^{3+} 氧化为 Ce^{4+}；因为稀土配分曲线图中与 Ce 相邻的 REE 都是三价，因此如果 Ce 为三价态，其分布与相邻稀土元素相近，不会出现 Ce 异常。当 Ce 为四价时，则会出现 Ce 正异常。流体中的 Eu 应为 Eu^{3+}，其价态与其相邻稀土元素一致，因此其分布也一致，不会出现 Eu 的异常。

在还原条件下，Eu 可以呈 Eu^{2+} 形式（Möller，1991），白钨矿的 Eu 的价态的判别方式在 6.3.6 小节已做详细的论述。由于白钨矿是成矿的直接产物，因此直接利用其 Ce 和 Eu 价态进行成矿流体氧化或还原环境的判断，其效果应好于矿物组合分析。

如 6.3.6 小节所述，垄上印支期似斑状黑云母花岗岩和矽卡岩矿石的白钨矿中 Eu 为三价态，其稀土配分型式［图 6-4(a)；图 6-8(a)］显示 Ce 的正异常，说明 Ce 为四价；白钨矿中的 W 为 Mo^{6+} 替代［图 6-3(e)；图 6-7(e)］，这些均指示白钨矿结晶时，成矿流体应为氧化环境。

锡田矿田的石英脉矿石的白钨矿的 Eu 价态为二价［图 6-10(b)］，共生有黄铁矿和黄铜矿等矿物，说明白钨矿结晶时成矿流体为还原环境［图 6-1(d)］。茶陵铅锌矿石英流体包裹体中发育大量的 CH_4 等还原性气体，星高萤石矿萤石与黄铁矿共生，这些事实一方面说明锡田矿田燕山期石英脉型的 W-Sn、Pb-Zn 与萤石矿的成矿流体主要形成于还原环境，另一方面也证实对白钨矿中 Eu 为二价态的判别是正确的，因此也说明利用白钨矿的稀土元素分布可以较好地确定成矿流体环境。

9.3.6　白钨矿、萤石稀土元素分布对成矿流体演化的指示

1）印支期岩浆热液-成矿热液

尽管锡田矿田垄上钨锡矿矽卡岩矿石中的白钨矿和印支期似斑状黑云母花岗岩的稀土配分型式相似，特别是 LREE、MREE 配分型式相似度很高，但矿石中的白钨矿较印支期似斑状黑云母花岗岩中白钨矿 $\sum$REE+Y 的总含量是大幅度下降的，其值由 2125×10^{-6} 降为 345×10^{-6}，HREE 有更强的分馏［图 6-4(a)］，其原因可能与稀土元素与石榴子石、透辉石和流体的分配系数差异有关，花岗岩的主要造岩矿物长石、石英的稀土元素分配系数低于石榴子石和透辉石，因此花岗岩中白钨矿的稀土元素总量较矽卡岩白钨矿的高，也导致了从花岗岩到矽卡岩白钨矿的稀土元素有明显分馏。

石榴子石和透辉石中的二价阳离子(Ca^{2+} 、 Mg^{2+} 、 Mn^{2+} 或 Fe^{2+})可以替代($REE+Y)^{3+}$ (Jaffe, 1951; Van Orman et al. , 2001; Enami et al. , 1995; Roniza et al. , 2014), 且 HREE 的分配系数($D_{矿物/流体}$)远大于白钨矿, 因此与锆石一样, 石榴子石和透辉石是 HREE+Y 元素的宿主(Roniza et al. , 2014)。垄上矽卡岩矿形成过程中, 白钨矿结晶晚于石榴石和透辉石[图 6-1(b)], 与白钨矿共生的石榴子石的∑REE+Y 含量为 $33.90\times10^{-6}\sim97.22\times10^{-6}$, HREE/LREE 为 1.52~12.39, 显示了强烈的 HREE 分馏(附表 10)。石榴子石与透辉石早于白钨矿结晶导致残余成矿流体中稀土元素总量显著降低, 导致晚结晶的白钨矿的 REE 总量和重稀土元素含量下降, 形成重稀土元素的分馏[图 6-4(a)]。

2)燕山期成矿热液的演化

湘东钨矿、狗打栏钨锡矿、星高萤石矿中白钨矿的稀土配分型式均为典型的"W"型[图 6-15(e)], 说明研究区燕山期南北两区钨锡矿和萤石矿床中的白钨矿的流体来源相似, 但是从钨锡矿床中的白钨矿到萤石矿中的白钨矿, ∑REE+Y 含量变化较大, 从 $18\times10^{-6}\sim307\times10^{-6}$ 到 $2.88\times10^{-6}\sim10.36\times10^{-6}$, 下降了 90%, 指示流体中稀土元素含量从钨锡阶段到萤石阶段显著降低。另外, 白钨矿中 Eu 异常(Eu/Eu^*)也显著增加, 从 6.3~26 到 5.05~251.57, 指示了与萤石共生的白钨矿的结晶环境更偏还原。

另外, 矿床中萤石的稀土元素组成也可以反映成矿流体中稀土元素特征。从狗打栏钨锡矿床第一期紫色萤石的∑REE(499×10^{-6})到第二期绿萤石的∑REE(11.6×10^{-6}), 其值显著减小; 星高萤石矿的萤石中∑REE 也有变化, 如早期紫色与绿色萤石的∑REE 平均值分别为 23.7×10^{-6} 与 58.3×10^{-6} , 晚期无色萤石的∑REE 平均值为 30.5×10^{-6} 。光明萤石矿床的紫色萤石、绿色萤石和无色萤石的∑REE 平均值变化与星高萤石矿的相似(附表 12)。萤石中稀土元素的分布变化也反映了成矿流体从早到晚稀土含矿逐渐降低的趋势。

华南其他典型的 W-Sn-Pb-Zn-萤石矿床也有类似的现象(例如黄沙坪 W-Mo-Pb-Zn-萤石矿床、珊瑚钨锡矿床和牦牛坪 REE 矿床), 其中萤石的∑REE 也从早期到后期逐渐降低(梁书艺和夏宏远, 1993; Huang et al. , 2007)。单一矿床或同一热液成矿系统中不同阶段形成的萤石的稀土元素地球化学特征反映流体中∑REE 随着成矿过程的进行而不断降低(Möller, 1991)。这是因为热液中的∑REE 浓度受溶液的 pH 和整体化学成分的控制(Schwinn 和 Markl, 2005)。从锡田矿田早期钨锡阶段到晚期萤石阶段, 均一温度逐渐降低(5.5.2 小节)。矿床中发育的绢云母化(黑云母 $+2Al^{3+}=$ 绢云母 $+3Fe^{2+}$)与电气石化(黑云母 $+1.4Al^{3+}+0.4Na^{+}+1.2B(OH)_3=0.4$ 电气石 $+1.8Fe^{2+}+0.6SiO_2+2H_2O+K^{+}$)反应会导致液体 pH 升高(Lecumberri-Sanchez et al. , 2017)。流体中的 REE 浓度随 pH 升高和温度降低而降低(Michard, 1989)。此外, 早期结晶的富含稀土元素的白钨矿可能会捕获大量的稀土元素，从而使剩余的成矿流体中的稀土元素贫化(彭建堂等，2005；Castorina et al.，2008)，并且晚期的大气降水加入也会稀释成矿流体中的稀土浓度，从而降低了稀土元素的含量(Sushchevskaya 和 Bychkov，2010)。

除∑REE 变化外，萤石中 REE 的分馏也出现微小差异(Möller et al.，1976；Eppinger 和 Closs，1990)。如狗打栏钨锡矿床萤石富集 LREE(图 7-4)，La/Lu 平均值为 80.0)；茶陵铅锌矿床萤石的 LREE 表现为中等富集(图 7-4)，La/Lu 平均值为 50.6；星高和光明矿的晚期萤石的 LREE 的富集程度更低(图 7-4)，La/Lu 平均值分别为 16.6 和 26.0，因此从钨锡矿→铅锌矿→萤石矿，LREE 富集程度逐渐减弱。重稀土的分配系数(萤石/溶液)比轻稀土更大(La 为 280，Sm 为 330，Tb 为 550，Lu 为 4000。Raimbault，1985)，因此，萤石的轻稀土富集不是受分配系数的控制。前人研究得出 REE 的离子半径和晶格空穴的可适性是控制萤石稀土配分型式的主要因素(Onuma et al.，1968；Shannon，1976)。LREE 具有与八次配位相似的 Ca^{2+} 的离子半径($^{[8]}rCa^{2+}$ = 1.12Å，$^{[8]}rLa^{3+}$ = 1.16Å，$^{[8]}rNd^{3+}$ = 1.11Å，$^{[8]}rLu^{3+}$ = 0.98Å。Shannon，1976)。Y(1.015Å)和 Ho(1.019Å)的离子半径相似(Onuma et al.，1968)，但是在本次研究中，萤石中的 Y/Ho 是分馏的(附表 12)，因此稀土配分型式不单是受稀土离子半径控制。实验数据表明，在高温(>250 ℃)下，LREE 比 HREE 更稳定；而在<250 ℃情况下，HREE 复合物具有更高的稳定性(Wood，1990；Migdisov 和 Williams-Jones，2007)。富含 LREE 的配分型式是高温和低 pH 条件下形成的萤石的特征(Ehya，2012)。因此，从钨锡阶段到萤石阶段，温度降低导致了钨锡阶段 LREE 富集配分型式和萤石阶段平坦稀土配分型式。

研究区不同矿床的萤石中的 W、Sn 和 Mo 等矿化元素也发生了变化(表 7-3)，同样反映成矿流体的变化。狗打栏钨锡矿早期萤石较晚期萤石富含 W、Sn、Nb、Ta、REE 和 U，从早到晚其 W、Sn 和 Mo 元素含量分别减少了 470 倍、178 倍与 375 倍。从狗打栏钨锡矿到茶陵铅锌矿也是如此，从狗打栏钨锡矿第一阶段到茶陵铅锌矿第二阶段，萤石的 W、Sn、Mo 含量(图 9-4)下降幅度分别为 27 倍、26 倍与 294 倍。星高与光明萤石矿床中 W、Sn 和 Mo 的含量都非常低，富集系数分别为 5.89、0.23 与 0.26。因此，从钨锡阶段到铅锌、萤石阶段，成矿流体中 W、Sn 和 Mo 的含量急剧减少，这可能与铅锌阶段、萤石阶段大气降水加入比例迅速增加有关(图 8-3)，大气降水的加入导致了 W，Sn 和 Mo 元素的沉淀以及成矿的流体的稀释，使得结晶萤石的流体中成矿元素减少(图 9-4)。

以上事实和分析表明，岩浆活动从时间、空间及提供物质来源、流体作用的角度对成矿产生关键性影响，它们之间有密切耦合关系。

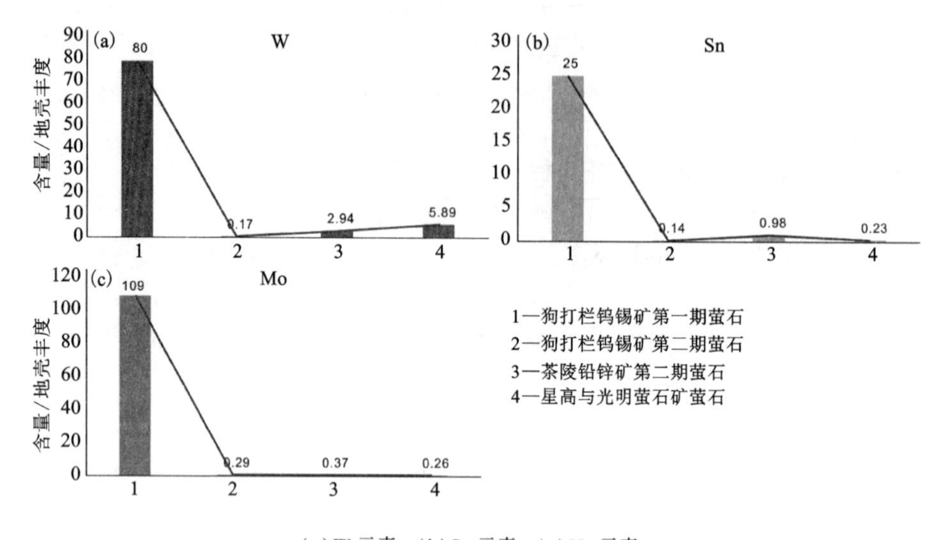

(a)W 元素；(b)Sn 元素；(c)Mo 元素。

图 9-4　萤石中成矿元素富集系数图

第 10 章　锡田矿田构造-岩浆-成矿成因联系

前人对锡田矿田的钨锡多金属矿成矿时代、成矿物质源区、成矿流体来源进行了系统研究，确定了两期成矿作用，明确了岩浆作用与成矿的密切关系(邓湘伟，2015；郑明泓，2015；董超阁等，2018；Cao et al.，2018；蔡杨等，2012；Xiong et al.，2017)；但对岩浆热液与成矿过程的精细表达、断层与成矿的成因联系以及构造-岩浆-成矿联系的认识基本未能涉及，影响了对锡田矿田岩浆热液成矿规律的把握。为此作者尝试以系统思想为指导，尝试分析三者的成因联系，并建立相应模型，以更深入理解岩浆热液成矿作用，并对锡田矿田的找矿方向提出初步认识。

10.1　构造-岩浆活动对成矿背景的约束

10.1.1　大地构造背景演化

根据锡田矿田出露的花岗岩成矿时代可以认为该区主要经历了三期重要的构造-岩浆事件(加里东期、印支期和燕山期)，与华南情况一致。

1)加里东期花岗岩成岩大地构造背景

华南加里东期的岩浆活动揭示了武夷-云开造山(加里东期运动)的过程，该构造活动始于奥陶纪晚期(约 460 Ma)，在早、中志留世(440 ~430 Ma)达到顶峰，结束于泥盆纪(Wang et al.，2007a；Zhang et al.，2012；Huang 和 Wang，2019)，该构造运动在华南形成了大规模花岗岩。锡田矿田加里东期花岗岩中锆石 U-Pb 年龄值[(438.1±5.2)Ma~(430.5±5.3)Ma，图 4-4]说明该区的岩浆活动发生于加里东构造活动的顶峰期。花岗岩构造环境判别图(图 10-1)显示区内花岗岩的投点落入同碰撞区域，表明其形成于挤压环境，为造山期产物。

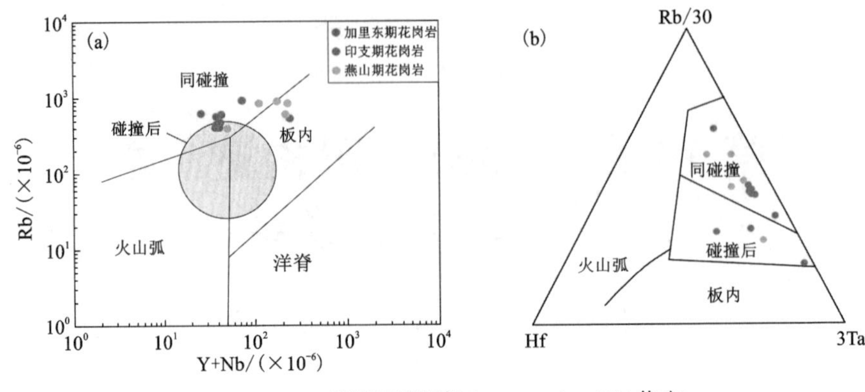

(a) Y+Nb-Rb 判别图(底图据 Pearce et al., 1984 修改)；

(b) 3Ta-Rb/30-Hf 三元判别图(底图据 Harris et al., 1987 修改)。

图 10-1　加里东期花岗岩成岩大地构造环境判别图

2) 印支期花岗岩成岩大地构造背景

已有研究表明从印支早期起，华南板块与印支板块、华北板块相继发生碰撞，分别在 Red River-Song Ma 地区和秦岭-大别山地区形成了造山带(卢欣祥等，2008)，其活动经历了从挤压环境到伸展环境的转换，伴随构造活动形成了大量花岗岩。华南地区印支期花岗岩侵位时间从早印支期(249~225 Ma)开始，到晚印支期(225~207 Ma)结束(Zhou et al., 2006; Wang et al., 2007b)，其中，早印支期花岗岩形成于同碰撞的挤压背景(Zhou et al., 2006)，而晚印支期花岗岩形成于后碰撞的伸展环境，并认为成岩机制中包括地幔上涌引起地壳的重熔(Wang et al., 2007b)。锡田印支期花岗岩岩基侵位于 230~220 Ma，晚于印支板块和华南板块碰撞的高峰期(Wu et al., 2016)，本次工作获得锡田印支期花岗岩脉锆石 U-Pb 年龄为(231.5±4.4) Ma~(214±12) Ma(图 4-9)，稍晚期岩基侵位时间，且在图 10-1 中，其投影点落入同碰撞与碰撞后两个区域，表明其可能形成于挤压到伸展转换的构造环境。前人对锡田印支期花岗岩所做的工作也证实其与华南晚印支期 S 型花岗岩 Sr-Nd 同位素特征相似[初始 $^{87}Sr/^{86}Sr$ 值 <0.7200、$\varepsilon_{Nd}(t)$>-10.0]，综合分析，锡田印支期更可能形成于后碰撞伸展构造背景(Wu et al., 2016; Cao et al., 2019)。

3) 燕山期花岗岩成岩大地构造背景

锡田燕山期花岗岩富集 Si、Na 和 K 等主量元素，贫 Ca、Mg 等主量元素；富集 Rb、Th、Ta 等微量元素，亏损 Sr、Ba、P 等微量元素，并且具有显著的 Eu 负异常(表 4-3)，指示锡田燕山期花岗岩具有 A 型花岗岩(Collins et al., 1982; Whalen et al., 1987)的一般特征。在花岗岩类型判别图[图 4-15(a)，(b)]中，所有样品均落入 A 型花岗岩的区域内，指示成岩于伸展背景(姚远等，2013；邓渲桐等，2017；曹荆亚，2016；Cao et al.，2020)。前人的研究还证实锡田燕山期花岗岩的源区为壳-幔岩浆，其形成机制是燕山期太平洋板块向西俯冲消减回撤导致岩石圈伸展，软流圈地幔上涌重熔陆壳基底形成花岗质岩浆侵位(Jiang et al.，2009)。

显然，从加里东期→印支期→燕山期，锡田矿田的岩浆活动的构造背景有明显变化，由碰撞挤压背景变为伸展背景，引发了地壳不同基底的重熔，其中源区的变化对成矿有关键作用(详见 10.1.3 部分)。

10.1.2　伸展环境为 NE 向正断层形成提供构造背景支持

华南燕山期大规模花岗岩和正断层的形成是大陆岩石圈伸展的结果(毛景文等，2004，2008；Wang et al.，2014)，但对燕山期华南岩石圈伸展发生机制仍然存在争议。对此，有人认为主要为特提斯构造域的印度-欧亚大陆俯冲和碰撞后的动力作用(Yin 和 Harrison，2000)；也有人认为燕山早期主要受古伊泽奈崎板块俯冲影响，产生的区域性 NWW 向挤压形成了中国东部系列 NE 向构造带，茶陵-郴州-临武 NE 向俯冲逆断裂就是其中之一(张岳桥等，2009；柏道远等，2018)；由于燕山晚期俯冲洋壳回卷(Jiang et al.，2009)或回撤，早期形成的 NE 向断层转变为正断层，锡田地区系列 NE 向断层也转变为正断层，形成地堑系；还有人认为锡田矿田的 NE 向系列断层是陆壳内地幔柱上涌所形成的三叉断裂体系中的一部分(全铁军等，2013；张进江和黄天立，2019)。尽管存在不同认识，但在伸展背景对 NE 向断层形成控制方面的认识是一致的。

根据锡田矿田中 NE 向系列断层的空间展布样式、断层产状，建立了以茶陵盆地为中心，两侧正断层倾向盆地集中的地堑模型，矿田内加里东期花岗岩→印支期花岗岩→燕山期花岗岩→燕山期煌斑岩指示了矿田经历了多阶段的伸展；NE 向断层形成时代(3.4 节)与燕山期 A 型花岗岩形成时代相近，NE 向断层为正断层及张性的特点(3.3 节)说明 NE 向断层与燕山期 A 型花岗岩一样，主要形成于伸展的大地构造背景(图 10-2)。

10.1.3　大陆基底重熔对岩体成矿元素富集的影响

前人已对矿田印支期与燕山期花岗岩的 Sr-Nd 同位素组成做了系统研究(Wu et al.，2016；Cao et al.，2019；Zhou et al.，2015)，尽管尚未取得加里东期花岗岩相关同位素数据，但是锡田矿田加里东期岩体出露位置往南 30 km 的宁冈加里东期岩体与研究区加里东期岩体成岩时代相近，全岩稀土配分曲线一致，且已积累了大量 Sr-Nd 同位素数据(沈渭洲等，2008)，可以以此了解锡田加里东期花岗岩的源区。南部宁冈地区加里东期花岗岩的 Nd 二阶模式年龄(T_{2DM})为

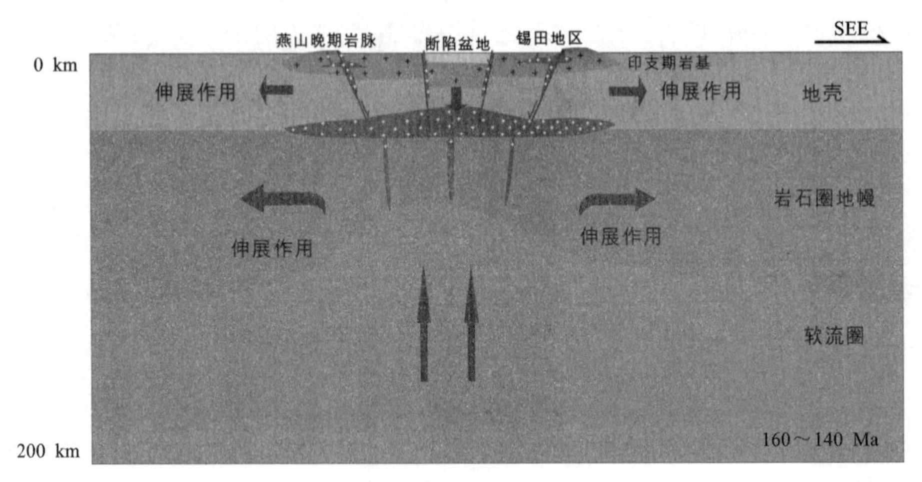

图 10-2　NE 向断层形成的深部-浅部耦合动力示意图

1909～1838 Ma，在 T-$\varepsilon_{Nd}(t)$ 图解中，样品均落入华南元古宙地壳的区域(沈渭洲等，2008)，说明加里东期花岗岩的源区为古元古代地壳基底。已有资料表明华夏板块古元古代岩石主要包括早古元古代的八都群(时代为 2.5～1.9 Ga。Zhao et al.，2018)和少量晚古元古代的花岗岩岩体(1.89～1.83 Ga。Xia et al.，2012)。锡田加里东期花岗岩的元素特征(4.1.2 小节)显示其为 S 型花岗岩，宁冈加里东期花岗岩 Sr-Nd 同位素特征也落入了 S 型花岗岩区域内(沈渭洲等，2008)，在 Rb/Sr 和 Rb/Ba 图解中，锡田矿田加里东期花岗岩主要落入富黏土区域(刘飏等，2021)，表明其源岩主要为古元古代变质泥岩。

锡田矿田印支期花岗岩元素特征指示其为 S 型花岗岩(4.2.2 小节)，其 Sr-Nd 同位素组成投影点也落入 S 型花岗岩区域内(Wu et al.，2016)，其 Nd 同位素的 T_{2DM} 模式年龄为 1858～1764 Ma，总体小于加里东期花岗岩的 T_{2DM} 年龄，但仍指示锡田印支期花岗岩应源于元古宙基底的部分熔融(Wu et al.，2016；Cao et al.，2020)，Rb/Sr 和 Rb/Ba 图解[图 4-18(b)]指示其源岩应为变质泥岩。在 T-$\varepsilon_{Nd}(t)$ 图解中，其样品落入华南元古宙地壳的区域(Wu et al.，2016)，但是较华南早印支期花岗岩具有更低的初始 $^{87}Sr/^{86}Sr$ 值(0.71397～0.71910)与更高的 $\varepsilon_{Nd}(t)$ 值(-10.1～-9.4)。Wu et al.(2016)通过($^{87}Sr/^{86}Sr$)$_i$ 与 $\varepsilon_{Nd}(t)$ 的定量反演，认为其主要起源于古元古代地壳，但是可能有少于 10%的幔源物质的加入。

锡田矿田燕山期花岗岩也是地壳基底岩石重熔形成的花岗岩(4.3.2 小节。姚远等，2013；牛睿等，2013；Zhou et al.，2015)，其 Nd 二阶段模式年龄为 1837～1688 Ma(Cao et al.，2020)，总体小于印支期花岗岩的 T_{2DM} 年龄，但是其具有更

高的 $\varepsilon_{Nd}(t)$ 值（-9.2～-7.3）与更低的初始$^{87}Sr/^{86}Sr$ 值（0.511926～0.512069）（Zhou et al., 2015）。在 $T-\varepsilon_{Nd}(t)$ 图解中，其部分样品落入华南元古宙地壳的边界区域，指示其受到了更大比例的幔源物质的影响。

由上可知，锡田加里东期→印支期→燕山期，其花岗岩均为重熔型花岗岩，源岩也都为元古宙变质基底，重熔的地质体在时代上虽有交集，但其 $\varepsilon_{Nd}(t)$ 值不断地升高，而初始$^{87}Sr/^{86}Sr$ 值逐渐降低，指示从加里东期到燕山期，地幔物质对下地壳贡献的程度越来越大。研究区花岗岩地球化学分析结果显示，尽管三期岩体源岩均主要为变质泥岩，但是加里东期花岗岩靠近贫黏土区，而印支期与燕山期花岗岩远离贫黏土区，更富黏土成分。

从加里东期→印支期→燕山期，幔源物质对加里东期、印支期、燕山期岩浆从无影响、弱影响到较强影响，引发了小范围、中范围、大范围的基底重熔，这个过程不同程度地熔融了地壳基底，使得地壳基底中的 W-Sn 元素逐渐开始富集。基于南岭成矿带以及锡田矿田加里东期不成矿、印支期弱成矿与燕山期集中成矿的地质事实，推测加里东期与印支期范围广，以花岗质岩浆为主的岩浆作用活动熔融了一定量的地壳基底地层并将其运移至浅层，使得下地壳开始相对富集 W-Sn 成矿元素，在燕山期伸展的大地构造背景下引发了大规模的基底熔融，此时经历过多期次构造-岩浆作用的华南下地壳已经富含 W-Sn 等成矿元素，有利的理化条件（如氧逸度）使得燕山期岩浆能够携带大量的成矿元素上侵，最终在合适的部位卸载成矿。4.5 节花岗岩中 W-Sn 成矿元素分布也显示了从加里东期→印支期→燕山期 W-Sn 元素含量的显著增加趋势（图 9-2）。Cao et al.（2020）对比了锡田矿田印支期与燕山期的花岗岩的结晶温度与氧逸度，指示了印支期花岗岩与燕山期花岗岩具有相似的氧逸度（$\lg f(O_2)$ 均为-17～-15）；而燕山期岩浆结晶温度更高，分别为 690 ℃（邓埠仙地区印支期岩体）、856℃（锡田地区燕山期岩体）、716℃（邓埠仙地区燕山期印支期岩体），这也与锡田地区燕山期更加富集 Sn 成矿是耦合的。近年来越来越多的学者认为受伸展构造背景影响，地幔上涌，其部分组分进入花岗岩岩浆并影响着 Sn 成矿，如垄上钨锡矿的黄铁矿和黄铜矿的 He-Ar 同位素体系多落入地幔和地壳之间的区域（刘云华等，2006），燕山期石英脉矿成矿流体中有 CH_4+N_2 存在（图 5-17），本次研究的煌斑岩中富集的 Sn 元素（137×10^{-6}）的，也证实 Sn 可能来源于地幔，因此大陆基底重熔过程中幔源物质的混入比例与岩浆温度决定了 Sn 的富集，但是何种类型的幔源物质对 Sn 成矿贡献最大还需进一步的研究工作。另外，尽管本次研究的印支期岩脉具有相对高的分异指数（94.62～97.32），但是印支期似斑状花岗岩岩基的分异指数（82～87。曹荆亚等，2016）远远低于燕山期岩体（94.15～96.86），高分异演化使得 W 元素不断在岩浆中富集，因此高分异的燕山期花岗岩更有利于燕山期大面积的钨成矿。

10.2 构造-岩浆-成矿的空间关系

加里东运动使锡田矿田下古生界地层产生强烈褶皱，并伴有广泛的区域变质和局部的岩浆活动。锡田矿田区域范围内中泥盆统跳马涧组和下伏地层之间的不整合接触面普遍发育。锡田矿田内的加里东期花岗岩很可能已被印支期花岗岩岩体吞噬，以至仅在研究区南部发现了两处加里东期小岩株，且未表现出热液作用效果，区内也未发现加里东期矿化。结合加里东期岩浆成矿元素含量低(4.1 与 4.5 节)的情况，认为加里东期形成规模矿化的可能性小，因此本书不对加里东期构造-岩浆-成矿的空间联系进行讨论。

印支运动使锡田矿田内的古生界地层发生较强烈的 NEE 向褶皱(图 2-2)，并伴随大规模酸性岩浆活动。印支期褶皱 NEE 走向指示了其形成时受 NNW 向挤压应力作用，该方向的挤压应力导致 NNW 基底断层的形成，印支期岩浆沿 NNW 断层侵位，形成了走向为 NNW 向的印支期花岗岩岩体。如 10.1.3 所述，印支期岩浆富成矿元素，在岩体接触带形成热液矿床，如垄上、合江口矽卡岩矿，它们分布于印支期花岗岩与泥盆系棋梓桥组和锡矿山组的灰岩、含泥灰岩的接触带，在岩体接触面形态发生变化地段或岩体与围岩为超覆接触时，形成工业矿体(图 5-1)，而矿体产状与地层产状或接触带产状一致。

受后期燕山期 NW 向伸展的影响，锡田地区发生的差异断隆导致印支期岩体北部、南部隆升，构成现有马蹄形断块，中部下降，形成 NW 向柄形断块，沿柄形断块接触带分布的垄上、合江口矽卡岩矿得以保存，而其隆起块断岩体接触带的矿化均应被剥蚀。

显然，NNW 向基底构造控制了印支期花岗岩的分布，印支期花岗岩的接触带构造控制了矿床的分布，而燕山期的构造控制了印支期矿化的保留区域，这些充分展示了印支期的构造-岩浆-成矿的空间联系。

燕山期运动在区内主要形成 NE 向的区域正断层以及次级 NNW 向、NE 向断层，其中 NE 向正断层控制了茶陵盆地及侏罗系地层的分布，也控制了区内花岗岩的分布。锡田矿田北部邓埠仙地区的燕山期岩体主要集中在茶汉断层东端，其附近分布湘东钨矿；南部锡田地区的燕山期花岗岩受 NE 向区域断层控制，其出露面积最大及岩体数量最多的地区主要集中在狗打栏断层附近，其他出露于锡湖断层的东部、园树山断层西侧以及光明、水口山等断层一带，显示断层与花岗岩体空间上的相随性。

锡田矿田中燕山期花岗岩主要以岩株、岩脉等小型岩体散布出露，显示了岩体顶/边缘相特点。由于燕山期岩体主要侵入于印支期花岗岩中，因此其接触带构造内难有矽卡岩型矿化，其容矿空间应主要为断层，燕山期的石英脉型矿床均分布于这些花岗岩小岩体附近，矿体为脉状并显示为断层充填特点，如太和仙、大垅、卸甲山、茶陵铅锌矿位于 NNW 向次级硅化破碎带中，湘东钨矿、狗打栏钨矿、尧岭铅锌矿、星高萤石矿主要分布在平行于 NE 向断层的次级断层带中。垄上钨锡矿近南北向印支期花岗岩接触带的矽卡岩矿体叠加了 NEE 向断层时，其矿化明显变好(曹荆亚，2016)，形成叠加富化型矿。

5.2、5.3 与 5.5 节部分说明了锡田矿田燕山期的矿化分带、成矿流体温度分布格局与 NE 向断层分布的一致性(图 5-11)，表明燕山期断层-岩体-矿化具有密切空间关系。

10.3　构造-岩浆-成矿活动的时代相关性

锡田矿田加里东期并不成矿，加里东期岩体相对不含成矿元素的事实以及对其原因的初步分析(9.3.1 与 10.1.3 小节)，从相反的角度反映了岩浆-成矿关系，也证实了岩浆-成矿具有时间相随性。

印支期主要受近 SN 向挤压，由此形成的 NNW 向断层控制了印支期花岗岩浆入侵，显示岩体与构造时间的相匹配。该期岩体接触带构造控制了同期矽卡岩矿化分布，从矿床尺度上显示了接触带构造与矿化发生时代的相近关系。印支期花岗岩岩体中成矿元素富集、成岩与成矿时代一致，且同期矿化热液源自该期岩浆热液的系列地质事实均从宏观角度反映了印支期岩浆活动与成矿作用时代上的一致性(图 9-1)。本次研究涉及的印支期花岗岩与矽卡岩矿体中白钨矿稀土元素配分型式上的相关性[图 6-4(a)；图 6-8(a)]也证明了花岗岩浆活动与矿化是同一期岩浆-矿化演化的产物。

燕山期岩浆-成矿在时间上的相关性已为前人确定的成岩和成矿时代所确定。本次工作厘定了 NE 向断层的主要活动时代为燕山晚期(3.4 节)，结合花岗岩的锆石 U-Pb 年龄，矿床的辉钼矿 Re-Os 等时线年龄与白云母 $^{39}Ar/^{40}Ar$ 年龄值(9.2 节)，说明了 NE 向断层与岩浆活动和成矿作用的同时性(图 9-1)。开展的 NE 向断层、容矿断层中热液活动与成矿热液演化行为相似的探讨(8.3 与 8.4 节)，也说明断层-岩浆热液-成矿在时间上的相关性。研究区区域构造-岩浆-成矿背景模型示意图(图 10-2)将燕山期的构造-岩浆-矿化融入同一体系，也从背景角度确定了三者可形成于同一时代。

成矿结束后，区域 NW-SE 伸展作用虽持续，但总体规模和强度变弱，只在区内形成零星分布状的煌斑岩脉。由于形成煌斑岩脉的岩浆主要为基性组分，其未包括大量成熟地壳组分，因此其 W 含量很低，尽管其 Sn 含量很高，但因其流体含量有限(煌斑岩自身及围岩无热液蚀变)，最重要的是其岩浆规模小，不足以提供成矿所需求的成矿元素和流体，因此煌斑岩入侵时并不成矿。这从另一角度说明印支期与燕山期的成矿需特定的构造、岩浆在时间上的匹配。

10.4　构造-岩浆-成矿热液的相关性

锡田矿田内 NE 向断层发育三期热液活动(3.5 节)，第一期和第三期热液活动结果主要形成纯硅化及石英脉，第二期的热液作用形成的石英脉中含少量绢云母和萤石，并含微量白钨矿及硫化物，具有高 W、Sn 含量(3.5.2 节)。断层第二期热液作用形成的矿物组合与其附近矿床的矿物组合一致，断层第三期热液作用形成的矿物主要为石英，基本未见与成矿相关的矿物，而相邻矿床在晚阶段也不成矿，这种现象反映了断层热液演化阶段与矿床成矿热液阶段在物质上的一致性。

NE 向断层中石英与矿石中石英稀土元素分布曲线显示二者均呈平缓的“右倾海鸥”型(图 8-4)，整体相似，指示断层与矿石流体来源一致。

NE 向断层、花岗岩、矿体中白钨矿的稀土元素配分型式关系分析及可能机制探讨(8.3 节与 9.3.4 小节)建立了断层热液-岩浆热液-成矿热液的成因联系，从另一角度明确了它们的成因联系。

尽管矿石中的白钨矿稀土总量明显低于断层中的白钨矿，但二者稀土元素配分型式基本一致[图 6-15(e)]，说明断层与矿石的白钨矿也来源于相同的流体，而矿石中的白钨矿稀土元素总量的下降是热液演化的结果(9.3.6 小节)。

构造-岩浆-成矿热液的演化规律与环境相关同样说明了三者之间的密切关系。

锡湖断层中白钨矿核部到边部的稀土模式显示了其逐渐分馏[图 6-15(a)]，反映流体处于相对封闭的环境(8.5 节)，核部到边部 Eu 从三价为主变为二价为主，显示了从氧化环境向还原环境的转换，这与锡湖断层附近没有规模型钨锡矿而主要为铅锌矿石一致。

狗打栏断层中白钨矿核部到边部的稀土配分型式和 MREE 元素含量分布显示了一致性，只有 ∑REE 发生了周期性变化[图 6-15(b)，(c)，(d)]，指示了成矿流体以周期脉动方式进入断层系统[图 8-6(c)，(d)。Sibson et al.，1988]，流体处于开放环境。白钨矿核部 Eu 以三价为主[图 6-17(c)，(d)]，指示了流体的氧化环境，这与狗打栏断层附近发育钨锡矿床的现象相匹配。

已有事实和研究成果将锡田燕山期的成矿作用厘定为岩浆热液成矿作用，而花岗岩-断层-矿体中白钨矿的稀土元素分布的相似性与变化更好地从物源角度表达了三者间的联系，确定了 NE 向断层与岩体和矿体间的联系。

10.5　构造-岩浆-成矿模型

基于对锡田矿田构造-岩浆-成矿关系的分析，除因加里东期未发现矿化，无法对加里东期构造-岩浆-成矿的关系进行分析外，印支期、燕山期的构造-岩浆-成矿的相关关系非常明确，即具有时-空-物的联系，表现为同时间、同空间、同物源的"三同"关系。锡田矿田从加里东期→印支期→燕山期矿化的加强与相应时代花岗岩中成矿元素含量的增加的趋同性，以及印支期、燕山期均为岩浆热液成矿，说明岩浆作用在成矿事件中起关键作用。

虽然锡田矿田中的构造活动不直接为成矿提供物源，对成矿的影响作用相对要弱，但其对成矿热液的运移、多余流体的逸散（8.6 节）、对热液环境的影响（8.5 节）以及作为容矿空间也是成矿所不能缺少的影响因素。

印支期岩浆相对富成矿元素及与泥盆系地层的接触带构造控制了其成矿类型（矽卡岩型）和成矿空间；燕山期更富成矿元素的岩浆及断层构造同样控制了成矿类型（石英脉型）和成矿空间，而燕山期岩体主要只与印支期岩体形成接触带构造，决定了燕山期矿化只能以断层热液充填方式为主，也决定了燕山期矿化只能定位于断层并为石英脉型。显然，适宜及相匹配的构造-岩浆的联合控制决定了成矿的特点。

锡田从钨锡矿带→铅锌矿带→萤石矿化，流体包裹体的均一温度逐渐降低（刘飏等，2018），因此燕山期岩浆入侵定位形成的温度场、NE 向区域断层对岩浆热液运移通道以及其次级断层对成矿流体运移及沉淀场所的联合控制是矿田内 W-Sn、Pb-Zn、萤石矿化分带的基本控制原因，其中 NE 向及其次级断层对热液的运移及对含矿物质沉淀空间的控制作用是断层与成矿的空间耦合的不可忽视的原因。

图 10-3 与图 10-2 通过示意性方法完整表达了锡田矿田燕山期的构造-岩浆-成矿的耦合关系。在燕山期伸展背景控制下，地幔软流圈上涌，重熔相对富 W、Sn 等成矿元素的基底岩石，岩浆上侵，在区域 NW-SE 伸展构造背景和岩浆上侵致浅部形成伸展的叠加作用下，形成由 NE 向正断层组成的地堑系，岩浆热液沿矿田 NE 向断层运移到浅部在次级断层成矿。燕山期岩浆侵位的中心分别位于北部的湘东钨矿附近与南部的狗打栏-花里泉钨锡矿附近，与钨锡成矿中心一致，控制矿田的成矿分带格局。

图 10-3 还显示了地势与岩体和矿床的关系，反映了成矿后构造活动对矿床的改造及矿床保存现状，也为区域性找矿潜力的认识提供了依据。

由图 10-3 可知印支期垄上和花木钨锡矿已出露地表，印支期花岗岩产状、矿物及结构特征（4.2 节与 5.1.1 小节）说明印支期岩体为深成相岩体，证实印支期成矿后受到了大规模的抬升，印支期的钨锡矿化可能已被剥蚀殆尽，而燕山期伸展形成的差异隆升-断陷（10.2 节）格局，说明锡田矿田仅在岩体凹部（“哑铃柄”处）有矽卡岩型矿床的残留。

图 10-3 显示燕山期花岗岩主要为岩株/枝/脉零散分布，目前出露地表的主要为浅成相，说明燕山期花岗岩以半隐伏为主，主体岩基还在深部；燕山期矿床以萤石-石英脉型的多金属矿以及石脉型矿为主，其矿体的形态、产状以及蚀变特点（5.1.2 与 5.1.3 小节）说明矿田石英脉型矿化应为“五层楼”成矿模式的顶部，因此燕山期成矿系统未受明显剥蚀，深部矿化应有较好保存；在锡田矿田高温成矿中心（狗打栏-花里泉一带），向南、向北热液温度的下降指示成矿岩体埋深加大，其矿化埋深也加大。

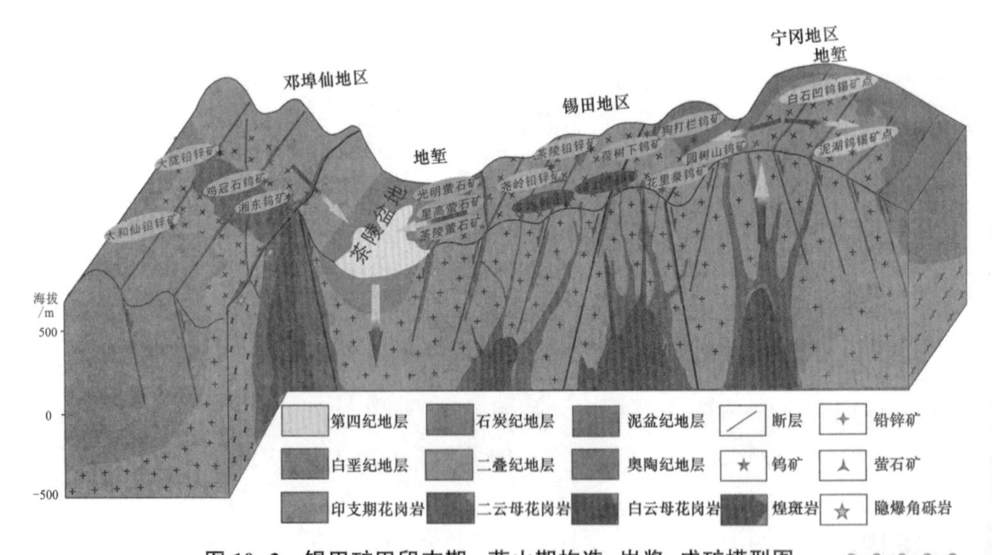

图 10-3 锡田矿田印支期、燕山期构造-岩浆-成矿模型图

10.6 找矿地质标志与找矿方向

基于成矿理论和本次工作对控矿地质条件系统化及机理的认识，确立锡田矿田的找矿地质标志，根据成矿模型与矿床保存现状，确定有利靶区。

锡田矿田的找矿标志按不同的矿床类型可分为两类，即印支期矽卡岩型矿床找矿地质标志和燕山期石英脉型矿床找矿地质标志。

印支期矽卡岩型找矿地质标志主要有：①发育印支期花岗岩体与灰岩凹形接触构造带；②发育规模型大理岩化、硅化、绿帘石化、绿泥石化、碳酸盐化、高岭土化等热液蚀变。

燕山期石英脉型矿床主要找矿标志：①有 W-Sn、Pb-Zn 和萤石矿化；②有富含矿元素的燕山期花岗岩类岩脉发育；③有沿 NEE、NE 向断层分布的带状分布的硅化、绿泥石化、电气石化、褐铁矿化并特别伴随白云母、萤石化蚀变，或有线状分布的云母细线、含不透明矿物的萤石细脉与硅化、电气石化；④有 NEE、NE 向断层带与岩体接触带相交。

基于成矿模型、矿床保存模型与找矿地质标志，我们确定了两个找矿靶区：

靶区一为狗打栏深部及东南地区。该区处于锡田成矿系统的中心，处于钨锡矿化带，发育 NE 走向的狗打栏断层带，断层带硅化规模大，硅化强度高，并发育酸性岩脉，普遍发育沿裂隙面分布的萤石化，出现云母线。狗打栏矿床中含矿石英脉宽度较小，显示了较前缘相的特点；另外，该区分散流异常强度高、规模大，浓集中心明显，异常区除主要有 W、Sn、Bi 等元素异常外，还发育 Ag、Cd、Sb、Zn、Pb、Hg、F 等低温元素(前晕元素)异常，是区内异常元素最多的异常区，且其中 Sb、Pb、Cd、Zn、Ag、Hg 等六种低温元素均达到Ⅲ级异常，相对于区内其他分散流异常，其低温元素分散流异常级别最高。

靶区二为垄上-合江口矿深部区域。该区位于 W、Sn 矿化带，位于 NE 上寨区域断层的下盘，断层在该段发育规模型硅化，同时区内酸性岩脉中 W 元素含量可高达 84.5×10^{-6}，远高于区内其他非矿区岩脉中 W 元素含量；区内出现“五层楼”式的热液蚀变体系，由山顶到山脚发育密集分布、平行排列的硅化线和云母线→云英岩和石英细脉带→含矿石英细脉带，现有坑道中已揭露含矿石英细脉，显示所揭露的为“五层楼”断层蚀变系的上、中部；另外，垄上-合江口的容矿断层为同一楔形断层系中的走向相似、倾向相反的两组断层，该楔形断层的尖端指向燕山期深部隐伏岩体，因此深部可能出现矿化类型应为石英大脉和隐伏岩体的顶部的云英型矿化。该区的分散流异常区为甲类异常，具有 Ag、Zn、Cd 等低温元素Ⅲ级异常。

远景区：根据图 10-3 所示模型，在铅锌矿带及萤石矿化的深部应存在燕山期岩体，同时发育相应的 NE 向断层，沿断层有较大规模的硅化，因此其深部应是成矿远景区，因为矿化信息埋深大、地表反映弱，其成矿远景存在，但需要更深入的调查及研究。

第11章 结 论

本书在对锡田矿田燕山期NE向断层进行详尽的野外调查分析的基础上，针对对研究区断层与成矿关系的认识远落后于对岩体、矿床成因认识的实际情况，除了开展对断层的活动期次、热液活动特点的研究，还重点开展了断层、花岗岩、矿化的联系研究，完成了对断层、花岗岩、矿床的特征分析，进行了断层-花岗岩-矿床活动的关系及相应的岩石、矿床及流体活动特征的分析，涉及的技术手段包括显微岩相鉴定、阴极发光、流体包裹体显微测温、元素及稳定同位素分析、同位素定年、元素微区分析等，尝试了采用综合分析方法从时、空、物的系统角度探讨构造-岩浆-成矿耦合关系，建立了锡田矿田岩浆-构造-成矿系统，探讨了该成矿系统的时间、空间结构和成矿过程，获得了以下结论：

1）构造-岩浆演化对成矿物质的富集是区内矿化的基本条件

锡田矿田经历了加里东期、印支期、燕山期三次构造-岩浆事件，但只有印支期和燕山期成矿，加里东期→印支期→燕山期花岗岩中成矿元素富集度增大与成矿强度存在较强对应关系，伸展构造控制下重熔基底组成的差异影响了花岗岩成矿元素的富集，认为宏观背景条件下构造-岩浆-成矿相关且构造-岩浆演化是区内成矿物质来源及富集的基本控制要素。

2）锡田矿田燕山期NE走向系列正断层与岩浆活动和成矿时代具有相近性

锡田矿田NE向系列断层活动时限可约束于燕山期[(159.2±4.6) Ma～(152.8±1.1) Ma]，与岩浆及成矿时代一致；NE向系列正断层构成了以茶陵盆地为中心的地堑系，其形成机制为燕山期华南大陆NW-SE深部伸展、地幔上隆重熔岩浆上侵形成的浅部“双层”伸展。

3）锡田矿田燕山期NE向断层与W-Sn、Pb-Zn、萤石矿化分带空间相匹配

锡田矿田北部邓埠仙地区和南部锡田矿区均具有由南向北的NE走向的W-Sn、Pb-Zn、萤石矿化分带，其相应矿床的矿石矿物组合、流体包裹体均一温度空间分布与矿带重合，并显示了成矿温度由南向北降低的空间格局；北部及南部地区的燕山期矿床成矿时代、成因及分带格局相似，表明二区的矿化属于同一

构造-岩浆-矿化系统。萤石矿中萤石的 Sm-Nd 等时线年龄[(153.3±8.0) Ma]与钨锡矿中辉钼矿 Re-Os 和白云母$^{39}Ar/^{40}Ar$ 等时线年龄、铅锌矿中闪锌矿 Rb-Sr 等时线年龄(156~150 Ma)相近，且 W-Sn、Pb-Zn 矿床和萤石矿中白钨矿、萤石相似的稀土配分型式确定了各矿化带均属于同一热液系统。

4) NE 向断层的热液体系与成矿热液体系具有成因关系

NE 向断层中发育三期热液活动，其硅化石英脉与矿体的石英 $\delta^{18}O_{quartz}$、δD 值的相似，石英的稀土模式相似，第二期流体富钨、锡等成矿元素的特征，流体包裹体气相组分指示断层流体与成矿流体的物源的相似性；断层与矿脉中流体均发生沸腾并混合，从早到晚流体均一温度、盐度和微量元素含量持续降低等相似的演化行为表明 NE 向断层的热液体系与成矿热液体系具有密切的成因联系。

5) 单颗粒白钨矿稀土元素分布特征示踪了花岗岩、断层、矿床间的成因联系

印支期似斑状黑云母花岗岩-矽卡岩矿的单颗粒白钨矿 LREE 分布及 Eu 异常模式相似，指示矽卡岩成矿流体起源于印支期花岗岩出溶的流体；燕山期细粒二云母花岗岩中白钨矿与断层单颗粒白钨矿核部稀土元素分布样式的相似性指示了断层热液对岩浆流体的继承；断层单颗粒白钨矿边部稀土元素分布与矿体白钨矿的相似指示矿床流体与断层流体物源的相似，从平坦型到“W”型的相似变化，这些表明它们经历了类似的流体演化过程。单颗粒白钨矿的 Y/Ho 值特征指示断层与矿体热液均发生了大气降水的混合，显示了断层流体与矿床流体行为的相似。

6) 单颗粒白钨矿稀土元素分布及价态对断层流体环境的指示及与矿化类型的相关

锡湖断层中单颗粒白钨矿核部到边部 MREE 逐渐贫化的分馏模式说明其结晶于封闭的流体系统，Eu 以 Eu^{2+} 为主，该断层控制了以金属硫化物为主的茶陵铅锌矿；狗打栏断层中单颗粒白钨矿从核部到边部稀土元素配分型式相似，Eu 以 Eu^{3+} 为主，指示其形成于开放的流体系统，相同源区的流体脉动性进入断层，控制了以氧化物为主的狗打栏钨锡矿。这种模式从流体环境角度指示了断层与矿床的成因联系。

7) NE 向断层-容矿裂隙热液系统关联架构与成矿

基于 NE 向断层与其邻近矿床热液系统具有成因联系及二者锆石 U-Pb 年龄值分布的差异，认为 NE 向断层-容矿裂隙热液系统具有深部相通、浅部分离的空间架构模型，该框架指示 NE 向断层在深部对成矿热液有运移通道作用，在浅部起热液逸散通道作用，保证了成矿热液系统的动态循环和成矿元素的富集。

8) 锡田矿田燕山期构造-岩浆-成矿耦合关系及对找矿的意义

通过锡田矿田构造、岩浆、成矿间的时、空、物联系分析结果，确定了它们的耦合关系，建立的锡田矿田构造-岩浆-成矿模型合理解释了燕山期矿化控制因素及作用，基于该认识确定了两个找矿靶区。

参考文献

[1] Acosta-Gongora P, Gleeson S A, Samson I M, et al. Genesis of the Paleoproterozoic NICO iron oxide-cobalt-gold-bismuth deposit, Northwest Territories, Canada: evidence from isotope geochemistry and fluid inclusions[J]. Precambrian Research, 2015, 268: 168–193.

[2] Assadzadeh G E, Samson I M, Gagnon J E. The trace element chemistry and cathodoluminescence characteristics of fluorite in the Mount Pleasant Sn–W–Mo deposits: Insights into fluid character and implications for exploration[J]. Journal of Geochemical Exploration, 2017, 172: 1–19.

[3] Audetat A, Gunther D, Heinrich C A. Causes for large-scale metal zonation around mineralized plutons: Fluid inclusion LA-ICP-MS evidence from the Mole Granite, Australia[J]. Economic Geology and the Bulletin of the Society of Economic Geologists, 2000, 95(8): 1563–1581.

[4] Ayers J C, Dunkle S, Gao S, et al. Constraints on timing of peak and retrograde metamorphism in the Dabie Shan Ultrahigh-Pressure Metamorphic Belt, east-central China, using U–Th–Pb dating of zircon and monazite[J]. Chemical Geology, 2002, 186(3–4): 315–331.

[5] Baker T, Van Achterberg E, Ryan C G, et al. Composition andevolution of ore fluids in a magmatic-hydrothermal skarn deposit[J]. Geology, 2004, 32: 117–120

[6] Barker S L L, Bennett V C, et al. Sm–Nd, Sr, C and O isotope systematics in hydrothermal calcite–fluorite veins: Implications for fluid–rock reaction and geochronology[J]. Chemical Geology, 2009, 268: 58–66.

[7] Barth A P, Wooden J L. Coupled elemental and isotopic analyses of polygenetic zircons from granitic rocks by ion microprobe, with implications for melt evolution and the sources of granitic magmas[J]. Chemical Geology, 2010, 277(1–2): 149–159.

[8] Bau M, Dulski P. Comparative Study of Yttrium and Rare Earth Element Behaviors in Fluorine Rich Hydrothermal Fluids[J]. Contributions to Mineralogy & Petrology, 1995, 119: 213–223.

[9] Bau M, Moller P. Rare-Earth Element Fractionation in Metamorphogenic Hydrothermal Calcite, Magnesite and Siderite[J]. Mineralogy & Petrology, 1992, 4: 231–246.

[10] Bau M. Controls on the fractionation of isovalent trace elements in magmatic and aqueous systems: Evidence from Y/Ho, Zr/Hf, and lanthanide tetrad effect[J]. Contributions to Mineralogy & Petrology, 1996, 123: 323–333.

[11] Bau M. Rare-earth element mobility during hydrothermal and metamorphic fluid-rock interaction and the significance of the oxidation state of europium[J]. Chemical Geology, 1991, 93(3-4): 219-230.

[12] Benaouda R, Devey C W, Badra L, et al. Light rare-earth element mineralization in hydrothermal veins related to the Jbel Boho alkaline igneous complex, AntiAtlas/Morocco: the role of fluid-carbonate interactions in the deposition of synchysite-(Ce)[J]. Journal of Geochemical Exploration, 2017, 177: 28-44.

[13] Blundy J, Wood B. Prediction of crystal-melt partition coefficients from elastic moduli[J]. Nature, 1994, 372(6505): 452-454.

[14] Bodnar R J. Revised equation and table for determining the freezing point depression of H_2O-NaCl solutions[J]. Geochimica et Cosmochimica Acta, 1993, 57: 683-684.

[15] Bolhar R, Weaver S D, Palin J M, et al. Systematics of zircon crystallisation in the Cretaceous Separation Point Suite, New Zealand, using U/Pb isotopes, REE and Ti geothermometry[J]. Contributions to Mineralogy & Petrology, 2008, 156(2): 133-160.

[16] Borovikov A A, Lapukhov A S, Borisenko A S, et al. The Asachinskoe epithermal Au-Ag deposit in southern Kamchatka: physicochemical conditions of formation[J]. Russian Geology and Geophysics, 2009, 50: 693-702.

[17] Broman C, Sundblad K, Valkama M, et al. Deposition conditions for the indium-bearing polymetallic quartz veins at Sarvlaxviken, south-eastern Finland[J]. Mineralogical Magazine, 2018, 82: 43-S59.

[18] Brugger J, Etschmann B, Pownceby M, et al. Oxidation state of europium in scheelite Tracking fluid-rock interaction in gold deposits[J]. Chemical Geology, 2008, 257(1): 26-33.

[19] Brugger J, Lahaye Y, Costa S, et al. Inhomogeneous distribution of REE in scheelite and dynamics of Archean hydrothermal systems (Mt. Charlotte and Drysdale gold deposits, Western Australia)[J]. Contributions to Mineralogy & Petrology, 2000, 139: 251-264.

[20] Buhn B, Schneider J, Dulski P, et al.. Fluid-rock interaction during progressive migration of carbonatitic fluids, derived from small-scale trace element and Sr, Pb isotope distribution in hydrothermal fluorite [J]. Geochim Cosmochim Acta, 2003, 67: 4577-4595.

[21] Burnham A D, Berry A J. An experimental study of trace element partitioning between zircon and melt as a function of oxygen fugacity[J]. Geochimica Et Cosmochimica Acta, 2012, 95 (11): 196-212.

[22] Cao J Y, Wu Q H, Yang X Y, et al. Geochemical factors revealing the differences between the Xitian and Dengfuxian composite plutons, middle Qin-Hang Belt: Implications to the W-Sn mineralization[J]. Ore Geology Reviews, 2020, 118: 103353.

[23] Cao X, Lü X, Yuan Q, et al. Neoproterozoic granitic activities in the Xingdi plutons at the Kuluketage block, NW China: Evidence from zircon U-Pb dating, geochemical and Sr-Nd-Hf isotopic analyses[J]. Journal of Asian Earth Sciences, 2014, 96: 93-107.

[24] Cao J Y, Wu Q H, Yang X Y, et al. Geochronology and Genesis of the Xitian W-Sn Polymetallic Deposit in Eastern Hunan Province, South China: Evidence from Zircon U-Pb and

Muscovite Ar-Ar Dating, Petrochemistry, and Wolframite Sr-Nd-Pb Isotopes[J]. Minerals, 2018, 8(111): 1-23.

[25] Cao Y, Li S R, Xiong X X, et al. Laser ablation ICP-MS U-Pb zircon geochronology of granitoids and quartz veins in the Shihu gold mine, Taihang Orogen, North China: timing of gold-mineralization and tectonic implications[J]. Acta Geologica Sinica-English Edition, 2012, 86: 1211-1224.

[26] Castorina F, Masi U, Padalino G, et al. Trace-element and Sr-Nd isotopic evidence for the origin of the Sardinian fluorite mineralization (Italy)[J]. Applied Geochemistry, 2008, 23: 2906-2921.

[27] Chappell B W, White A J R. I- and S-type granites in the Lachlan Fold Belt[J]. Earth & Environmental Science Transactions of the Royal Society of Edinburgh, 1992, 83(83): 1-26.

[28] Chappell B W, White A J R. Two contrasting granite types: 25 years later[J]. Australian Journal of Earth Sciences, 2001, 48(4): 489-499.

[29] Chappell B W, White A J R. Two contrasting granite types[J]. Pacific Geology, 1974(8): 173-174.

[30] Chappell B W, Wyborn D. Origin of enclaves in S-type granites of the Lachlan Fold Belt[J]. Lithos, 2012, 154: 235-247.

[31] Chappell B W. Aluminium saturation in I- and S-type granites and the characterization of fractionated haplogranites[J]. Lithos, 1999, 46(3): 535-551.

[32] Chaussidon M, Lorand J P. Sulphur isotope composition of orogenic spinel lherzolite massifs from Ariege (N. E. Pyrenees, France): an ion microprobe study[J]. Geochim. Geochimica et Cosmochimica Acta, 1990, 54: 2835-2846.

[33] Chen J, Jahn B M. Crustal evolution of southeastern China: Nd and Sr isotopic evidence[J]. Tectonophysics, 1998, 284(1-2): 101-133.

[34] Chicharro E, Boiron M C, López-García J Á, et al. Origin ore forming fluid evolution and timing of the Logrosán Sn-(W) ore deposits (Central Iberian Zone, Spain)[J]. Ore Geology Reviews, 2016, 72: 896-913.

[35] Chu Y, Faure M., Lin W, et al, Early Mesozoic tectonics of the South China block: Insights from the Xuefengshan intracontinental orogen[J]. Journal of Asian Earth Sciences, 2012, 61: 199-220.

[36] Clayton R N, O'Neil J L, Mayeda T K. Oxygen isotope exchange between quartz and water[J]. Journal of Geophysical Research, 1972, B77: 3057-3067.

[37] Clemens J D, Holloway J R, White A J R. Origin if an A-type granite: Experimental constraints[J]. Am. Mineral, 1986, 71: 317-324.

[38] Clemens J D. S-type granitic magmas — petrogenetic issues, models and evidence[J]. Earth-Science Reviews, 2003, 61(1-2): 1-18.

[39] Collins W J, Beams S D, White A J R, et al. Nature and origin of A-type granites with particular reference to SE Australia[J]. Contributions to Mineralogy & Petrology, 1982, 80(2): 189-200.

[40] Demange M, Pascal M L, Raimbault, L, et al. The Salsigne Au-As-Bi-Ag-Cu deposit, France [J]. Economic Geology, 2006, 101: 199-234.

[41] Ding T, Ma D S, Lu J J, et al. Apatite in granitoids related to polymetallic mineral deposits in southeastern Hunan Province, Shi-Hang zone, China: Implications for petrogenesis and metallogenesis[J]. Ore Geology Review, 2015, 69: 104-117.

[42] Ding T, Ma D S, Lu J J, et al. Garnet and scheelite as indicators of multi-stage W mineralization in the Huangshaping deposit, southern Hunan province, China[J]. Ore Geology Reviews, 2018, 94: 193-211.

[43] Dostal J, Kontak D J, Chatterjee A K. Trace element geochemistry of scheelite and rutile from metaturbidite-hosted quartz vein gold deposits, Meguma Terrane, Nova Scotia, Canada: genetic implications[J]. Mineralogy and Petrology, 2009, 97: 95-109.

[44] Eby G N. Chemical subdivision of the A-type granitoids: Petrogenetic and tectonic implications [J]. Geology, 1992, 20(7): 640-644.

[45] Ehya F. Variation of mineralizing fluids and fractionation of REE during the emplacement of the vein-type fluorite deposit at Bozijan, Markazi Province, Iran [J]. Journal of Geochemical Exploration, 2012, 112: 93-106.

[46] El-Bialy M Z, Ali K A. Zircon trace element geochemical constraints on the evolution of the Ediacaran (600-614 Ma) post-collisional Dokhan Volcanics and Younger Granites of SE Sinai, NE Arabian-Nubian Shield[J]. Chemical Geology, 2013, 360-361(1): 54-73.

[47] Enami M, Cong B, Yoshida H, et al. A mechanism for Na incorpora-tion in garnet: an example from garnet in orthogneiss from the Su-Lu terrane, eastern China[J]. American Mineralogist, 1995, 80: 475-482.

[48] Eppinger R G, Closs L G. Variation of trace elements and rare earth elements in fluorite: a possible tool for exploration[J]. Economic Geology, 1990, 85(8): 1896-1907.

[49] Eugster H P, Wones D R. Stability Relations of the Ferruginous Biotite, Annite[J]. Journal of Petrology, 1962, 3(1): 2648-2697.

[50] Ferry J M, Watson E B. New thermodynamic models and revised calibrations for the Ti-in-zircon and Zr-in-rutile thermometers[J]. Contributions to Mineralogy & Petrology, 2007, 154 (4): 429-437.

[51] Foxford K A, Nicholson R A, Polya D A, et al. Extensional failure and hyfraulic valving at Minas da Panasqueira[J]. Journal of Structural Geology, 2000, 22: 1065-1086.

[52] Gagnevin D, Daly J S, Kronz A. Zircon texture and chemical composition as a guide to magmatic processes and mixing in a granitic environment and coeval volcanic system [J]. Contributions to Mineralogy & Petrology, 2010, 159(4): 579-596.

[53] Carter A, Roques D, Bristow C, et al. Understanding Mesozoic Accretion in SE Asia: Significance of Triassic thermotectonism in Vietnam[J]. Geology, 2001, 29(3): 211-214.

[54] Ghaderi M, Palin J M, Campbell I H, et al. Rare earth element systematics in scheelite from hydrothermal gold deposits in the Kalgoorlie Norseman region, Western Australia[J]. Economic Geology, 1999, 94(3): 423-438.

[55] Girei M B, Li H, Algeo T J, et al. Petrogenesis of A-type granites associated with Sn-Nb-Zn mineralization in Ririwai complex, north-Central Nigeria: Constraints from whole-rock Sm-Nd and zircon Lu-Hf isotope systematics[J]. Lithos, 2019, 340-341: 49-70.

[56] Gozalvez M R. Characterization of San Martín pluton and associated tungsten deposits, Valcheta Department, Río Negro Province[J]. Revista de la Asociación Geológica Argentina, 2009, 64(3): 409-425.

[57] Graupner T, Mühlbach C, Schampera U S, et al. Mineralogy of high-field-strength elements (Y, Nb, REE) in the world-class Vergenoeg fluorite deposit, South Africa[J]. Ore Geology Reviews, 2015, 64: 583-601.

[58] Green T H, Pearson N J. Effect of pressure on rare earth element partition coefficients in common magmas[J]. Nature, 1983, 305 (5933): 414-416.

[59] Grimes C B, John B E, Kelemen P B, et al. Trace element chemistry of zircons from oceanic crust: A method for distinguishing detrital zircon provenance[J]. Geology, 2007, 35(7): 643-646.

[60] Groff J A. Distinguishing generations of quartz and a distinct gas signature of deep high-grade Carlin-type gold mineralization using quadrupole mass spectrometry[J]. Ore Geology Reviews, 2018, 95: 518-536.

[61] Groves D I, Goldfarb R J, Gebre-Mariam M, et al. Orogenic gold deposits: A proposed classification in the context of their crustal distribution and relationship to other gold deposit types[J]. Ore Geology Review, 1998: 13: 7-27.

[62] Guilbert J M, Park C F J. The Geolgy of Deposits[M]. New York: W. H. Freeman and Company, 2007.

[63] Guo S, Chen Y, Liu C Z, et al. Scheelite and coexisting F-rich zoned garnet, vesuvianite, fluorite, and apatite in calc-silicate rocks from the Mogok metamorphic belt, Myanmar: Implications for metasomatism in marble and the role of halogens in W mobilization and mineralization[J]. Journal of Asian Earth Sciences, 2016, 117: 82-106.

[64] Hall A. Greisenisation in the granite of Cligga Head, Cornwall[J]. Proceedings of the Geologists'Association, 1971, 82(2): 209-230.

[65] Harris R A, Stone D B, Turner D L. Tectonic implications of Paleomagnetic and geochronologic data from the Yukon-Koyukuk province, Alaska[J]. Geological Society of America Bulletin, 1987, 99(3): 362-375.

[66] Hazarika P, Mishra B, Pruseth K L. Scheelite, apatite, calcite and tourmaline compositions from the late Archean Hutti orogenic gold deposit: Implications for analogous two stage ore fluids [J]. Ore Geology Reviews, 2016, 72(1): 989-1003.

[67] He M, Hou Q L, Liu Q, et al. Timing and structural controls on skarn-type and vein-type mineralization at the Xitian tinpolymetallic deposit, Hunan Province, SE China[J]. Acta Geochimica, 2018, 37: 295-309.

[68] Kesselmans R P W, Wijnberg J B P A, Groot A D, et al. Understanding Mesozoic accretion in Southeast Asia: Significance of Triassic thermotectonism (Indosinian orogeny) in Vietnam[J].

Geology, 2001, 29(29): 211-214.

[69] Higgins N C, Kerrich R. Progressive 18O depletion during CO_2 separation from a carbon dioxide-rich hydrothermal fluid: evidence from the Grey River tungsten deposit, Newfoundland [J]. Canadian Journal of Earth Sciences, 1982, 19: 2247-2257.

[70] Hong D, Wang S, Xie X, et al. Metallogenic Province Derived from Mantle Sources: Nd, Sr, S and Pb Isotope Evidence from the Central Asian Orogenic Belt[J]. Gondwana Research, 2003, 6(4): 711-728.

[71] Honza E, Fujioka K. Formation of arcs and backarc basins inferred from the tectonic evolution of Southeast Asia since the Late Cretaceous[J]. Tectonophysics, 2004, 384: 23-53.

[72] Hoskin P W O, Schaltegger U. The composition of zircon and igneous and metamorphic petrogenesis[J]. Reviews in Mineralogy & Geochemistry, 2003, 53(1): 27-62.

[73] Hu X L, Gong Y J, Pi D H, et al. Jurassic magmatism related Pb-Zn-W-Mo polymetallic mineralization in the central Nanling Range, South China: Geochronologic, geochemical, and isotopic evidence from the Huangshaping deposit[J]. Ore Geology Reviews, 2017, 91: 877-899.

[74] Hu Z C, Zhang W, Liu Y S, et al. "Wave" signal smoothing and mercury removing device for laser ablation quadrupole and multiple collector ICP-MS analysis: application to lead isotope analysis[J]. Analytical Chemistry, 2015, 87: 1152-1157.

[75] Huang D L, Wang X L. Reviews of geochronology, geochemistry, and geodynamic processes of Ordovician-Devonian granitic rocks in southeast China[J]. Journal of Asian Earth Sciences, 2019, 184: 104001.

[76] Huang Z L, Xu C, Mccaig A, et al. REE Geochemistry of fluorite from the Maoniuping REE deposit, Sichuan province, China: implications for the source of ore-forming fluids[J]. Acta Geologica Sinica-English Edition, 2007, 81(4): 622-636.

[77] Huang W T, Wu J, Liang H Y, et al. Ages and genesis of W-Sn and Ta-Nb-Sn-W mineralization associated with the Limu granite complex, Guangxi, China[J]. Lithos, 2020, 352: 105321.

[78] Irber W. The lanthanide tetrad effect and its correlation with K/Rb, Eu/Eu*, Sr/Eu, Y/Ho, and Zr/Hf of evolving peraluminous granite suites[J]. Geochimica Et Cosmochimica Acta, 1999, 63(3-4): 489-508.

[79] Jaffe H W. The role of yttrium and other minor elements in the garnet group[J]. American Mineralogist, 1951, 36: 133-155.

[80] Jahn B M, Valui G, Kruk N, et al. Emplacement ages, geochemical and Sr-Nd-Hf isotopic characterization of Mesozoic to early Cenozoic granitoids of the Sikhote-Alin Orogenic Belt, Russian Far East: Crustal growth and regional tectonic evolution[J]. Journal of Asian Earth Sciences, 2015, 111: 872-918.

[81] Jiang W C, Li H, Mathur R, et al. Genesis of the giant Shizhuyuan W-Sn-Mo-Bi-Pb-Zn polymetallic deposit, South China: Constraints from zircon geochronology and geochemistry in skarns[J]. Ore Geology Reviews, 2019, 111: 102980.

[82] Jiang Y, Jiang S, Zhao K, et al. Petrogenesis of Late Jurassic Qianlishan granites and mafic dykes, Southeast China: implications for a back-arc extension setting[J]. Geological Magazine, 2006, 143(4): 457-474.

[83] Jiang Y H, Jiang S Y, Dai B Z, et al. Middle to Late Jurassic Felsic and Mafic Magmatism in Southern Hunan Province, Southeast China: Implications for a Continental Arc to Rifting[J]. Lithos, 2009, 107(3/4): 185-204.

[84] Kempe U, Plotze M, Brachmann A, et al. Stabilisation of divalent rare earth elements in natural fluorite[J]. Mineralogy & Petrology, 2002, 76: 213-234.

[85] Kempe U, Götze J. Cathodoluminescence (CL) behaviour and crystal chemistry of apatite from rare-metal deposits[J]. Mineralogical Magazine, 2002, 66: 151-172.

[86] Kendrick M A, Burgess R, Pattrick R A D, et al. Hydrothermal Fluid Origins in Mississippi Valley-Type Ore Districts: Combined Noble Gas (He, Ar, Kr) and Halogen (Cl, Br, I) Analysis of Fluid Inclusions from the Illinois-Kentucky Fluorspar District, Viburnum Trend, and Tri-State Districts, Midcontinent U[J]. Economic Geology, 2002, 97(3): 453-469.

[87] Kigai I N, Tagirov B R. Evolution of acidity of hydrothermal fluids related to hydrolysis of chlorides[J]. Petrology, 2010, 18(3): 270-281.

[88] King P L, White A J R, Chappell B W, et al. Characterization and Origin of Aluminous A-type Granites from the Lachlan Fold Belt, Southeastern Australia[J]. Journal of Petrology, 1997, 38(3): 371-391.

[89] Kong H, Li H, Wu Q H, et al. Co-development of Jurassic I-type and A-type granites in southern Hunan, South China: Dual control by plate subduction and intraplate mantle upwelling [J]. Chemie der Erde-Geochemistry, 2018, 78: 500-520.

[90] Koppers A A P. ArArCALC-software for 40Ar/39Ar age calculations[J]. Comput. Geosci, 2002, 28: 605-619.

[91] Lecumberri-Sanchez P, Vieira R, Heinrich C A, et al. Fluid-rock interaction is decisive for the formation of tungsten deposits[J]. Geology, 2017, 45(7): 579-582.

[92] Li H Y. SHRIMP dating and recrystallization of metamorphic zircons from a granitic gneiss in the Sulu UHP terrane[J]. Acta Geologica Sinica, 2004, 78: 146-154.

[93] Li J, Zhang Y, Dong S, et al. Structural and geochronological constraints on the Mesozoic tectonic evolution of the North Dabashan zone, South Qinling, central China[J]. Journal of Asian Earth Sciences, 2013, 64(64): 99-114.

[94] Li J, Huang X L, He P L, et al. In situ analyses of micas in the Yashan granite, South China: Constraints on magmatic and hydrothermal evolutions of W and Ta-Nb bearing granites[J]. Ore Geology Reviews, 2015a, 65: 793-810.

[95] Li S, Xiao Y, Liou D, et al. Collision of the North China and Yangtse Blocks and formation of coesite-bearing eclogites: Timing and processes[J]. Chemical Geology, 1993, 109(1-4): 89-111.

[96] Li X H, Mcculloch M T. Secular variation in the Nd isotopic composition of Neoproterozoic sediments from the southern margin of the Yangtze Block: evidence for a Proterozoic continental

collision in southeast China[J]. Precambrian Research, 1996, 76(1-2): 67-76.

[97] Li X, Wang Y. Initiation of the Indosinian orogeny in South China: evidence for a permian magmatic arc on Hainan Island[J]. Journal of Geology, 2006, 114(3): 341-353.

[98] Li X F, Wang G, Mao W, et al. Fluid inclusions, muscovite Ar-Ar age, and fluorite trace elements at the Baiyanghe volcanic Be-U-Mo deposit, Xinjiang, northwest China: Implication for its genesis[J]. Ore Geology Reviews, 2015b, 64: 387-399.

[99] Liang X Q, Dong C G, Wu S C, et al. Zircon U-Pb, molybdenite Re-Os and muscovite Ar-Ar isotopic dating of the Xitian W-Sn polymetallic deposit, eastern Hunan Province, South China and its geological significance[J]. Ore Geology Reviews, 2016, 78: 85-100.

[100] Liu X C, Ma Y, Xing H L, et al. Chemical responses to hydraulic fracturing and wolframite precipitation in the vein-type tungsten deposits of southern China[J]. Ore Geology Reviews, 2018, 102: 44-58.

[101] Liu X C, Xing H L, Zhang D H. The mechanisms of the infill textures and its implications for the five-floor zonation at the Dajishan vein-type tungsten deposit, China[J]. Ore Geology Reviews, 2015, 65: 365-374.

[102] Liu X C, Xing H L, Zhang D H. Influences of hydraulic fracturing on fluid flow and mineralization at the vein-type tungsten deposits in Southern China[J]. Geofluids, 2017, 5: 1-11.

[103] Liu Y S, Hu Z C, Gao S, et al. In situ, analysis of major and trace elements of anhydrous minerals by LA-ICP-MS without applying an internal standard[J]. Chemical Geology, 2008, 257(1-2): 34-43.

[104] Liu Y S, Hu Z C, Zong K Q, et al. Reappraisement and refinement of zircon U-Pb isotope and trace element analyses by LA-ICP-MS[J]. Chinese Science Bulletin, 2010, 55: 1535-1546.

[105] Loiselle M C, Wones D R. Characteristics and Origin of Anorogenic Granites[J]. Geochemical Society of America, Abstract with Programs, 1979, 11: 468.

[106] Lugmair G W, Marti K. Lunar initial 143 Nd/ 144 Nd: Differential evolution of the lunar crust and mantle[J]. Earth & Planetary Science Letters, 1978, 39(3): 349-357.

[107] Maluski H, Lepvrier C, Jolivet L, et al. Ar-Ar and fission-track ages in the Song Chay Massif: Early Triassic and Cenozoic tectonics in northern Vietnam[J]. Journal of Asian Earth Sciences, 2001, 19(1): 233-248.

[108] Maniar P D, Piccoli P M. Tectonic discrimination of granitoids[J]. Geological Society of America Bulletin, 1989, 101(5): 635-643.

[109] Martin R F. A-type granites of crustal origin ultimately result from open-system fenitization-type reactions in an extensional environment[J]. Lithos, 2006, 91(1-4): 125-136.

[110] McDivitt J A, Lafrance B, Kontak D J, et al. The structural evolution of the Missanabie-Renabie Gold District: pre-orogenic veins in an orogenic gold setting and their influence on the formation of hybrid deposits[J]. Economic Geology, 2017, 112: 1959-1975.

[111] Michard A. Rare earth element systematics in hydrothermal fluids[J]. Geochimica et Cosmochimica Acta, 1989, 53(3): 745-750.

[112] Migdisov A A, Williams-Jones A E. An experimental study of the solubility and speciation of neodymium (III)　uoride in F-bearing aqueous solutions[J]. Geochimica et Cosmochimica Acta, 2007, 71: 3056-3069.

[113] Misra K C. Understanding Mineral Deposits[M]. Kluwer Academic Publishers, 2000.

[114] Möller P, Parekh P P and Schneider H J. The application of Tb/Ca-Tb/La abundance ratios to problems of fluorspar genesis[J]. Mineralium Deposita, 1976, 11 (1): 111-116.

[115] Möller P. REE fractionation in hydrothermal fluorite and calcite. source, transport and deposition of metals[J]. Balkema, Roterdam, 1991, 35: 91-94.

[116] Nam T N, Sano Y, Terada K, et al. First SHRIMP U-Pb zircon dating of granulites from the Kontum massif (Vietnam) and tectonothermal implications[J]. Journal of Asian Earth Sciences, 2001, 19(1-2): 77-84.

[117] Neyedley K, Hanley J J, Fayek M, et al. Textural, fluid inclusion, and stable oxygen isotope constraints on vein formation and gold precipitation at the 007 Deposit, Rice Lake Greenstone Belt, Bissett, Manitoba, Canada[J]. Economic Geology, 2017, 112: 629-660.

[118] Onuma H, Higuchi H, Waki H. Trace element partitioning between two pyroxenes and the host lava[J]. Earth and Planetary Science Letters, 1968, 5: 47-51.

[119] Osterhus L, Jung S, Berndt J, et al. Geochronology, geochemistry and Nd, Sr and Pb isotopes of syn-orogenic granodiorites and granites (Damara orogen, Namibia) - arc-related plutonism or melting of mafic crustal sources? [J]. Lithos, 2014, 200(4): 386-401.

[120] Pan J Y, Ni P, Wang R C. Comparison of fluid processes in coexisting wolframite and quartz from a giant vein-type tungsten deposit, South China: Insights from detailed petrography and LA-ICP-MS analysis of fluid inclusions[J]. American Mineralogis, 2019, 104(8): 1092-1116.

[121] Pankhurst M J, Vernon R H, Turner S P, et al. Contrasting Sr and Nd isotopic behaviour during magma mingling; new insights from the Mannum A-type granite[J]. Lithos, 2011, 126 (3-4): 135-146.

[122] Pan X F, Hou Z Q, Zhao M, et al. Fluid inclusion and stable isotope constraints on the genesis of the world-class Zhuxi W (Cu) skarn deposit in South China[J]. Journal of Asian Earth Sciences, 2020, 190: 104192.

[123] Patiño Douce A E P, Humphreys E D, Johnston A D. Anatexis and metamorphism in tectonically thickened continental crust exemplified by the Sevier hinterland, western North America[J]. Earth & Planetary Science Letters, 1990, 97(3-4): 290-315.

[124] Patiño Douce A E. What do experiments tell us about the relative contributions of crust and mantle to the origin of granitic magmas[A]. Geological Society, London, Special Publications, 1999. 168: 55-75.

[125] Pearce J A, Harris N B W., Tindle A G. Trace element discrimination diagrams for the tectonic interpretation of granitic rocks[J]. Journal of Petrology, 1984, 25: 956-983.

[126] Peccerillo A, Taylor S R. Geochemistry of eocene calc-alkaline volcanic rocks from the Kastamonu area, Northern Turkey[J]. Contributions to Mineralogy & Petrology, 1975, 58(1): 63-81.

[127] Pirajno F. Hydrothermal mineral deposits: Principle and fundamental concepts for the exploration geologist[M]. Springer-Verlag, 1992.

[128] Poulin R S, Kontak D J, Mcdonald A M, et al. Assessing scheelite as an ore-deposit discriminator using its trace-element and REE chemistry geochemistry of scheelite from diverse ore-deposits[J]. Canadian Mineralogist, 2018, 56(3): 265-302.

[129] Poulin R S, Mcdonald A M. Kontak D J, et al. On the relationship between cathodoluminescence and the chemical composition of scheelite from geologically diverse ore-deposit environments[J]. Canadian Mineralogist, 2016, 54(5): 1147-1173.

[130] Qi J Z, Yuan S S, Liu Z J, et al. U-Pb SHRIMP dating of zircon from quartz veins of the Yangshan gold deposit in Gansu Province and its geological significance[J]. Acta Geologica Sinica-English Edition, 2004, 78: 443-451.

[131] Qiu L, Yan D P, Tang S L, et al. Mesozoic geology of southwestern China: Indosinian foreland overthrusting and subsequent deformation[J]. Journal of Asian Earth Sciences, 2016, 122: 91-105.

[132] Raimbault L. Utilisation des spectres de terres rares des minéraux hydrothermaux (apatite, fluorine, scheelite, wolframite) pour la caractérisation des fluides minéralisateurs et l'identification des magmas sources et des processus évolutifs[J]. Bulletin de Mineralogie, 1985, 108(6): 737-744.

[133] Rajesh H M. Characterization and origin of a compositionally zoned, aluminous A-type granite from South India[J]. Geological Magazine, 2000, 137(137): 291-318.

[134] Roberts S, Palmer M R, Waller L. Sm - Nd and REE Characteristics of Tourmaline and Scheelite from the Bjo rkdal Gold Deposit, Northern Sweden: Evidence of an Intrusion-Related Gold Deposit? [J]. Economic Geology, 2006, 101(7): 1415-1425.

[135] Roniza I, Cristiana L C, Nigel J C, et al. Rare earths and other trace elements in minerals from skarn assemblages, Hillside iron oxide-copper-gold deposit, Yorke Peninsula, South Australia [J]. Lithos, 2014, 184-187: 456-477.

[136] Rubatto D. Zircon trace element geochemistry: partitioning with garnet and the link between U-Pb ages and metamorphism[J]. Chemical Geology, 2002, 184(1): 123-138.

[137] Rudnick R L, Gao S. Composition of the Continental Crust[M]. In: Rudnick, R. L., Ed., The Crust, Elsevier-Pergamon, Oxford, 2003: 1-64.

[138] Rudnick R L, Fountain D M. Nature and composition of the continental crust: a lower crustal perspective[J]. Reviews of Geophysics, 1995, 33(3): 267-310.

[139] Rudnick R L. Restites, Eu anomalies and the lower continental crust[J]. Geochimica Et Cosmochimica Acta, 1992, 56(3): 963-970.

[140] Sánchez V, Cardellach E, Corbella M, et al. Variability in fluid sources in the fluorite deposits from Asturias (N Spain): Further evidences from REE, radiogenic (Sr, Sm, Nd) and stable (S, C, O) isotope data[J]. Ore Geology Reviews, 2010, 37(2): 87-100.

[141] Sanderson D J, Roberts S, Gumiel P, et al. Quantitative analysis of tin and tungsten-bearing sheeted vein systems[J]. Economic Geology, 2008, 103: 1043-1056.

[142] Sanderson D J, Zhang S. Critical stress localization of flow associated with deformation of well-fractured rock masses, with implication for mineral deposits[J]. Geological Society London Special Publications, 1999, 155(1): 69-81.

[143] Sasmaz A, Yavuz F, Sagiroglu A, et al. Geochemical patterns of the Akdagmadeni (Yozgat, Central Turkey) fluorite deposits and implications[J]. Journal of Asian Earth Sciences, 2005, 24: 469-479.

[144] Schwinn G, Markl G. REE systematics in hydrothermal fluorite[J]. Chemical Geology, 2005, 216: 225-248.

[145] Sha L K, Chappell B W. Apatite chemical composition, determined by electron microprobe and laser-ablation inductively coupled plasma mass spectrometry, as a probe into granite petrogenesis[J]. Geochimica Et Cosmochimica Acta, 1999, 63 (22): 3861-3881.

[146] Shannon R D. Revised effective ionic radii and systematic studies of interatomic distances in halides and chalcogenides[J]. Acta Crystallographica, 1976, 32(5): 751-767.

[147] Shelton K L, Cavender B D, Perry, L E, et al. Stable isotope and fluid inclusion studies of early Zn-Cu-(Ni-Co)-rich ores, lower ore zone of Brushy Creek mine, Viburnum Trend MVT district, Missouri, USA: Products of multiple sulfur sources and metal-specific fluids[J]. Ore Geology Reviews, 2020, 118: 103358.

[148] Shelton K L, Taylor R P, So C S. Stable Isotope Studies of the Dae Hwa Tungsten-Molybdenum Mine, Republic of Korea: Evidence of progressive meteoric water interaction in a tungsten-bearing hydrothermal system[J]. Economic Geology, 198, 82: 471-481.

[149] Shepherd T J, Rakin A, Alderton D H M. A Practical Guide to Fluid Inclusion Studies[J]. Blackie and Son Limited, 1985: 1-154.

[150] Sheppard S M F. Characterization and isotopic variations in natural water[J]. Reviews in Mineralogy, 1986. 16: 165-183.

[151] Shimizu T. Fluid inclusion studies of comb quartz and stibnite at the Hishikari Au-Ag epithermal deposit, Japan[J]. Resource Geology, 2018, 68: 326-335.

[152] Shore M, Fowler A D. Oscillatory zoning in minerals: a common phenomenon[J]. The Canadian Mineralogist, 1996, 34: 1111-1126.

[153] Sibson R H, Moore J M, Rankin A H. Seismic pumping-a hydrothermal fluid transport mechanism[J]. Journal of Geological Society, 1975, 131(6): 653-659.

[154] Sibson R H, Robert F, Poulsen K H. High-angle reverse faults, fluid-pressure cycling, and mesothermal gold-quartz deposits[J]. Geology, 1988, 16: 551-555.

[155] Sillitoe R H. Some metallogenic features of gold and copper deposits related to alkaline rocks and consequences for explo ration[J]. Mineralium Deposita, 2002, 37: 4-13.

[156] Skjerlie K P, Johnston A D. Fluid-Absent Melting Behavior of an F-Rich Tonalitic Gneiss at Mid-Crustal Pressures: Implications for the Generation of Anorogenic Granites[J]. Journal of Petrology, 1993, 34(4): 785-815.

[158] Steiger R H, Jäger E. Subcommission on geochronology: Convention on the use of decay constants in geo- and cosmochronology[J]. Earth Planet. sci. lett, 1977, 36(3): 359-362.

[159] Sun K K, Chen B. Trace elements and Sr-Nd isotopes of scheelite: Implications for the W-Cu-Mo polymetallic mineralization of the Shimensi deposit, South China[J]. American Mineralogist, 2017, 102(5): 1114-1128.

[160] Sun S S, Mc Donough W F. Chemical and isotopic systematics of oceanic basalts: Implications for mantle composition and processes. In: Saunders A D, Norry M J, eds. Magmatism in the Ocean Basins[J]. Geological Society, London, Special Publications, 1989, 42: 313-345.

[161] Sun T, Zhou X M, Chen P R, et al. Petrogenesis is of Mesozoic strongly peraluminous granites in the Nanling China[J]. Science in China, 2003, 33(12): 1209-1218.

[162] Sushchevskaya T M, Bychkov A Y. Physic-chemical mechanisms of cassiterite and wolframite precipitation in the granite-related hydrothermal system: thermodynamic modeling [J]. Geochemistry International, 2010, 48(12): 1246-1253.

[163] Sylvester P J. Post-collisional strongly peraluminous granites[J]. Lithos, 1998, 45(1-4): 29-44.

[164] Taylor S R, Mclennan S M. The Continental Crust: Its Composition and Evolution[J]. Journal of Geology, 1984, 94(4).

[165] Trail D, Watson E B, Tailby N D. Ce and Eu anomalies in zircon as proxies for the oxidation state of magmas[J]. Geochimica Et Cosmochimica Acta, 2012, 97: 70-87.

[166] Trail D, Watson E B, Tailby N D. The oxidation state of Hadean magmas and implications for early Earth's atmosphere[J]. Nature, 2011, 480(7375): 79-82.

[167] Tumukunde, T A, Piestrzynski A. Vein-type Tungsten Deposits in Rwanda, Rutsiro area of the KaragweAnkole Belt, Central Africa[J]. Ore Geology Reviews, 2018, 102: 505-518.

[168] Tunks A J, Cooke D R. Geological and structural controls on gold mineralization in the Tanami District, Northern Territory[J]. Mineralium Deposita, 2017, 42: 107-126.

[169] Turner S P, Foden J D, Morrison R S. Derivation of some A-type magmas by fractionation of basaltic magma: An example from the Padthaway Ridge, South Australia[J]. Lithos, 1992, 28(2): 151-179.

[170] Van O J A, Grove T L, Shimizu N. Rare earth element diffusion in diopside: influence of temperature, pressure, and ionic radius and an elastic model for diffusion in silicates[J]. Contributions to Mineralogy and Petrology, 2001, 141: 687-703.

[171] Van Ryt M R, Sanislav I V, Dirks P H G M, et al. Alteration paragenesis and the timing of mineralised quartz veins at the worldclass Geita Hill gold deposit, Geita Greenstone Belt, Tanzania[J]. Ore Geology Reviews, 2017, 91: 765-779.

[172] Vikent'eva O V, Gamyanin G N, Bortnikov N S. REE in fluid inclusions of quartz from gold deposits of north-eastern Russia[J]. Central European Journal of Geosciences, 2012, 4: 310-323.

[173] Vinokurov S F, Golubev V N, Krylova T L, et al. REE and fluid inclusions in zoned fluorites from eastern transbaikalia: distribution and geochemical significance[J]. Geochemistry International, 2014, 52(8): 654-669.

[174] Volkert R A, Feigenson M D, Mana S, et al. Geochemical and Sr-Nd isotopic constraints on

the mantle source of Neoproterozoic mafic dikes of the rifted eastern Laurentian margin, north-central Appalachians, USA[J]. Lithos, 2015, 212-215: 202-213.

[175] Walter B F, Gerdes A, Kleinhanns I C, et al. The connection between hydrothermal fluids, mineralization, tectonics and magmatism in a continental rift setting: Fluorite Sm-Nd and hematite and carbonates U-Pb geochronology from the Rhinegraben in SW Germany[J]. Geochimica et Cosmochimica Acta, 2018, 240: 11-42.

[176] Wang K X, Chen W F, Chen P R, et al. Petrogenesis and geodynamic implications of the Xiema and Ziyunshan plutons in Hunan Province, South China[J]. Journal of Asian Earth Sciences, 2015, 111: 919-935.

[177] Wang Q, Zhu D C, Zhao Z D, et al. Magmatic zircons from I-, S- and A-type granitoids in Tibet: Trace element characteristics and their application to detrital zircon provenance study[J]. Journal of Asian Earth Sciences, 2012, 53(2): 59-66.

[178] Wang Y, Fan W, Sun M, et al. Geochronological, geochemical and geothermal constraints on petrogenesis of the Indosinian peraluminous granites in the South China Block: A case study in the Hunan Province[J]. Lithos, 2007, 96(3): 475-502.

[179] Wang Y. Fan W. Zhao G, et al. Zircon U-Pb geochronology of gneissic rocks in the Yunkai massif and its implications on the Caledonian event in the South China Block[J]. Gondwana Research, 2007a, 12(4): 404-416.

[180] Wang Y, Fan W, Sun M, et al. Geochronological, geochemical and geothermal constraints on petrogenesis of the Indosinian peraluminous granites in the South China Block: A case study in the Hunan Province[J]. Lithos, 2007b, 96(3): 475-502.

[181] Wang Y, Fan W, Cawood P A, et al. Sr-Nd-Pb isotopic constraints on multiple mantle domains for Mesozoic mafic rocks beneath the South China Block hinterland[J]. Lithos, 2008, 106: 297-308.

[182] Wang Y J, Zhang Y, Fan W M, et al. Numerical modeling of the formation of Indo-Sinian peraluminous granitoids in Hunan Province: Basaltic underplating versus tectonic thickening[J]. Science in China, 2002, 45(11): 1042-1056.

[183] Wang Z, Chen B, Ma X. Petrogenesis of the Late Mesozoic Guposhan Composite Plutons from the Nanling Range, South China: Implications for W-Sn Mineralization[J]. American Journal of Science, 2014, 314(1): 235-277.

[184] Watson E B, Harrison T M. Zircon thermometer reveals minimum melting conditions on earliest Earth[J]. Science, 2005, 308(5723): 841-844.

[185] Weatherley D K, Henley R W. Flash vaporization during earthquakes evidenced by gold deposits[J]. Nature Geoscience, 2013, 6(4): 294-298.

[186] Wedepohl K H. The composition of the continental crust [J]. Geochimica Et Cosmochimica Acta, 1995, 59(7): 1217-1232.

[187] Wei W, Song C, Hou Q L, et al. The Late Jurassic extensional event in the central part of the South China Block-evidence from the Laoshan'ao shear zone and Xiangdong Tungsten deposit (Hunan, SE China)[J]. International Geology Review, 2018, 60(11-14): 1644-1664.

[188] Weislogel A L, Graham S A, Chang E Z, et al. Detrital zircon provenance of the Late Triassic Songpan-Ganzi complex: Sedimentary record of collision of the North and South China blocks [J]. Geology, 2006, 34(2): 97.

[189] Wesolowski D, Ohmoto H. Calculated oxygen isotope fractionation factors between water and the minerals scheelite and powellite[J]. Economic Geology, 1986, 81: 471-477.

[190] Wesolowski D, Ohmoto H. Oxygen isotope fractionation in the minerals scheelite and powellite from theoretical calculation[J]. Economic Geology, 1983, 64: 334.

[191] Whalen J B, Currie K L, Chappell B W. A-type granites: geochemical characteristics, discrimination and petrogenesis[J]. Contributions to Mineralogy & Petrology, 1987, 95(4): 407-419.

[192] Wood S A, Samson I M. The Hydrothermal Geochemistry of Tungsten in Granitoid Environments: I. Relative Solubilities of Ferberite and Scheelite as a Function of T, P, pH, and m(NaCl)[J]. Economic Geology, 2000, 95(1): 143-182.

[193] Wood, S A. The aqueous geochemistry of the rare-earth elements and yttrium: 2. Theoretical predictions of speciation in hydrothermal solutions to 350℃ at saturation water vapor pressure [J]. Chemical Geology, 1990, 88(1-2): 99-125.

[194] WoohyunChoi W, Park C Y, Song Y G. Multistage W-mineralization and magmatic-hydrothermal fluid evolution: Microtextural and geochemical footprints in scheelite from the Weondong W-skarn deposit, South Korea[J]. Ore Geology Reviews, 2020, 116: 103219.

[195] Wu S H, Mao J W, Yuan S D, et al. Mineralogy, fluid inclusion petrography, and stable isotope geochemistry of Pb - Zn - Ag veins at the Shizhuyuan deposit, Hunan Province, southeastern China[J]. Mineralium Deposita, 2017, 53: 89-103.

[196] Wu J H, Li H, Algeo T J, et al. Genesis of the Xianghualing Sn-Pb-Zn deposit, South China: A multi-method zircon study[J]. Ore Geology Reviews, 2018, 102: 220-239.

[197] Wu Q H, Cao J Y, Kong H, et al. Petrogenesis and tectonic setting of the early Mesozoic Xitian granitic pluton in the middle Qin-Hang Belt, South China: Constraints from zircon U-Pb ages and bulk-rock trace element and Sr-Nd-Pb isotopic compositions[J]. Journal of Asian Earth Sciences, 2016, 128(1): 130-148.

[198] Xia Y, Xu X S, Zhu K Y. Paleoproterozoic S- and A-type granites in southwestern Zhejiang: Magmatism, metamorphism and implications for the crustal evolution of the Cathaysia basement [J]. Precambrian Research, 2012, 216-219: 177-207.

[199] Xiong Y Q, Shao Y J, Cheng Y B, et al. Discrete Jurassic and Cretaceous Mineralization Events at the Xiangdong W(-Sn) Deposit, Nanling Range, South China[J]. Economic Geology, 2020, 115(2): 385-413.

[200] Xiong Y Q, Shao Y J, Mao J W, et al. The polymetallic magmatic-hydrothermal Xiangdong and Dalong systems in the W-Sn-Cu-Pb-Zn-Ag Dengfuxian orefield, SE China: constraints from geology, fluid inclusions, H-O-S-Pb isotopes, and sphalerite Rb-Sr geochronology[J]. Mineralium Deposita, 2019, 54(8): 1101-1124.

[201] Xiong Y Q, Shao Y J, Zhou H D, et al. Ore-forming mechanism of quartz-vein-type W-Sn

deposits of the Xitian district in SE China: Implications from the trace element analysis of wolframite and investigation of fluid inclusions[J]. Ore Geology Reviews, 2017, 83: 152-173.

[202] Xue S, Qin K Z, Li G M, et al. Scheelite elemental and isotopic signatures: Implications for the genesis of skarn-type W-Mo deposits in the Chizhou Area, Anhui Province, Eastern China [J]. American Mineralogist, 2014, 99(2-3): 303-317.

[203] Yan D P, Zhou M F, Wang C Y, et al. Structural and geochronological constraints on the tectonic evolution of the Dulong-Song Chay tectonic dome in Yunnan province, SW China[J]. Journal of Asian Earth Sciences, 2006, 28(4-6): 332-353.

[204] Yin A, Harrison T M. Geologic Evolution of the Himalayan-Tibetan Orogen[J]. Annual Review of Earth & Planetary Sciences, 2000, 28(1): 211-280.

[205] Yokart B, Barr S M, Williams-Jones A E, et al. Late-stage alteration and tin-tungsten mineralization in the Khuntan Batholith, northern Thailand[J]. Journal of Asian Earth Sciences, 2003, 21: 999-1018.

[206] Yuvan J. Fluid inclusion and oxygen isotope studies of high-grade quartz-scheelite veins at the Cantung Mine, Northwest Territories, Canada: products of a late-stage magmatic-hydrothermal event[D]. The University of Missouri-Columbia, 2006.

[207] Zacharias J. Structural evolution of the Mokrsko-West, Mokrsko-East and Celina gold deposits, Bohemian Massif, Czech Republic: role of fluid overpressure[J]. Ore Geology Reviews, 2016, 74: 170-195.

[208] Zartman R E, Doe B R. Plumbotectonics—the model[J]. Tectonophysics, 1981, 75(1-2): 135-162.

[209] Zeng Q D, He H Y, Zhu R X, et al. Origin of ore-forming fluids of the Haigou gold deposit in the eastern Central Asian Orogenic belt, NE China: constraints from H-O-He-Ar isotopes[J]. Journal of Asian Earth Sciences, 2017, 44: 384-397.

[210] Zeng Z G, Li, C Y, Liu, Y P, et al. REE geochemistry of scheelite of two genetic types from Nanyangtian Southeastern Yunnan[J]. Geology-Geochemistry, 1998, 26(2): 34-38.

[211] Zhang F, Wan Y, Zhang A, et al. Geochronological and geochemical constraints on the petrogenesis of Middle Paleozoic (Kwangsian) massive granites in the eastern South China Block[J]. Lithos., 2012, 150: 188-208.

[212] Zhang Y, Shao Y J, Liu Q Q, et al. Jurassic magmatism and metallogeny in the eastern Qin-Hang Metallogenic Belt, SE China: an example from the Yongping Cu deposit[J]. Journal of Geochemical Exploration, 2017, 186: 281-297.

[213] Zhang Z, Wang Y, Crustal structure and contact relationship revealed from deep seismic sounding data in South China[J]. Physics of the Earth and Planetary Interiors, 2007, 165: 114-126.

[214] Zhao L, Zhou X, Zhai M, et al. Petrologic and zircon U-Pb geochronological characteristics of the pelitic granulites from the Badu Complex of the Cathaysia Block, South China[J]. Journal of Asian Earth Sciences, 2018, 158: 65-79.

[215] Zhao P L, Yuan S D, Mao J W, et al. Constraints on the timing and genetic link of the large-

scale accumulation of proximal W-Sn-Mo-Bi and distal Pb-Zn-Ag mineralization of the world-class Dongpo orefield, Nanling Range, South China[J]. Ore Geology Reviews, 2017, 95: 1140-1160.

[216] Zhao Z, Liu C, Guo N X, et al. Temporal and spatial relationships of granitic magmatism and W mineralization: Insights from the Xingguo ore field, South China[J]. Ore Geology Reviews, 2018, 95: 945-973.

[217] Zheng Y F. A perspective view on ultrahigh-pressure metamorphism and continental collision in the Dabie-Sulu orogenic belt[J]. Chinese Science Bulletin, 2008, 53(20): 3081-3104.

[218] Zheng Z, Chen Y J, Deng X H, et al. Fluid evolution of the Qiman Tagh W-Sn ore belt, East Kunlun Orogen, NW China[J]. Ore Geology Reviews, 2018, 95: 280-291.

[219] Zhou J, Huang Z, Yan Z. The origin of the Maozu carbonate-hosted Pb-Zn deposit, southwest China: Constrained by C-O-S-Pb isotopic compositions and Sm-Nd isotopic age[J]. Journal of Asian Earth Sciences, 2013a, 73(1): 39-47.

[220] Zhou X M, Sun T, Shen W Z, et al. Petrogenesis of Mesozoic granitoids and volcanic rocks in South China: A response to tectonic evolution[J]. Episodes, 2006, 29(1): 26-33.

[221] Zhou Y, Liang X Q, Wu S C, et al. Isotopic geochemistry, zircon U-Pb ages and Hf isotopes of A-type granites from the Xitian W-Sn deposit, SE China: Constraints on petrogenesis and tectonic significance[J]. Journal of Asian Earth Sciences, 2015, 105(6): 122-139.

[222] Zindler A, Hart S R. Chemical geodynamics[C]. The Workshop on the Earth As A Planet. Workshop on the Earth as a Planet, 1986.

[223] Zong K Q, Klemd R, Yuan Y, et al. The assembly of Rodinia: The correlation of early Neoproterozoic (ca. 900 Ma) high-grade metamorphism and continental arc formation in the southern Beishan Orogen, southern Central Asian Orogenic Belt (CAOB)[J]. Precambrian Research, 2017, 290: 32-48.

[224] 柏道远, 陈建成, 马铁球, 等. 王仙岭岩体地质地球化学特征及其对湘东南印支晚期构造环境的制约[J]. 地球化学, 2006, 35(2): 113-125.

[225] 柏道远, 黄建中, 李金冬, 等. 华南中生代构造演化过程的多地质要素约束-湘东南及湘粤赣边区中生代地质研究的启示[J]. 大地构造与成矿学, 2007, 31(1): 1-13.

[226] 柏道远, 李银敏, 钟响, 等. 湖南 NW 向常德-安仁断层的地质特征、活动历史及构造性质[J]. 地球科学, 2018, 43(7): 2496-2514.

[227] 柏道远, 马铁球, 王先辉, 等. 南岭中段中生代构造-岩浆活动与成矿作用研究进展[J]. 中国地质, 2008, 35(3): 436-455.

[228] 蔡明海, 陈开旭, 屈文俊, 等. 湘南荷花坪锡多金属矿床地质特征及辉钼矿 Re-Os 测年[J]. 矿床地质, 2006(3): 263-268.

[229] 蔡杨, 马东升, 陆建军, 等. 湖南邓阜仙钨矿辉钼矿铼-锇同位素定年及硫同位素地球化学研究[J]. 岩石学报, 2012, 28(12): 3798-3808.

[230] 蔡杨, 陆建军, 马东升, 等. 湖南邓阜仙印支晚期二云母花岗岩年代学、地球化学特征及其意义[J]. 岩石学报, 2013, 29(12): 4215-4231.

[231] 蔡杨. 湖南邓阜仙岩体及其成矿作用研究[D]. 南京: 南京大学, 2013.

[232]曹华文，张寿庭，高永璋．内蒙古林西萤石矿床稀土元素地球化学特征及其指示意义[J]．地球化学，2014，43(2)：131-140.
[233]曹荆亚．湖南茶陵锡田锡多金属矿田成矿系统研究[D]．长沙：中南大学，2016.
[234]岑况，田兆雪．岩浆中心成矿系—岩浆岩体和矿床组合的空间分带理想模式[J]．现代地质，2012，26(5)：1051-1057.
[235]曾桂华，胡永哉，余阳春．湘东锡田垄上矽卡岩型锡多金属矿床地质特征及找矿前景[J]．华南地质与矿产，2005(2)：68-72.
[236]曾昭法．内蒙古林西萤石矿床地球化学特征及其成因探讨[D]．北京：中国地质大学(北京)，2013.
[237]陈迪，马爱军，刘伟，等．湖南锡田花岗岩体锆石 U-Pb 年代学研究[J]．现代地质，2013(4)：819-830.
[238]陈迪，陈焰明，马爱军，等．湖南锡田岩体的岩浆混合成因：岩相学、岩石地球化学和 U-Pb 年龄证据[J]．中国地质，2014，41(1)：61-78.
[239]陈国达，杨心宜，梁新权．关于活化区动力学研究的几个问题[J]．地质科学，2002，37(3)：320-331.
[240]陈衍景，富士谷．豫西金矿成矿规律[M]．北京：地震出版社，1992.
[241]陈毓川，王登红，徐志刚，等．华南区域成矿和中生代岩浆成矿规律概要[J]．大地构造与成矿学，2014，38(2)：219-229.
[242]陈振胜，张理刚．蚀变围岩氢氧同位素组成的系统变化及其地质意义—以西华山钨矿为例[J]．地质找矿论丛，1990(4)：69-79.
[243]陈郑辉，王登红，曾载淋等．“五层楼+地下室”模式在南岭于都—赣县矿集区立体探测与深部成矿预测中的实践[J]．吉林大学学报(地球科学版)，2010，40(4)：950-952.
[244]迟清华，王学求，徐善法，等．华南陆块钨和锡的地球化学时空分布[J]．地学前缘，2012，19(3)：70-83.
[245]迟清华，鄢明才．中国东部岩石地球化学图[J]．地球化学，2005(2)：97-108.
[246]邓湘伟，刘继顺，戴雪灵，等．湘东锡田合江口锡钨多金属矿床地质特征及辉钼矿 Re-Os 同位素年龄[J]．中国有色金属学报，2015(10)：2883-2897.
[247]邓湘伟．与长英质岩浆作用有关的湘东合江口锡钨多金属矿床成因模式[D]．长沙：中南大学，2016.
[248]邓渲桐，曹荆亚，吴堑虹，等．湖南锡田和邓阜仙燕山期花岗岩的源区差异及其意义[J]．中南大学学报(自然科学版)，2017，48(1)：212-221.
[249]董超阁，余阳春，梁新权，等．湖南湘东钨矿含矿石英脉辉钼矿 Re-Os 定年及地质意义[J]．大地构造与成矿学，2018，42(1)：84-95.
[250]方贵聪，陈毓川，陈郑辉，等．赣南盘古山钨矿床锆石 U-Pb 和辉钼矿 Re-Os 年龄及其意义[J]．地球学报，2014，35(1)：76-84.
[251]付建明，程顺波，卢友月，等．湖南锡田云英岩-石英脉型钨锡矿的形成时代及其赋矿花岗岩锆石 SHRIMP U-Pb 定年[J]．地质与勘探，2012，48(2)：313-320.
[252]付建明，伍式崇，徐德明，等．湘东锡田钨锡多金属矿区成岩成矿时代的再厘定[J]．华南地质与矿产，2009(3)：1-7.

[253]郭春丽，陈毓川，蔺志永，等．赣南印支期柯树岭花岗岩体 SHRIMP 锆石 U-Pb 年龄、地球化学、锆石 Hf 同位素特征及成因探讨[J]．岩石矿物学杂志，2011，30(4)：567-580.

[254]何苗，刘庆，侯泉林，等．湘东邓阜仙花岗岩成因及对成矿的制约：锆石/锡石 U-Pb 年代学、锆石 Hf-O 同位素及全岩地球化学特征[J]．岩石学报，2018，34(3)：637-655.

[255]黄鸿新．湖南邓埠仙钨锡多金属矿床地球化学和成矿机制研究[D]．武汉：长江大学，2014：60-85.

[256]黄卉，马东升，陆建军，等．湖南邓阜仙复式花岗岩体的锆石 U-Pb 年代学研究[J]．矿物学报，2011(s1)：590-591.

[257]贾小辉，王强，唐功建．A 型花岗岩的研究进展及意义[J]．大地构造与成矿学，2009，33(3)：465-480.

[258]蓝廷广，胡瑞忠，范宏瑞，等．流体包裹体及石英 LA-ICP-MS 分析方法的建立及其在矿床学中的应用[J]．岩石学报，2017，33(10)：3239-3262.

[259]李长民．锆石成因矿物学与锆石微区定年综述[J]．地质调查与研究，2009，32(3)：161-174.

[260]李吉明，李永明，楼法生，等．赣北发现“五层楼”式石英脉型黑钨矿矿床[J]．地球学报，2016，37(3)：379-384.

[261]李鹏春，许德如，陈广浩，等．湘东北金井地区花岗岩成因及地球动力学暗示：岩石学、地球化学和 Sr-Nd 同位素制约[J]．岩石学报，2005，21(3)：921-934.

[262]李胜虎，李建康，张德会，等．广西栗木钽铌锡多金属矿床的成矿流体演化及其对成矿过程的制约[J]．岩石学报，2015，31(4)：954-966.

[263]李顺庭，王京彬，祝新友，等．湖南瑶岗仙钨多金属矿床辉钼矿 Re-Os 同位素定年和硫同位素分析及其地质意义[J]．现代地质，2011，25(2)：228-235.

[264]李文昌，江小均．扬子西缘陆内构造转换系统与构造岩浆成矿效应[J]．地学前缘，2020，27(2)：1-14.

[265]李晓峰，毛景文，王登红，等．四川大渡河金矿田成矿流体来源的氦氩硫氢氧同位素示踪[J]．地质学报，2004，78(2)：203-210.

[266]梁书艺，夏宏远．钨锡矿床萤石的演化及稀土元素地球化学[J]．矿物学报，1993(2)：177-181.

[267]梁新权，李献华，丘元禧，等．华南印支期碰撞造山-十万大山盆地构造和沉积学证据[J]．大地构造与成矿学，2005，29(1)：99-112.

[268]林书平，伍静，黄文婷，等．桂东北苗儿山-越城岭东北部界牌钨-铜矿区成矿岩体锆石 U-Pb 年龄及华南加里东期成矿分析[J]．大地构造与成矿学，2007，41(6)：1116-1127.

[269]林智炜，吴堑虹，李欢，等．板溪锑矿两类石英脉成因及其对找矿的指示意义[J]．地球科学，2020，45(5)：1503-1516.

[270]刘飚，吴堑虹，孔华，等．湖南锡田矿田花岗岩时空分布与钨锡成矿关系：来自锆石 U-Pb 年代学与岩石地球化学的约束[J]．地球科学，2022，47(1)：240-258.

[271]刘国庆，伍式崇，杜安道，等．湘东锡田钨锡矿区成岩成矿时代研究[J]．大地构造与成矿学，2008，32(1)：63-71.

[272]刘继顺，刘飚，王天国，等．一个潜在的超大型构造蚀变岩型金矿-赣西丰山金矿[J].

矿物学报, 2015, 35(S1): 42.

[273]刘曼, 邱华宁, 白秀娟, 等. 湖南锡田钨锡多金属矿床流体包裹体研究[J]. 矿床地质, 2015, 34(5): 981-998.

[274]刘云华, 付建明, 龙宝林, 等. 南岭中段主要锡矿床 He、Ar 同位素组成及其意义[J]. 吉林大学学报(地球科学版), 2006, 36(5): 774-780.

[275]龙宝林, 伍式崇, 徐辉煌. 湖南锡田钨锡多金属矿床地质特征及找矿方向[J]. 地质与勘探, 2009, 45(3): 229-234.

[276]娄峰, 伍静, 陈国辉. 广西栗木泡水岭印支期岩体 LA-ICP-MS 锆石 U-Pb 年龄及其地质意义[J]. 地质通报, 2014, 33(7): 960-965.

[277]卢欣祥, 李明立, 王卫, 等. 秦岭造山带的印支运动及印支期成矿作用[J]. 矿床地质, 2008, 27(6): 762-773.

[278]罗洪文, 曾钦旺, 曾桂华, 等. 湘东锡田锡矿田矿床地质特征及矿床成因[J]. 华南地质与矿产, 2005(2): 61-67.

[279]罗永恩. 广西武宣—象州地区铅锌成矿带深部找矿前景及找矿思路探讨[J]. 矿产与地质, 2014, 28(6), 653-659.

[280]马丽艳, 付建明, 伍式崇, 等. 湘东锡田垄上锡多金属矿床 40Ar/39Ar 同位素定年研究[J]. 中国地质, 2008, 35(4): 706-713.

[281]马铁球, 柏道远, 邝军, 等. 湘东南茶陵地区锡田岩体锆石 SHRIMP 定年及其地质意义[J]. 地质通报, 2005, 24(5): 415-419.

[282]马铁球, 王先辉, 柏道远, 等. 锡田含 W-Sn 花岗岩体的地球化学特征及其形成构造背景[J]. 华南地质与矿产, 2004(1): 11-16.

[283]毛景文, 陈懋弘, 袁顺达, 等. 华南地区钦杭成矿带地质特征和矿床时空分布规律[J]. 地质学报, 2011, 85(5): 636-658.

[284]毛景文. 超大型钨多金属矿床成矿特殊性-以湖南柿竹园矿床为例. 地球科学, 1997, 32(3): 351-363.

[285]毛景文, 李红艳, 王登红, 等. 华南地区中生代多金属矿床形成与地幔柱关系[J]. 矿物岩石地球化学通报, 1998, 17(2): 63-65.

[286]毛景文, 谢桂青, 郭春丽, 等. 华南地区中生代主要金属矿床时空分布规律和成矿环境[J]. 高校地质学报, 2008, 14(4): 510-526.

[287]毛景文, 谢桂青, 李晓峰, 等. 华南地区中生代大规模成矿作用与岩石圈多阶段伸展[J]. 地学前缘, 2004, 38(2): 46-55.

[288]倪永进, 单业华, 伍式崇, 等. 湖南东南部湘东钨矿区老山坳断层性质的厘定及其对找矿的启示[J]. 大地构造与成矿学, 2015, 39(3): 436-445.

[289]聂爱国. 广西茶山锑矿区萤石成因的稀土元素地球化学研究[J]. 矿物学报, 1998, 18(2): 250-253.

[290]牛睿. 湖南锡田花岗岩的年代学及岩石成因研究[D]. 北京: 中国科学院大学, 2013.

[291]牛睿, 刘庆, 侯泉林, 等. 湖南锡田花岗岩锆石 U-Pb 年代学及钨锡成矿时代的探讨[J]. 岩石学报, 2015, 31(9): 2620-2632.

[292]彭建堂, 胡瑞忠, 漆亮, 等. 晴隆锑矿床中萤石的稀土元素特征及其指示意义[J]. 地质

科学，2002(3)：277-287.
[293]彭建堂，胡瑞忠，赵军红，等．湘西沃溪金锑钨矿床中白钨矿的稀土元素地球化学[J]．地球化学，2005(2)：115-122.
[294]祁昌实，邓希光，李武显，等．桂东南大容山-十万大山S型花岗岩带的成因：地球化学及Sr-Nd-Hf同位素制约[J]．岩石学报，2007，23(2)：403-412.
[295]邱华宁，白秀娟，刘文贵，等．自动化$^{40}Ar/^{39}Ar$定年设备研制[J]．地球化学，2015，44(5)：477-484.
[296]全铁军，奚小双，孔华，等．湘南燕山期区域三叉断层构造型式及成矿作用[J]．中国有色金属学报，2013，23(9)：2613-2620.
[297]沈渭洲，张芳荣，舒良书，等．江西宁冈岩体的形成时代、地球化学特征及其构造意义[J]．岩石学报，2008，24(10)：2244-2254.
[298]舒良树，于津海，贾东，等．华南东段早古生代造山带研究[J]．地质通报，2008(10)：1581-1593.
[299]舒良树．华南前泥盆纪构造演化：从华夏地块到加里东期造山带[J]．高校地质学报，2006，12(4)：418-431.
[300]宋超，卫巍，侯泉林，等，2016．湘东茶陵地区老山坳剪切带特征及其与湘东钨矿的关系[J]．岩石学报，32(5)：1571-1580.
[301]宋生琼，胡瑞忠，毕献武，等．赣南淘锡坑钨矿床流体包裹体地球化学研究[J]．地球化学，2011，40(3)：237-248.
[302]孙振家．邓阜仙钨矿成矿构造特征及深部成矿预测[J]．大地构造与成矿学，1990(2)：139-150.
[303]孙涛，周新民，陈培荣，等．南岭东段中生代强过铝花岗岩成因及其大地构造意义[J]．中国科学，2003，33(12)：1209-1218.
[304]田明君，李永刚，苗来成，等．江西永平铜矿床蚀变矿化分带、矿石组构及成矿过程[J]．岩石学报，2019，35(6)：1924-1938.
[305]童航寿．华南地幔柱构造与成矿[J]．铀矿地质，2010，26(2)：65-72.
[306]万天丰，朱鸿．中国大陆及邻区中生代-新生代大地构造与环境变迁[J]．现代地质，2002，16(2)：107-118.
[307]王德滋，沈渭洲．中国东南部花岗岩成因与地壳演化[J]．地学前缘，2003，10(3)：209-220.
[308]汪劲草，韦龙明，朱文凤，等．南岭钨矿“五层楼模式”的结构与构式[J]．地质学报，2002，82(7)：894-899.
[309]王磊，柳玉龙，李丰收，等．墨西哥成矿分带及与侵入岩相关矿床分布规律[J]．矿产勘查，2014，5(4)：663-671.
[310]王莉娟，王京彬，王玉往，等．准噶尔北部希勒库都克斑岩钼铜矿床地质与成矿流体[J]．岩石学报，2009，25(4)：944-954.
[311]王莉娟，王玉往，王京彬，等．内蒙古大井锡多金属矿床流体成矿作用研究：单个流体包裹体组分LA-ICP-MS分析证据[J]．科学通报，2006，51(10)：1203-1210.
[312]王松山．我国K-Ar法标准样~(40)Ar-~(40)K和~(40)Ar-~(39)Ar年龄测定及放射

成因~(40)Ar的析出特征[J]. 地质科学，1983(4)：345-323.
[313]王旭东，倪培，袁顺达，等. 江西黄沙石英脉型钨矿床流体包裹体研究[J]. 岩石学报，2012，28(1)：122-132.
[314]王玉往，叶天竺，王京彬，等. 浅论成矿地质体的类型、地质特征和识别标志[J]. 矿床地质，2012，31(S1)：45-46.
[315]王岳军，Zhang Y H，范蔚茗，等. 湖南印支期过铝质花岗岩的形成：岩浆底侵与地壳加厚热效应的数值模拟[J]. 中国科学，2002，32(6)：491-499.
[316]王泽光，贾大成，裴尧，等. 延边十里坪地区元素组合异常及其找矿意义[J]. 吉林大学学报：地球科学版，2008(S1)：164-166.
[317]韦龙明，孔凡乾，黄朝柱，等. 南岭石英脉型钨矿"五层楼"矿化模式简述[J]. 矿床地质，2014，33(S1)：755-756.
[318]韦永福，吕英杰. 中国金矿床[M]. 北京：地震出版社，1994.
[319]吴福元，李献华，杨进辉，等. 花岗岩成因研究的若干问题[J]. 岩石学报，2007，23(6)：1217-1238.
[320]吴锁平，王梅英，戚开静. A型花岗岩研究现状及其述评[J]. 岩石矿物学杂志，2007，26(1)：57-66.
[321]吴堑虹，刘飚，李欢，等. 热液矿床含矿-无矿脉的"双脉"构造[C]//. 第九届全国成矿理论与找矿方法学术讨论会论文摘要集，2019.
[322]吴永涛，韩润生，任涛. 滇东北矿集区茂租铅锌矿床萤石的稀土元素特征及其指示意义[J]. 中国稀土学报，2017，35(3)：403-412.
[323]伍式崇，龙自强，曾桂华，等. 湖南锡田地区锡铅锌多金属矿勘查主要进展及找矿前景[J]. 华南地质与矿产，2011，27(2)：100-104.
[324]伍式崇，龙自强，徐辉煌，等. 湖南锡田锡钨多金属矿床成矿构造特征及其找矿意义[J]. 大地构造与成矿学，2012，36(2)：217-226.
[325]伍式崇，罗洪文，黄韬. 锡田中部地区锡多金属矿成矿地质特征及找矿潜力[J]. 华南地质与矿产，2004(2)：21-26.
[326]席斌斌，张德会，周利敏，等. 江西省全南县大吉山钨矿成矿流体演化特征[J]. 地质学报，2008，82(7)：956-966.
[327]肖龙. 地幔柱构造与地幔动力学——兼论其在中国大陆地质历史中的表现[J]. 矿物岩石地球化学通报，2004，23(3)：239-245.
[328]谢桂青，胡瑞忠. 中国东南部地幔柱及其与中生代大规模成矿关系初探[J]. 大地构造与成矿学，2001，25(2)：179-186.
[329]辛洪波，曲晓明. 西藏冈底斯斑岩铜矿带含矿岩体的相对氧化状态：来自锆石Ce(Ⅳ)/Ce(Ⅲ)比值的约束[J]. 矿物学报，2008，28(2)：152-160.
[330]熊伊曲，邵拥军，刘建平，等. 锡田矿田石英脉型钨矿床成矿流体[J]. 中国有色金属学报，2016，26(5)：1107-1119.
[331]熊伊曲. 湘东邓阜仙矿田热液成矿系统的时空结构与成矿过程[D]. 长沙：中南大学，2017：79-101.
[332]徐德明，蔺志永，骆学全，等. 钦-杭成矿带主要金属矿床成矿系列[J]. 地学前沿，

2015, 22(2): 7-24.
[333] 徐辉煌, 伍式崇, 余阳春, 等. 湖南锡田地区矽卡岩型钨锡矿床地质特征及控矿因素[J]. 华南地质与矿产, 2006(2): 37-42.
[334] 徐明, 蔡明海, 彭振安, 等. 大厂矿田成矿分带特征及其控制机理研究[J]. 矿产与地质, 2011, 25(1): 29-33.
[335] 许成, 黄智龙, 漆亮. 四川牦牛坪稀土矿床成矿流体来源与演化初探—萤石稀土地球化学的证据[J]. 地质与勘探, 2001, 37(5): 24-28.
[336] 许德如, 邹凤辉, 宁钧陶, 等. 湘东北地区地质构造演化与成矿响应探讨[J]. 岩石学报, 2017, 33(3): 695-715.
[337] 鄢明才, 迟清华, 顾铁新, 等. 中国东部地壳元素丰度与岩石平均化学组成研究[J]. 物探与化探, 1997(6): 451-459.
[338] 杨冰清. 茶陵县塘前萤石矿床简介[J]. 湖南地质, 1989(3): 49-53.
[339] 杨晓君, 伍式崇, 付建明, 等. 湘东锡田垄上锡多金属矿床流体包裹体研究[J]. 矿床地质, 2007, 26(5): 501-511.
[340] 杨晓松, 胡家杰. 二元混合体系的端元 Sm-Nd 模式年龄计算方法[J]. 地质科学, 1993(1): 37-43.
[341] 杨玉琼, 徐松, 李波. 滇西老厂大型银铅锌多金属矿床铅锌矿石微量元素组合特征[J]. 河南科学, 2014(2): 245-248.
[342] 姚远, 陈骏, 陆建军, 等. 湘东锡田 A 型花岗岩的年代学、Hf 同位素、地球化学特征及其地质意义[J]. 矿床地质, 2013, 32(3): 467-488.
[343] 叶天竺, 吕志成, 庞振山, 等. 勘查区找矿预测理论与方法[M]. 北京: 地质出版社, 2014: 98-105.
[344] 于津海, 王丽娟, 王孝磊, 等. 赣东南富城杂岩体的地球化学和年代学研究[J]. 岩石学报, 2007, 23(6): 1441-1456.
[345] 虞鹏鹏, 周永章, 郑义, 等. 钦-杭结合带南段新元古代俯冲作用: 来自粤西贵子混杂岩变基性岩年代学和地球化学的证据[J]. 岩石学报, 2017, 33(3): 739-752.
[346] 袁顺达, 刘晓菲, 王旭东, 等. 湘南红旗岭锡多金属矿床地质特征及 Ar-Ar 同位素年代学研究[J]. 岩石学报, 2012, 28(12): 3787-3797.
[347] 翟裕生, 邓军, 崔彬, 等. 成矿系统及综合地质异常[J]. 现代地质, 1999(1): 99-104.
[348] 翟裕生. 成矿构造研究的回顾与展望[J]. 地质论评, 2002, 48(2): 140-146.
[349] 翟裕生. 区域构造、地球化学与成矿[J]. 地质调查与研究, 2003, 26(1): 1-7.
[350] 张德会. 矿床分带研究综述[J]. 地质科技情报, 1993, 12(1): 59-63.
[351] 张德全, 王立华. 香花岭矿田矿床成矿分带及其成因探讨[J]. 矿床地质, 1988, 7(4): 33-42.
[352] 张进江, 黄天立. 大陆伸展构造综述[J]. 地球科学, 2019, 44(5): 1705-1715.
[353] 张旗, 冉白皋, 李承东. A 型花岗岩的实质是什么[J]. 岩石矿物学杂志, 2012, 31(4): 621-626.
[354] 张岳桥, 徐先兵, 贾东, 等. 华南早中生代从印支期碰撞构造体系向燕山期俯冲构造体系转换的形变记录[J]. 地学前缘, 2009, 16(1): 234-247.

[355]郑明泓，邵拥军，刘忠法，等．大垅铅锌矿床硫化物 Rb-Sr 同位素和主微量成分特征及矿床成因[J]．中南大学学报(自然科学版)，2016，7(11)：3792-3799.

[356]郑明泓．大垅铅锌矿床成岩成矿机理研究[D]．长沙：中南大学，2015.

[357]周新民．对华南花岗岩研究的若干思考[J]．高校地质学报，2003，9(4)：556-565.

[358]周云，梁新权，梁细荣，等．湖南锡田含 W-Sn A 型花岗岩年代学与地球化学特征[J]．大地构造与成矿学，2013，37(3)：511-529.

[359]周云，梁新权，蔡永丰，等．湘东锡田燕山期 A 型花岗岩黑云母矿物化学特征及其成岩成矿意义[J]．地球科学，2018，2(10)：1647-1657.

附录

附表 1　锡田矿田断层中锆石 U-Pb 同位素分析结果

Spot No.	Ratio						Age/Ma					
	$^{207}Pb/^{206}Pb$	$^{207}Pb/^{206}Pb$ ±1σ	$^{207}Pb/^{235}U$	$^{207}Pb/^{235}U$ ±1σ	$^{206}Pb/^{238}U$	$^{206}Pb/^{238}U$ ±1σ	$^{207}Pb/^{206}Pb$	$^{207}Pb/^{206}Pb$ ±1σ	$^{207}Pb/^{235}U$	$^{207}Pb/^{235}U$ ±1σ	$^{206}Pb/^{238}U$	$^{206}Pb/^{238}U$ ±1σ
茶汉断层(XDOF-1)												
XDOF-01	0. 0502	0. 0019	0. 2500	0. 0092	0. 0360	0. 0005	211	89	227	7	228	3
XDOF-02	0. 0479	0. 0037	0. 2519	0. 0185	0. 0361	0. 0008	98	235	228	15	229	5
XDOF-03	0. 0509	0. 0024	0. 2539	0. 0116	0. 0360	0. 0005	239	111	230	9	228	3
XDOF-04	0. 0544	0. 0024	0. 3072	0. 0134	0. 0405	0. 0005	387	100	272	10	256	3
XDOF-05	0. 0487	0. 0026	0. 2437	0. 0128	0. 0360	0. 0005	200	71	221	10	228	3
XDOF-06	0. 0541	0. 0031	0. 3072	0. 0163	0. 0411	0. 0006	376	130	272	13	260	4
XDOF-07	0. 0502	0. 0021	0. 2488	0. 0097	0. 0357	0. 0005	211	96	226	8	226	3
XDOF-08	0. 0516	0. 0019	0. 2762	0. 0099	0. 0386	0. 0005	333	82	248	8	244	3
XDOF-09	0. 0529	0. 0022	0. 2889	0. 0122	0. 0393	0. 0006	328	94	258	10	248	3
XDOF-10	0. 0504	0. 0023	0. 2507	0. 0114	0. 0358	0. 0005	213	110	227	9	227	3
XDOF-11	0. 0518	0. 0019	0. 2548	0. 0090	0. 0354	0. 0004	276	88	230	7	224	3
XDOF-12	0. 0516	0. 0020	0. 2566	0. 0100	0. 0357	0. 0004	333	89	232	8	226	3

续附表1

Spot No.	Ratio						Age/Ma					
	$^{207}Pb/^{206}Pb$	$^{207}Pb/^{206}Pb$ $\pm1\sigma$	$^{207}Pb/^{235}U$	$^{207}Pb/^{235}U$ $\pm1\sigma$	$^{206}Pb/^{238}U$	$^{206}Pb/^{238}U$ $\pm1\sigma$	$^{207}Pb/^{206}Pb$	$^{207}Pb/^{206}Pb$ $\pm1\sigma$	$^{207}Pb/^{235}U$	$^{207}Pb/^{235}U$ $\pm1\sigma$	$^{206}Pb/^{238}U$	$^{206}Pb/^{238}U$ $\pm1\sigma$
XDOF-13	0. 0584	0. 0020	0. 2705	0. 0095	0. 0331	0. 0012	543	74	243	8	210	8
XDOF-14	0. 0535	0. 0023	0. 2408	0. 0103	0. 0322	0. 0010	350	99	219	8	205	7
XDOF-15	0. 0504	0. 0014	0. 2425	0. 0065	0. 0345	0. 0009	213	66	220	5	219	5
XDOF-16	0. 0496	0. 0019	0. 2278	0. 0083	0. 0331	0. 0007	176	83	208	7	210	4
XDOF-17	0. 0505	0. 0013	0. 2290	0. 0065	0. 0325	0. 0005	217	53	209	5	206	3
XDOF-18	0. 0531	0. 0014	0. 2603	0. 0067	0. 0354	0. 0004	345	57	235	5	224	2
XDOF-19	0. 0619	0. 0020	0. 2927	0. 0097	0. 0341	0. 0003	672	38	261	8	216	2
狗打栏断层(GDLOF-1)												
GDLOF-01	0. 0646	0. 0032	0. 3775	0. 0179	0. 0422	0. 0008	761	106	325	13	267	5
GDLOF-02	0. 0520	0. 0029	0. 2664	0. 0144	0. 0369	0. 0006	287	128	240	12	234	4
GDLOF-03	0. 0566	0. 0027	0. 3425	0. 0152	0. 0436	0. 0007	476	104	299	12	275	4
GDLOF-04	0. 0558	0. 0028	0. 2775	0. 0143	0. 0357	0. 0005	456	113	249	11	226	3
GDLOF-05	0. 0593	0. 0039	0. 3524	0. 0204	0. 0423	0. 0011	576	141	307	15	267	7
GDLOF-06	0. 0602	0. 0041	0. 2904	0. 0194	0. 0349	0. 0007	609	148	259	15	221	4
GDLOF-07	0. 0595	0. 0026	0. 2981	0. 0129	0. 0362	0. 0005	587	96	265	10	229	3
GDLOF-08	0. 0509	0. 0024	0. 2762	0. 0128	0. 0392	0. 0005	235	109	248	10	248	3
GDLOF-09	0. 0480	0. 0038	0. 2988	0. 0183	0. 0401	0. 0022	102	174	265	14	253	14
GDLOF-10	0. 0526	0. 0025	0. 2848	0. 0126	0. 0395	0. 0006	322	103	254	10	250	4
GDLOF-11	0. 0521	0. 0021	0. 2802	0. 0109	0. 0391	0. 0005	287	91	251	9	247	3

续附表1

Spot No.	Ratio						Age/Ma					
	$^{207}Pb/^{206}Pb$	$^{207}Pb/^{206}Pb$ ±1σ	$^{207}Pb/^{235}U$	$^{207}Pb/^{235}U$ ±1σ	$^{206}Pb/^{238}U$	$^{206}Pb/^{238}U$ ±1σ	$^{207}Pb/^{206}Pb$	$^{207}Pb/^{206}Pb$ ±1σ	$^{207}Pb/^{235}U$	$^{207}Pb/^{235}U$ ±1σ	$^{206}Pb/^{238}U$	$^{206}Pb/^{238}U$ ±1σ
GDLOF-12	0. 0522	0. 0028	0. 2673	0. 0147	0. 0380	0. 0006	300	158	241	12	240	4
GDLOF-13	0. 0588	0. 0033	0. 3040	0. 0189	0. 0375	0. 0005	567	82	270	14	237	3
GDLOF-14	0. 0556	0. 0019	0. 2929	0. 0099	0. 0377	0. 0012	435	77	261	8	238	8
锡湖断层(CLOF-1)												
CLOF-01	0. 0506	0. 0021	0. 1568	0. 0067	0. 0222	0. 0003	220	98	148	6	142	2
CLOF-02	0. 0530	0. 0039	0. 1703	0. 0118	0. 0234	0. 0008	328	168	160	10	149	5
CLOF-03	0. 0515	0. 0024	0. 1837	0. 0082	0. 0257	0. 0004	261	106	171	7	163	3
CLOF-04	0. 0520	0. 0021	0. 1695	0. 0068	0. 0234	0. 0003	287	93	159	6	149	2
CLOF-05	0. 0541	0. 0022	0. 1926	0. 0078	0. 0256	0. 0004	376	91	179	7	163	3
CLOF-06	0. 0491	0. 0023	0. 1624	0. 0077	0. 0237	0. 0003	150	113	153	7	151	2
CLOF-07	0. 0535	0. 0030	0. 1893	0. 0106	0. 0254	0. 0005	350	128	176	9	162	3
CLOF-08	0. 0582	0. 0033	0. 2230	0. 0125	0. 0275	0. 0005	539	124	204	10	175	3
CLOF-09	0. 0578	0. 0042	0. 2466	0. 0178	0. 0306	0. 0006	520	163	224	15	195	3
CLOF-10	0. 0551	0. 0028	0. 1857	0. 0092	0. 0243	0. 0004	417	115	173	8	155	3
CLOF-11	0. 0535	0. 0013	0. 1900	0. 0046	0. 0257	0. 0002	350	58	177	4	164	1
CLOF-12	0. 0531	0. 0011	0. 1836	0. 0036	0. 0250	0. 0002	345	46	171	3	159	1
CLOF-13	0. 0601	0. 0015	0. 2062	0. 0056	0. 0248	0. 0002	609	52	190	5	158	2
CLOF-14	0. 0602	0. 0015	0. 1992	0. 0050	0. 0240	0. 0002	609	59	184	4	153	1
CLOF-15	0. 0515	0. 0013	0. 1720	0. 0052	0. 0241	0. 0003	265	25	161	5	154	2

附表 2　锡田矿田断层中石英脉中的锆石微量元素组成

Spot No.	Hf	Y	Nb	Ta	P	Ti	Pb	Th	U	Th/U	La	Ce	Pr	Nd	Sm
茶汉断层(XDOF-1)															
XDOF-01	11671	1635	9.5	6.7	492	18.7	194	832	2583	0.32	0.10	16.0	0.36	3.1	6.4
XDOF-02	8453	1821	1.4	0.71	578	66.1	82.5	412	367	1.1	0.02	13.8	1.8	12.7	18.5
XDOF-03	12760	777	5.8	5.8	410	0.61	70.5	243	1444	0.17	0	5.7	0.02	0.12	0.97
XDOF-04	12946	2127	14.9	13.2	332	33.2	349	1099	4762	0.23	1.4	22.7	7.1	23.4	21.2
XDOF-05	9847	1709	6.3	2.5	582	66.9	274	1402	821	1.7	1.2	93.7	4.7	20.5	17.8
XDOF-06	12872	1680	10.3	9.4	541	5.1	249	577	3253	0.18	0.56	15.3	1.9	4.9	5.3
XDOF-07	15316	3399	38.0	36.5	323	12.9	361	1105	9450	0.12	0.12	15.1	0.99	3.2	8.5
XDOF-08	16193	5998	65.6	57.5	437	30.4	615	1853	12667	0.15	3.9	69.4	23.8	83.9	73.5
XDOF-09	11753	1318	11.4	8.0	617	18.1	217	789	2882	0.27	0.89	20.0	3.5	11.0	11.5
XDOF-10	12290	1241	10.3	7.7	317	13.2	113	449	2217	0.20	0.04	10.9	0.13	0.65	3.0
XDOF-11	12124	2000	15.4	12.4	491	35.6	261	905	4291	0.21	0.61	19.1	2.8	12.4	14.0
XDOF-12	12102	2533	10.3	8.8	540	14.2	386	901	3037	0.30	7.9	41.7	9.5	38.8	30.8
XDOF-13	9814	1604	8.3	4.1	285	48.1	131	1365	1837	0.74	0.35	35.3	0.31	4.2	6.6
XDOF-14	10198	1521	1.4	1.0	220	11.0	41.8	387	604	0.64	0.07	10.3	0.43	6.9	9.5
XDOF-15	11267	2409	3.7	2.5	3011	3.8	132	1063	1795	0.59	13.0	69.4	8.0	48.5	26.3
XDOF-16	10169	1803	2.2	1.1	609	11.5	40.2	496	567	0.87	1.1	20.9	0.74	8.7	11.1
XDOF-17	12197	1412	8.6	4.6	292	5.0	134	932	1927	0.48	0.04	34.3	0.06	1.5	3.6

续附表2

Spot No.	Hf	Y	Nb	Ta	P	Ti	Pb	Th	U	Th/U	La	Ce	Pr	Nd	Sm
XDOF-18	10056	2957	7. 7	4. 1	642	3. 3	215	2075	2873	0. 72	7. 6	71. 1	3. 4	22. 3	20. 3
XDOF-19	9765	963	3. 3	2. 2	309	18. 4	78. 8	773	1087	0. 71	0. 75	13. 1	0. 32	2. 2	3. 8
狗打栏断层(GDLOF-1)															
GDLOF-01	11069	1810	19. 6	7. 8	1082	23. 8	987	2557	2691	0. 95	5. 9	146	21. 1	63. 5	29. 2
GDLOF-02	11687	1112	6. 3	3. 6	953	31. 1	211	767	1235	0. 62	32. 1	316	90. 2	226	56. 4
GDLOF-03	11120	1575	13. 9	6. 2	1100	28. 9	886	2165	3003	0. 72	5. 2	119	10. 0	29. 3	18. 4
GDLOF-04	10300	1289	7. 5	4. 1	725	69. 7	649	1414	1651	0. 86	0. 42	131	1. 8	8. 9	13. 4
GDLOF-05	12028	707	5. 6	3. 8	316	34. 0	289	487	1272	0. 38	7. 7	83. 2	18. 9	41. 8	9. 7
GDLOF-06	11757	703	6. 4	4. 5	181	21. 9	170	428	1222	0. 35	0. 07	22. 6	0. 26	2. 1	2. 1
GDLOF-07	11305	1126	7. 9	4. 2	683	27. 9	270	985	2015	0. 49	0. 89	47. 1	3. 0	9. 8	9. 6
GDLOF-08	11540	1328	10. 8	7. 3	913	7. 0	369	1583	3198	0. 50	20. 5	208	48. 6	122	30. 1
GDLOF-09	11261	1403	15. 7	6. 8	997	30. 4	734	1751	3482	0. 50	2. 1	86. 0	9. 4	26. 5	18. 2
GDLOF-10	11431	1220	8. 4	4. 8	225	21. 1	298	902	2052	0. 44	1. 5	50. 0	3. 7	13. 1	9. 3
GDLOF-11	8941	2137	17. 8	6. 3	674	24. 9	575	2739	2305	1. 2	0. 19	138	1. 5	12. 0	20. 7
GDLOF-12	8810	1916	4. 6	2. 1	1267	13. 7	66. 9	1509	871	1. 7	33. 7	209	11. 2	54. 7	24. 7
GDLOF-13	12055	463	3. 0	2. 5	141	0. 6	78. 1	245	987	0. 25	0. 08	14. 9	0. 06	0. 37	0. 93
GDLOF-14	9954	1322	6. 5	2. 8	646	8. 0	103	1427	1268	1. 1	2. 6	91. 4	2. 3	18. 5	12. 9

续附表2

Spot No.	Hf	Y	Nb	Ta	P	Ti	Pb	Th	U	Th/U	La	Ce	Pr	Nd	Sm
锡湖断层(CLOF-1)															
CLOF-01	12580	3000	33.9	15.9	818	81.0	158	1407	4231	0.33	2.9	65.8	26.2	90.2	62.9
CLOF-02	10317	3112	24.9	13.3	1578	40.6	287	1088	3311	0.33	4.7	74.5	30.3	96.0	70.3
CLOF-03	12153	2774	19.9	18.0	911	36.5	178	833	5174	0.16	1.7	30.1	7.8	26.4	17.1
CLOF-04	11287	3120	24.7	16.0	1157	26.1	265	1296	4578	0.28	17.6	182	62.9	184	82.0
CLOF-05	12390	2504	18.3	14.6	1745	20.8	177	773	4073	0.19	1.7	33.3	11.9	34.3	25.9
CLOF-06	13389	2664	18.8	14.9	1663	58.5	199	692	2737	0.25	3.4	52.3	23.4	75.4	53.8
CLOF-07	12818	5370	19.5	14.8	841	14.8	247	859	6188	0.14	34.3	221	72.9	172	80.8
CLOF-08	12922	5288	31.4	18.2	1524	45.2	406	1283	7852	0.16	12.2	158	73.0	206	118
CLOF-09	9553	1620	11.5	5.8	1605	25.3	128	545	1308	0.42	4.0	53.4	15.2	46.3	27.7
CLOF-10	11901	2365	20.4	11.9	1609	45.6	189	776	2605	0.30	23.1	229	81.9	231	107
CLOF-11	11242	2084	11.3	5.2	491	7.3	140	1104	2587	0.43	2.7	27.1	2.9	18.8	13.5
CLOF-12	12673	6103	31.2	20.6	3067	7.3	489	1467	9360	0.16	11.7	70.1	9.7	52.6	32.1
CLOF-13	13397	4012	26.2	19.0	1761	7.3	362	1298	6986	0.19	6.6	46.7	7.0	42.7	25.7
CLOF-14	11105	3150	19.0	10.9	1312	9.6	213	1590	4252	0.37	23.2	98.9	18.3	105	54.9
CLOF-15	11951	2402	15.3	6.9	834	10.9	133	988	2654	0.37	4.0	32.4	4.2	23.6	18.2

续附表 2

Spot No.	Eu	Gd	Tb	Dy	Ho	Er	Tm	Yb	Lu	∑REE	LREE	HREE	LREE/HREE	Eu/Eu*	Ce/Ce*
茶汉断层(XDOF-1)															
XDOF-01	0.50	31.7	11.8	145	52.7	254	63.0	626	109	1320	26.5	1293	0.02	0.09	12.2
XDOF-02	2.0	65.2	18.6	201	64.8	268	56.2	490	80.2	1293	48.8	1244	0.04	0.16	2.4
XDOF-03	0.16	10.6	4.1	64.2	24.4	128	34.9	356	65.9	695	7.0	688	0.01	0.09	86.9
XDOF-04	2.6	55.8	19.6	220	72.0	324	78.0	743	125	1715	78.5	1636	0.05	0.22	0.91
XDOF-05	3.0	52.5	16.3	171	57.1	248	54.0	490	82.0	1311	141	1170	0.12	0.28	5.6
XDOF-06	0.49	24.9	10.6	139	54.3	272	67.5	684	119	1399	28.5	1371	0.02	0.11	2.2
XDOF-07	0.35	50.1	20.9	293	111	544	137	1328	233	2744	28.3	2716	0.01	0.04	4.5
XDOF-08	10.0	157	53.7	610	197	891	223	2099	341	4836	265	4571	0.06	0.28	0.85
XDOF-09	1.3	31.1	10.6	121	42.9	206	51.4	518	88.6	1119	48.2	1070	0.05	0.19	1.6
XDOF-10	0.27	16.7	6.7	97.8	40.0	204	54.8	557	100.0	1092	15.0	1077	0.01	0.09	24.2
XDOF-11	0.85	42.8	14.4	180	65.5	304	77.6	744	130	1609	49.8	1559	0.03	0.10	1.9
XDOF-12	4.6	77.4	24.6	273	88.9	372	85.8	814	135	2004	133	1871	0.07	0.27	1.0
XDOF-13	0.74	31.2	10.1	133	48.0	234	49.5	532	88.6	1173	47.5	1126	0.04	0.13	24.4
XDOF-14	0.95	41.3	11.7	140	46.3	212	41.2	419	68.1	1008	28.3	980	0.03	0.12	7.0
XDOF-15	1.2	68.1	18.9	221	73.6	339	68.3	723	117	1794	166	1628	0.10	0.08	1.6
XDOF-16	1.2	44.8	14.2	168	55.6	253	48.1	502	81.4	1211	43.7	1168	0.04	0.14	5.5
XDOF-17	0.76	22.3	7.6	109	41.3	209	46.9	538	92.7	1108	40.2	1068	0.04	0.20	138

续附表 2

Spot No.	Eu	Gd	Tb	Dy	Ho	Er	Tm	Yb	Lu	∑REE	LREE	HREE	LREE/HREE	Eu/Eu*	Ce/Ce*
XDOF-18	2.0	73.6	22.9	273	89.8	409	83.7	871	139	2090	127	1963	0.06	0.14	3.4
XDOF-19	0.54	17.4	5.7	74.1	26.6	140	30.9	355	61.3	731	20.6	711	0.03	0.17	6.6
狗打栏断层(GDLOF-1)															
GDLOF-01	5.2	51.1	14.9	176	58.8	271	66.3	656	111	1676	271	1405	0.19	0.41	1.9
GDLOF-02	4.0	49.5	10.7	105	36.0	163	39.5	399	71.6	1597	724	873	0.83	0.23	0.95
GDLOF-03	2.6	40.0	11.4	137	49.4	232	60.0	646	115	1474	185	1290	0.14	0.29	3.1
GDLOF-04	3.2	39.6	11.3	131	43.5	209	50.5	531	94.1	1269	159	1110	0.14	0.39	20.4
GDLOF-05	1.2	16.7	4.6	56.9	22.7	110	31.5	344	66.7	816	162	653	0.25	0.27	1.2
GDLOF-06	0.45	10.4	3.7	50.5	20.3	109	30.7	347	67.8	668	27.6	640	0.04	0.24	24.3
GDLOF-07	1.7	20.6	7.3	88.6	34.6	171	45.7	480	88.3	1008	72.1	935	0.08	0.35	4.4
GDLOF-08	2.9	37.9	9.5	111	40.0	201	53.8	546	101	1532	432	1100	0.39	0.26	1.1
GDLOF-09	2.9	35.3	10.3	120	43.3	215	58.2	624	116	1368	145	1223	0.12	0.34	2.6
GDLOF-10	1.1	23.6	7.4	94.0	36.1	185	49.2	551	104	1129	78.7	1050	0.07	0.22	3.6
GDLOF-11	3.8	59.2	18.8	206	70.4	311	74.0	692	112	1720	176	1543	0.11	0.31	27.1
GDLOF-12	5.4	64.4	15.6	179	57.8	258	50.3	542	86.5	1592	339	1253	0.27	0.39	2.6
GDLOF-13	0.33	4.6	1.8	28.1	11.7	71.1	18.6	236	47.5	436	16.6	420	0.04	0.40	53.7
GDLOF-14	3.3	36.3	9.9	122	39.6	188	39.5	447	75.4	1088	131	957	0.14	0.43	8.3

续附表2

Spot No.	Eu	Gd	Tb	Dy	Ho	Er	Tm	Yb	Lu	∑REE	LREE	HREE	LREE/HREE	Eu/Eu*	Ce/Ce*
锡湖断层(CLOF-1)															
CLOF-01	4. 8	84. 4	28. 1	305	99. 5	453	114	1089	176	2602	253	2350	0. 11	0. 20	0. 75
CLOF-02	8. 3	112	31. 5	323	101	428	96. 4	852	138	2365	284	2081	0. 14	0. 29	0. 72
CLOF-03	1. 3	45. 6	17. 7	238	92. 3	436	110	1109	185	2318	84. 5	2233	0. 04	0. 13	1. 1
CLOF-04	3. 1	97. 4	29. 2	305	103	475	113	1088	175	2917	532	2385	0. 22	0. 11	0. 81
CLOF-05	1. 6	51. 0	18. 7	224	82. 2	397	101	955	161	2099	109	1990	0. 05	0. 13	0. 82
CLOF-06	5. 3	82. 7	25. 1	260	85. 8	390	90. 1	909	151	2208	214	1994	0. 11	0. 24	0. 66
CLOF-07	4. 9	133	38. 6	469	171	814	207	2046	334	4799	586	4213	0. 14	0. 14	0. 79
CLOF-08	10. 2	155	46. 2	515	178	814	208	2056	338	4887	577	4310	0. 13	0. 23	0. 63
CLOF-09	1. 4	46. 8	14. 6	158	57. 0	245	55. 5	526	85. 5	1337	148	1189	0. 12	0. 12	0. 99
CLOF-10	4. 2	115	26. 0	252	78. 7	337	78. 9	747	123	2435	676	1759	0. 38	0. 12	0. 78
CLOF-11	1. 1	45. 1	15. 6	192	63. 4	293	58. 5	611	96. 3	1441	66. 1	1375	0. 05	0. 13	2. 1
CLOF-12	2. 7	85. 7	34. 2	492	179	940	203	2231	359	4702	179	4523	0. 04	0. 15	1. 5
CLOF-13	2. 5	68. 6	23. 9	321	117	609	135	1464	243	3113	131	2981	0. 04	0. 17	1. 5
CLOF-14	6. 3	101	27. 2	311	94. 1	431	87. 7	956	147	2461	306	2155	0. 14	0. 26	1. 1
CLOF-15	1. 9	48. 9	16. 5	211	72. 0	351	73. 4	800	128	1785	84. 2	1701	0. 05	0. 18	1. 7

附表 3　加里东期花岗岩 U-Pb 同位素分析结果

Spot No.	Th/ $(\times10^{-6})$	U/ $(\times10^{-6})$	Th/U	$^{207}Pb/^{206}Pb$		$^{207}Pb/^{235}U$		$^{206}Pb/^{238}U$		$^{207}Pb/^{206}Pb$		$^{207}Pb/^{235}U$		$^{206}Pb/^{238}U$	
				Ratio	$\pm1\sigma$	Ratio	$\pm1\sigma$	Ratio	$\pm1\sigma$	Age/Ma	$\pm1\sigma$	Age/Ma	$\pm1\sigma$	Age/Ma	$\pm1\sigma$
170922-4S1															
1	81	186	0. 44	0. 0555	0. 0022	0. 5499	0. 0213	0. 0716	0. 0008	435. 2	87	444. 9	13. 9	445. 7	4. 9
2	58	143	0. 4	0. 0570	0. 0022	0. 5602	0. 0207	0. 0712	0. 0008	500	83. 3	451. 7	13. 5	443. 2	4. 9
4	116	431	0. 27	0. 0562	0. 0014	0. 5591	0. 0138	0. 0719	0. 0006	461. 2	25	451	9	447. 4	3. 5
5	59	178	0. 33	0. 0554	0. 0021	0. 5328	0. 0201	0. 0694	0. 0007	431. 5	89. 8	433. 7	13. 3	432. 6	4. 1
6	64	281	0. 23	0. 0535	0. 0018	0. 5175	0. 0176	0. 0696	0. 0006	350. 1	78. 7	423. 5	11. 7	433. 6	3. 6
7	57	285	0. 2	0. 0520	0. 0018	0. 4999	0. 0167	0. 0693	0. 0005	287. 1	77. 8	411. 6	11. 3	432. 2	3. 2
8	60	274	0. 22	0. 0560	0. 0019	0. 5675	0. 0196	0. 0731	0. 0007	453. 8	75. 9	456. 4	12. 7	454. 6	4. 4
9	57	162	0. 35	0. 0552	0. 0024	0. 5593	0. 0243	0. 0732	0. 0009	420. 4	98. 1	451. 1	15. 8	455. 4	5. 4
10	55	106	0. 52	0. 0562	0. 0028	0. 5634	0. 0274	0. 0735	0. 0011	457. 5	113	453. 8	17. 8	456. 9	6. 8
11	90	392	0. 23	0. 0551	0. 0015	0. 5234	0. 0140	0. 0686	0. 0006	416. 7	61. 1	427. 4	9. 3	427. 6	3. 5
12	87	199	0. 44	0. 0552	0. 0021	0. 5433	0. 0201	0. 0713	0. 0006	420. 4	87	440. 6	13. 2	444. 2	3. 7
13	80	188	0. 42	0. 0570	0. 0022	0. 5730	0. 0206	0. 0732	0. 0007	500	54. 6	459. 9	13. 3	455. 5	4. 1
14	104	199	0. 52	0. 0533	0. 0022	0. 5301	0. 0207	0. 0720	0. 0007	342. 7	90. 7	431. 8	13. 7	448. 4	4
15	77	385	0. 2	0. 0540	0. 0016	0. 5322	0. 0156	0. 0712	0. 0006	368. 6	66. 7	433. 3	10. 3	443. 3	3. 6
16	97	170	0. 57	0. 0541	0. 0025	0. 5207	0. 0242	0. 0696	0. 0008	376	73	425. 6	16	433. 7	5

续附表3

Spot No.	Th/ (×10⁻⁶)	U/ (×10⁻⁶)	Th/U	$^{207}Pb/^{206}Pb$		$^{207}Pb/^{235}U$		$^{206}Pb/^{238}U$		$^{207}Pb/^{206}Pb$		$^{207}Pb/^{235}U$		$^{206}Pb/^{238}U$	
				Ratio	±1σ	Ratio	±1σ	Ratio	±1σ	Age/Ma	±1σ	Age/Ma	±1σ	Age/Ma	±1σ
17	52	259	0. 2	0. 0565	0. 0020	0. 5382	0. 0179	0. 0694	0. 0007	472. 3	80	437. 2	12	432. 4	5
18	61	224	0. 27	0. 0537	0. 0017	0. 5279	0. 0168	0. 0712	0. 0007	366. 7	74	430. 4	11	443. 1	4
20	80	164	0. 48	0. 0534	0. 0024	0. 5227	0. 0230	0. 0709	0. 0007	346. 4	108	427	15	441. 8	4
170922-3S1															
1	53	232	0. 23	0. 0552	0. 0020	0. 5433	0. 0195	0. 0713	0. 0007	420. 4	78. 7	440. 6	12. 8	444. 2	4. 2
4	66	166	0. 39	0. 0560	0. 0025	0. 5438	0. 0224	0. 0709	0. 0008	453. 8	98. 1	440. 9	14. 7	441. 4	4. 9
5	76	213	0. 36	0. 0562	0. 0023	0. 5433	0. 0221	0. 0700	0. 0007	461. 2	90. 7	440. 6	14. 5	436. 2	4. 1
7	58	264	0. 22	0. 0564	0. 0019	0. 5528	0. 0178	0. 0709	0. 0007	477. 8	74. 1	446. 8	11. 7	441. 6	4
10	55	226	0. 24	0. 0552	0. 0020	0. 5318	0. 0182	0. 0698	0. 0006	416. 7	75	433	12. 1	434. 8	3. 8
11	86	556	0. 16	0. 0545	0. 0013	0. 5260	0. 0120	0. 0697	0. 0006	390. 8	49. 1	429. 1	8	434. 1	3. 6
12	64	390	0. 16	0. 0535	0. 0017	0. 5144	0. 0160	0. 0692	0. 0007	350. 1	70. 4	421. 4	10. 7	431. 6	4
13	51	203	0. 25	0. 0567	0. 0022	0. 5427	0. 0197	0. 0695	0. 0009	483. 4	85. 2	440. 2	13	433. 3	5. 3
15	46	273	0. 17	0. 0583	0. 0017	0. 5747	0. 0162	0. 0712	0. 0007	542. 6	64. 8	461. 1	10. 5	443. 4	3. 9
16	88	212	0. 42	0. 0564	0. 0024	0. 5479	0. 0218	0. 0708	0. 0008	477. 8	96. 3	443. 6	14. 3	441. 2	4. 6
17	55	284	0. 19	0. 0560	0. 0019	0. 5349	0. 0168	0. 0695	0. 0007	450	75. 9	435. 1	11. 1	433. 1	4
18	75	149	0. 5	0. 0568	0. 0021	0. 5511	0. 0199	0. 0704	0. 0008	483. 4	83. 3	445. 7	13	438. 3	4. 6

附表 4　锡田印支期花岗岩锆石 U-Pb 同位素分析结果

点号	^{232}Th/(μg·g^{-1})	^{238}U/(μg·g^{-1})	Th/U	$^{207}Pb/^{206}Pb$		$^{207}Pb/^{235}U$		$^{206}Pb/^{238}U$		$^{208}Pb/^{232}Th$		$^{207}Pb/^{206}Pb$		$^{207}Pb/^{235}U$		$^{206}Pb/^{238}U$	
				Ratio	±1σ	Ratio	±1σ	Ratio	±1σ	Ratio	±1σ	Age/Ma	±1σ	Age/Ma	±1σ	Age/Ma	±1σ
17-1S9																	
1	597	1255	0. 48	0. 0506	0. 0026	0. 2579	0. 0139	0. 0367	0. 0006	0. 0080	0. 0003	220. 4	123	233. 0	11	232. 2	4
2	854	1922	0. 44	0. 0497	0. 0013	0. 2550	0. 0068	0. 0371	0. 0005	0. 0076	0. 0003	183. 4	61	230. 6	6	234. 7	3
3	1122	779	1. 44	0. 0512	0. 0025	0. 2552	0. 0125	0. 0362	0. 0007	0. 0074	0. 0003	250. 1	83	230. 8	10	229. 1	4
4	1549	1984	0. 78	0. 0506	0. 0012	0. 2566	0. 0066	0. 0367	0. 0004	0. 0079	0. 0003	233. 4	57	231. 9	5	232. 3	3
5	3167	2352	1. 35	0. 0545	0. 0013	0. 2739	0. 0068	0. 0363	0. 0004	0. 0080	0. 0003	390. 8	49	245. 8	5	229. 6	2
6	882	1434	0. 62	0. 0523	0. 0013	0. 2604	0. 0066	0. 0362	0. 0004	0. 0074	0. 0003	298. 2	59	234. 9	5	229. 1	3
7	1442	1582	0. 91	0. 0532	0. 0016	0. 2689	0. 0084	0. 0367	0. 0005	0. 0079	0. 0003	338. 9	36	241. 8	7	232. 2	3
8	1932	1767	1. 09	0. 0520	0. 0015	0. 2571	0. 0076	0. 0357	0. 0004	0. 0068	0. 0003	287. 1	65	232. 3	6	226. 1	3
9	745	2410	0. 31	0. 0509	0. 0011	0. 2596	0. 0061	0. 0371	0. 0005	0. 0078	0. 0003	235. 3	52	234. 4	5	234. 5	3
10	1068	2526	0. 42	0. 0535	0. 0012	0. 2710	0. 0076	0. 0364	0. 0005	0. 0082	0. 0003	353. 8	84	243. 5	6	230. 3	3
11	811	1761	0. 46	0. 0519	0. 0012	0. 2643	0. 0070	0. 0368	0. 0005	0. 0080	0. 0003	279. 7	49	238. 1	6	233. 2	3
12	162	702	0. 23	0. 0525	0. 0014	0. 2673	0. 0076	0. 0368	0. 0005	0. 0090	0. 0004	309. 3	56	240. 5	6	233. 3	3
13	936	2144	0. 44	0. 0493	0. 0011	0. 2486	0. 0056	0. 0367	0. 0004	0. 0079	0. 0003	161. 2	52	225. 4	5	232. 3	2
14	870	2212	0. 39	0. 0558	0. 0015	0. 2744	0. 0076	0. 0357	0. 0004	0. 0078	0. 0003	455. 6	57	246. 2	6	226. 3	3
15	884	2942	0. 30	0. 0504	0. 0010	0. 2492	0. 0054	0. 0358	0. 0004	0. 0082	0. 0003	216. 7	46	225. 9	4	226. 6	2

续附表4

点号	^{232}Th/(μg·g^{-1})	^{238}U/(μg·g^{-1})	Th/U	$^{207}Pb/^{206}Pb$		$^{207}Pb/^{235}U$		$^{206}Pb/^{238}U$		$^{208}Pb/^{232}Th$		$^{207}Pb/^{206}Pb$		$^{207}Pb/^{235}U$		$^{206}Pb/^{238}U$	
				Ratio	±1σ	Ratio	±1σ	Ratio	±1σ	Ratio	±1σ	Age/Ma	±1σ	Age/Ma	±1σ	Age/Ma	±1σ
16	864	1896	0. 46	0. 0505	0. 0012	0. 2506	0. 0063	0. 0360	0. 0004	0. 0074	0. 0003	216. 7	56	227. 0	5	228. 0	3
17	726	1702	0. 43	0. 0521	0. 0013	0. 2649	0. 0071	0. 0368	0. 0004	0. 0087	0. 0003	300. 1	59	238. 6	6	233. 2	3
18	874	2062	0. 42	0. 0558	0. 0017	0. 2758	0. 0083	0. 0359	0. 0005	0. 0076	0. 0003	442. 6	67	247. 3	7	227. 3	3
19	1306	2802	0. 47	0. 0516	0. 0013	0. 2563	0. 0064	0. 0361	0. 0004	0. 0071	0. 0003	333. 4	56	231. 7	5	228. 8	2
20	667	2984	0. 22	0. 0505	0. 0012	0. 2530	0. 0062	0. 0364	0. 0004	0. 0083	0. 0003	216. 7	84	229. 0	5	230. 5	3
21	430	1505	0. 29	0. 0564	0. 0026	0. 2742	0. 0120	0. 0353	0. 0005	0. 0090	0. 0005	477. 8	100	246. 0	10	223. 4	3
15-11S1																	
1	1013	1343	0. 75	0. 0543	0. 0019	0. 2670	0. 0096	0. 0356	0. 0006	0. 0088	0. 0004	383. 4	80	240. 3	8	225. 6	4
2	1076	2284	0. 47	0. 0507	0. 0013	0. 2456	0. 0061	0. 0352	0. 0005	0. 0083	0. 0003	233. 4	57	223. 0	5	223. 1	3
3	2317	1986	1. 17	0. 0511	0. 0013	0. 2504	0. 0061	0. 0355	0. 0004	0. 0083	0. 0003	255. 6	56	226. 9	5	224. 8	3
4	712	2668	0. 27	0. 0526	0. 0014	0. 2528	0. 0066	0. 0348	0. 0004	0. 0088	0. 0003	309. 3	59	228. 9	5	220. 5	2
5	1276	2718	0. 47	0. 0528	0. 0012	0. 2585	0. 0066	0. 0352	0. 0004	0. 0092	0. 0003	320. 4	19	233. 4	5	223. 2	3
6	1639	1791	0. 92	0. 0549	0. 0012	0. 2706	0. 0073	0. 0354	0. 0005	0. 0084	0. 0003	405. 6	52	243. 2	6	224. 1	3
7	394	416	0. 95	0. 0563	0. 0033	0. 2666	0. 0138	0. 0348	0. 0007	0. 0082	0. 0004	464. 9	130	239. 9	11	220. 3	4
8	315	495	0. 64	0. 0470	0. 0025	0. 2282	0. 0126	0. 0353	0. 0009	0. 0087	0. 0004	50. 1	122	208. 7	10	223. 7	5
9	2264	1977	1. 15	0. 0544	0. 0015	0. 2662	0. 0071	0. 0355	0. 0005	0. 0090	0. 0003	387. 1	66	239. 6	6	224. 6	3

续附表4

点号	^{232}Th/ (μg·g^{-1})	^{238}U/ (μg·g^{-1})	Th/U	$^{207}Pb/^{206}Pb$		$^{207}Pb/^{235}U$		$^{206}Pb/^{238}U$		$^{208}Pb/^{232}Th$		$^{207}Pb/^{206}Pb$		$^{207}Pb/^{235}U$		$^{206}Pb/^{238}U$	
				Ratio	±1σ	Ratio	±1σ	Ratio	±1σ	Ratio	±1σ	Age/Ma	±1σ	Age/Ma	±1σ	Age/Ma	±1σ
10	1275	574	2. 22	0. 0525	0. 0022	0. 2523	0. 0100	0. 0356	0. 0007	0. 0088	0. 0003	309. 3	129	228. 4	8	225. 7	4
11	1696	2718	0. 62	0. 0506	0. 0011	0. 2482	0. 0057	0. 0356	0. 0004	0. 0087	0. 0003	220. 4	82	225. 1	5	225. 5	3
12	904	1580	0. 57	0. 0549	0. 0018	0. 2690	0. 0098	0. 0353	0. 0005	0. 0093	0. 0004	409. 3	74	241. 9	8	223. 5	3
13	460	1547	0. 30	0. 0522	0. 0014	0. 2561	0. 0078	0. 0353	0. 0005	0. 0096	0. 0004	294. 5	61	231. 5	6	223. 4	3
14	809	2011	0. 40	0. 0532	0. 0012	0. 2607	0. 0061	0. 0354	0. 0004	0. 0092	0. 0003	344. 5	50	235. 3	5	223. 9	2
15	1834	2775	0. 66	0. 0535	0. 0013	0. 2598	0. 0067	0. 0351	0. 0004	0. 0083	0. 0003	346. 4	83	234. 5	5	222. 3	3
16	1453	3533	0. 41	0. 0494	0. 0009	0. 2418	0. 0049	0. 0353	0. 0004	0. 0081	0. 0003	164. 9	43	219. 9	4	223. 9	2
17	701	1914	0. 37	0. 0521	0. 0011	0. 2584	0. 0065	0. 0356	0. 0004	0. 0093	0. 0004	300. 1	50	233. 4	5	225. 7	2
18	540	1231	0. 44	0. 0522	0. 0024	0. 2550	0. 0127	0. 0353	0. 0005	0. 0083	0. 0004	300. 1	103	230. 6	10	223. 3	3
19	747	1182	0. 63	0. 0496	0. 0013	0. 2404	0. 0069	0. 0351	0. 0004	0. 0081	0. 0003	176. 0	63	218. 8	6	222. 7	3
20	2129	2179	0. 98	0. 0513	0. 0014	0. 2501	0. 0076	0. 0352	0. 0006	0. 0072	0. 0003	253. 8	66	226. 6	6	223. 2	4
LS21a																	
1	432	1657	0. 26	0. 0508	0. 0013	0. 2485	0. 0066	0. 0355	0. 0005	0. 0082	0. 0003	231. 6	57	225. 3	5	225. 2	3
2	141	298	0. 47	0. 0505	0. 0031	0. 2433	0. 0141	0. 0357	0. 0006	0. 0083	0. 0004	220. 4	141	221. 1	12	225. 9	4
3	447	3478	0. 13	0. 0508	0. 0010	0. 2457	0. 0052	0. 0352	0. 0005	0. 0084	0. 0003	235. 3	46	223. 1	4	223. 1	3

续附表4

点号	^{232}Th/(μg·g^{-1})	^{238}U/(μg·g^{-1})	Th/U	$^{207}Pb/^{206}Pb$		$^{207}Pb/^{235}U$		$^{206}Pb/^{238}U$		$^{208}Pb/^{232}Th$		$^{207}Pb/^{206}Pb$		$^{207}Pb/^{235}U$		$^{206}Pb/^{238}U$	
				Ratio	±1σ	Ratio	±1σ	Ratio	±1σ	Ratio	±1σ	Age/Ma	±1σ	Age/Ma	±1σ	Age/Ma	±1σ
4	410	2427	0. 17	0. 0509	0. 0012	0. 2501	0. 0062	0. 0356	0. 0004	0. 0087	0. 0003	235. 3	62	226. 6	5	225. 5	2
5	295	3764	0. 08	0. 0554	0. 0012	0. 2729	0. 0063	0. 0355	0. 0003	0. 0125	0. 0007	431. 5	44	245. 0	5	224. 8	2
6	391	2339	0. 17	0. 0530	0. 0016	0. 2575	0. 0075	0. 0354	0. 0005	0. 0087	0. 0004	327. 8	70	232. 6	6	224. 0	3
7	1856	1437	1. 29	0. 0504	0. 0014	0. 2414	0. 0069	0. 0349	0. 0004	0. 0083	0. 0004	213. 0	67	219. 5	6	221. 1	2
8	259	1673	0. 16	0. 0524	0. 0014	0. 2559	0. 0073	0. 0354	0. 0005	0. 0097	0. 0004	301. 9	61	231. 4	6	224. 1	3
9	1162	3303	0. 35	0. 0535	0. 0010	0. 2587	0. 0054	0. 0350	0. 0004	0. 0089	0. 0003	350. 1	41	233. 6	4	221. 9	3
10	205	2732	0. 08	0. 0571	0. 0015	0. 2776	0. 0074	0. 0353	0. 0005	0. 0143	0. 0007	494. 5	57	248. 8	6	223. 6	3
11	402	3148	0. 13	0. 0531	0. 0010	0. 2589	0. 0058	0. 0353	0. 0005	0. 0096	0. 0004	344. 5	38	233. 8	5	223. 5	3
12	3027	1907	1. 59	0. 0520	0. 0017	0. 2533	0. 0093	0. 0353	0. 0006	0. 0086	0. 0004	287. 1	76	229. 2	8	223. 8	4
13	257	1868	0. 14	0. 0508	0. 0014	0. 2482	0. 0079	0. 0354	0. 0006	0. 0086	0. 0004	231. 6	65	225. 1	6	224. 4	4
14	621	3861	0. 16	0. 0510	0. 0011	0. 2496	0. 0055	0. 0355	0. 0004	0. 0088	0. 0004	242. 7	55	226. 2	4	225. 0	3
15	343	2275	0. 15	0. 0511	0. 0014	0. 2485	0. 0074	0. 0353	0. 0006	0. 0084	0. 0004	242. 7	65	225. 4	6	223. 5	4
16	821	922	0. 89	0. 0520	0. 0009	0. 2601	0. 0081	0. 0350	0. 0008	0. 0086	0. 0003	283. 4	32	234. 7	7	221. 8	5
17	531	1529	0. 35	0. 0488	0. 0014	0. 2403	0. 0067	0. 0356	0. 0005	0. 0089	0. 0004	200. 1	67	218. 7	5	225. 7	3

附表 5　锡田燕山期花岗岩锆石 U-Pb 同位素分析结果

Spot	Th/ ($\mu g \cdot g^{-1}$)	U/ ($\mu g \cdot g^{-1}$)	Th/U	$^{207}Pb/^{206}Pb$		$^{207}Pb/^{235}U$		$^{206}Pb/^{238}U$		$^{208}Pb/^{232}Th$		$^{207}Pb/^{206}Pb$		$^{207}Pb/^{235}U$		$^{206}Pb/^{238}U$	
				Ratio	±1σ	Ratio	±1σ	Ratio	±1σ	Ratio	±1σ	Age/Ma	±1σ	Age/Ma	±1σ	Age/Ma	±1σ
15-11S9																	
1	896	1596	0. 56	0. 0497	0. 0023	0. 1634	0. 0071	0. 0240	0. 0003	0. 0080	0. 0003	189. 0	101	153. 7	6	153. 0	2
2	790	1608	0. 49	0. 0490	0. 0020	0. 1590	0. 0064	0. 0238	0. 0004	0. 0088	0. 0003	150. 1	94	149. 8	6	151. 9	3
3	851	1546	0. 55	0. 0516	0. 0034	0. 1681	0. 0112	0. 0237	0. 0005	0. 0087	0. 0003	333. 4	154	157. 8	10	151. 0	3
5	1208	2028	0. 60	0. 0498	0. 0021	0. 1627	0. 0065	0. 0237	0. 0004	0. 0079	0. 0002	187. 1	100	153. 0	6	151. 2	2
7	1483	3985	0. 37	0. 0484	0. 0016	0. 1614	0. 0058	0. 0240	0. 0004	0. 0079	0. 0002	116. 8	78	151. 9	5	152. 6	2
8	716	1420	0. 50	0. 0493	0. 0023	0. 1635	0. 0079	0. 0239	0. 0003	0. 0079	0. 0003	164. 9	111	153. 8	7	152. 1	2
9	553	729	0. 76	0. 0482	0. 0034	0. 1570	0. 0107	0. 0242	0. 0004	0. 0076	0. 0002	109. 4	224	148. 1	9	153. 9	3
10	716	1478	0. 48	0. 0484	0. 0022	0. 1579	0. 0071	0. 0239	0. 0004	0. 0079	0. 0002	116. 8	—	148. 9	6	152. 1	3
11	1384	3403	0. 41	0. 0483	0. 0018	0. 1594	0. 0059	0. 0239	0. 0003	0. 0076	0. 0002	122. 3	82	150. 2	5	152. 2	2
12	715	1432	0. 50	0. 0502	0. 0026	0. 1663	0. 0082	0. 0241	0. 0004	0. 0077	0. 0003	211. 2	119	156. 2	7	153. 3	3
13	839	1767	0. 47	0. 0472	0. 0023	0. 1548	0. 0071	0. 0240	0. 0004	0. 0080	0. 0003	61. 2	111	146. 1	6	152. 7	3
14	726	1448	0. 50	0. 0472	0. 0027	0. 1563	0. 0088	0. 0241	0. 0004	0. 0079	0. 0003	57. 5	133	147. 4	8	153. 6	3
15	871	1644	0. 53	0. 0495	0. 0025	0. 1613	0. 0078	0. 0237	0. 0004	0. 0077	0. 0002	172. 3	114	151. 9	7	151. 2	3
17	989	1679	0. 59	0. 0483	0. 0027	0. 1584	0. 0086	0. 0239	0. 0004	0. 0071	0. 0002	122. 3	117	149. 3	8	152. 4	2
19	767	1718	0. 45	0. 0482	0. 0023	0. 1550	0. 0068	0. 0237	0. 0004	0. 0087	0. 0003	109. 4	111	146. 3	6	150. 7	3
21	569	1333	0. 43	0. 0528	0. 0029	0. 1742	0. 0095	0. 0241	0. 0006	0. 0083	0. 0003	320. 4	124	163. 0	8	153. 7	4

续附表5

Spot	Th/ (μg·g⁻¹)	U/ (μg·g⁻¹)	Th/U	$^{207}Pb/^{206}Pb$		$^{207}Pb/^{235}U$		$^{206}Pb/^{238}U$		$^{208}Pb/^{232}Th$		$^{207}Pb/^{206}Pb$		$^{207}Pb/^{235}U$		$^{206}Pb/^{238}U$	
				Ratio	±1σ	Ratio	±1σ	Ratio	±1σ	Ratio	±1σ	Age/Ma	±1σ	Age/Ma	±1σ	Age/Ma	±1σ
22	1455	2461	0. 59	0. 0526	0. 0027	0. 1768	0. 0089	0. 0243	0. 0004	0. 0075	0. 0002	309. 3	115	165. 3	8	154. 6	3
24	1104	2874	0. 38	0. 0512	0. 0038	0. 1687	0. 0110	0. 0243	0. 0006	0. 0083	0. 0004	250. 1	168	158. 3	10	154. 6	4
25	698	1490	0. 47	0. 0520	0. 0033	0. 1672	0. 0094	0. 0240	0. 0006	0. 0089	0. 0004	283. 4	151	157. 0	8	153. 0	4
24-15S1																	
1	7362	59113	0. 12	0. 0481	0. 0010	0. 1621	0. 0042	0. 0239	0. 0003	0. 0080	0. 0005	105. 6	50	152. 5	4	152. 6	2
2	3347	36429	0. 09	0. 0479	0. 0010	0. 1592	0. 0042	0. 0236	0. 0003	0. 0072	0. 0003	94. 5	52	150. 0	4	150. 6	2
3	9909	32824	0. 30	0. 0467	0. 0013	0. 1572	0. 0048	0. 0240	0. 0003	0. 0073	0. 0003	35. 3	67	148. 3	4	152. 6	2
4	1737	3277	0. 53	0. 0527	0. 0020	0. 1738	0. 0067	0. 0238	0. 0004	0. 0087	0. 0002	316. 7	117	162. 7	6	151. 8	3
6	14922	22144	0. 67	0. 0469	0. 0017	0. 1571	0. 0054	0. 0241	0. 0003	0. 0054	0. 0003	42. 7	85	148. 2	5	153. 4	2
7	9187	40912	0. 22	0. 0470	0. 0045	0. 1609	0. 0157	0. 0240	0. 0003	0. 0100	0. 0015	55. 7	209	151. 5	14	152. 7	2
8	4320	32356	0. 13	0. 0485	0. 0013	0. 1619	0. 0046	0. 0239	0. 0003	0. 0085	0. 0004	120. 5	66	152. 4	4	152. 4	2
11	6041	50472	0. 12	0. 0485	0. 0021	0. 1607	0. 0074	0. 0238	0. 0003	0. 0084	0. 0010	124. 2	108	151. 3	6	151. 7	2
13	4923	22261	0. 22	0. 0512	0. 0015	0. 1738	0. 0051	0. 0245	0. 0005	0. 0087	0. 0002	250. 1	69	162. 7	4	156. 2	3
15	5145	24394	0. 21	0. 0476	0. 0012	0. 1597	0. 0043	0. 0240	0. 0003	0. 0077	0. 0002	79. 7	61	150. 4	4	153. 1	2
16	3039	16250	0. 19	0. 0473	0. 0012	0. 1584	0. 0038	0. 0240	0. 0003	0. 0074	0. 0002	61. 2	—	149. 3	3	152. 9	2
22	7110	32677	0. 22	0. 0491	0. 0012	0. 1639	0. 0050	0. 0240	0. 0004	0. 0175	0. 0006	153. 8	56	154. 1	4	152. 8	3
23	6016	27595	0. 22	0. 0494	0. 0013	0. 1654	0. 0046	0. 0242	0. 0003	0. 0076	0. 0002	168. 6	61	155. 4	4	154. 2	2

附表 6　煌斑岩锆石 U-Pb 同位素分析结果

Spot No.	Th/ ($\times10^{-6}$)	U/ ($\times10^{-6}$)	Th/U	$^{207}Pb/^{206}Pb$		$^{207}Pb/^{235}U$		$^{206}Pb/^{238}U$		$^{207}Pb/^{206}Pb$		$^{207}Pb/^{235}U$		$^{206}Pb/^{238}U$	
				Ratio	$\pm1\sigma$	Ratio	$\pm1\sigma$	Ratio	$\pm1\sigma$	Age/Ma	$\pm1\sigma$	Age/Ma	$\pm1\sigma$	Age/Ma	$\pm1\sigma$
0329-12-S3															
1	332	1538	0. 22	0. 0493	0. 0012	0. 1481	0. 0041	0. 0217	0. 0003	161	59	140	4	138	2
2	376	640	0. 59	0. 0519	0. 0018	0. 1553	0. 0053	0. 0218	0. 0003	280	84	147	5	139	2
3	267	631	0. 42	0. 0555	0. 0016	0. 2255	0. 0072	0. 0293	0. 0004	432	65	206	6	186	2
4	306	683	0. 45	0. 0497	0. 0026	0. 1550	0. 0079	0. 0225	0. 0002	189	120	146	7	144	1
5	262	176	1. 49	0. 0680	0. 0056	0. 2059	0. 0166	0. 0221	0. 0005	878	171	190	14	141	3
6	209	292	0. 72	0. 0495	0. 0030	0. 1532	0. 0093	0. 0224	0. 0004	172	138	145	8	143	2
7	780	2839	0. 27	0. 0545	0. 0014	0. 1684	0. 0038	0. 0224	0. 0002	391	53	158	3	143	2
8	268	748	0. 36	0. 0510	0. 0019	0. 1514	0. 0054	0. 0215	0. 0002	239	87	143	5	137	1
9	496	1359	0. 36	0. 0495	0. 0012	0. 1488	0. 0036	0. 0218	0. 0002	172	55	141	3	139	1
10	153	210	0. 73	0. 0518	0. 0068	0. 1694	0. 0184	0. 0239	0. 0005	276	274	159	16	152	3
11	523	1015	0. 52	0. 0538	0. 0014	0. 1688	0. 0047	0. 0227	0. 0003	361	59	158	4	145	2
12	474	891	0. 53	0. 0508	0. 0018	0. 1561	0. 0056	0. 0222	0. 0002	232	86	147	5	142	2
13	1256	2018	0. 62	0. 0515	0. 0019	0. 1574	0. 0062	0. 0220	0. 0003	265	79	148	5	140	2

续附表6

Spot No.	Th/ ($\times10^{-6}$)	U/ ($\times10^{-6}$)	Th/U	$^{207}Pb/^{206}Pb$		$^{207}Pb/^{235}U$		$^{206}Pb/^{238}U$		$^{207}Pb/^{206}Pb$		$^{207}Pb/^{235}U$		$^{206}Pb/^{238}U$	
				Ratio	$\pm1\sigma$	Ratio	$\pm1\sigma$	Ratio	$\pm1\sigma$	Age/Ma	$\pm1\sigma$	Age/Ma	$\pm1\sigma$	Age/Ma	$\pm1\sigma$
14	379	540	0. 7	0. 0498	0. 0036	0. 1489	0. 0105	0. 0218	0. 0005	187	168	141	9	139	3
15	407	1130	0. 36	0. 0505	0. 0033	0. 1564	0. 0102	0. 0223	0. 0003	217	154	148	9	142	2
16	532	771	0. 69	0. 0556	0. 0025	0. 1716	0. 0073	0. 0224	0. 0003	439	134	161	6	143	2
17	452	2409	0. 19	0. 0508	0. 0012	0. 1570	0. 0042	0. 0223	0. 0003	235	56	148	4	142	2
18	383	741	0. 52	0. 0499	0. 0020	0. 1512	0. 0055	0. 0220	0. 0003	191	91	143	5	140	2
19	546	851	0. 64	0. 0543	0. 0023	0. 1840	0. 0075	0. 0246	0. 0003	383	96	172	6	156	2
20	302	494	0. 61	0. 0496	0. 0025	0. 1517	0. 0071	0. 0222	0. 0003	176	115	143	6	142	2
11D2-1															
1	242	830	0. 29	0. 0510	0. 0014	0. 1558	0. 0039	0. 0222	0. 0002	241	61	147	3	141	1
2	292	741	0. 39	0. 0471	0. 0017	0. 1496	0. 0082	0. 0231	0. 0004	53	85	142	7	147	2
3	377	1129	0. 33	0. 0503	0. 0016	0. 1597	0. 0078	0. 0230	0. 0003	208	71	150	7	147	2
4	214	328	0. 65	0. 0467	0. 0013	0. 1436	0. 0072	0. 0223	0. 0004	32	68	136	6	142	2
5	358	1088	0. 33	0. 0503	0. 0013	0. 1535	0. 0070	0. 0222	0. 0003	207	62	145	6	141	2
6	336	1032	0. 33	0. 0470	0. 0017	0. 1503	0. 0053	0. 0232	0. 0003	127	58	153	6	155	2

续附表6

Spot No.	Th/ $(\times10^{-6})$	U/ $(\times10^{-6})$	Th/U	$^{207}Pb/^{206}Pb$		$^{207}Pb/^{235}U$		$^{206}Pb/^{238}U$		$^{207}Pb/^{206}Pb$		$^{207}Pb/^{235}U$		$^{206}Pb/^{238}U$	
				Ratio	±1σ	Ratio	±1σ	Ratio	±1σ	Age/Ma	±1σ	Age/Ma	±1σ	Age/Ma	±1σ
7	231	369	0. 63	0. 0510	0. 0012	0. 1570	0. 0037	0. 0223	0. 0002	48	87	142	5	148	2
8	226	284	0. 8	0. 0476	0. 0014	0. 2443	0. 0071	0. 0373	0. 0004	240	55	148	3	142	1
9	246	474	0. 52	0. 0517	0. 0010	0. 1753	0. 0032	0. 0246	0. 0002	84	96	145	5	149	2
10	245	534	0. 46	0. 0438	0. 0016	0. 1467	0. 0050	0. 0244	0. 0003	218	55	163	6	160	2
11	328	835	0. 39	0. 0463	0. 0012	0. 1470	0. 0065	0. 0231	0. 0003	11	63	139	6	147	2
12	510	1013	0. 5	0. 0507	0. 0013	0. 1554	0. 0095	0. 0222	0. 0004	227	60	147	8	142	2
13	405	810	0. 5	0. 0490	0. 0014	0. 1465	0. 0041	0. 0217	0. 0002	150	69	139	4	138	1
14	567	1783	0. 32	0. 0493	0. 0016	0. 1546	0. 0048	0. 0228	0. 0002	76	71	222	6	236	3
15	344	837	0. 41	0. 0463	0. 0014	0. 1454	0. 0040	0. 0228	0. 0002	—	—	139	4	155	2
16	497	862	0. 58	0. 0486	0. 0012	0. 1624	0. 0067	0. 0243	0. 0003	160	76	146	4	145	1
17	337	3467	0. 1	0. 0478	0. 0015	0. 1443	0. 0041	0. 0219	0. 0002	15	71	138	4	145	1
18	350	1167	0. 3	0. 0503	0. 0013	0. 1535	0. 0034	0. 0221	0. 0002	88	72	137	4	140	1
19	127	131	0. 97	0. 0505	0. 0012	0. 1742	0. 0068	0. 0251	0. 0003	208	60	145	3	141	1
20	127	131	0. 97	0. 0505	0. 0012	0. 1742	0. 0068	0. 0251	0. 0003	273	45	164	3	157	1

附表 7　锡田矿田矿脉中锆石 U-Pb 同位素分析结果

Spot No.	Ratio						Age/Ma					
	$^{207}Pb/^{206}Pb$	$^{207}Pb/^{206}Pb$ ±1σ	$^{207}Pb/^{235}U$	$^{207}Pb/^{235}U$ ±1σ	$^{206}Pb/^{238}U$	$^{206}Pb/^{238}U$ ±1σ	$^{207}Pb/^{206}Pb$	$^{207}Pb/^{206}Pb$ ±1σ	$^{207}Pb/^{235}U$	$^{207}Pb/^{235}U$ ±1σ	$^{206}Pb/^{238}U$	$^{206}Pb/^{238}U$ ±1σ
湘东钨矿(XDOB-1)												
XDOB-01	0. 0491	0. 0030	0. 1264	0. 0076	0. 0185	0. 0002	154	50	121	7	118	2
XDOB-02	0. 0555	0. 0038	0. 1745	0. 0118	0. 0217	0. 0005	432	121	163	10	138	3
XDOB-03	0. 0668	0. 0032	1. 2615	0. 0612	0. 1347	0. 0019	831	102	829	27	815	11
XDOB-04	0. 0653	0. 0028	0. 9794	0. 0394	0. 1078	0. 0014	783	88	693	20	660	8
XDOB-05	0. 0597	0. 0044	0. 4615	0. 0325	0. 0566	0. 0012	591	155	385	23	355	7
XDOB-06	0. 0537	0. 0025	0. 3019	0. 0136	0. 0405	0. 0006	367	106	268	11	256	4
XDOB-07	0. 1346	0. 0051	7. 6036	0. 3452	0. 4031	0. 0076	2158	67	2185	41	2183	35
XDOB-08	0. 0766	0. 0026	1. 9799	0. 0654	0. 1857	0. 0023	1122	73	1109	22	1098	13
XDOB-09	0. 0619	0. 0035	0. 3652	0. 0200	0. 0427	0. 0007	672	120	316	15	270	4
XDOB-10	0. 0550	0. 0035	0. 1529	0. 0092	0. 0198	0. 0004	413	143	144	8	126	2
XDOB-11	0. 0748	0. 0033	1. 8710	0. 0876	0. 1794	0. 0028	1063	89	1071	31	1064	15
XDOB-12	0. 0617	0. 0029	0. 3324	0. 0174	0. 0385	0. 0006	665	100	291	13	244	4
XDOB-13	0. 0442	0. 0038	0. 2934	0. 0191	0. 0412	0. 0009	687	75	261	15	261	6
XDOB-14	0. 0488	0. 0023	0. 1201	0. 0054	0. 0179	0. 0002	200	105	115	5	115	1
XDOB-15	0. 0562	0. 0019	0. 5242	0. 0206	0. 0676	0. 0010	457	74	428	14	421	6
XDOB-16	0. 1005	0. 0023	3. 9057	0. 0970	0. 2807	0. 0033	1635	44	1615	21	1595	17

续附表7

Spot No.	Ratio						Age/Ma					
	$^{207}Pb/^{206}Pb$	$^{207}Pb/^{206}Pb$ ±1σ	$^{207}Pb/^{235}U$	$^{207}Pb/^{235}U$ ±1σ	$^{206}Pb/^{238}U$	$^{206}Pb/^{238}U$ ±1σ	$^{207}Pb/^{206}Pb$	$^{207}Pb/^{206}Pb$ ±1σ	$^{207}Pb/^{235}U$	$^{207}Pb/^{235}U$ ±1σ	$^{206}Pb/^{238}U$	$^{206}Pb/^{238}U$ ±1σ
XDOB-17	0. 1039	0. 0020	4. 2649	0. 0858	0. 2967	0. 0030	1695	37	1687	17	1675	15
XDOB-18	0. 0528	0. 0023	0. 3628	0. 0155	0. 0499	0. 0006	320	100	314	12	314	4
XDOB-19	0. 0557	0. 0019	0. 1474	0. 0051	0. 0191	0. 0002	439	69	140	5	122	1
XDOB-20	0. 0640	0. 0017	1. 0426	0. 0286	0. 1178	0. 0012	743	57	725	14	718	7
XDOB-21	0. 0674	0. 0017	1. 0935	0. 0272	0. 1172	0. 0010	852	54	750	13	714	6
XDOB-22	0. 0643	0. 0020	1. 0636	0. 0307	0. 1196	0. 0013	750	65	736	15	728	8
XDOB-23	0. 1079	0. 0021	4. 5528	0. 0913	0. 3043	0. 0031	1765	36	1741	18	1713	15
XDOB-24	0. 1038	0. 0020	4. 2891	0. 0802	0. 2979	0. 0024	1694	35	1691	16	1681	12
XDOB-25	0. 1037	0. 0020	4. 1348	0. 0848	0. 2880	0. 0030	1691	42	1661	17	1632	15
XDOB-26	0. 0641	0. 0023	1. 0070	0. 0333	0. 1144	0. 0015	744	79	707	17	699	9
狗打栏钨锡矿(GDLOB-1)												
GDLOB-01	0. 1142	0. 0050	5. 3625	0. 2253	0. 3376	0. 0057	1933	78	1879	36	1875	27
GDLOB-02	0. 0691	0. 0057	1. 2374	0. 0995	0. 1289	0. 0026	902	171	818	45	782	15
GDLOB-03	0. 0773	0. 0037	2. 0839	0. 0962	0. 1938	0. 0033	1128	96	1144	32	1142	18
GDLOB-04	0. 0647	0. 0030	1. 1770	0. 0511	0. 1302	0. 0021	765	97	790	24	789	12
GDLOB-05	0. 1076	0. 0042	4. 7940	0. 1811	0. 3166	0. 0051	1758	70	1784	32	1773	25
GDLOB-06	0. 0688	0. 0035	1. 3422	0. 0682	0. 1390	0. 0022	894	106	864	30	839	12

续附表7

Spot No.	Ratio						Age/Ma					
	$^{207}Pb/^{206}Pb$	$^{207}Pb/^{206}Pb$ ±1σ	$^{207}Pb/^{235}U$	$^{207}Pb/^{235}U$ ±1σ	$^{206}Pb/^{238}U$	$^{206}Pb/^{238}U$ ±1σ	$^{207}Pb/^{206}Pb$	$^{207}Pb/^{206}Pb$ ±1σ	$^{207}Pb/^{235}U$	$^{207}Pb/^{235}U$ ±1σ	$^{206}Pb/^{238}U$	$^{206}Pb/^{238}U$ ±1σ
GDLOB-07	0. 0765	0. 0031	2. 0795	0. 0822	0. 1942	0. 0029	1109	80	1142	27	1144	16
GDLOB-08	0. 0631	0. 0035	1. 3162	0. 0784	0. 1472	0. 0027	722	121	853	34	885	15
GDLOB-09	0. 0649	0. 0025	1. 2085	0. 0465	0. 1330	0. 0021	772	81	805	21	805	12
GDLOB-10	0. 1145	0. 0042	4. 8643	0. 1758	0. 3037	0. 0042	1872	66	1796	30	1709	21
GDLOB-11	0. 0662	0. 0040	1. 3952	0. 0790	0. 1538	0. 0031	813	158	887	33	922	18
GDLOB-12	0. 1596	0. 0052	10. 1385	0. 3283	0. 4563	0. 0061	2452	55	2447	30	2423	27
GDLOB-13	0. 0654	0. 0027	1. 2097	0. 0494	0. 1339	0. 0020	787	88	805	23	810	11
GDLOB-14	0. 0662	0. 0027	1. 1926	0. 0475	0. 1307	0. 0018	813	86	797	22	792	10
GDLOB-15	0. 0703	0. 0040	1. 4186	0. 0759	0. 1485	0. 0028	1000	119	897	32	893	15
GDLOB-16	0. 0647	0. 0036	1. 1307	0. 0627	0. 1269	0. 0023	765	117	768	30	770	13
GDLOB-17	0. 0675	0. 0034	1. 2751	0. 0626	0. 1379	0. 0022	854	104	835	28	833	13
GDLOB-18	0. 0593	0. 0046	0. 8074	0. 0592	0. 0983	0. 0019	589	170	601	33	604	11
GDLOB-19	0. 0795	0. 0034	2. 1685	0. 0910	0. 1988	0. 0031	1184	91	1171	29	1169	17
GDLOB-20	0. 0623	0. 0026	0. 9790	0. 0407	0. 1139	0. 0016	683	89	693	21	695	9
GDLOB-21	0. 0645	0. 0019	1. 1610	0. 0351	0. 1299	0. 0013	761	64	782	16	787	8
GDLOB-22	0. 0648	0. 0021	1. 1251	0. 0347	0. 1256	0. 0011	769	65	765	17	763	6

续附表7

Spot No.	Ratio						Age/Ma					
	$^{207}Pb/^{206}Pb$	$^{207}Pb/^{206}Pb$ ±1σ	$^{207}Pb/^{235}U$	$^{207}Pb/^{235}U$ ±1σ	$^{206}Pb/^{238}U$	$^{206}Pb/^{238}U$ ±1σ	$^{207}Pb/^{206}Pb$	$^{207}Pb/^{206}Pb$ ±1σ	$^{207}Pb/^{235}U$	$^{207}Pb/^{235}U$ ±1σ	$^{206}Pb/^{238}U$	$^{206}Pb/^{238}U$ ±1σ
GDLOB-23	0. 0653	0. 0014	1. 2055	0. 0260	0. 1333	0. 0012	783	44	803	12	807	7
GDLOB-24	0. 0659	0. 0015	1. 2431	0. 0280	0. 1363	0. 0014	1200	41	820	13	824	8
GDLOB-25	0. 0669	0. 0017	1. 2231	0. 0290	0. 1317	0. 0012	833	49	811	13	797	7
GDLOB-26	0. 0669	0. 0017	1. 2851	0. 0306	0. 1384	0. 0012	835	54	839	14	836	7
GDLOB-27	0. 0793	0. 0017	2. 2157	0. 0459	0. 2013	0. 0018	1181	43	1186	14	1182	10
GDLOB-28	0. 0785	0. 0018	2. 1507	0. 0518	0. 1973	0. 0017	1158	47	1165	17	1161	9
GDLOB-29	0. 0782	0. 0016	2. 1539	0. 0455	0. 1986	0. 0020	1152	73	1166	15	1168	11
GDLOB-30	0. 0554	0. 0015	0. 5319	0. 0141	0. 0694	0. 0008	428	59	433	9	432	5
茶陵铅锌矿（CLOB-1）												
CLOB-01	0. 0666	0. 0035	1. 1700	0. 0570	0. 1283	0. 0024	833	104	787	27	778	13
CLOB-02	0. 0671	0. 0027	1. 2497	0. 0486	0. 1350	0. 0021	843	85	823	22	816	12
CLOB-03	0. 0567	0. 0029	0. 5428	0. 0271	0. 0693	0. 0011	483	113	440	18	432	6
CLOB-04	0. 0683	0. 0025	1. 2726	0. 0434	0. 1348	0. 0017	880	（124）	834	19	815	10
CLOB-05	0. 0735	0. 0034	1. 3657	0. 0638	0. 1338	0. 0019	1029	94	874	27	810	11
CLOB-06	0. 0633	0. 0039	0. 6061	0. 0362	0. 0696	0. 0013	717	127	481	23	434	8
CLOB-07	0. 0667	0. 0029	1. 2688	0. 0528	0. 1374	0. 0020	829	86	832	24	830	11

续附表7

Spot No.	Ratio						Age/Ma					
	$^{207}Pb/^{206}Pb$	$^{207}Pb/^{206}Pb$ ±1σ	$^{207}Pb/^{235}U$	$^{207}Pb/^{235}U$ ±1σ	$^{206}Pb/^{238}U$	$^{206}Pb/^{238}U$ ±1σ	$^{207}Pb/^{206}Pb$	$^{207}Pb/^{206}Pb$ ±1σ	$^{207}Pb/^{235}U$	$^{207}Pb/^{235}U$ ±1σ	$^{206}Pb/^{238}U$	$^{206}Pb/^{238}U$ ±1σ
CLOB-08	0. 0659	0. 0027	1. 2643	0. 0505	0. 1383	0. 0020	806	85	830	23	835	11
CLOB-09	0. 0743	0. 0035	1. 5652	0. 0713	0. 1528	0. 0025	1050	96	957	28	917	14
CLOB-10	0. 0657	0. 0028	1. 2527	0. 0515	0. 1374	0. 0021	798	89	825	23	830	12
CLOB-11	0. 0549	0. 0033	0. 5496	0. 0320	0. 0723	0. 0013	409	103	445	21	450	8
CLOB-12	0. 0552	0. 0028	0. 5389	0. 0262	0. 0704	0. 0010	420	113	438	17	439	6
CLOB-13	0. 1249	0. 0045	6. 4222	0. 2236	0. 3697	0. 0058	2028	69	2035	31	2028	27
CLOB-14	0. 0553	0. 0030	0. 5513	0. 0293	0. 0717	0. 0010	433	122	446	19	446	6
CLOB-15	0. 1035	0. 0037	4. 3797	0. 1496	0. 3032	0. 0041	1687	65	1709	28	1707	21
CLOB-16	0. 0665	0. 0031	1. 2803	0. 0589	0. 1377	0. 0022	820	98	837	26	832	13
CLOB-17	0. 0695	0. 0037	1. 2339	0. 0635	0. 1276	0. 0023	922	90	816	29	774	13
CLOB-18	0. 0874	0. 0044	2. 8103	0. 1312	0. 2325	0. 0037	1369	92	1358	35	1347	20
CLOB-19	0. 0585	0. 0021	0. 6464	0. 0225	0. 0804	0. 0009	550	78	506	14	498	6
CLOB-20	0. 0901	0. 0029	1. 5596	0. 0499	0. 1256	0. 0010	1428	59	954	20	763	6
CLOB-21	0. 0704	0. 0024	0. 6940	0. 0243	0. 0710	0. 0009	940	68	535	15	442	5
CLOB-22	0. 0693	0. 0017	1. 3374	0. 0324	0. 1390	0. 0015	909	55	862	14	839	9
CLOB-23	0. 0714	0. 0021	1. 3659	0. 0394	0. 1381	0. 0011	969	56	874	16	834	6

附表 8 锡田矿田中锆石微量元素 LA-ICP-MS 测试结果

Spot No.	Hf	Y	Nb	Ta	P	Ti	Pb	Th	U	Th/U	La	Ce	Pr	Nd	Sm
湘东钨矿(XDOB-1)															
XDOB-01	12126	1632	7.9	4.6	1166	10.0	212	1840	1177	1.6	0.37	62.2	0.61	5.8	8.1
XDOB-02	11069	5900	12.0	4.1	1104	14.5	309	1726	1171	1.5	0.23	71.3	1.4	26.7	38.6
XDOB-03	9623	2303	6.7	1.8	747	8.1	432	530	271	2.0	0.19	105	0.45	6.7	12.9
XDOB-04	10655	2932	4.5	1.4	907	3.3	280	374	624	0.60	0.17	11.6	0.90	15.2	20.4
XDOB-05	11812	1078	3.3	1.3	1372	13.3	194	397	373	1.1	0.08	19.7	0.64	14.2	15.5
XDOB-06	11739	2004	3.1	2.3	650	8.8	164	440	1230	0.36	1.3	15.4	1.5	16.1	13.7
XDOB-07	12223	970	2.2	1.2	471	3.1	539	143	906	0.16	0.03	8.6	0.25	2.1	2.3
XDOB-08	13321	2516	4.7	3.1	1266	5.9	258	89	637	0.14	1.1	5.0	0.81	6.3	5.3
XDOB-09	11156	1247	3.9	1.8	424	8.5	143	330	621	0.53	1.7	19.1	1.4	14.2	10.9
XDOB-10	13505	1532	7.8	5.0	598	2.2	105	589	1072	0.55	0.11	19.8	0.19	1.3	3.4
XDOB-11	13378	859	2.2	1.6	911	7.6	257	159	216	0.74	0.09	6.9	0.19	3.4	3.1
XDOB-12	10310	1836	5.1	2.6	711	19.4	246	843	1130	0.75	1.00	25.6	1.0	13.1	14.2
XDOB-13	9867	1302	4.7	2.0	822	15.5	332	996	771	1.3	7.7	59.0	6.8	46.7	20.2
XDOB-14	11611	1809	8.3	3.7	1103	10.9	321	2746	1389	2.0	7.4	87.1	2.9	11.7	8.5
XDOB-15	9929	518	3.3	0.92	395	604	55.2	14.7	69.3	0.21	1.6	9.9	0.31	2.0	2.1
XDOB-16	10160	1090	2.4	0.97	539	21.7	102	48.7	162	0.30	0.34	46.1	1.5	12.6	11.4

续附表8

Spot No.	Hf	Y	Nb	Ta	P	Ti	Pb	Th	U	Th/U	La	Ce	Pr	Nd	Sm
XDOB-17	11030	1813	1.0	0.71	1184	4.9	199	98.1	183	0.53	11.9	38.4	4.3	23.1	11.3
XDOB-18	12354	1192	3.8	1.4	629	4.7	23.1	5.7	26.8	0.21	0	22.4	0.02	0.68	2.1
XDOB-19	7452	5111	8.3	2.4	763	2.6	57.8	15.1	143	0.11	5.7	35.5	3.1	31.5	40.3
XDOB-20	10098	790	2.7	1.2	328	82.1	57.7	17.4	62.0	0.28	0.02	4.7	0.04	1.2	2.7
XDOB-21	9433	772	2.7	1.1	312	11.8	60.6	19.2	69.2	0.28	0.27	12.0	0.40	3.8	4.7
XDOB-22	9559	1341	2.2	0.92	314	8.1	70.1	21.2	81.3	0.26	0.67	6.6	0.49	5.2	8.9
XDOB-23	10413	1772	1.2	0.59	1294	4.8	206	105	232	0.45	11.4	37.2	3.0	15.1	9.9
XDOB-24	11064	1970	1.2	0.62	1231	7.1	216	106	165	0.64	0.80	9.1	1.1	4.6	6.5
XDOB-25	9772	1889	1.3	0.92	1375	13.0	220	109	167	0.65	0.26	5.8	0.46	4.4	6.9
XDOB-26	10007	1257	2.5	0.88	299	14.3	65.5	20.1	78.9	0.25	0.05	5.7	0.17	3.2	7.3
狗打栏钨锡矿(GDLOB-1)															
GDLOB-01	9458	488	3.4	1.4	232	462	206	139	110	1.3	0	104	0.08	3.4	3.8
GDLOB-02	12517	357	0.78	0.41	365	162	38.5	45.7	80.6	0.57	0	20.6	0.01	0.61	1.3
GDLOB-03	10460	676	3.6	2.4	308	437	127	129	199	0.65	0.01	101	0	0.76	2.7
GDLOB-04	7918	2358	2.5	0.73	239	303	146	244	256	0.95	0.01	34.9	0.31	5.7	7.9
GDLOB-05	7902	817	3.4	1.6	238	726	436	316	310	1.0	0.03	89.3	0.61	10.0	10.0
GDLOB-06	9741	501	1.6	0.95	219	306	143	241	307	0.78	0.39	39.7	0.65	3.5	1.6

续附表8

Spot No.	Hf	Y	Nb	Ta	P	Ti	Pb	Th	U	Th/U	La	Ce	Pr	Nd	Sm
GDLOB-07	11338	311	1.4	0.69	209	531	194	226	208	1.1	0	20.5	0.16	3.6	7.3
GDLOB-08	8829	1445	1.4	0.67	427	644	51.2	79.7	130	0.61	0.06	8.0	0.18	3.8	4.8
GDLOB-09	9142	654	1.9	1.2	296	79	202	311	445	0.70	0.01	45.3	0.08	1.3	1.6
GDLOB-10	11106	1057	8.3	4.4	469	284	702	427	944	0.45	0.04	51.8	0.17	2.1	2.8
GDLOB-11	10943	516	5.6	2.8	480	52	77.1	112	118	0.95	0	27.2	0.06	0.68	1.9
GDLOB-12	11376	1312	1.2	1.3	330	372	422	100	575	0.17	0.03	11.2	0.05	0.80	1.9
GDLOB-13	10779	914	2.8	1.2	236	135	94.4	189	318	0.59	0	10.3	0.03	1.6	3.5
GDLOB-14	8694	2739	4.1	1.5	466	287	246	407	398	1.0	2.4	125	5.6	33.8	18.4
GDLOB-15	8558	1268	0.44	0.27	252	326	57.6	87.3	121	0.72	0	11.0	0.25	6.3	6.5
GDLOB-16	11323	784	2.4	1.2	271	140	70.3	117	160	0.74	0	43.5	0.04	1.4	3.0
GDLOB-17	9469	515	0.98	0.37	328	136	181	274	406	0.67	0.01	48.3	0.10	1.5	1.1
GDLOB-18	9173	96.1	1.2	0.46	206	298	31.1	57.8	176	0.33	0	19.1	0.09	0.50	1.2
GDLOB-19	10836	860	8.4	3.3	250	191	254	278	413	0.67	0	52.8	0.10	2.0	3.2
GDLOB-20	9071	2615	0.94	0.75	315	288	221	409	833	0.49	0.01	16.0	0.89	11.6	13.5
GDLOB-21	13127	884	2.2	1.1	207	3.3	58.6	138	215	0.64	0.02	17.3	0.06	1.1	2.2
GDLOB-22	12330	923	2.3	1.2	281	4.2	53.0	127	201	0.63	0.01	15.4	0.04	0.89	2.0

续附表8

Spot No.	Hf	Y	Nb	Ta	P	Ti	Pb	Th	U	Th/U	La	Ce	Pr	Nd	Sm
GDLOB-23	9786	2800	3. 2	1. 1	723	4. 6	117	340	417	0. 82	9. 6	37. 6	3. 4	23. 8	15. 2
GDLOB-24	9674	3127	3. 9	1. 3	470	4. 3	139	418	486	0. 86	2. 9	22. 3	1. 6	13. 4	14. 3
GDLOB-25	10683	1551	5. 6	2. 0	309	5. 3	136	38. 4	226	0. 17	0. 58	17. 7	0. 42	4. 5	6. 1
GDLOB-26	10787	1189	2. 3	0. 82	403	6. 5	83. 8	23. 8	104	0. 23	0. 05	2. 9	0. 07	1. 4	4. 0
GDLOB-27	13787	232	1. 1	0. 63	369	15. 4	100	34. 1	230	0. 15	0	8. 1	0. 10	1. 9	4. 7
GDLOB-28	11239	924	3. 9	2. 0	413	12. 0	114	38. 0	196	0. 19	0. 02	47. 3	0. 05	1. 2	2. 1
GDLOB-29	12260	876	6. 4	2. 7	293	6. 1	175	58. 5	253	0. 23	0	15. 7	0. 05	1. 3	2. 6
GDLOB-30	10951	1417	6. 5	2. 8	493	4. 2	101	24. 3	204	0. 12	0. 92	44. 0	0. 44	2. 8	4. 6
茶陵铅锌矿(CLOB-1)															
CLOB-01	10171	1613	1. 4	0. 56	616	8. 8	335	365	307	1. 2	0. 16	28. 5	0. 69	13. 2	10. 8
CLOB-02	12775	179	2. 3	2. 0	908	5. 7	65. 5	8. 2	720	0. 01	0	0. 14	0	0	0. 36
CLOB-03	11580	1196	2. 3	1. 4	879	2. 6	366	589	599	0. 98	0. 05	36. 3	0. 27	3. 7	5. 0
CLOB-04	13885	2052	14. 3	6. 2	696	3. 5	394	367	778	0. 47	0. 07	9. 2	0. 43	4. 8	6. 6
CLOB-05	8043	4013	24. 5	2. 3	881	620	331	330	250	1. 3	513	1251	171	660	76. 7
CLOB-06	10430	1262	1. 8	0. 98	874	0. 97	79. 8	140	212	0. 66	12. 8	52. 8	8. 7	54. 5	13. 6
CLOB-07	10259	732	2. 5	0. 94	196	4. 0	220	220	308	0. 71	0. 02	20. 9	0. 19	3. 2	4. 2

续附表8

Spot No.	Hf	Y	Nb	Ta	P	Ti	Pb	Th	U	Th/U	La	Ce	Pr	Nd	Sm
CLOB-08	11167	843	2. 9	1. 8	606	11. 2	158	152	243	0. 63	2. 1	23. 9	0. 92	8. 1	5. 8
CLOB-09	8029	1686	3. 1	1. 3	576	5. 1	248	165	216	0. 76	0. 21	12. 7	0. 57	6. 1	7. 9
CLOB-10	12195	980	1. 2	0. 79	645	3. 6	98. 0	82. 5	268	0. 31	0. 04	1. 8	0. 27	4. 0	9. 0
CLOB-11	10779	1300	2. 0	1. 1	346	2. 5	89. 4	175	276	0. 63	0. 01	9. 1	0. 19	3. 3	5. 4
CLOB-12	12238	473	2. 3	0. 89	948	2. 4	89. 0	134	401	0. 33	0. 14	6. 6	0. 42	8. 6	12. 7
CLOB-13	9641	502	2. 2	0. 82	436	3. 7	146	50. 0	98	0. 51	0. 05	9. 0	0. 40	6. 6	7. 1
CLOB-14	13652	1114	2. 8	2. 6	484	3. 4	99. 2	174	448	0. 39	0	10. 7	0. 15	3. 6	4. 4
CLOB-15	12141	1498	1. 8	0. 79	496	18. 7	510	264	353	0. 75	1. 4	15. 5	2. 4	18. 7	16. 7
CLOB-16	10441	1056	6. 6	2. 7	260	5. 2	299	274	359	0. 76	0. 17	45. 9	0. 49	5. 3	4. 7
CLOB-17	8781	4498	9. 3	1. 8	337	7. 0	257	313	179	1. 7	0. 07	135	1. 3	23. 2	31. 0
CLOB-18	10152	1169	2. 8	1. 1	567	18. 2	160	98. 7	141	0. 70	51. 6	185	35. 9	203	39. 1
CLOB-19	10029	1402	1. 3	0. 71	723	10. 1	32. 9	8. 3	55. 7	0. 15	0. 02	7. 3	0. 09	1. 5	4. 2
CLOB-20	9078	783	1. 9	0. 52	184	5. 0	84. 2	32. 3	173	0. 19	0. 79	25. 5	0. 43	2. 8	2. 8
CLOB-21	9716	2094	1. 3	0. 63	761	10. 9	40. 6	12. 5	113	0. 11	0. 30	18. 0	0. 39	6. 4	9. 8
CLOB-22	10792	586	2. 2	0. 43	133	3. 3	153	46. 7	401	0. 12	0. 02	32. 8	0. 05	0. 50	1. 4
CLOB-23	10343	1096	3. 2	1. 5	1557	662	94. 8	29. 4	217	0. 14	13. 9	53. 5	4. 0	18. 8	6. 2

续附表 8

Spot No.	Eu	Gd	Tb	Dy	Ho	Er	Tm	Yb	Lu	∑REE	LREE	HREE	LREE/HREE	Eu/Eu*	Ce/Ce*
湘东钨矿(XDOB-1)															
XDOB-01	1. 7	30. 1	9. 8	128	54. 1	251	65. 1	684	130	1431	78. 8	1352	0. 06	0. 29	25. 5
XDOB-02	5. 1	158	53. 5	608	215	870	184	1618	263	4112	143	3969	0. 04	0. 17	14. 9
XDOB-03	3. 2	61. 1	20. 6	241	86. 8	344	71. 9	626	104	1685	129	1556	0. 08	0. 29	62. 9
XDOB-04	0. 50	84. 4	26. 2	305	106	429	92. 1	809	132	2033	48. 7	1984	0. 02	0. 03	3. 7
XDOB-05	0. 72	40. 8	10. 4	111	35. 7	150	32. 5	312	53. 5	797	50. 8	746	0. 07	0. 08	9. 2
XDOB-06	0. 47	52. 1	16. 5	197	70. 5	295	68. 6	645	110	1504	48. 6	1455	0. 03	0. 05	2. 3
XDOB-07	0. 65	12. 6	4. 5	66. 2	30. 4	165	48. 9	566	108	1016	13. 8	1003	0. 01	0. 29	10. 1
XDOB-08	0. 27	25. 1	13. 0	200	83. 4	401	97. 9	954	166	1959	18. 8	1940	0. 01	0. 06	1. 2
XDOB-09	0. 56	35. 0	10. 2	124	42. 6	185	41. 3	385	64. 6	935	47. 9	887	0. 05	0. 08	2. 8
XDOB-10	0. 54	19. 5	8. 2	118	49. 3	241	61. 5	637	118	1278	25. 3	1253	0. 02	0. 16	25. 8
XDOB-11	0. 14	19. 3	6. 7	82. 0	30. 4	128	28. 0	255	42. 2	606	13. 7	592	0. 02	0. 04	9. 5
XDOB-12	0. 74	52. 4	16. 6	185	64. 1	268	57. 2	534	88. 9	1323	55. 7	1267	0. 04	0. 07	5. 7
XDOB-13	1. 1	42. 6	12. 0	131	45. 2	180	38. 9	358	63. 1	1013	142	871	0. 16	0. 12	1. 9
XDOB-14	2. 7	34. 9	11. 1	145	56. 5	278	68. 0	698	134	1546	120	1425	0. 08	0. 41	4. 6
XDOB-15	0. 51	9. 0	3. 1	37. 3	16. 6	83. 7	20. 8	228	50. 9	466	16. 5	449	0. 04	0. 31	3. 2

续附表8

Spot No.	Eu	Gd	Tb	Dy	Ho	Er	Tm	Yb	Lu	∑REE	LREE	HREE	LREE/HREE	Eu/Eu*	Ce/Ce*
XDOB-16	2.9	37.5	11.1	108	40.5	166	35.8	322	63.9	860	75.0	785	0.10	0.39	8.6
XDOB-17	0.63	44.0	15.5	169	64.8	272	58.4	507	97.1	1318	89.6	1229	0.07	0.08	1.3
XDOB-18	0.37	14.2	6.2	85.9	39.8	203	51.7	538	118	1083	25.6	1058	0.02	0.15	393
XDOB-19	1.4	163	52.7	542	194	751	155	1289	235	3500	118	3382	0.03	0.05	2.0
XDOB-20	0.29	19.5	7.2	78.5	30.1	122	24.9	216	39.0	545	9.0	537	0.02	0.09	29.1
XDOB-21	0.85	22.5	7.3	79.4	29.6	118	24.5	210	37.5	550	22.1	528	0.04	0.21	7.3
XDOB-22	0.79	45.5	13.4	145	54.2	200	40.3	330	58.5	909	22.6	887	0.03	0.10	2.7
XDOB-23	0.85	45.6	15.3	167	65.0	264	55.8	495	95.6	1281	77.5	1204	0.06	0.10	1.5
XDOB-24	0.75	41.4	15.7	181	70.0	298	63.0	558	108	1357	22.9	1334	0.02	0.11	2.0
XDOB-25	1.0	43.3	15.3	176	68.3	286	60.6	561	102	1331	18.7	1312	0.01	0.14	3.2
XDOB-26	0.69	38.8	12.4	133	49.0	190	37.4	305	55.4	839	17.1	822	0.02	0.10	9.1
狗打栏钨锡矿(GDLOB-1)															
GDLOB-01	0.79	11.7	4.1	48.0	16.8	74.7	17.3	180	30.9	495	112	383	0.29	0.33	417
GDLOB-02	0.01	5.5	1.8	26.2	11.6	59.2	15.9	178	34.4	356	22.5	333	0.07	0.01	527
GDLOB-03	0.53	9.1	3.4	58.4	23.0	119	31.0	334	63.1	746	105	641	0.16	0.29	20.1
GDLOB-04	3.2	41.0	14.2	205	81.2	388	93.3	939	175.6	1989	52.1	1937	0.03	0.45	35.0
GDLOB-05	2.2	26.1	8.0	92.7	29.6	121	27.6	252	41.0	711	112	598	0.19	0.40	44.5

续附表8

Spot No.	Eu	Gd	Tb	Dy	Ho	Er	Tm	Yb	Lu	∑REE	LREE	HREE	LREE/HREE	Eu/Eu*	Ce/Ce*
GDLOB-06	0.45	7.7	3.2	40.2	16.2	78.4	21.1	241	48.2	503	46.3	456	0.10	0.33	15.3
GDLOB-07	0.64	26.3	5.8	45.3	10.7	39.0	7.8	66.3	10.8	244	32.3	212	0.15	0.13	39.0
GDLOB-08	0.76	23.9	8.8	130	54.8	260	59.8	580	105	1239	17.6	1222	0.01	0.18	11.9
GDLOB-09	0.61	9.6	3.5	51.0	20.4	104	27.1	308	61.1	634	48.9	585	0.08	0.36	167
GDLOB-10	0.87	14.5	6.1	84.3	35.0	173	44.8	477	87.1	980	57.8	922	0.06	0.34	88.4
GDLOB-11	0.07	11.5	3.8	51.7	19.3	82.3	18.4	172	29.9	419	29.9	389	0.08	0.03	142
GDLOB-12	0.27	15.8	6.9	109	43.9	226	56.7	587	105	1166	14.2	1152	0.01	0.11	57.7
GDLOB-13	0.13	17.2	6.6	90.2	32.8	152	35.8	344	59.9	754	15.6	739	0.02	0.04	105
GDLOB-14	2.1	75.3	24.8	296	102	421	89.7	800	130.8	2126	187	1939	0.10	0.15	5.9
GDLOB-15	2.1	25.6	9.1	117.1	44.7	204	48.1	478	85.9	1039	26.2	1013	0.03	0.44	13.7
GDLOB-16	0.29	13.8	5.2	70.6	29.2	132	31.6	315	54.0	699	48.2	651	0.07	0.11	312
GDLOB-17	0.62	6.9	2.3	35.5	14.4	81.8	22.2	283	61.9	560	51.7	508	0.10	0.52	152
GDLOB-18	0.55	5.1	1.2	12.8	3.2	11.0	1.9	17.3	2.8	77	21.4	55	0.39	0.58	64.4
GDLOB-19	0.06	15.7	5.7	81.4	30.8	140	32.2	320	52.5	737	58.2	679	0.09	0.02	159
GDLOB-20	1.2	59.2	19.2	263	96.3	418	91.4	847	143.1	1981	43.3	1937	0.02	0.11	5.5
GDLOB-21	0.13	14.3	4.8	69.2	26.5	135	28.4	310	52.6	661	20.8	640	0.03	0.06	81.9
GDLOB-22	0.12	13.9	5.0	70.3	28.3	140	29.0	323	53.8	682	18.6	663	0.03	0.05	114

续附表8

Spot No.	Eu	Gd	Tb	Dy	Ho	Er	Tm	Yb	Lu	ΣREE	LREE	HREE	LREE/HREE	Eu/Eu*	Ce/Ce*
GDLOB-23	1. 4	74. 8	22. 4	270	89. 0	394	71. 6	720	114	1846	91. 0	1754	0. 05	0. 11	1. 6
GDLOB-24	1. 2	76. 9	24. 2	301	101	444	82. 3	804	128	2018	55. 7	1962	0. 03	0. 09	2. 5
GDLOB-25	0. 50	34. 2	11. 3	139	50. 5	228	44. 6	441	75. 4	1054	29. 8	1024	0. 03	0. 08	8. 4
GDLOB-26	0. 22	21. 9	7. 7	99. 7	38. 4	180	37. 5	386	68. 2	848	8. 7	839	0. 01	0. 06	9. 7
GDLOB-27	0. 25	17. 0	3. 6	30. 9	7. 4	23. 5	3. 8	33. 9	5. 0	140	15. 1	125	0. 12	0. 07	25. 3
GDLOB-28	0. 51	14. 0	5. 2	70. 0	27. 7	143	31. 8	351	63. 9	757	51. 1	706	0. 07	0. 22	260
GDLOB-29	0. 12	16. 0	5. 7	74. 4	27. 3	129	25. 6	263	44. 9	606	19. 6	586	0. 03	0. 04	106
GDLOB-30	0. 70	24. 4	8. 7	116	43. 6	212	44. 1	473	81. 6	1057	53. 4	1003	0. 05	0. 16	16. 8
茶陵铅锌矿（CLOB-1）															
CLOB-01	2. 5	38. 7	11. 3	137	51. 8	246	61. 8	657	126	1386	55. 8	1330	0. 04	0. 33	11. 7
CLOB-02	0. 52	4. 4	2. 6	20. 9	4. 9	22. 0	6. 9	92. 8	20. 9	176	1. 0	175	0. 01	0. 75	—
CLOB-03	1. 4	21. 3	7. 3	94. 7	38. 9	182	45. 8	475	91. 7	1003	46. 7	956	0. 05	0. 35	39. 1
CLOB-04	0. 19	40. 6	14. 6	191	75. 7	323	72. 1	679	112	1530	21. 2	1508	0. 01	0. 03	6. 3
CLOB-05	3. 9	161	41. 2	445	154	594	122	1059	177	5429	2676	2754	0. 97	0. 10	1. 0
CLOB-06	0. 81	31. 7	10. 0	122	46. 4	192	43. 1	404	70. 6	1063	143	919	0. 16	0. 12	1. 2
CLOB-07	1. 6	15. 4	5. 0	57. 4	22. 4	106	27. 8	295	60. 4	620	30. 1	590	0. 05	0. 54	33. 1

续附表8

Spot No.	Eu	Gd	Tb	Dy	Ho	Er	Tm	Yb	Lu	∑REE	LREE	HREE	LREE/HREE	Eu/Eu*	Ce/Ce*
CLOB-08	1. 2	20. 3	6. 1	71. 4	27. 1	126	31. 7	326	63. 2	713	42. 0	671	0. 06	0. 31	4. 2
CLOB-09	1. 5	38. 7	13. 0	160	62. 3	266	56. 8	520	85. 4	1231	29. 0	1203	0. 02	0. 22	6. 0
CLOB-10	0. 40	39. 8	12. 7	122	32. 7	99. 0	16. 7	135	20. 2	494	15. 5	478	0. 03	0. 05	1. 9
CLOB-11	0. 79	24. 8	8. 8	112	45. 6	206	47. 9	470	82. 5	1016	18. 7	997	0. 02	0. 17	14. 7
CLOB-12	0. 50	42. 2	9. 4	69. 1	15. 0	38. 8	6. 9	53. 6	8. 3	272	28. 9	243	0. 12	0. 06	4. 3
CLOB-13	0. 62	21. 1	5. 4	53. 4	17. 0	66. 2	14. 0	127	21. 9	350	23. 8	326	0. 07	0. 14	6. 6
CLOB-14	0. 43	21. 9	7. 5	97. 6	37. 7	177	42. 7	412	76. 1	892	19. 2	873	0. 02	0. 11	21. 7
CLOB-15	1. 6	42. 1	13. 7	158	55. 3	222	47. 5	422	68. 4	1085	56. 2	1028	0. 05	0. 18	1. 6
CLOB-16	1. 4	19. 2	6. 5	88. 1	35. 6	167	40. 8	426	75. 8	917	57. 9	859	0. 07	0. 38	25. 7
CLOB-17	2. 2	135	42. 5	471	166	647	133	1136	185	3109	193	2916	0. 07	0. 09	32. 4
CLOB-18	1. 5	50. 4	12. 1	124	44. 3	173	37. 5	332	57. 2	1347	516	830	0. 62	0. 10	1. 0
CLOB-19	0. 46	27. 6	9. 6	117	44. 3	209	40. 6	419	71. 9	953	13. 6	939	0. 01	0. 10	24. 0
CLOB-20	1. 4	12. 2	4. 0	53. 1	21. 3	113	26. 7	329	70. 0	663	33. 7	629	0. 05	0. 60	10. 6
CLOB-21	1. 5	49. 7	15. 4	190	66. 0	304	57. 6	577	95. 9	1392	36. 4	1356	0. 03	0. 17	10. 8
CLOB-22	0. 64	8. 5	2. 9	37. 3	15. 1	79. 5	19. 1	234	52. 0	484	35. 4	448	0. 08	0. 43	177
CLOB-23	1. 2	21. 5	6. 9	87. 1	32. 7	162	34. 2	366	68. 3	877	97. 7	779	0. 13	0. 28	1. 7

注：表中元素含量单位为 10^{-6}。

附表 9　锡田矿田中白钨矿的主量元素组成

单位：%

样品编号	Spot No.	Na_2O	WO_3	MoO_3	PbO_2	CaO	Total
LSGR-1	Data1	0.02	82.69	0.35	—	16.82	99.87
LSGR-1	Data2	0.04	83.97	0.25	—	16.86	101.12
LSGR-1	Data3	0.11	81.81	0.32	—	16.49	98.73
LSGR-1	Data4	0.06	82.42	0.44	—	16.69	99.60
LSOR-1	Data1	0.02	81.25	1.75	—	17.17	100.18
LSOR-1	Data2	—	82.49	1.30	—	17.21	101.00
LSOR-1	Data3	—	83.52	0.02	—	16.98	100.52
LSOR-1	Data4	—	81.16	1.78	—	17.13	100.07
XDGR-1	Data1	0.01	83.46	0.03	—	16.92	100.43
XDGR-1	Data2	—	83.14	0.09	—	17.12	100.37
XDGR-1	Data3	0.01	83.18	—	—	17.16	100.35
XDGR-1	Data4	0.04	82.89	—	—	17.14	100.06
XDGR-1	Data5	0.03	82.20	0.08	—	17.18	99.48

续附表9

样品编号	Spot No.	Na_2O	WO_3	MoO_3	PbO_2	CaO	Total
XDGR-1	Data6	0.02	84.58	—	—	17.00	101.60
XDGR-1	Data7	0.03	84.02	—	0.09	17.01	101.16
XDOR-1	Data1	0.04	85.42	—	0	17.25	102.70
XDOR-1	Data2	0.04	85.17	—	0	16.80	102.01
XDOR-1	Data3	—	83.96	0.02	0	17.04	101.02
XDOR-1	Data4	—	84.62	—	0.16	16.67	101.45
XDOR-1	Data5	0.02	84.83	—	0.03	17.04	101.92
XDOR-2	Data1	—	85.00	—	—	16.74	101.74
XDOR-2	Data2	0.29	83.17	0.14	0.07	17.08	100.74
XDOR-2	Data3	0.15	81.20	0.06	—	16.85	98.26
XDOR-2	Data4	0.01	82.77	0.07	0.04	17.11	99.99
XDOR-2	Data5	0.20	81.69	0.03	—	17.35	99.28
LOD		0.01	0.02	0.01	0.02	0.02	

注：LOD=检测限；“—”为低于检测限。

附表 10　锡田矿田中白钨矿与石榴子石的微量元素组成

单位：10^{-6}

样品编号	测点	CaO	WO_3	Sr	Na_2O	Y	Zr	Nb	Mo	La	Ce	Pr	Nd
LSGR-1	01	187800	751893	72.0	168	166	—	424	12810	152	627	105	552
	02	187800	786627	67.0	232	618	0.05	1559	7892	255	1109	187	957
	03	187800	801589	70.4	158	171	—	359	6825	111	455	78.7	414
	04	187800	757498	68.1	134	171	—	345	6707	112	450	77.2	415
	05	187800	792748	107	75.8	63.7	—	71.8	1917	73.2	241	37.7	195
	06	187800	772559	89.8	132	444	0.08	526	2347	51.8	261	58.8	393
	07	187800	785662	81.8	144	266	—	405	4811	65.6	333	76.5	527
	08	187800	785125	73.6	169	320	0.04	991	9096	200	803	143	755
	09	187800	762172	58.1	284	694	0.06	1576	8495	255	1239	240	1364
	10	187800	768291	90.8	242	667	0.07	1728	9181	260	1235.42	242	1365
	11	187800	798566	52.0	226	1130	0.02	1043	821	127	668	135	716
	12	187800	832215	48.2	168	455	0.07	553	1099	76.1	402	73.8	410
	13	187800	853251	64.4	224	1055	0.01	874	999	86.1	474	100	569
LSOB-1	01	203967	779973	75.8	—	2.32	—	1.41	9475	35.7	143	23.4	121
	02	202297	784178	76.8	52.7	2.08	—	1.84	7807	20.7	83.4	14.8	71.4
	03	201670	782811	77.5	—	1.71	0.06	1.10	9133	45.5	157	26.0	122
	04	205721	779761	71.0	—	1.38	0.01	1.16	8427	39.0	140	24.5	114

续附表10

样品编号	测点	CaO	WO_3	Sr	Na_2O	Y	Zr	Nb	Mo	La	Ce	Pr	Nd
LSOB-1	05	206423	778045	75. 4	—	0. 71	1. 08	1. 38	9035	26. 7	109	20. 2	98. 8
	06	204780	778467	75. 6	17. 9	1. 89	0. 03	1. 97	9907	51. 5	182	28. 5	116
	07	204957	778350	78. 9	—	2. 02	—	1. 00	9935	35. 6	131	21. 4	96. 2
	08	203424	784049	81. 5	—	4. 08	—	1. 57	7121	53. 1	173	26. 9	112
	09	203463	782082	75. 6	—	5. 75	0. 18	1. 40	8432	39. 3	152	27. 3	139
	10	203251	783984	77. 2	—	7. 17	0. 04	1. 38	7254	36. 6	146	26. 7	137
XDGR-1	01	189666	807138	62. 3	99. 1	266	0. 71	249	7. 39	143	479	69. 0	292
	02	185774	809463	64. 8	121	268	0. 01	353	9. 53	220	956	151	637
	03	188767	808297	60. 1	110	234	0. 01	280	7. 84	123	427	60. 9	240
	04	187311	809432	53. 5	32. 8	293	0. 01	117	9. 51	215	656	84. 8	319
	05	202252	794695	82. 5	52. 7	170	—	170	9. 32	104	305	42. 2	154
	06	198052	797640	60. 4	207. 6	331	0. 01	254	7. 29	83. 3	420	78. 2	340
	07	204053	792844	57. 5	97. 4	196	0. 01	175	8. 61	82. 5	307	48. 9	181
	08	197615	799427	52. 6	45. 6	201	0. 02	147	8. 34	104	278	38. 9	137
	09	196820	799921	63. 0	56. 2	178	0. 01	188	8. 18	127	393	51. 3	154
	10	197163	798114	57. 7	50. 6	413	0. 06	219	7. 51	192	665	103	399
	11	198027	799114	68. 7	36. 9	158	0. 01	110	8. 98	101	241	30. 0	103

续附表10

样品编号	测点	CaO	WO_3	Sr	Na_2O	Y	Zr	Nb	Mo	La	Ce	Pr	Nd
XDOB-1	01	185235	814003	142	31. 6	35. 0	0. 02	17. 2	—	20. 4	23. 4	1. 02	1. 74
	02	184704	813619	141	5. 33	32. 1	3. 38	324	0. 05	23. 1	4. 94	0. 08	0. 17
	03	185189	814267	159	—	23. 3	0. 01	9. 89	—	4. 80	6. 38	0. 67	2. 28
	04	206363	791568	155	38. 8	43. 5	0. 04	8. 26	—	73. 3	111	7. 12	12. 7
	05	197264	801009	147	3. 53	44. 1	0. 02	8. 69	0. 09	45. 3	45. 5	3. 21	7. 81
	06	204006	794205	186	15. 6	32. 1	0. 02	4. 74	0. 03	21. 7	13. 5	1. 12	3. 52
	07	200450	797455	183	118	23. 4	—	16. 2	—	37. 5	21. 9	2. 52	13. 3
	08	195321	803075	144	7. 93	6. 41	—	9. 30	—	3. 76	6. 17	0. 80	2. 47
XDOB-2	01	249477	742163	388	—	6. 32	0. 24	6. 06	21. 8	2. 13	2. 76	0. 21	0. 56
	02	200228	796661	275	0. 33	1. 47	2. 24	370	5. 17	7. 44	14. 5	1. 42	3. 40
	03	184800	813289	312	0. 00	1. 23	0. 92	162	7. 10	32. 3	45. 1	3. 35	8. 77
	04	208432	787086	261	19. 5	3. 03	1. 13	125	7. 79	5. 63	6. 37	0. 63	1. 44
	05	198683	798286	198	8. 51	1. 09	1. 00	352	17. 17	7. 02	9. 53	0. 80	2. 76
	06	210203	782693	418	10. 10	1. 97	0. 86	233	11. 56	11. 91	21. 7	2. 22	7. 60
	07	212544	784010	218	19. 85	1. 64	1. 33	352	12. 78	8. 89	12. 2	1. 02	3. 07
	08	198214	799563	183	6. 86	1. 77	0. 54	251	16. 72	9. 16	22. 0	2. 18	7. 11
	09	207697	789140	213. 65	11. 94	1. 12	2. 04	354	10. 9	13. 2	27. 7	2. 60	7. 57

续附表10

样品编号	测点	CaO	WO_3	Sr	Na_2O	Y	Zr	Nb	Mo	La	Ce	Pr	Nd
GDLOB-1	01	203598	795818	256	—	21.6	—	2.83	—	9.26	12.2	0.68	1.37
	02	200861	796722	448	3.00	26.4	—	2.82	—	7.28	12.5	1.03	3.42
	03	200516	798853	293	1.45	16.8	0.03	2.53	—	4.79	6.54	0.39	1.05
	04	203045	795796	528	7.82	9.25	0.03	3.09	0.01	1.51	1.19	0.16	0.62
	05	201339	795835	466	3.52	9.48	0.01	2.43	0.04	1.82	1.94	0.13	0.31
Garnet-1	01	—	—	—	—	58.0	—	—	—	0.00	0.06	0.03	0.72
	02	—	—	—	—	10.3	—	—	—	0.26	0.58	0.18	2.58
	03	—	—	—	—	22.3	—	—	—	0.07	0.16	0.06	0.89
	04	—	—	—	—	45.9	—	—	—	0.01	0.05	0.01	0.29
	05	—	—	—	—	30.3	—	—	—	0.01	0.08	0.03	0.78
5S1	01	206813	792664	255	1.19	1.71	0.01	2.53	—	1.48	0.76	0.03	0.10
	02	203125	795479	504	0.43	2.76	0.02	2.57	0.04	3.76	1.37	0.04	0.08
	03	203883	795119	568	23.20	1.71	0.05	2.71	0.01	1.87	0.59	0.04	0.22
	06	201340	798065	317	23.5	0.99	0.05	2.58	0.02	0.37	0.14	0.03	0.20
	07	200007	798928	737	—	2.12	0.01	2.61	—	4.12	1.30	0.03	0.04
	08	198398	799260	543	9.03	2.14	0.01	2.59	—	2.62	0.87	0.04	0.21
	09	200373	797660	266	4.66	0.81	0.02	2.82	—	1.14	0.37	0.02	0.03

续附表 10

样品编号	测点	Sm	Eu	Gd	Tb	Dy	Ho	Er	Tm	Yb	Lu	Hf	Ta	Pb	Th	U
LSGR-1	01	94.0	5.44	69.2	7.89	39.8	7.60	19.4	2.73	15.9	2.29	1546	4.29	31.7	1.20	0.54
	02	198	9.09	169	20.1	107	23.2	61.5	8.90	65.1	10.4	1657	47.0	36.5	7.12	4.25
	03	87.1	5.54	70.5	8.39	39.3	7.72	18.4	2.31	14.3	2.11	1654	5.43	36.3	0.37	0.25
	04	85.0	5.54	69.3	7.66	37.3	7.50	16.6	2.37	13.4	1.97	1595	5.04	33.1	0.36	0.27
	05	37.2	6.57	28.9	3.78	16.9	2.92	7.17	0.82	4.43	0.84	1615	0.76	33.1	0.08	0.02
	06	149	15.1	162	22.2	118	21.3	46.9	5.36	28.4	3.42	1590	9.75	27.8	0.34	0.16
	07	160	8.94	140	16.3	82.5	14.9	33.6	3.54	21.1	2.96	1619	8.65	22.9	0.30	0.23
	08	154	7.70	120	14.3	69.5	13.2	36.5	4.50	29.0	5.28	1633	18.4	31.7	3.16	1.56
	09	324	16.9	248	33.3	167	32.8	79.7	10.0	64.1	7.96	1573	31.6	36.1	8.40	4.30
	10	319	14.7	253	30.2	160	30.4	73.8	9.14	54.2	7.79	1575	26.6	26.9	6.94	6.36
	11	271	8.78	237	40.4	207	33.4	85.8	10.4	65.9	8.00	1681	64.3	9.86	2.32	1.04
	12	132	3.30	113	17.7	87.5	13.8	35.1	3.81	27.2	3.15	1655	39.4	9.63	0.67	0.27
	13	246	7.51	226	37.7	197	34.8	77.6	11.2	68.8	8.44	1786	56.2	14.7	0.95	0.66
LSOB-1	01	21.9	1.17	8.26	0.47	0.90	0.11	0.09	—	0.05	—	—	0.06	1.10	0.04	—
	02	13.4	0.61	5.46	0.40	0.95	0.12	0.04	—	—	—	—	0.03	2.27	0.05	0.00
	03	18.9	1.54	5.28	0.33	1.08	0.08	0.10	—	0.09	—	—	0.04	1.22	0.11	0.03
	04	17.5	1.29	4.30	0.25	0.62	0.04	0.02	0.01	0.04	0.01	—	0.02	1.23	0.03	0.01

续附表 10

样品编号	测点	Sm	Eu	Gd	Tb	Dy	Ho	Er	Tm	Yb	Lu	Hf	Ta	Pb	Th	U
LSOB-1	05	12.1	0.71	2.97	0.16	0.70	0.06	0.04	0.01	—	—	0.01	0.07	1.21	0.06	0.01
	06	9.88	1.03	2.36	0.18	0.77	0.08	0.13	0.01	0.07	0.01	0.01	0.03	1.61	0.03	0.02
	07	14.2	1.60	4.52	0.27	0.81	0.06	0.11	0.01	0.03	—	—	0.03	1.23	0.05	0.01
	08	17.6	1.12	6.68	0.55	1.52	0.17	0.22	0.01	0.08	0.01	—	0.04	0.96	0.08	0.03
	09	28.6	1.53	12.3	0.84	2.61	0.17	0.28	0.03	0.05	0.01	—	0.05	1.27	0.07	—
	10	30.1	1.57	14.5	1.10	3.28	0.31	0.43	0.03	0.06	0.01	—	0.02	1.07	0.07	0.01
XDGR-1	01	95.6	32.4	81.5	13.6	76.6	14.4	37.1	5.28	30.3	3.46	0.02	9.48	19.4	3.73	6.12
	02	198	54.7	144	21.8	102	15.20	37.3	5.14	29.8	3.05	0.02	16.8	18.6	2.55	1.34
	03	72.2	17.8	61.3	10.8	59.1	10.7	29.9	4.38	25.0	2.72	0.01	8.47	18.2	0.71	0.21
	04	82.8	25.5	63.4	9.72	54.1	10.4	30.2	4.87	35.9	4.65	0.01	2.89	16.8	2.08	0.68
	05	41.5	11.3	36.0	6.08	32.2	6.03	18.7	2.43	15.9	1.98	0.01	3.97	16.4	0.35	0.33
	06	105	32.5	101	17.7	94.0	16.3	48.4	5.90	35.4	4.27	—	6.96	15.1	1.28	0.47
	07	49.7	14.8	42.9	7.71	40.7	6.88	23.7	3.11	20.9	2.66	0.02	4.16	14.7	0.41	0.28
	08	42.7	16.7	42.6	7.53	42.8	7.60	23.2	3.50	22.1	3.03	—	2.62	12.4	0.52	0.26
	09	37.1	18.4	31.1	5.83	31.2	5.36	18.8	2.57	18.7	2.25	0.02	4.18	16.6	0.46	0.17
	10	113	34.5	105	16.7	89.3	14.9	45.1	6.15	40.8	5.35	0.16	5.53	14.8	2.17	0.51
	11	26.9	12.4	24.9	4.64	27.6	5.68	18.3	2.91	19.4	2.72	—	3.02	12.5	0.61	0.23

续附表10

样品编号	测点	Sm	Eu	Gd	Tb	Dy	Ho	Er	Tm	Yb	Lu	Hf	Ta	Pb	Th	U
XDOB-1	01	0. 17	4. 22	1. 43	0. 79	10. 6	2. 95	12. 8	3. 11	23. 2	3. 66	—	0. 21	0. 00	0. 00	—
	02	0. 31	3. 78	1. 74	0. 86	11. 0	3. 27	14. 5	3. 58	30. 5	5. 03	0. 06	11. 0	0. 09	0. 29	4. 25
	03	0. 61	1. 74	1. 14	0. 38	3. 14	0. 80	3. 25	0. 77	6. 64	1. 19	—	0. 08	0. 14	1. 15	1. 71
	04	0. 84	10. 3	1. 67	0. 68	8. 31	2. 14	10. 4	2. 03	19. 2	3. 19	0. 01	0. 06	1. 01	0. 16	0. 04
	05	0. 80	8. 91	1. 99	0. 96	10. 8	3. 00	12. 9	2. 43	21. 8	3. 88	—	0. 05	0. 08	0. 43	0. 19
	06	1. 05	3. 86	2. 59	0. 69	5. 57	1. 23	5. 32	1. 03	11. 2	1. 99	—	0. 06	0. 17	0. 46	0. 16
	07	4. 13	10. 8	4. 74	0. 77	5. 58	1. 27	5. 17	1. 17	12. 1	2. 18	—	0. 11	0. 84	0. 68	1. 97
	08	0. 52	2. 52	0. 98	0. 13	1. 31	0. 23	1. 45	0. 21	2. 13	0. 41	0. 01	0. 14	0. 40	0. 31	0. 09
XDOB-2	01	0. 12	0. 50	0. 18	0. 11	0. 69	0. 22	0. 93	0. 31	2. 63	0. 37	0. 01	0. 13	87. 31	1. 15	1. 57
	02	0. 26	1. 81	0. 17	0. 02	0. 13	0. 07	0. 20	0. 08	0. 66	0. 08	0. 12	15. 6	11. 78	0. 74	2. 35
	03	0. 46	4. 70	0. 26	0. 04	0. 15	0. 05	0. 26	0. 05	0. 59	0. 13	0. 03	19. 1	0. 91	0. 12	0. 50
	04	0. 24	3. 04	0. 13	0. 03	0. 23	0. 07	0. 41	0. 15	2. 09	0. 38	0. 05	12. 2	43. 5	1. 61	6. 47
	05	0. 46	0. 97	0. 23	0. 01	0. 10	0. 02	0. 03	0. 01	0. 18	0. 05	0. 06	35. 8	1. 47	0. 19	0. 45
	06	0. 60	2. 56	0. 16	0. 04	0. 24	0. 05	0. 31	0. 06	0. 75	0. 11	0. 02	15. 9	16. 0	0. 46	0. 38
	07	0. 34	2. 37	0. 22	0. 02	0. 14	0. 05	0. 09	0. 04	0. 32	0. 04	0. 05	17. 1	21. 3	0. 63	0. 38
	08	0. 37	1. 39	0. 31	0. 03	0. 10	0. 05	0. 12	0. 02	0. 14	0. 03	—	26. 8	0. 48	0. 11	0. 26
	09	0. 56	2. 69	0. 44	0. 03	0. 20	0. 01	0. 12	0. 01	0. 11	0. 02	0. 03	50. 7	20. 3	0. 54	0. 35

续附表10

样品编号	测点	Sm	Eu	Gd	Tb	Dy	Ho	Er	Tm	Yb	Lu	Hf	Ta	Pb	Th	U
XDOB-2	01	0.13	2.69	0.31	0.08	1.16	0.40	2.27	0.86	13.5	3.25	—	0.05	0.27	0.02	0.33
	02	0.30	2.96	0.68	0.14	1.13	0.38	2.03	0.68	10.1	2.14	—	0.05	0.43	—	0.07
	03	0.14	1.44	0.35	0.06	0.69	0.23	1.62	0.63	10.2	2.46	—	0.08	0.44	—	0.03
	04	0.12	0.42	0.20	0.04	0.72	0.22	0.98	0.24	2.92	0.64	—	0.06	0.32	0.01	0.04
	05	0.06	0.37	0.13	0.06	0.49	0.17	1.03	0.33	4.45	0.99	—	0.07	0.35	0.01	0.02
Garnet-1	01	2.74	0.73	8.74	1.60	9.98	2.02	5.44	0.76	5.64	0.78	—	—	—	—	—
	02	5.24	0.55	8.25	0.81	3.26	0.41	0.70	0.08	0.63	0.09	—	—	—	—	—
	03	2.73	0.37	5.55	0.90	4.25	0.75	1.84	0.24	1.61	0.20	—	—	—	—	—
	04	1.41	0.31	4.82	1.07	7.56	1.66	4.65	0.71	4.56	0.72	—	—	—	—	—
	05	1.60	0.42	4.00	0.74	4.98	1.02	2.32	0.30	1.76	0.24	—	—	—	—	—
5s1	01	0.02	0.49	0.04	0.01	0.02	0.02	0.07	0.03	0.75	0.24	—	0.04	0.14	—	0.02
	02	0.01	0.61	0.02	—	0.06	0.02	0.08	0.03	1.13	0.39	—	0.06	0.60	—	0.04
	03	0.10	0.33	0.13	0.02	0.10	0.02	0.10	0.03	0.60	0.19	—	0.06	0.82	0.01	0.01
	06	0.06	0.15	0.13	0.02	0.10	0.03	0.13	0.03	0.41	0.09	—	0.06	0.43	0.01	0
	07	0.00	0.50	0.01	—	0.01	0.01	0.04	0.03	0.71	0.33	—	0.06	0.80	0.00	0.02
	08	0.11	0.44	0.09	0.01	0.12	0.03	0.15	0.04	0.67	0.22	0.01	0.07	0.68	0.01	0.02
	09	0.00	0.31	0.02	—	0.01	—	0.02	0.01	0.41	0.14	—	0.07	0.22	0.00	0.02

注：“—”为低于检测限。

附表 11　锡田矿田中锡湖断层与狗打栏断层中白钨矿中微量元素与稀土元素组成

样品编号	环带	点号	Al_2O_3	MgO	Sr	Na_2O	Zr	Hf	Nb	Mo	Pb	Th	U
CLOF-01	核部	4	157	274	372	4.94	0.08	0.01	2.53	1.88	9.30	5.09	1.16
		8	304	318	443	20.8	0.01	—	2.36	6.55	1.31	2.48	1.16
		11	58.3	139	323	—	0.04	0.03	1.29	0.43	0.93	1.52	0.44
		13	55.4	189	377	—	0.04	0.02	1.51	0.76	1.05	4.95	0.75
		15	1134	370	561	6.07	0.20	0.04	1.27	1.44	4.08	3.25	3.96
		17	136	480	509	—	—	0.03	1.45	1.28	1.21	3.50	1.55
		19	59.6	257	406	—	0.04	—	1.45	1.17	0.93	2.49	1.29
		22	64.7	309	421	—	0.01	0.03	1.45	0.64	1.26	3.38	1.19
		24	115	155	332	—	—	0.01	1.18	2.53	1.45	0.90	1.05
		26	82.2	287	353	—	0.01	0.02	1.37	5.61	0.75	5.73	0.69
		29	1987	298	443	192	0.04	—	1.17	0.74	9.53	3.61	2.29
	中部	5	80.8	80.0	252	1.99	0.11	0.01	2.31	6.33	19.1	1.21	1.31
		6	115	91.1	240	1.90	0.01	—	2.45	1.56	0.77	0.97	1.04
		9	884	91.0	279	71.1	0.21	—	2.38	3.11	4.45	1.80	2.01
		25	126	112	287	—	0.01	—	1.14	1.67	1.15	1.13	1.66
		27	81.2	83.2	250	—	0.03	0.01	1.24	2.97	0.83	1.39	1.47
		28	99.5	77.2	219	—	0.04	—	1.14	3.70	0.78	0.98	0.85
		30	75.6	52.2	280	—	0.01	—	1.33	1.99	0.96	0.79	0.69

续附表11

样品编号	环带	点号	Al_2O_3	MgO	Sr	Na_2O	Zr	Hf	Nb	Mo	Pb	Th	U
CLOF-01	边部	12	202	76.7	336	—	0.07	0.02	1.15	2.40	1.10	0.53	1.11
		14	64.5	100	254	—	0.05	0.01	1.19	5.30	—	0.71	0.71
		16	85.5	103	254	—	0.05	—	1.12	1.29	1.07	0.43	1.37
		18	24.2	116	261	—	0.01	—	1.17	2.10	0.83	0.62	1.98
		21	40.9	106	272	—	0.04	—	1.21	7.42	0.82	1.02	2.42
		20	99.1	100	246	—	0.01	0.01	1.10	2.16	0.90	0.65	1.81
		3	64.0	122	259	1.65	0.03	—	2.28	1.89	1.22	0.73	2.54
		7	99.0	98.1	304	6.02	0.04	0.01	2.37	5.46	1.04	0.88	2.77
		10	81.8	108	289	3.09	0.02	—	2.49	1.48	0.56	0.83	3.86
GDLOF-1-01	核部	1	712	256	140	120	0.09	0.05	3.04	2.28	76.5	0.29	1.29
	中部	2	2.78	118	96.3	2.48	0.03	—	2.94	0.81	0.48	—	1.75
		3	—	200	98.6	—	0.07	—	2.87	0.83	0.29	0.01	1.79
	边部	4	—	446	136	—	—	—	2.79	0.04	0.28	0.01	0.91
		5	43.6	311	144	—	0.03	0.01	2.82	0.09	0.08	0.04	0.54
GDLOF-1-02	核部	6	—	78.0	238	1.16	—	0.01	3.28	0.06	0.06	2.36	0.35
		7	0.61	218	95.0	0.98	0.03	0.01	2.63	0.80	0.42	1.07	2.14
	中部	8	0.02	6.50	115	0.49	0.01	—	2.83	0.77	0.46	0.03	0.08
GDLOF-1-03	核部	9	0.28	39.8	163	1.42	0.03	—	4.72	0.13	0.05	0.31	0.06
		10	0.20	43.9	197	0.98	0.03	—	4.12	0.11	0.06	0.46	0.10
		11	1.22	39.8	187	12.0	0.01	—	4.14	0.17	0.15	0.32	0.07

续附表11

样品编号	环带	点号	Al_2O_3	MgO	Sr	Na_2O	Zr	Hf	Nb	Mo	Pb	Th	U
GDLOF-1-04	核部	12	0. 02	103	157	—	—	—	5. 01	0. 46	0. 03	0. 87	0. 09
		13	—	101	173	0. 94	0. 02	0. 01	3. 94	1. 65	0. 04	0. 76	0. 11
	边部	14	—	27. 0	547	0. 56	0. 02	—	2. 85	10. 7	0. 16	0. 35	0. 67
		15	0. 18	112	125	—	0. 06	0. 01	5. 31	8. 61	0. 05	0. 16	0. 30
		16	0. 45	32. 8	518	—	—	—	2. 93	8. 32	0. 17	0. 48	0. 71
	核部	17	—	80. 5	166	8. 72	—	—	3. 82	0. 13	0. 17	5. 16	0. 26
		18	1. 63	85. 3	168	0. 53	0. 02	—	3. 44	0. 07	0. 06	4. 40	0. 25
	中部	19	0. 39	66. 3	293	—	0. 03	0. 01	2. 88	4. 02	0. 13	3. 81	0. 65
GDLOF-1	边部	20	0. 37	28. 0	691	0. 19	0. 04	—	3. 15	0. 36	0. 53	0. 18	0. 16
		21	0. 10	38. 0	594	0. 46	0. 04	—	3. 34	0. 54	0. 52	0. 29	0. 23
		22	—	35. 2	631	—	—	—	2. 90	0. 70	0. 56	0. 32	0. 26
		23	—	—	144	—	10. 9	—	5. 22	0. 40	—	0. 01	0. 02
		24	—	—	435	—	12. 3	—	2. 39	0. 60	—	0. 01	0. 09
		25	—	0. 01	239	7. 37	1. 34	—	0. 93	0. 39	—	0. 95	0. 27
		26	—	—	286	5. 05	3. 56	—	2. 32	0. 03	0. 01	0. 01	0. 07
		27	—	—	150	6. 31	1. 06	—	4. 54	0. 59	—	—	0. 01
		28	—	—	172	1. 40	4. 71	0. 01	1. 56	0. 08	—	0. 01	0. 02
		29	—	0. 01	341	—	11. 6	—	2. 62	18. 50	—	0. 12	0. 44
		30	—	—	594	1. 11	11. 5	—	2. 36	0. 12	—	0. 02	0. 26

续附表 11

样品编号	环带	点号	La	Ce	Pr	Nd	Sm	Eu	Gd	Tb	Dy	Ho	Er	Tm
CLOF-01	核部	4	83.5	217	27.6	109	27.2	14.5	28.7	5.32	37.0	7.06	21.0	3.21
		8	76.8	95.9	18.4	75.0	31.6	9.47	20.7	4.10	22.8	3.45	9.04	1.45
		11	46.6	278	46.7	210	61.2	27.2	67.4	13.2	98.8	18.6	47.7	7.30
		13	65.0	294	42.7	171	44.2	21.6	44.3	8.90	68.5	13.1	36.0	6.25
		15	99.0	109	20.2	62.9	21.6	6.72	18.7	3.66	21.4	3.81	8.05	1.50
		17	97.1	166	26.7	119	45.1	14.6	43.3	8.30	55.1	9.05	20.6	2.95
		19	63.0	129	14.6	50.1	12.5	6.76	13.5	2.73	20.9	3.90	11.0	2.27
		22	77.2	148	19.1	68.8	21.1	8.81	18.1	3.61	25.6	4.76	12.2	2.59
		24	36.3	107	20.1	82.7	25.6	10.0	23.0	4.50	33.0	5.63	14.2	2.39
		26	95.3	250	31.8	119	31.6	16.7	32.0	6.40	46.3	9.07	24.9	4.21
		29	108	215	39.5	128	38.1	14.6	31.6	6.46	46.1	8.18	22.7	3.90
	中部	5	26.4	47.7	4.40	13.0	3.04	3.43	3.66	0.70	5.74	1.25	4.51	1.01
		6	26.8	48.7	4.61	12.5	2.85	2.80	2.53	0.47	3.66	0.76	3.45	0.97
		9	56.6	87.1	14.1	38.5	10.1	4.18	6.82	1.23	7.47	1.36	4.41	0.87
		25	51.5	79.0	7.14	21.3	5.26	2.86	3.84	0.85	4.87	0.91	3.09	0.71
		27	40.0	85.7	8.72	29.5	4.95	4.27	4.88	0.80	7.48	1.52	4.99	1.24
		28	32.7	74.7	7.68	22.4	4.03	3.82	3.31	0.60	5.54	1.24	3.94	0.90
		30	37.3	82.8	7.88	24.2	4.21	3.03	3.73	0.57	4.65	0.89	2.80	0.61

续附表 11

样品编号	环带	点号	La	Ce	Pr	Nd	Sm	Eu	Gd	Tb	Dy	Ho	Er	Tm
CLOF-01	边部	12	25.5	34.7	2.95	6.49	1.06	1.05	1.01	0.19	1.46	0.40	1.31	0.33
		14	18.1	26.1	2.09	5.13	1.61	1.27	1.29	0.22	2.14	0.51	1.69	0.53
		16	29.0	30.8	1.89	4.16	0.59	0.95	0.62	0.10	0.97	0.24	0.91	0.32
		18	36.1	30.6	2.61	7.31	2.13	1.08	1.68	0.35	2.23	0.41	1.11	0.39
		21	25.5	17.8	0.86	1.07	0.19	0.63	0.22	0.07	0.62	0.16	1.00	0.33
		20	28.1	26.0	1.48	3.31	0.60	1.00	0.37	0.11	0.88	0.18	0.85	0.29
		3	32.9	27.3	1.41	2.63	0.26	0.76	0.43	0.07	0.65	0.16	0.92	0.37
		7	23.1	14.6	1.59	6.03	2.27	1.05	1.63	0.33	1.92	0.37	1.03	0.26
		10	48.3	24.4	0.78	1.11	0.20	0.95	0.15	0.04	0.32	0.09	0.55	0.26
GDLOF-1-01	核部	1	7.35	15.2	3.31	14.8	5.62	3.64	5.75	1.06	6.79	1.51	5.71	1.27
	中部	2	1.21	0.79	0.08	0.33	0.20	0.13	0.18	0.09	1.41	0.46	2.54	0.78
		3	0.89	1.08	0.08	0.38	0.18	0.21	0.45	0.12	1.57	0.52	2.76	0.88
	边部	4	0.57	0.68	0.09	0.23	0.08	0.07	0.11	0.04	0.41	0.15	0.93	0.31
		5	0.46	0.52	0.06	0.21	0.05	0.06	0.12	0.03	0.48	0.20	0.91	0.34
GDLOF-1-02	核部	6	29.2	40.0	3.92	9.88	1.47	0.95	1.45	0.35	3.67	1.06	5.38	1.42
		7	25.9	35.5	3.04	9.24	1.32	0.57	1.19	0.35	3.20	0.89	4.41	1.09
	中部	8	7.21	7.14	0.44	1.21	0.10	0.07	0.18	0.03	0.24	0.07	0.39	0.13

续附表11

样品编号	环带	点号	La	Ce	Pr	Nd	Sm	Eu	Gd	Tb	Dy	Ho	Er	Tm
GDLOF-1-03	核部	9	0. 98	1. 85	0. 25	0. 73	0. 13	0. 19	0. 52	0. 17	1. 65	0. 61	3. 57	1. 18
		10	1. 63	2. 79	0. 35	1. 39	0. 38	0. 39	0. 60	0. 21	2. 53	0. 78	4. 86	1. 48
		11	1. 35	2. 74	0. 48	2. 33	0. 72	0. 36	1. 23	0. 28	2. 24	0. 69	3. 86	1. 14
		12	3. 33	11. 8	1. 42	5. 69	1. 57	2. 20	4. 35	1. 29	14. 5	4. 78	27. 2	7. 84
		13	3. 50	12. 5	1. 63	6. 65	2. 16	2. 40	4. 83	1. 19	13. 8	4. 34	22. 6	6. 19
	边部	14	0. 21	0. 15	0. 02	0. 04	0. 02	0. 02	0. 03	—	0. 04	0. 03	0. 21	0. 05
		15	0. 04	0. 07	—	0. 02	—	0. 01	0. 02	—	0. 09	0. 03	0. 18	0. 09
		16	0. 16	0. 13	0. 01	0. 03	0. 01	0. 01	0. 02	—	0. 04	0. 02	0. 10	0. 03
GDLOF-1-04	核部	17	5. 11	13. 5	1. 48	5. 06	0. 80	0. 54	0. 89	0. 20	2. 52	0. 77	4. 67	1. 30
		18	5. 24	16. 5	2. 04	7. 14	0. 83	0. 40	0. 60	0. 17	1. 78	0. 58	3. 20	0. 95
	中部	19	4. 42	12. 8	1. 30	4. 43	0. 75	0. 32	0. 50	0. 15	1. 67	0. 53	3. 32	1. 14
GDLOF-1	边部	20	2. 76	1. 09	0. 09	0. 14	0. 02	0. 06	0. 05	0. 01	0. 05	0. 03	0. 14	0. 06
		21	4. 38	2. 47	0. 14	0. 30	0. 03	0. 13	0. 06	0. 01	0. 22	0. 07	0. 33	0. 13
		22	2. 88	1. 16	0. 11	0. 22	0. 02	0. 07	0. 05	0. 01	0. 04	0. 02	0. 15	0. 06
		23	0. 89	0. 62	0. 06	0. 24	0. 01	0. 08	0. 09	0. 03	0. 38	0. 15	1. 18	0. 47
		24	0. 84	1. 57	0. 15	0. 24	0. 03	0. 09	0. 04	0. 01	0. 12	0. 08	0. 39	0. 17
		25	5. 21	12. 03	1. 02	2. 10	0. 11	0. 07	0. 14	0. 04	0. 54	0. 21	1. 52	0. 69
		26	8. 67	8. 91	0. 59	1. 69	0. 10	0. 18	0. 13	0. 02	0. 16	0. 06	0. 53	0. 24
		27	1. 06	0. 85	0. 07	0. 12	0. 02	0. 10	0. 04	0. 03	0. 38	0. 13	1. 14	0. 52
		28	2. 37	3. 36	0. 31	0. 91	0. 07	0. 16	0. 25	0. 04	0. 70	0. 21	1. 12	0. 33
		29	0. 52	0. 55	0. 03	0. 16	0. 02	0. 04	0. 03	0. 01	0. 12	0. 03	0. 20	0. 08
		30	0. 55	0. 93	0. 08	0. 50	0. 05	0. 35	0. 09	0. 02	0. 20	0. 09	0. 51	0. 19

续附表 11

样品编号	环带	点号	Yb	Lu	Y	ΣREE+Y	LREE	HREE	LREE/HREE	$(La/Yb)_N$	Eu/Eu^*	Ce/Ce^*
CLOF-01	核部	4	22.4	2.73	141	746	479	127	3.76	2.67	1.57	1.1
		8	10.1	1.34	60.4	441	307	73.0	4.21	5.44	1.06	0.61
		11	45.2	5.01	278	1251	669	303	2.21	0.74	1.29	1.32
		13	40.0	4.72	246	1107	639	222	2.88	1.17	1.47	1.33
		15	10.6	1.83	62.4	451	320	69.6	4.59	6.67	1.00	0.57
		17	19.4	2.33	127	757	469	161	2.91	3.59	0.99	0.78
		19	17.2	2.20	102	451	276	73.6	3.74	2.63	1.58	1.00
		22	18.8	2.39	107	539	343	88.0	3.91	2.95	1.35	0.92
		24	15.4	1.83	96.3	478	282	100	2.82	1.69	1.23	0.96
		26	31.1	3.95	185	887	544	158	3.45	2.20	1.59	1.11
		29	29.1	4.10	168	864	543	152	3.57	2.66	1.25	0.81
	中部	5	11.3	1.78	75.2	203	97.9	29.9	3.27	1.68	3.14	0.99
		6	10.6	1.85	60.1	183	98.2	24.2	4.05	1.82	3.12	0.98
		9	8.32	1.27	45.7	288	210	31.8	6.63	4.87	1.46	0.74
		25	5.67	0.89	33.5	221	167	20.8	8.02	6.52	1.86	0.88
		27	12.1	1.62	63.1	271	173	34.6	5.01	2.38	2.63	1.07
		28	8.91	1.47	55.1	226	145	25.9	5.61	2.63	3.10	1.12
		30	5.20	0.88	36.6	215	159	19.3	8.25	5.14	2.29	1.13

续附表11

样品编号	环带	点号	Yb	Lu	Y	∑REE+Y	LREE	HREE	LREE/HREE	$(La/Yb)_N$	Eu/Eu^*	Ce/Ce^*
CLOF-01	边部	12	3.08	0.52	18.0	98.1	71.8	8.29	8.66	5.95	3.07	0.82
		14	5.86	1.24	37.1	105	54.3	13.5	4.03	2.21	2.62	0.87
		16	4.72	0.96	20.3	96.6	67.4	8.84	7.63	4.41	4.75	0.71
		18	5.62	1.34	31.5	124	79.8	13.1	6.07	4.60	1.69	0.56
		21	5.06	1.26	31.0	85.8	46.1	8.71	5.29	3.61	9.41	0.50
		20	4.60	0.97	22.2	91.0	60.6	8.26	7.33	4.39	6.02	0.63
		3	5.97	1.34	26.7	102	65.2	9.90	6.58	3.94	6.88	0.58
		7	3.27	0.66	24.9	83.0	48.7	9.47	5.14	5.07	1.59	0.42
		10	6.18	1.58	32.8	118	75.8	9.17	8.26	5.61	16.3	0.38
GDLOF-1-01	核部	1	13.5	3.01	53.5	142	49.9	38.6	1.29	0.39	1.94	0.75
	中部	2	9.56	2.13	10.4	30.3	2.73	17.1	0.16	0.09	2.03	0.44
		3	10.3	2.39	15.0	36.7	2.81	19.0	0.15	0.06	2.11	0.77
	边部	4	4.77	1.38	6.39	16.2	1.72	8.09	0.21	0.09	2.10	0.67
		5	4.03	1.02	5.33	13.8	1.35	7.13	0.19	0.08	2.17	0.67
GDLOF-1-02	核部	6	15.7	3.00	35.3	153	85.5	32.0	2.67	1.34	1.96	0.79
		7	13.6	2.76	18.9	122	75.6	27.5	2.75	1.37	1.37	0.82
	中部	8	1.72	0.37	2.75	22.1	16.2	3.13	5.17	3.01	1.66	0.67

续附表11

样品编号	环带	点号	Yb	Lu	Y	∑REE+Y	LREE	HREE	LREE/HREE	$(La/Yb)_N$	Eu/Eu^*	Ce/Ce^*
GDLOF-1-03	核部	9	15.0	3.34	19.3	49.5	4.14	26.0	0.16	0.05	1.96	0.90
		10	18.1	4.24	24.3	64.0	6.92	32.8	0.21	0.06	2.45	0.86
		11	13.1	3.20	21.1	54.8	7.98	25.7	0.31	0.07	1.15	0.83
		12	88.2	18.8	192	385	26.0	167	0.16	0.03	2.41	1.33
		13	71.7	15.3	170	339	28.8	140	0.21	0.04	2.20	1.28
	边部	14	1.05	0.30	2.17	4.35	0.45	1.72	0.26	0.14	2.16	0.46
		15	0.95	0.32	2.04	3.88	0.15	1.68	0.09	0.03	4.50	1.04
		16	0.63	0.20	1.27	2.64	0.34	1.03	0.33	0.18	1.29	0.53
GDLOF-1-04	核部	17	14.8	3.15	62.5	117	26.5	28.3	0.94	0.25	1.94	1.19
		18	11.6	2.56	43.7	97.3	32.1	21.4	1.50	0.32	1.64	1.24
	中部	19	13.7	2.99	50.0	98.1	24.0	24.0	1.00	0.23	1.51	1.29
GDLOF-1	边部	20	1.06	0.30	2.14	8.00	4.16	1.71	2.43	1.86	5.39	0.28
		21	2.38	0.64	5.15	16.5	7.45	3.85	1.93	1.32	9.35	0.40
		22	1.15	0.43	2.48	8.84	4.46	1.90	2.35	1.80	6.48	0.29
		23	9.23	2.61	5.36	21.4	1.91	14.1	0.13	0.07	7.10	0.66
		24	3.45	0.71	5.97	13.9	2.92	4.99	0.59	0.17	7.48	1.09
		25	11.8	2.61	18.9	57.0	20.5	17.5	1.17	0.32	1.62	1.28
		26	4.38	1.23	1.98	28.9	20.1	6.73	2.99	1.42	4.70	0.96
		27	10.0	2.80	4.96	22.3	2.21	15.1	0.15	0.08	11.7	0.75
		28	4.76	1.10	11.4	27.1	7.19	8.50	0.85	0.36	3.67	0.96
		29	1.25	0.33	1.78	5.14	1.32	2.05	0.65	0.30	5.86	1.06
		30	3.31	0.81	13.7	21.4	2.45	5.22	0.47	0.12	16.7	1.07

注：“—”为低于检测限；元素含量单位为 10^{-6}。

附表 12　锡田矿田中萤石的微量元素、稀土元素与钙元素组成

样品编号	Li	Be	Sc	V	Ba	Co	Ni	Ca	K	Nb	P	Ga	Rb	Sb	Sr	Ti
H01	69. 7	2. 56	1. 2	3	36	0. 7	<0. 2	28. 0	1. 47	3. 5	160	7. 30	365	0. 07	310	0. 025
H02	89. 7	2. 63	1. 5	3	43	0. 7	<0. 2	27. 2	1. 80	3. 9	170	9. 60	439	0. 12	340	0. 03
H03	1. 0	<0. 05	0. 9	1	<2	0. 9	0. 5	48. 7	<0. 01	<0. 1	<10	0. 12	2. 10	<0. 05	27. 0	<0. 005
H04	1. 2	<0. 05	1. 0	<1	<2	1. 0	0. 4	49. 0	<0. 01	<0. 1	<10	0. 11	1. 40	<0. 05	29. 2	<0. 005
H05	0. 3	<0. 05	0. 9	<1	<2	1. 0	0. 3	48. 6	<0. 01	<0. 1	<10	0. 12	1. 10	<0. 05	26. 7	<0. 005
H06	0. 2	<0. 05	0. 8	1	<2	1. 0	0. 3	47. 1	<0. 01	<0. 1	<10	0. 11	1. 60	<0. 05	24. 5	<0. 005
H09	1. 1	0. 05	0. 6	<1	1	0. 9	<0. 2	46. 2	<0. 01	<0. 1	<10	0. 16	2. 20	<0. 05	42. 8	<0. 005
H10	1. 2	0. 07	0. 8	<1	2	1. 0	<0. 2	47. 4	<0. 01	<0. 1	<10	0. 24	2. 70	<0. 05	62. 8	<0. 005
H11	1. 7	0. 60	1. 2	1	4	0. 9	1. 2	41. 8	0. 47	0. 2	<10	0. 85	138	<0. 06	21. 1	<0. 005
H12	19. 7	0. 33	0. 8	<1	25	1. 2	0. 6	44. 2	0. 07	0. 5	<10	0. 83	11. 9	0. 30	41. 7	<0. 005
H13	18. 1	0. 34	0. 9	1	28	1. 0	<0. 2	42. 8	0. 07	0. 4	<10	0. 89	12. 1	0. 32	41. 4	<0. 005
H14	7. 1	0. 08	0. 8	<1	<2	1. 0	0. 2	46. 9	<0. 01	<0. 1	<10	0. 17	1. 50	0. 10	64. 2	<0. 005
H15	<0. 2	0. 08	0. 8	<1	<2	1. 0	0. 3	47. 5	<0. 01	<0. 1	40	0. 22	2. 30	<0. 05	57. 1	<0. 005
H16	<0. 2	<0. 05	0. 7	<1	<2	1. 0	0. 2	45. 4	<0. 01	0. 1	20	0. 20	1. 30	<0. 05	48. 8	<0. 005
H17	0. 3	0. 05	0. 8	1	<2	1. 0	0. 3	46. 4	<0. 01	<0. 1	10	0. 22	1. 60	<0. 05	56. 4	<0. 005
H18	0. 8	0. 06	0. 6	<1	<2	1. 0	0. 4	45. 9	<0. 01	<0. 1	10	0. 21	1. 60	<0. 05	66. 0	<0. 005
H19	0. 6	0. 06	0. 8	1	<2	1. 1	0. 3	46. 1	<0. 01	<0. 1	<10	0. 22	1. 20	<0. 05	66. 9	<0. 005
H20	8. 1	0. 24	0. 9	1	3	1. 1	0. 8	44. 5	0. 01	<0. 1	<10	0. 36	2. 80	0. 33	67. 0	<0. 005
H21	1. 3	0. 07	0. 8	1	3	1. 0	0. 5	45. 2	0. 01	<0. 1	10	0. 28	2. 60	0. 05	76. 4	<0. 005
H22	27. 8	0. 27	0. 7	<1	3	1. 0	1. 0	41. 5	0. 01	<0. 1	<10	0. 26	2. 70	0. 43	41. 0	<0. 005

续附表 12

样品编号	Y	Zr	Nb	La	Ce	Pr	Nd	Sm	Eu	Gd	Tb	Dy	Ho	Er	Tm
H01	79. 8	111	3. 5	114	230	25. 6	84. 6	14. 9	2. 05	10. 1	1. 53	9. 29	1. 98	6. 8	1. 09
H02	76. 8	108	3. 9	109	217	24. 7	82. 3	13. 55	1. 91	9. 30	1. 40	8. 73	1. 83	5. 54	1. 08
H03	27. 6	<0. 5	<0. 1	2. 40	4. 50	0. 56	2. 30	0. 85	0. 17	1. 72	0. 33	2. 21	0. 50	1. 35	0. 19
H04	29. 1	<0. 5	<0. 1	1. 50	3. 20	0. 39	1. 60	0. 52	0. 12	1. 03	0. 23	1. 51	0. 35	0. 99	0. 14
H05	11. 7	<0. 5	<0. 1	1. 00	2. 30	0. 32	1. 20	0. 29	0. 07	0. 45	0. 08	0. 52	0. 1	0. 27	0. 04
H06	26. 1	<0. 5	<0. 1	0. 90	1. 70	0. 24	1. 00	0. 28	0. 07	0. 73	0. 21	1. 36	0. 32	0. 83	0. 11
H09	33. 6	1. 5	<0. 1	9. 26	18. 3	2. 381	9. 88	2. 067	0. 46	2. 6	0. 42	2. 75	0. 57	1. 67	0. 25
H10	43. 6	1. 4	<0. 1	12. 2	25. 6	3. 24	13. 1	2. 72	0. 72	3. 34	0. 52	3. 51	0. 78	2. 13	0. 30
H11	8. 30	<0. 5	0. 2	4. 50	8. 50	0. 90	3. 20	0. 59	0. 14	0. 64	0. 13	0. 75	0. 18	0. 56	0. 09
H12	15. 1	2. 1	0. 5	3. 80	8. 60	1. 08	4. 40	1. 18	0. 07	1. 30	0. 26	1. 61	0. 31	0. 96	0. 14
H13	15. 2	1. 5	0. 4	3. 50	8. 10	1. 07	3. 70	1. 13	0. 10	1. 17	0. 23	1. 36	0. 32	0. 94	0. 14
H14	22. 8	<0. 5	<0. 1	3. 40	7. 50	0. 92	3. 70	1. 25	0. 14	1. 45	0. 29	1. 84	0. 41	1. 14	0. 18
H15	143	<0. 5	<0. 1	5. 90	15. 7	2. 32	10. 6	4. 00	0. 30	5. 99	1. 19	7. 53	1. 72	5. 02	0. 74
H16	146	<0. 5	0. 1	5. 10	13. 4	1. 93	8. 70	3. 33	0. 30	5. 50	1. 00	6. 75	1. 63	4. 72	0. 72
H17	52. 2	<0. 5	<0. 1	7. 00	16. 0	2. 20	8. 20	2. 69	0. 31	3. 15	0. 53	3. 52	0. 76	2. 24	0. 36
H18	26. 9	<0. 5	<0. 1	4. 30	10. 1	1. 34	4. 80	1. 69	0. 13	1. 71	0. 34	2. 28	0. 48	1. 45	0. 24
H19	24. 2	<0. 5	<0. 1	4. 20	9. 70	1. 31	4. 80	1. 37	0. 11	1. 83	0. 33	2. 22	0. 44	1. 35	0. 24
H20	16. 0	<0. 5	<0. 1	5. 40	10. 5	1. 30	4. 30	1. 42	0. 29	1. 54	0. 26	1. 76	0. 39	1. 25	0. 2
H21	38. 1	<0. 5	<0. 1	8. 00	17. 5	2. 19	8. 70	2. 23	0. 51	2. 57	0. 46	3. 21	0. 78	2. 51	0. 38
H22	7. 00	<0. 5	<0. 1	3. 40	7. 10	0. 94	3. 2	0. 89	0. 19	0. 93	0. 15	0. 99	0. 21	0. 6	0. 10

续附表 12

样品编号	Yb	Lu	Hf	Ta	Tl	Pb	Th	U	∑REE	LREE	HREE	LREE/HREE	$(La/Yb)_N$	Eu_N/Eu^*	Ce_N/Ce^*	Y_N/Y^*
H01	8.32	1.45	4.0	1.23	1.57	2.6	39.0	57.4	512	471	40.5	11.6	9.83	0.48	1.00	1.42
H02	8.20	1.34	4.1	1.42	1.83	2.4	43.0	64.6	486	448	37.4	12.0	9.53	0.49	0.99	1.47
H03	1.06	0.13	<0.1	<0.05	0.03	0.7	0.35	0.2	18.3	10.8	7.49	1.44	1.62	0.42	0.92	2.01
H04	0.81	0.12	<0.1	<0.05	0.02	<0.5	0.25	<0.2	12.5	7.33	5.18	1.42	1.33	0.49	1.00	3.06
H05	0.29	0.05	<0.1	<0.05	<0.02	<0.5	0.13	<0.2	6.98	5.18	1.80	2.88	2.47	0.59	0.99	3.91
H06	0.68	0.09	<0.1	<0.05	<0.02	<0.5	0.08	0.2	8.52	4.19	4.33	0.97	0.95	0.45	0.88	3.02
H09	1.44	0.19	<0.1	<0.05	0.02	0.5	0.31	0.2	52.2	42.3	9.89	4.28	4.61	0.61	0.93	2.05
H10	1.86	0.26	<0.1	<0.05	0.02	0.7	0.17	0.2	70.3	57.6	12.7	4.53	4.70	0.73	0.98	2.01
H11	0.57	0.08	<0.1	<0.05	0.88	0.5	0.16	0.2	20.8	17.8	3.00	5.94	5.66	0.69	0.98	1.72
H12	0.89	0.12	0.1	0.15	0.51	1.5	1.25	0.5	24.7	19.1	5.59	3.42	3.06	0.17	1.03	1.63
H13	0.92	0.15	<0.1	0.08	0.69	2.7	0.83	0.5	22.8	17.6	5.23	3.37	2.73	0.26	1.02	1.76
H14	1.24	0.22	<0.1	<0.05	0.02	<0.5	0.14	<0.2	23.7	16.9	6.77	2.50	1.97	0.32	1.02	2.00
H15	4.92	0.72	<0.1	<0.05	0.02	1.6	0.14	<0.2	66.7	38.8	27.8	1.39	0.86	0.19	1.04	3.03
H16	4.51	0.66	<0.1	<0.05	<0.02	<0.5	0.10	<0.2	58.3	32.8	25.5	1.29	0.81	0.21	1.05	3.35
H17	2.68	0.44	<0.1	<0.05	0.02	0.7	0.05	<0.2	50.1	36.4	13.7	2.66	1.87	0.32	0.99	2.44
H18	1.83	0.29	<0.1	<0.05	<0.02	<0.5	0.11	<0.2	31.0	22.4	8.62	2.59	1.69	0.23	1.02	1.96
H19	1.86	0.27	<0.1	<0.05	<0.02	0.9	0.17	0.2	30.0	21.5	8.54	2.52	1.62	0.21	1.01	1.87
H20	1.38	0.22	<0.1	<0.05	0.03	<0.5	0.09	<0.2	30.2	23.2	7.00	3.32	2.81	0.60	0.94	1.47
H21	2.58	0.41	<0.1	<0.05	0.02	0.8	0.08	<0.2	52.0	39.1	12.9	3.03	2.22	0.65	1.01	1.84
H22	0.68	0.10	<0.1	<0.05	0.02	1.8	0.06	<0.2	19.5	15.7	3.76	4.18	3.59	0.63	0.96	1.17

注:“—”为低于检测限;$Eu^*=(Sm/Sm_N+Gd/Gd_N)/2$;$Ce^*=(La/La_N+Pr/Pr_N)/2$;$Y^*=(Dy/Dy_N+Ho/Ho_N)/2$;表中微量元素和稀土元素单位为 10^{-6};钙元素单位为%。